U0415819

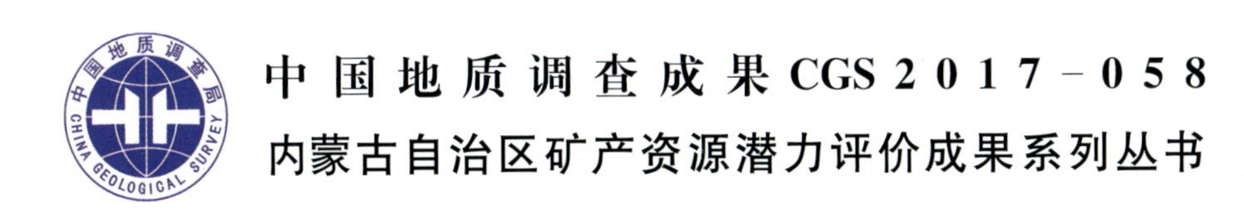

内蒙古自治区
煤炭资源潜力评价

NEIMENGGU ZIZHIQU MEITAN ZIYUAN QIANLI PINGJIA

李惠林　李　磊　孟令伟　张朝辉　等著

内容简介

本专著对项目目标任务、工作量、资料利用进行了评述，详细阐述了内蒙古自治区煤炭资源的含煤地层、煤层、沉积环境、控煤构造等内容，总结了潜力评价工作的主要成果，指出了存在的问题并给出了建议。依据本次对各赋煤带不同地质年代和地域特征所具有的煤炭赋存规律的研究与认识，着重对第三次煤炭资源预测和远景调查工作提出的预测区及其资源量进行筛选和再认识，重新确定了赋煤区域，同时提出新的含煤预测区。

煤炭资源潜力评价成果充分反映内蒙古自治区煤炭资源现状，为煤炭资源潜力预测和勘查前景评价提供了依据，全面、准确、客观地评价了内蒙古自治区煤炭资源赋存情况，为内蒙古自治区煤炭资源勘查、规划、利用提供了基础资料及地质依据。

图书在版编目(CIP)数据

内蒙古自治区煤炭资源潜力评价/李惠林等著.—武汉：中国地质大学出版社，2021.12
(内蒙古自治区矿产资源潜力评价成果系列丛书)
ISBN 978-7-5625-5098-3

Ⅰ.①内…
Ⅱ.①李…
Ⅲ.①煤炭资源-矿产资源-资源潜力-资源评价-内蒙古
Ⅳ.①P618.110.622.6

中国版本图书馆 CIP 数据核字(2021)第 181557 号

内蒙古自治区煤炭资源潜力评价 李惠林 李 磊 孟令伟 张朝辉 **等著**

责任编辑：李焕杰 王凤林 选题策划：毕克成 刘桂涛 责任校对：张咏梅

出版发行：中国地质大学出版社(武汉市洪山区鲁磨路 388 号) 邮编：430074
电 话：(027)67883511 传 真：(027)67883580 E-mail：cbb@cug.edu.cn
经 销：全国新华书店 http://cugp.cug.edu.cn

开本：880 毫米×1230 毫米 1/16 字数：491 千字 印张：15 插页：3
版次：2021 年 12 月第 1 版 印次：2021 年 12 月第 1 次印刷
印刷：武汉中远印务有限公司 印数：1—900 册

ISBN 978-7-5625-5098-3 定价：268.00 元

《内蒙古自治区矿产资源潜力评价成果》

出版编撰委员会

《内蒙古自治区煤炭资源潜力评价》

编委会

主　　编: 李惠林　李　磊　孟令伟　张朝辉

编写人员: 李惠林　李　磊　孟令伟　张朝辉　张福英　刘清泉

彭胜龙　黄　忠　靳云鹏　其日麦拉图　孙斐翡　张佳鑫

项目负责单位: 中国地质调查局　内蒙古自治区国土资源厅

编撰单位: 内蒙古自治区国土资源厅

主编单位: 内蒙古自治区煤田地质局

序

2006年,国土资源部为贯彻落实《国务院关于加强地质工作的决定》中提出的"积极开展矿产远景调查和综合研究,科学评估区域矿产资源潜力,为科学部署矿产资源勘查提供依据"的精神要求,在全国统一部署了"全国矿产资源潜力评价"项目,"内蒙古自治区矿产资源潜力评价"项目是其子项目之一。

"内蒙古自治区矿产资源潜力评价"项目于2006年启动,2013年结束,历时8年,由中国地质调查局和内蒙古自治区人民政府共同出资完成。为此,内蒙古自治区国土资源厅专门成立了以厅长为组长的项目领导小组和技术委员会,指导并监督内蒙古自治区地质调查院、内蒙古自治区地质矿产勘查开发局、内蒙古自治区煤田地质局以及中化地质矿山总局内蒙古自治区地质勘查院等7家地勘单位的各项工作。我作为自治区聘请的国土资源顾问,全程参与了该项目的实施,亲历了内蒙古自治区新老地质工作者对内蒙古自治区地质工作的认真与执着。他们对内蒙古自治区地质的那种探索和不懈追求的精神,给我留下了深刻的印象。

为了完成"内蒙古自治区矿产资源潜力评价"项目,先后有270多名地质工作者参与了这项工作,这是继20世纪80年代完成的《内蒙古自治区地质志》《内蒙古自治区矿产总结》之后集区域地质背景、区域成矿规律研究,物探、化探、自然重砂、遥感综合信息研究以及全区矿产预测、数据库建设之大成的又一巨型重大成果。这是内蒙古自治区国土资源厅高度重视、完整的组织保障和坚实的资金支撑的结果,更是内蒙古自治区地质工作者8年辛勤汗水的结晶。

"内蒙古自治区矿产资源潜力评价"项目共完成各类图件万余幅,建立成果数据库数千个,提交结题报告百余份。以板块构造和大陆动力学理论为指导,建立了内蒙古自治区大地构造构架。研究和探讨了内蒙古自治区大地构造演化及其特征,为全区成矿规律的总结和矿产预测奠定了坚实的地质基础。其中提出了"阿拉善地块"归属华北陆块,乌拉山岩群、集宁岩群的时代及其对孔兹岩系归属的认识,索伦山-西拉木伦河断裂厘定为华北板块与西伯利亚板块的界线等,体现了内蒙古自治区地质工作者对内蒙古自治区大地构造演化和地质背景的新认识。项目对内蒙古自治区煤、铁、铝土矿、铜、铅锌、金、钨、锑、稀土、钼、银、锰、镍、磷、硫、萤石、重晶石、菱镁矿等矿种划分了矿产预测类型;结合全区重力、磁测、化探、遥感、自然重砂资料的研究应用,分别对其资源潜力进行了科学的潜力评价，预测的资源潜力可信度高。这些数据有力地说明了内蒙古自治区找矿潜力巨大，成为国家矿产资源的后备基地已具备了坚实的地质基础，寻找国家急需矿产资源，大有可为，这极大地增强了地质工作者在内蒙古自治区找矿的信心。

“内蒙古自治区矿产资源潜力评价”是内蒙古自治区第一次大规模对全区重要矿产资源现状及潜力进行摸底评价，不仅汇总整理了原1∶20万相关地质资料，还系统整理补充了近年来1∶5万区域地质调查资料和最新获得的矿产、物探、化探、遥感等资料。期待“内蒙古自治区矿产资源潜力评价”项目形成的系统的成果资料在今后的基础地质研究、找矿预测研究、矿产勘查部署、农业土壤污染治理、地质环境治理等诸多方面得到广泛应用。

2017年3月

前 言

为了贯彻落实《国务院关于加强地质工作的决定》中提出的"积极开展矿产远景调查和综合研究，科学评估区域矿产资源潜力，为科学部署矿产资源勘查提供依据"的要求和精神，原国土资源部部署了全国矿产资源潜力评价工作，内蒙古自治区矿产资源潜力评价是其下的工作项目，项目下设成矿地质背景研究，成矿规律，矿产预测，物探、化探、遥感、自然重砂应用，综合信息集成，煤炭资源潜力评价6个课题。工作起止年限为2006—2013年，本书是该项目的系列成果之一。

煤炭资源潜力预测是一项多学科、综合性的生产科研型工作，煤炭资源预测是煤炭资源潜力评价工作的最终目的。本次预测工作应用已有区域地质、物探、遥感、矿产勘查等多源地质工作积累的资料成果，在第三次煤田预测和远景调查的基础上，充分利用2009年底内蒙古自治区煤炭资源储量现状调查的成果，根据相似类比原则和"求异"理论，利用科学的预测方法，提出预测新的含煤区，圈定不同类别的预测区，估算资源量，划定资源量级别，并提出煤炭资源勘查工作部署建议。

本次煤炭资源潜力评价成果将内蒙古自治区含煤地层区划分出晚古生代和中—新生代两大阶段：晚古生代内共划分出3个地层区、9个地层分区、8个地层小区；中—新生代内划分出5个地层区、7个地层分区、4个地层小区。晚古生代含煤地层主要有上石炭统，划分为7组；中生代含煤地层中—下侏罗统划分为6组，白垩纪含煤地层划分为5组；新生代含煤地层划分为2组。通过对沉积环境与聚煤规律研究，在主要含煤地层岩石学特征、含煤岩系沉积环境、层序地层特征、岩相古地理格局与演化、控煤因素5个方面进行了论证和分析。

根据不同的地质背景、成因特点、成煤时代、构造特征、含煤盆地的地理分布以及地质工作程度等煤炭资源分布条件，将内蒙古自治区划分为三大赋煤区、11个主要赋煤带和七大重点区及115个矿区（煤产地、远景区）。圈出了资源预测区82个，其中新近系预测区2个、白垩系预测区41个、侏罗系预测区20个、石炭系—二叠系预测区19个。根据预测可信度将潜在的煤炭资源量分为预测可靠的（334-1）、预测可能的（334-2）、预测推断的（334-3）3个级别。根据资源的地质条件、开采技术条件、外部条件和生态环境容量，将预测远景区分为有利的（Ⅰ类）、次有利的（Ⅱ类）、不利的（Ⅲ类）并预测了资源量。将预测资源的勘查开发利用前景划分为优（A）等、良（B）等、差（C）等3个等级。资源量估算方法包括地质块段法和资源丰度法。

煤炭资源潜力评价工作主要由内蒙古自治区煤田地质局下属的煤炭地质调查院地质技术人员完成，是内蒙古自治区煤田地质局地质勘查技术人员集体智慧的结晶，此外中国地质大学(北京)、中国矿业大学的部分师生也进行了大量的工作，在此对全体人员的努力工作深表感谢，并对煤炭资源潜力评价工作给予技术支持和提供资料的相关人员致以谢意。

本书是在“内蒙古自治区煤炭资源潜力评价”项目成果报告的基础上进行编写的，最终由李惠林、刘清泉、孟令伟统稿，煤炭地质调查院相关人员对其中的部分图件进行了重新绘制。由于著者水平有限，在统稿过程中难免存在认识上的不足及知识点上的疏漏，真诚地期望读者的不吝赐教。

著者

2020 年 4 月

目　录

第一章　概　述

一、总体目标

《内蒙古自治区煤炭资源潜力评价》一书是“全国矿产资源潜力评价”计划项目的成果。总体目标是通过新一轮煤炭资源潜力预测评价，在摸清内蒙古自治区煤炭资源现状的基础上，充分应用现代矿产资源预测评价的理论方法和以地理信息系统(GIS)评价为核心的多种技术手段、多种地学信息集成研究方法，以聚煤规律和构造控煤作用研究为切入点，对内蒙古自治区煤炭资源潜力开展科学预测，对内蒙古自治区煤炭资源勘查开发前景作出综合评价，提出煤炭资源勘查近期和中长期部署建议及方案，建立内蒙古煤炭资源潜力预测信息系统，实现煤炭资源管理的信息化。

二、主要任务

1. 煤炭资源赋存规律研究

以地球动力学和煤田地质理论为指导，深入开展内蒙古自治区各赋煤带煤炭资源赋存规律研究。从主要成煤期含煤地层、层序地层、煤质特征入手，建立典型成煤模式；以构造控煤作用研究为核心，恢复含煤盆地构造-热演化历史，分析含煤岩系后期改造和煤变质作用，揭示不同构造背景煤炭资源的聚集和赋存规律，为煤炭资源潜力预测和勘查前景评价提供依据。

2. 煤炭资源勘查开发现状分析

研究煤炭资源现状调查的方法，统一资源数据指标，以煤炭资源/储量数据库为基础，分析内蒙古现有煤矿(生产井、在建井)资源现状、尚未利用资源状况和分布，通过编制煤炭资源勘查开发现状图，反映内蒙古煤炭资源现状，为煤炭资源潜力预测评价提供基础。

3. 煤炭资源潜力预测评价

在煤炭资源赋存规律研究的基础上，研究煤炭资源预测评价理论和方法，根据近十多年来新的地质资料和地质成果，充分利用区域地质、物探、遥感、矿产勘查等多源信息，对第三次全国煤炭资源预测和原地质矿产部全国煤炭资源远景预测工作提出的预测区及其资源量进行筛选、再认识，同时预测新的含煤区，采用科学的方法估算资源量，基本摸清内蒙古煤炭资源潜力及其空间分布。

4. 煤炭资源勘查开发潜力评价

从潜在的经济意义、煤质特征和生态环境容量等方面，进行预测资源量的分级分类研究，对煤炭资源的开发利用前景作出初步评估；综合分析内蒙古自治区能源形势和煤炭资源供需状况，结合全国乃至全世界煤炭资源开发利用态势，评价煤炭资源潜力，提出近期和中长期煤炭资源勘查部署建议及方案。

5. 建立煤炭资源潜力预测评价信息系统

利用GIS技术、数据库技术等先进技术手段，在统一的煤炭资源信息标准与规范下，收集、整理煤炭资源潜力评价的基础数据，统一属性和图形数据格式，建立内蒙古自治区煤炭资源潜力评价数据库，提交汇总建立全国煤炭资源潜力预测评价信息系统、开发信息管理系统，为各级管理部门以及其他用户提供实时、准确的资源数据及辅助决策支持。

三、资料收集与利用

全区煤炭资源潜力评价起止时间为2007年6月—2011年10月，利用资料的截止时间为2009年底。

截至2009年底，内蒙古自治区共计形成地质勘查报告614件，其中勘探报告276件，详查报告182件，普查报告75件，预查报告81件。按内蒙古自治区国土资源厅《关于开展全区煤矿区（煤田）矿产资源利用现状专题调查研究工作的通知》（内国土资字〔2008〕523号）文件要求，将内蒙古自治区赋煤区划分为414个核查矿区，形成核查报告410件（勘探报告189件，详查报告83件，普查报告112件，预查报告18件，调查报告8件）；另外，按内蒙古自治区国土资源厅要求，全区所有的采矿权核实报告也必须进行核查，共形成采矿权核查报告604件；加上按国土资源部要求做了36个矿区核查报告，总计形成核查报告1050件。本次潜力评价可全部利用的各类图纸有2万多张。

自2004—2009年第一批止，内蒙古自治区地质矿产勘查专项资金项目中有煤炭勘查项目246个：对其中已备案的88件报告进行了核查，将26件经内蒙古自治区地质勘查基金管理中心或内蒙古自治区矿产储量评审中心评审通过的报告成果纳入本次评价的现状中，这114件报告将原第三次煤田预测的预测区提升为勘查区；另外132件报告或部分成果中，16件调查报告用于预测或否定原第三次预测区，72件无煤报告否定原第三次预测区或新区没有突破，44个项目的年度总结（或阶段性报告）的部分内容用于预测或否定原第三次预测区的依据。

同期由企业出资的勘查项目有13个，对应形成的13件报告的部分成果已放在本次评价的现状中。

第二章　区域地质

第一节　区域地层

一、太古宇

内蒙古自治区是我国北方太古宙变质杂岩发育地区之一，太古宙变质杂岩在全区从东到西延伸约2000km、出露面积近10 000km^2，且厚度巨大，构成了内蒙台隆及其东、西延伸部分的主体。其中在内蒙古自治区中部发育最好，由下而上划分为始、古、中太古界兴和(岩)群、集宁岩群以及新太古界乌拉山岩群。

兴和(岩)群：兴和(岩)群是目前内蒙古自治区最古老、变质程度(麻粒岩相)最深的无层序的暗色岩系，其原岩主要是一套拉斑玄武岩，钙碱质英安岩、安山岩等中基性火山岩及少量火山碎屑岩，缺乏陆源碎屑岩及碳酸盐岩，同时有相当数量的云英闪长岩、奥长花岗岩及花岗闪长岩类的深成侵入体，U-Pb同位素年龄为(3323±44)Ma。

集宁岩群：分布于集宁、凉城一带深变质的浅色岩石组合。下部以夕线石榴钾长(二长)片麻岩为主，夹石榴黑云斜长片麻岩、含石墨片麻岩及透辉大理岩等；上部含石榴子石浅粒岩，夹夕线石榴钾长(斜长)片麻岩，以不含沉积变质铁矿和赋存石墨层为特色。下部与兴和(岩)群可能为不整合接触。Rb-Sr等时线年龄为(2316±38)Ma(变质年龄)。

乌拉山岩群：主体集中于大青山和乌拉山一带，呈近东西向带状分布。下部深色片麻岩组合总体属层状构造不太明显的角闪质岩石，其原岩多数为钙碱性—基性火山岩，部分相当于拉斑玄武岩及正常碎屑沉积岩；中部浅色片麻岩所显示的“层状”构造明显，尤其是含石墨透辉闪长片麻岩、变粒岩、夕线石榴片麻岩和橄榄石白云质大理岩等成分；上部长石石英岩、大理岩夹浅变粒岩及黑云斜长片麻岩属正常沉积的碎屑岩-碳酸盐岩岩系，为滨海-浅海相沉积。Sm-Nd等时线年龄在3000～2800Ma之间。

二、元古宇

内蒙古自治区元古宙地层发育，分属华北地层区和北疆-兴安地层区，一般均为古老结晶基底上的“准盖层”沉积。

古元古界在区内的发育可分为上、下两部分。下部为变质程度较深的片麻岩、片岩和变粒岩岩系，如色尔腾山岩群、北山群和兴华渡口群；上部为以千枚岩、片岩和变粒岩为主的中、浅变质岩系，如中、西部地区发育较好的代表性的岩石地层单位上阿拉善群和与其大致相当的二道凹群、龙首山群。其中上阿拉善群厚度达5771m，由中、深程度区域变质的碎屑岩和碳酸盐岩夹少量的火山岩组成，原岩属于一套以浅海相为主、滨海相为辅的过渡型沉积。古元古界与下伏新太古界的接触关系不明。

中元古界主要分布于阴山中部商都、乌拉特前旗至额济纳旗峦山一带，在阿拉善盟北部、贺兰山北部、巴丹吉林南缘也有分布，主要地层为白云鄂博群、渣尔泰山群、什那干群、平头山群、白湖群、王全口群、黄旗口群、巴音西别群、诺尔公群。这些地层为一套浅海相类复理石建造，主要由硅质碎屑岩、板岩、千枚岩、大理岩或灰岩夹磁铁石英岩等组成，含叠层石化石。其厚度各地不一，在白云鄂博及北山地区最大可达 8146m，在乌拉特前旗小佘太镇及呼和浩特市以北为 1281m。其下限在乌拉山、贺兰山一带与太古宇不整合接触，在二道洼一带与古元古界不整合接触。

新元古界主要分布于准索伦—锡林浩特、呼伦贝尔佳疙瘩、鄂伦春自治旗、贺兰山中段、武威—中宁、雅布赖—吉兰泰等地，分别称为艾力格庙群、佳疙瘩群、正目关组、韩母山群、乌兰哈夏群、红山口群和大豁落山群。地层主要为一套浅海相碎屑岩、碳酸盐岩及海底火山喷发岩建造。岩性为片岩、大理岩、结晶灰岩、石英岩及碎屑岩，局部地区可见浅粒岩、片麻岩及碳质片岩。贺兰山中段新元古界则由冰碛砾岩、板岩、含砾板岩组成，夹灰岩及砂岩，含微植物化石。新元古界厚度在呼伦贝尔及艾力格庙一带小于 2500m，锡林郭勒盟一带可达 11 081m，贺兰山一带仅为 213m，其下与中、古元古界不整合接触，其上在准索伦一带及呼盟地区被下古生界所覆盖。

三、显生宇

（一）古生界

内蒙古自治区古生界地层发育较完整，基本上可以分为板块内部稳定型和板块间活动型沉积，且前者分布广泛。现分时代简述如下。

1. 寒武系

区内寒武系分布广泛，依据沉积类型和生物群面貌的不同，分为南部稳定型和北部活动型地层。北疆-兴安地层区为下寒武统额尔古纳河群和苏中组，前者呈北东向展布且厚度巨大（2000m），岩性以白云质、硅质大理岩为主；后者由灰岩夹少量页岩组成，厚度不大（170 余米），但含丰富的古杯化石。华北地层区的寒武系发育完整，清水河地区的寒武系层次清楚、出露广泛，岩性特征和生物群面貌与华北地区基本一致。下寒武统为馒头组、毛庄组，中寒武统为徐庄组、张夏组，上寒武统为崮山组、长山组、凤山组。

（1）馒头组：正常的滨海-浅海相碎屑岩沉积，为一套灰白-肉红色石英砂岩夹紫色页岩，与华北地区标准剖面差别较大。厚度 30 余米。与下伏太古宇呈角度不整合接触。

（2）毛庄组：岩性为稳定的紫红色含云母粉砂质、泥质页岩夹薄层粉砂岩。产化石 *Probowmaniella*、*Ptychopariidae* 等。厚度 35m。与下伏馒头组整合接触。

（3）徐庄组：岩性为一套钙质细粒砂岩、页岩夹灰岩和泥灰岩。产化石 *Inouyops* sp.、*Chengshanaspis* sp. 等。厚度 17～35m。整合于毛庄组之上。

（4）张夏组：出露广泛。岩性为灰色、黄灰色鲕粒灰岩夹少量生物碎屑灰岩。三叶虫化石丰富，如 *Damesella paronai*、*Dorypygella typicalis*、*Amphoton parelella*、*Crepicephalina damia* 等。厚度 87～110m。整合于徐庄组之上。

（5）崮山组：出露广泛。岩性为浅灰色薄层灰岩夹竹叶状灰岩、生物碎屑灰岩。三叶虫化石丰富，如 *Blackwelderia* sp.、*Drepanura premeskilli*、*Blackwelderia* cf. *paronai*、*Damesella* sp.、*Kaolishania* cf. *pustulosa* 等。厚度 68～81m。与下伏地层整合接触。

（6）长山组：岩性为紫红色条带状、竹叶状灰岩。产化石 *Changshania conica*、*Changshania* sp. 等。厚度小于 10m。与下伏地层整合接触。

（7）凤山组：连续沉积在长山组之上，岩性为薄层灰岩、泥质灰岩夹竹叶状灰岩。可见 *Pseudokoldinioidia* sp. 等。厚度 47～800m。

2. 奥陶系

区内奥陶系分布广泛、发育良好、类型齐全，既有稳定型板块内沉积，也有活动型板块间地层。同寒武系一样，也可分为南部稳定型和北部活动型地层。北部活动型奥陶系主要分布在北疆-兴安地层区，阿拉善盟地区发育的齐全的奥陶系可作为其代表。下奥陶统为汗乌拉组、砂井组，岩性主要为硅质板岩、泥质板岩、薄层灰岩以及粉砂岩，含腕足类、三叶虫化石；中奥陶统为咸水湖组，由下部的中酸性火山岩和上部的灰岩组成；上奥陶统为白云山组，岩性以灰岩为主，含珊瑚化石。南部稳定型奥陶系主要分布在内蒙古自治区的华北地层区，地层出露齐全，研究程度高。清水河地区的奥陶系与华北地区的地层序列完全可以对比，岩石地层单位自下而上分别如下。

(1)冶里组：岩性以白云岩和白云质灰岩为主。产头足类化石，如 *Ellesmeroceras* sp. 等。厚度 63m。整合于寒武系凤山组之上。

(2)亮甲山组：岩性以浅灰色、灰黄色白云岩、泥质白云岩为主。产头足类化石，如 *Manchuroceras* sp.、*Lingchenoceras* sp. 等。厚度 66m。整合于冶里组之上。

(3)下马家沟组：岩性以浅灰色泥灰岩为主，还有豹皮状灰岩、白云质灰岩，夹泥质灰岩、角砾状灰岩。厚度 9～33m。整合于亮甲山组之上。

(4)上马家沟组：岩性以浅灰色厚层灰岩、浅黄色泥灰岩为主，夹泥岩。厚度 64m。整合于下马家沟组之上。

3. 志留系

由于构造运动的不均衡，区内在阴山山脉及其以南地区无志留系沉积。阴山以北的广大地区，志留系呈两个方向不同的条带状展布，即北东带与东西带，前者属活动型沉积。北山地区志留系发育较好，下志留统为含笔石的细碎屑岩，中—上志留统则由中酸性火山岩、碎屑岩夹灰岩构成。地层单位序列自下而上为圆包山组、公婆泉组、火山岩组和碎石山组，累计厚度可达 5500m 以上。东西带中的内蒙古草原地区志留系发育齐全，基本上由碎屑岩夹多层灰岩构成，化石丰富，尤其是造礁生物。该地区志留系研究程度高，自下而上的地层序列为白乃庙组、巴特敖包组和西别河组。

中志留统白乃庙组：岩性主要为千枚岩、石英岩夹结晶灰岩。含大量横板珊瑚(*Halysites*)。厚度大于 1926m。与下伏奥陶系整合接触。

上志留统巴特敖包组：岩性主要为灰色、肉红色厚层块状细晶灰岩。化石丰富，含腕足、珊瑚、三叶虫、头足类及牙形石等。厚度约 440m。与下伏白乃庙组不整合接触。

上志留统西别河组：岩性主要为灰色长石砂岩、灰绿色长石砂岩、长石石英砂岩、细砂岩夹多层薄层生物碎屑灰岩。厚度约 357m。本组为超覆沉积，分布较为广泛，与下伏地层呈角度不整合接触。

4. 泥盆系

区内泥盆系发育完全，而且在西部地区开始出现了陆相沉积，但海相沉积仍是泥盆系的主体。区内泥盆系可分为 3 种沉积岩相，即碳酸盐岩相、碎屑岩相和介于二者之间的碳酸盐岩相夹碎屑岩相，分布在北部，西起北山、东至大兴安岭的范围内均有出露。大兴安岭的乌奴耳地区层序较为完整，化石丰富，研究程度也较高。自下而上可分为骆驼山组、乌奴耳组礁灰岩、北矿组、霍博山组及大民山组。

1)下泥盆统

骆驼山组：岩性以长石砂岩、粉砂质泥岩为主，夹凝灰岩和灰岩透镜体。含大量腕足类化石和珊瑚化石，如 *Meristella* cf. *wisnosky*、*Pachyfavosites* sp.。厚度可达 100m。与下伏奥陶系汗乌拉组呈平行不整合接触。

乌奴耳组礁灰岩：岩性以灰色的亮晶灰岩为主，含大量四射珊瑚和横板珊瑚。厚度约 177m。与上覆、下伏地层呈整合接触关系。

2)中泥盆统

北矿组:可分为上部的钙质砂岩、粉砂岩段和下部的放射虫硅质岩段。含丰富的牙形石。厚度在100m以上。其上、下界分别与霍博山组、乌奴耳组构成连续沉积。

霍博山组:岩性以生物碎屑灰岩为主,夹硅质岩和放射虫灰岩。命名剖面厚度大于170m。与上覆大民山组和下伏北矿组均呈整合接触。

3)上泥盆统

大民山组:岩性组合较为复杂,下部为火山碎屑岩,中部为正常的钙质砂岩和粉砂岩,上部是硅质岩和生物灰岩。含菊石。厚度大于500m。

区内北山地区的泥盆系发育也较为齐全。从下到上地层序列分别称为清河沟组、珠斯楞组、依克乌苏组、卧驼山组和西屏山组。岩性以碎屑岩夹灰岩为主。厚度可达5000m。

5. 石炭系

区内石炭系分布广泛,发育良好。稳定型、活动型和过渡型三大地层沉积类型齐全。其中属于华北地层区和祁连地层区的石炭系也是重要的含煤岩系。在北疆-兴安地层区的石炭系为典型的地槽型沉积,代表性地层层序自下而上分别为红水泉组、莫尔根河组、依根河组,为一套浅海相、海底火山喷发和陆相沉积构成的巨大旋回。在赤峰一带,同类型的石炭系出露齐全,自下而上分别为下石炭统朝吐沟组、白家店组,上石炭统家道沟组、酒局子组。

1)下石炭统

朝吐沟组:岩性以片岩、凝灰岩为主。厚度在2200m以上。未见顶、底。

白家店组:岩性以正常碳酸盐岩为主,多为条带状灰岩、硅质灰岩夹粉砂岩。含珊瑚及腕足类化石,如*Yuanophyllum kansuense*、*Gigantoproductus* sp. 等。厚度大于1660m。与上、下界地层构成连续沉积。

2)上石炭统

家道沟组:岩性复杂,多为结晶灰岩、板岩,与细碎屑岩互层。含腕足、珊瑚及头足类化石,如*Orthotetes* sp.、*Diphyphyllum breviseptatum*、*Pleuronautitus* sp.等。厚度在2590m以上。

酒局子组:为陆相碎屑岩沉积,岩性以硬砂岩、石英砂岩和板岩为主,有时夹有薄煤层。含*Neuropteris pseudovata*、*Callipteridium* sp.等植物化石。厚度不大,约236m。与上、下界地层构成连续沉积。

北山地区的石炭系则称为绿条山组和白山组或红柳园组和芨芨台子组。地层发育特征与赤峰地区有相似之处。

分布在华北地层区的石炭系则以稳定型的含煤地层为特色,如阴山地区上石炭统的拴马桩组。鄂尔多斯地区典型的华北型含煤地层为本溪组与太原组,详见第三章内容。

祁连山地区的石炭系具有过渡型特征,上、下石炭统发育。地层序列自下而上为前黑山组、臭牛沟组、靖远组、羊虎沟组和太原组,详见第三章内容。

6. 二叠系

区内二叠系发育特征明显,大致可以阴山北麓为界分为南、北两大区。南部为稳定型的板块内盆地沉积,系一套河、湖、沼泽相的含煤碎屑岩建造,并含有典型的华夏植物群;北部为西伯利亚板块和华北板块之间的活动型沉积,厚度巨大,下部为含火山碎屑岩的深海、半深海沉积序列,上部基本上为陆相河、湖沉积。乌兰浩特地区的地层发育齐全,三分型明显,可作为北部二叠系的代表,其地层序列自下而上为大石寨组、吴家屯组和林西组。

下二叠统大石寨组:分布广泛,在整个大兴安岭南端均有出露。岩性由一套浅海相喷发的中-酸性熔岩及凝灰岩组成,局部夹有正常的碎屑沉积岩。厚度变化大,在500～1500m之间。

中二叠统吴家屯组:岩性主要为灰黑色和黄绿色板岩、粉砂岩、砂岩。厚度近千米。与上界林西组和下界大石寨组构成连续沉积。

上二叠统林西组：岩性主要为灰黑色和黄绿色板岩、变质粉砂岩、长石石英砂岩和泥灰岩。含丰富的植物和双壳类化石。厚度700余米。

北山地区发育的二叠系自下而上分别为双堡塘组、金塔组和方山口组，地层发育特征与中部地区有相似之处，也由海相沉积的碎屑岩夹火山岩组成，含头足类化石。

南部地区的二叠系均为稳定的地台型沉积。阴山地区的二叠系序列自下而上分别为杂怀沟组、石叶湾组、脑包沟组、老窝铺组，为一套砂岩、泥岩、碳质页岩，夹煤层的河、湖相沉积。鄂尔多斯地区的二叠系序列与整个华北地区相同，自下而上分别为山西组、石盒子组、孙家沟组，相邻组之间均为连续沉积，下部为重要的含煤岩系，上部为干旱气候条件下的河湖沉积。

(二)中生界

1. 三叠系

区内三叠系分布有限。东北部地区为活动型或过渡型沉积类型，其余地区均为正常的沉积岩系，但所反映的古气候条件有很大不同。北山地区的三叠系厚度可达3000m，由一套内陆河流相粗碎屑岩和湖相细碎屑岩组成，地层序列自下而上为中、下三叠统的二断井群和上三叠统的珊瑚井群。前者由巨厚的紫红色砾岩、含砾砂岩夹粉砂岩组成；后者则为灰色和灰绿色中粒长石砂岩、粗砂岩和岩屑砂岩互层，含植物化石，厚度不足800m。而鄂尔多斯地区的三叠系层序完整、研究程度高，地层层序在整个鄂尔多斯盆地均有发育，自下而上分别为刘家沟组、和尚沟组、二马营组、铜川组和延长组。

下三叠统刘家沟组：几乎全区分布。岩性主要为紫红色中粒砂岩、泥岩及粉砂岩，底部有砾岩。厚度近300m。

下三叠统和尚沟组：分布较为广泛。岩性为灰白色、灰绿色及紫红色的中粗粒砂岩，含砾砂岩。含脊椎动物化石。厚度122～258m。

中三叠统二马营组：分布较为广泛。岩性多为灰白色、灰绿色及紫红色的中粗粒砂岩。含脊椎动物化石及植物化石，如 *Pleuromeia* sp.、*Todites shensiensis*、*Equisetites gyandifolia* 等。厚度25～87m。

中三叠统铜川组：见于桌子山一带。岩性分为上、下两部分，上部以灰白色、灰绿色的中粗粒砂岩为主，下部以灰褐色、紫红色的含砾砂岩为主。厚度458～763m。

上三叠统延长组：在准格尔旗西部较为发育，岩性主要为黄绿色、黄褐色、棕灰色的中粗粒砂岩。厚度78～324m，在贺兰山以东厚度增大并夹有煤线。含著名的延长植物群。

2. 侏罗系

区内侏罗系发育广泛，北方的地层发育由于太平洋板块向亚洲板块的俯冲而产生了东、西分异的状况，侏罗系可分为东部和西部两大类型。东部主要由厚度巨大的火山岩夹沉积岩组成，西部则分布在稳定的中、西部内陆盆地，几乎全由陆相沉积岩组成。全区侏罗系的共同特征是含煤岩系普遍发育。

大兴安岭中部、南部发育的侏罗系是东部火山-沉积型地层，侏罗系的构成自下而上为下侏罗统红旗组，中侏罗统万宝组，上侏罗统满克头鄂博组、玛尼吐组、白音高老组。

下侏罗统红旗组：岩性以湖相、沼泽相的深灰色粉砂岩和泥岩夹砂岩沉积为主，夹含砾砂岩及砾岩，并含薄层、中厚层煤层多层。含双壳类及丰富的植物化石，如 *Equisetites sarrani*、*Neocalmites carrerei*、*Phleopteris brauni*、*Cladophlobis ingens*、*Todites scorebyensis*、*Anomozamites* cf. *major*、*Cycadocarpidium* sp.、*Phoenicopsis angustifolia Podozamites schenki* 等。厚度171～1000m。与下伏二叠系不整合接触，与上覆中侏罗统假整合接触。

中侏罗统万宝组：岩性以砾岩、砂岩为主，夹可采煤层。厚度160～730m。其同期异相的岩石地层单位为新民组，与上覆地层不整合接触。

大兴安岭地区的上侏罗统分布较广，自下而上分为满克头鄂博组、玛尼吐组、白音高老组。三组分别由与火山活动有关的流纹质、安山质熔岩和火山凝灰岩构成。厚度变化很大。

区内西部阴山地区的侏罗系自下而上为五当沟组、召沟组、长汉沟组和大青山组。其中五当沟组、召沟组为含煤地层。长汉沟组为湖相沉积地层，大青山组是以红色为主的陆源粗碎屑岩。

区内鄂尔多斯地区的侏罗系是鄂尔多斯盆地的内蒙古自治区部分，这一地区的侏罗系研究历史久，层序清楚，完全可以与邻省（自治区）对比。这一稳定类型的侏罗系仅发育中、下统，自下而上划分为富县组、延安组、直罗组和安定组。

下侏罗统富县组：岩性主要为黄绿色砂、泥岩互层，夹油页岩和黑色页岩。厚度变化较大，向西变薄，准格尔旗一带厚度一般为百余米。含丰富动、植物化石。

中侏罗统延安组为含煤地层。

中侏罗统直罗组：岩性主要为灰白色和灰黄色中—细粒砂岩、粉砂岩夹煤线。准格尔旗一带厚度34～57m。含丰富的植物化石。

中侏罗统安定组：岩性主要为灰白色和黄色中—细粒砂岩。准格尔旗一带厚度6～50m。

3. 白垩系

区内白垩系发育齐全，分布也最为广泛，全部为陆相沉积。区内白垩系的沉积类型同侏罗系一样，东、西部地区差异明显。东部东北地区的白垩系虽多被新生界覆盖，但发育齐全，层序完整，自下而上可分为义县组、九佛堂组、阜新组、孙家湾组、泉头组、青山口组、姚家组、嫩江组、四方台组和明水组。

1）下白垩统

义县组：岩性由安山质-玄武质火山熔岩、火山集块岩和火山碎屑岩组成。含丰富的动、植物化石，即著名的热河生物群。最大厚度可达2000m。

九佛堂组：主要由陆源粗碎屑岩组成，下部为紫红色砾岩，中部为灰色砾岩夹砂岩，上部为灰绿色和灰黑色泥岩、页岩夹薄煤层。厚度360～530m。含双壳类、腹足类和植物化石。与下伏义县组平行不整合接触。

阜新组：分布范围远较九佛堂组小。岩性以灰色粉砂岩为主，夹砂岩、泥岩和煤层。含 *Onychiopsis elongate*、*Ginkgo* sp.、*Pheniocopsis speciosa* 等植物化石。厚度200～458m。与下伏地层为连续沉积。

孙家湾组：分布局限。岩性以紫红色、黄褐色砾岩为主，局部夹砂岩。厚度在600m以上。与下伏阜新组不整合接触。

泉头组：岩性以棕红色、褐红色泥岩为主，夹灰色、绿色、紫红色粉砂岩。常见底砾岩。含介形类化石，如 *Lycopterocypris infotilis*、*Paracandona* sp. 等。厚度710m。

2）上白垩统

青山口组：沉积范围较泉头组大。岩性主要为棕红色泥岩、灰绿色粉砂质泥岩及细砂岩，组成韵律层。厚度87m。整合于泉头组之上。

姚家组：岩性一般以砂岩为主，或为灰绿色、棕红色泥岩和粉砂岩互层。含介形类化石，如 *Cypridea tera*、*Lycopterocypris infotilis*、*Rhinocypris pluscula* 等。厚度50～90m。整合于青山口组之上。

嫩江组：岩性纵向变化较大，一般可分为5段。下部为灰黑色、灰绿色泥岩夹粉砂岩；上部为灰黑色、灰绿色及棕红色泥岩和油页岩互层。产介形类化石，如 *Cypridea liaukhenensis*、*C.* aff. *aulinia*、*Lycopterocypis* sp；鱼类化石，如 *Sungarichththys longicephalus* 等。厚度一般为200～400m，最厚达500m。与下伏姚家组整合接触。

四方台组：多分布在本区通辽市以西。岩性为灰色、灰绿色泥岩、粉砂质泥岩、粉砂岩和细砂岩，组成韵律层。含 *Talycypridea turgida*、*Talycypridea amoena* 等介形虫化石。最厚可达203m。平行不整合于嫩江组之上。

明水组：分布范围较四方台组小。岩性为灰绿色泥岩和粉砂质泥岩、棕红色和灰绿色砂岩，局部地区有底砾岩。厚度一般为80m左右。整合于四方台组之上。

大兴安岭西坡及海拉尔地区的白垩系为本区的重要含煤地层，地层序列为下白垩统的大磨拐河组、伊敏组及上白垩统的青元岗组。地层特征表现为含煤沉积与红色沉积的叠加。

区内稳定型的白垩系以华北地层区为主，且一般仅发育下统。阴山地区的下统以李三沟组和固阳组为代表，系本区重要的含煤岩系。鄂尔多斯盆地内蒙古自治区部分的下白垩统地层序列与邻省(自治区)相同，自下而上为洛河组、环河组、罗汉洞组和泾川组。

下白垩统洛河组：为一套具有大型交错层理的红色砂岩岩系。厚度83～390m。不整合在中侏罗统安定组之上。

下白垩统环河组：岩性主要以具中、小型斜层理的砂岩为特征，顶部砂岩中含大型脊椎动物化石。厚度281～768m。与下伏的洛河组为连续沉积。

下白垩统罗汉洞组：岩性以紫红色、灰紫色具有小型斜层理的细砂岩为主。底部常相变为砾岩。厚度300～500m。与下伏的环河组为连续沉积。

下白垩统泾川组：分布局限。岩性多为灰绿色、棕红色泥岩夹细砂岩和泥灰岩。残留厚度一般均小于100m。含丰富的鱼类、介形类化石，如 *Lycoptera woodwudi*、*Cypridea unicostata* 等。与下伏的罗汉洞组为连续沉积。

(三)新生界

内蒙古自治区新生界的分布严格地受地貌条件的影响，被中央隆起分割为南、北两个区。两区内的构造、地貌和古地理条件决定了地层发育的次级类型。

1. 古近系

区内中部乌兰察布市、包头市北部和巴彦淖尔市的古近系发育齐全、出露良好，哺乳动物化石丰富，长期以来一直是中国北方研究古近系的经典地区。自下而上分为脑木根组、阿山头组、伊尔丁曼哈组、沙拉木伦组、乌兰戈楚组和呼尔井组。

古新统—始新统脑木根组：一般出露在海拔1100m以下，岩性主要为一套红色湖相泥岩建造，横向常相变为粉砂质泥岩或泥灰岩。含脑木根组动物群。最大厚度大于170m。下限不清。

中始新统阿山头组：岩性以棕红色泥岩为主，夹少量灰绿色粉砂岩和泥岩，普遍含石膏矿，底部含砾石。最大厚度42m，与下伏脑木根组假整合接触。

中始新统伊尔丁曼哈组：为一套湖相沉积，岩性主要由砂岩、粉砂岩及泥岩组成。厚度40m。与下伏阿山头组假整合接触。

上始新统沙拉木伦组：主要分布在沙拉木伦河沿岸。岩性以杂色砂质泥岩、灰色砂岩为主，局部含砾石，含丰富的哺乳动物化石。厚度10～26m。与下伏伊尔丁曼哈组假整合接触。

渐新统乌兰戈楚组：岩性以灰白色砂岩和棕红色泥岩为主，夹含锰砂岩。含丰富的哺乳动物化石。厚度60m。与下伏沙拉木伦组假整合接触。

渐新统呼尔井组：岩性由铁锈色砂砾岩、粗砂岩组成。厚度12m，未见顶。与下伏乌兰戈楚组假整合接触。

2. 新近系

区内新近系的分布同古近系，东部北方二连地区发育较好，代表性的岩石地层是中新统的通古尔组和上新统的宝格达乌拉组。前者岩性主要为含钙质结核的砖红色泥岩，厚度大于70m；后者岩性主要为灰绿色、砖红色泥岩夹灰白色泥灰岩及黑色玄武岩，含著名的三趾马动物群，最大揭露厚度126m，与下伏通古尔组假整合接触。

3. 第四系

区内第四系发育齐全，从下更新统到全新统均有陆相沉积。地层层序尤以东部地区完整并见有 5 次冰期、4 次间冰期沉积。地层厚度以河套地区为最大，可达上千米。更新统以萨拉乌苏组为代表，主要岩性为粉砂质黏土，因其赋存河套文化和脊椎动物化石而闻名中外。全新统沉积类型多样，包括风成砂、冲积层、黄土堆积、盐湖沉积等。

第二节　区域构造

内蒙古自治区一级构造单元可划分为 4 块：天山-兴蒙造山系、华北陆块区、塔里木陆块区、秦祁昆造山系。每个一级构造单元又可划分为若干个二级构造单元，见图 2-2-1（潘桂棠等，2009），构造演化见表 2-2-1。内蒙古自治区自古生代以来大地构造演化的基本特征表现为以下 3 点。

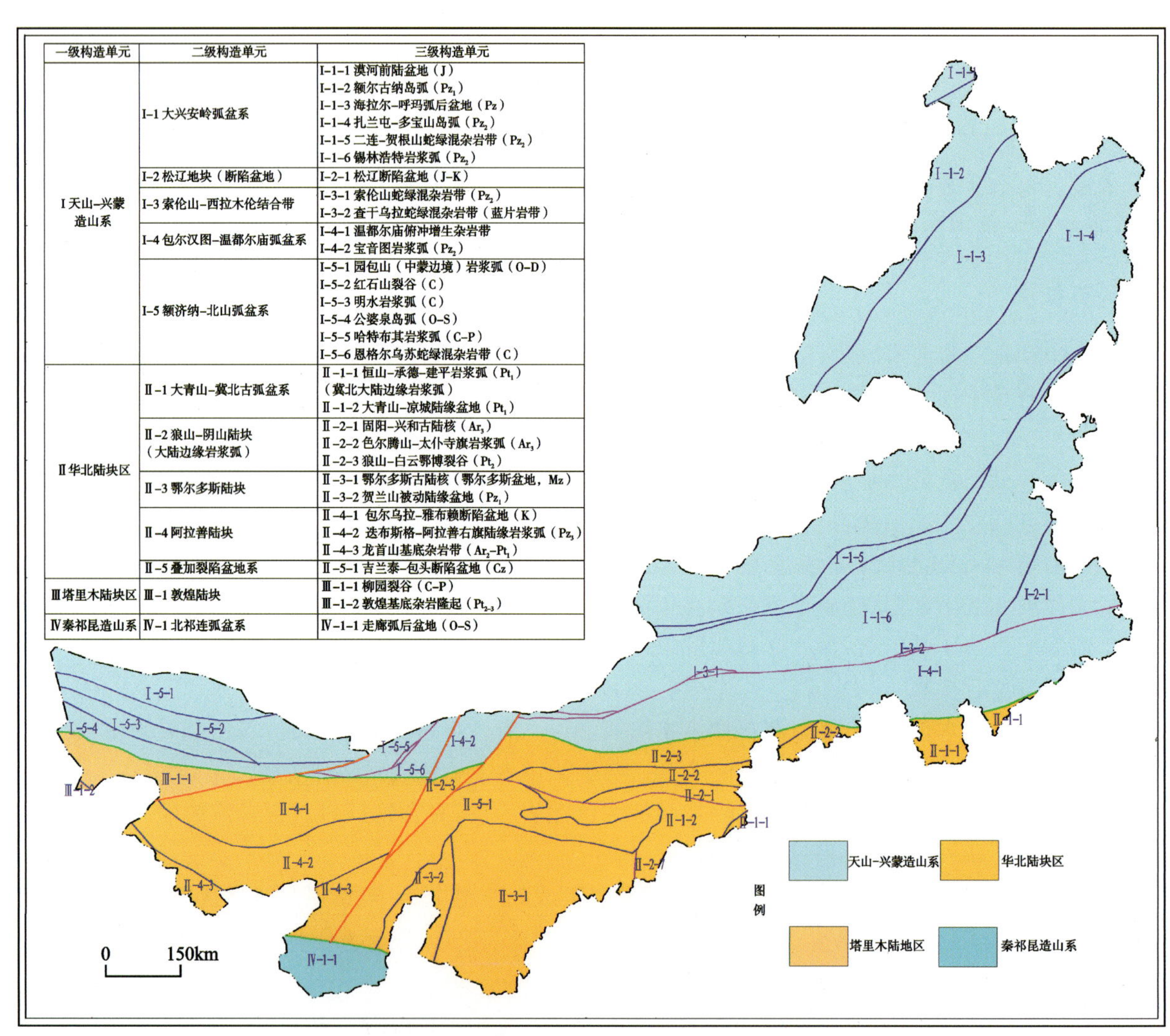

一级构造单元	二级构造单元	三级构造单元
Ⅰ天山-兴蒙造山系	Ⅰ-1 大兴安岭弧盆系	Ⅰ-1-1 漠河前陆盆地（J） Ⅰ-1-2 额尔古纳岛弧（Pz_1） Ⅰ-1-3 海拉尔-呼玛弧后盆地（Pz） Ⅰ-1-4 扎兰屯-多宝山岛弧（Pz_2） Ⅰ-1-5 二连-贺根山蛇绿混杂岩带（Pz_2） Ⅰ-1-6 锡林浩特岩浆弧（Pz_2）
	Ⅰ-2 松辽地块（断陷盆地）	Ⅰ-2-1 松辽断陷盆地（J-K）
	Ⅰ-3 索伦山-西拉木伦结合带	Ⅰ-3-1 索伦山蛇绿混杂岩带（Pz_2） Ⅰ-3-2 查干乌拉蛇绿混杂岩带（蓝片岩带）
	Ⅰ-4 包尔汉图-温都尔庙弧盆系	Ⅰ-4-1 温都尔庙俯冲增生杂岩带 Ⅰ-4-2 宝音图岩浆弧（Pz_2）
	Ⅰ-5 额济纳-北山弧盆系	Ⅰ-5-1 园包山（中蒙边境）岩浆弧（O-D） Ⅰ-5-2 红石山裂谷（C） Ⅰ-5-3 明水岩浆弧（C） Ⅰ-5-4 公婆泉岛弧（O-S） Ⅰ-5-5 哈特布其岩浆弧（C-P） Ⅰ-5-6 恩格尔乌苏蛇绿混杂岩带（C）
Ⅱ华北陆块区	Ⅱ-1 大青山-冀北古弧盆系	Ⅱ-1-1 恒山-承德-建平岩浆弧（Pt_1）（冀北大陆边缘岩浆弧） Ⅱ-1-2 大青山-凉城陆缘盆地（Pt_1）
	Ⅱ-2 狼山-阴山陆块（大陆边缘岩浆弧）	Ⅱ-2-1 固阳-兴和古陆核（Ar_3） Ⅱ-2-2 色尔腾山-太仆寺旗岩浆弧（Ar_3） Ⅱ-2-3 狼山-白云鄂博裂谷（Pt_2）
	Ⅱ-3 鄂尔多斯陆块	Ⅱ-3-1 鄂尔多斯古陆核（鄂尔多斯盆地，Mz） Ⅱ-3-2 贺兰山被动陆缘盆地（Pz_1）
	Ⅱ-4 阿拉善陆块	Ⅱ-4-1 包尔乌拉-雅布赖断陷盆地（K） Ⅱ-4-2 迭布斯格-阿拉善右旗陆缘岩浆弧（Pz_3） Ⅱ-4-3 龙首山基底杂岩带（Ar_2-Pt_1）
	Ⅱ-5 叠加裂陷盆地系	Ⅱ-5-1 吉兰泰-包头断陷盆地（Cz）
Ⅲ塔里木陆块区	Ⅲ-1 敦煌陆块	Ⅲ-1-1 柳园裂谷（C-P） Ⅲ-1-2 敦煌基底杂岩隆起（Pt_{2-3}）
Ⅳ秦祁昆造山系	Ⅳ-1 北祁连弧盆系	Ⅳ-1-1 走廊弧后盆地（O-S）

图 2-2-1　内蒙古自治区大地构造单元划分图

（1）古生代的地史主要是天山-兴蒙造山系的兴衰史，是华北板块与西伯利亚板块之间的运动发展、消亡的过程，天山-兴蒙造山系的多旋回发展最后导致西伯利亚板块和华北板块向洋增生的地壳对接，形成统一的古亚洲大陆。

(2)中生代地史最显著的特征是天山-兴蒙造山系持续陆内会聚,形成一系列逆冲推覆构造。

(3)晚中生代至新生代以大规模裂陷为基本特征,形成以北东—北北东向为优势的一系列内陆盆地。

表 2-2-1 内蒙古自治区大地构造演化简表

地质年代				构造旋回代表性地壳运动			演化阶段	演化进程
代	纪	代号	年代(Ma)	构造旋回	地壳运动			
新生代	第四纪	Q	2.58	阿尔卑斯期	喜马拉雅期	喜马拉雅运动	活动大陆边缘深化阶段	库拉-太平洋脊消减太平洋板块俯冲由北北西转为北西西(40Ma),弧后扩张中心东移;印度板块与欧亚板块碰撞(20Ma),中国大陆东部向东扩张,华北裂陷盆地形成。本区表现为上叠加盆地,如海拉尔、二连、开鲁、鄂尔多斯、潮水等盆地,也有新的盆地形成,如腾格尔、河套、居延海等
	新近纪	N						
	古近纪	E	41.2					
中生代	白垩纪	K_2	83.6		燕山期	晚燕山运动		库拉-太平洋板块与亚洲大陆东部强烈作用本区使其全部上升为陆并进入滨太平洋构造域,华北陆块解体,兴蒙造山带在印支期—燕山早期持续收敛向陆内俯冲,形成和陆块边缘平行的逆冲推覆构造带,是对含煤岩系改造最为强烈的一期构造运动。而后一系列隆起和盆地形成,如鄂尔多斯、潮水、二连、海拉尔、银根等,为磨拉石型含煤建造。上侏罗统为红色建造
		K_1	145.0					
	侏罗纪	J_3				中燕山运动		
		J_2						
		J_1	201.3			早燕山运动		
	三叠纪	T_3			印支期			
		T_2				印支运动		
		T_1	252.2					
晚古生代	二叠纪	P_2		海西期	晚海西运动		古大陆板块演化阶段	海西回返,兴蒙褶皱带封闭,华北古板块与西伯利亚古板块全面对接形成统一的古亚洲大陆,华北陆块为盖层发育期,石炭—二叠纪具有广泛的成煤作用
		P_1	298.9					
	石炭纪	C_2			中海西运动			
		C_1	350					
	泥盆纪	D_3			早海西运动			
		D_2						
		D_1	405					
早古生代	志留纪	S_3		加里东期				古大陆板块边缘由大西洋型转化为安第斯型,古陆块解体,兴凯大坳陷和加里东大坳陷封闭,华北主体于奥陶纪后全面抬升
		S_2			晚加里东运动			
		S_1	440					
	奥陶纪	O_3			中加里东运动			
		O_2						
		O_1	500		早加里东运动			
	寒武纪	$\in_3$						
		$\in_2$			兴凯运动			
		$\in_1$	610					
新元古代	震旦纪	Z	800	兴凯扬子	白云鄂博运动		古大陆板块形成阶段	华北古大陆板边缘裂陷
	青白口纪	Qb	1000					
中元古代	蓟县纪	Jx	1400	什那干期				华北古大陆板块形成
	长城纪	Ch	1900	白云鄂博期	色尔腾山运动 乌拉山运动			

第三节 岩浆岩

一、岩浆岩的一般特征

内蒙古自治区岩浆岩比较发育，分布很广，总面积约 $30\times10^4km^2$，主要出露在阴山山脉、锡林郭勒盟北部及大兴安岭一带，此外在阿拉善盟地区及贺兰山等地均有出露。这些岩浆岩的形成与构造运动息息相关，活动时间从太古宙到新生代，以海西晚期和燕山期最为活跃。岩石类型由酸性到超基性岩，还有碱性岩。活动方式在东北地区主要表现为大规模喷发；而在西、中部则多为大面积的侵入，其中以酸性花岗岩类分布最广，占侵入岩分布面积的 90%以上，其他岩类均比较局限，并且与某些活动性构造带的关系较密切。岩浆岩在时空分布上具有一定规律，参见图 2-3-1，现简述各时期侵入岩如下。

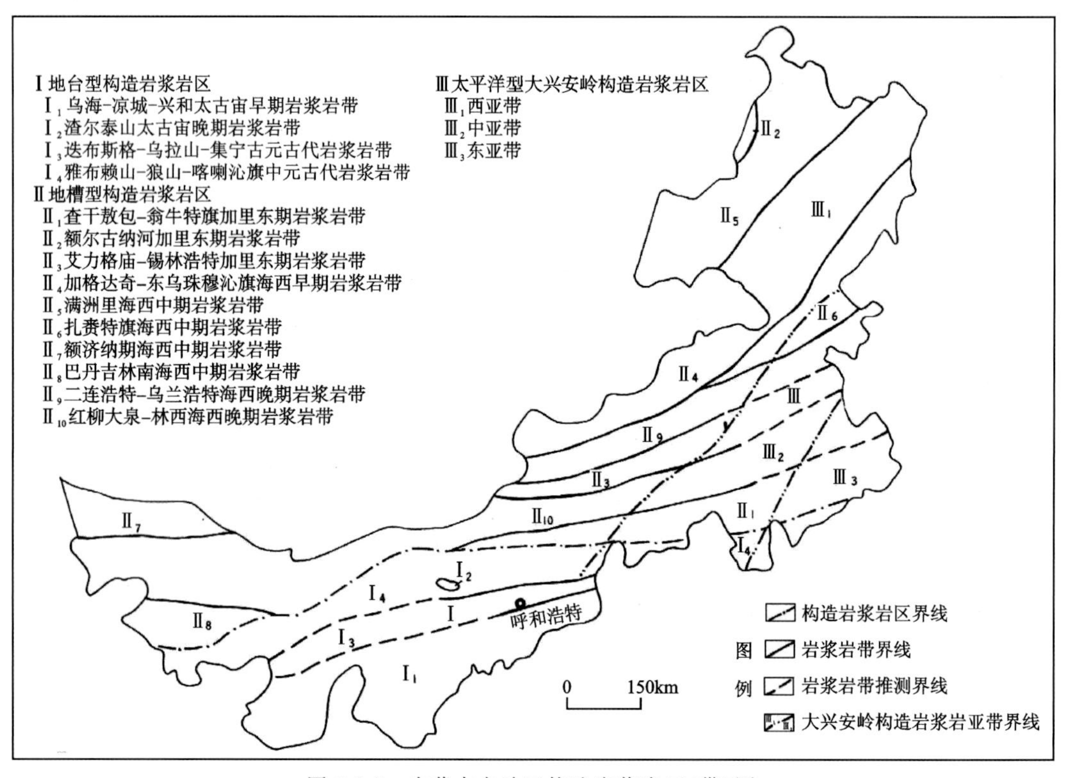

图 2-3-1 内蒙古自治区构造岩浆岩区(带)图

太古宙侵入岩以酸性为主，主要分布于内蒙古自治区中部的丰镇、凉城县及乌拉特前旗一带。岩性主要有钾长花岗岩及黑云母花岗岩，呈岩基或岩株状产出，规模不等。在集宁以南一带，多侵入于太古宇的下部层位。在乌拉特前旗的乌拉山一带，则侵入于太古宇的上部，粒度粗大，岩体中普遍发育有伟晶岩脉。太古宙的中性岩类主要为闪长岩，多呈岩墙或岩脉产出，走向近东西，分布于乌拉特前旗一带，侵入于太古宇上部层位中。此外尚有基性岩类，分布于兴和县—和林格尔县一带，规模较小。

元古宙侵入岩主要为酸性岩和中性岩，规模很小，出露零星。其中的酸性岩类多呈不规则的岩株和岩墙状产出。岩性主要为黑云母钾长花岗岩或斜长花岗岩。中性岩类以闪长岩及石英闪长岩为主，呈小岩株产出，少数为岩墙或岩脉。以上侵入岩主要侵入太古宇或元古宇渣尔泰山群中，出现在狼山—大青山及贺兰山北端一带。

加里东期侵入岩为酸性岩类，主要分布于乌拉特中旗一带，侵入中—下志留统或白云鄂博群中，呈小岩株、岩盘或大岩基状产出，岩性主要为钾长花岗岩及花岗闪长岩。中性岩类分布于色尔腾山、渣尔泰山及北大山等地，呈岩基、岩株及岩枝产出，一般规模较小，岩性主要为石英闪长岩、闪长岩或安山玢岩，侵入元古宇中。此外还有超基性滑石蛇纹岩、滑石透闪岩等。

海西期侵入岩在内蒙古自治区分布最广，阴山山脉及其以北的锡林郭勒盟地区，大兴安岭地区和西部的北大山、雅布赖山、巴彦乌拉山等地均有广泛出露，可分为早、中、中晚、晚期 4 期，其中以晚期最发育。岩性特征：早期以酸性花岗岩、二长花岗岩和黑云母斜长花岗岩、中性的石英闪长岩为主，除个别地区为岩基外，其余均为小岩株，此外有超基性岩脉体或脉群分布于苏尼特右旗、苏尼特左旗及固阳、武川等地。中期主要为酸性岩，其次为中性岩和超基性岩。酸性岩分布较广，侵入于石炭系—二叠系及元古宇中，呈岩基、岩株或岩墙产出，其岩性主要为黑云母花岗岩，斜长、二长花岗岩及花岗闪长岩等。中性岩以闪长岩为主，呈小岩株或岩墙产出，规模较小，分布局限。超基性岩分布于索伦山—苏尼特右旗一带，呈岩盆、岩床状产出，其岩性多为斜辉、单辉、二辉橄榄岩和纯橄岩，规模不等。中晚期多为酸性岩类，其岩性主要为钾长花岗岩、花岗岩、花岗闪长岩及斜长花岗岩，常呈大岩基出现，分布较局限。

海西晚期侵入岩的岩石类型多，分布地区也广，几乎遍及大兴安岭、阴山中部及北山、阿拉善盟中部等地。其岩性以酸性的黑云母花岗岩、花岗岩、花岗闪长岩、钾长花岗岩、花岗斑岩和中性的闪长岩、石英闪长岩、闪长玢岩为主。前者为岩株、岩床或大岩基产出；后者多为岩脉或岩株，规模相对小。但无论岩株或岩盘，在空间展布上均有规律，常和区域构造要素方向一致。海西晚期的基性、超基性岩类，在锡林郭勒盟北部的锡林浩特—西乌珠穆沁旗、贺根山、乌斯尼黑及锡林郭勒盟南部的朱日和及狼山东段阿拉善左旗等地均有分布。前者多为角闪辉长岩、苏长岩及二辉辉长岩，呈岩株或岩墙产出，规模较小；后者主要为斜辉、二辉橄榄岩或杂岩体，规模较大，分布集中。

燕山期侵入岩在内蒙古自治区东部比较发育，在阴山中部、阿拉善右旗及北山地区也有分布，但比较分散，亦可分为早、中、晚期 3 期。早期以酸性岩类为主，其次为中性岩类。前者多为黑云母二长花岗岩或斑状花岗岩，侵入元古宇、上志留统、下二叠统或海西期花岗岩中，呈岩基或岩株产出；后者侵入元古宇或下二叠统中，呈岩基状，岩性主要为闪长岩。中期侵入岩比较发育，其中以酸性岩分布最广。中期酸性岩岩性主要为黑云母二长花岗岩、钾长和钠长花岗岩、石英岩、钾长花岗斑岩等，多侵入中—下侏罗统中，呈岩株、岩枝或岩基状产出，规模一般较大，展布在东部时多呈北北东向，在其他地区则多为北东、北西或近东西向，与构造线方向一致。中性岩类主要分布于锡林郭勒盟南部，呈岩株状产出，岩性主要为闪长岩。此外，尚有基性的辉长岩及超基性的二辉辉橄岩和单辉辉橄岩类，呈岩株状，个别为岩基，分布于东乌珠穆沁旗等地，还有碱性的正长斑岩类，呈岩株状，比较分散且规模很小。晚期侵入岩仅见于锡林郭勒盟一带，呈小岩株或岩墙产出，岩性主要为文象花岗岩，侵入早白垩世地层中，比较分散。

喜马拉雅期的岩浆活动，在内蒙古自治区主要表现为喷发式，目前尚未见到侵入岩，形成的岩性主要为玄武岩，在中新统至上新统均比较发育。

二、岩浆活动对煤田的影响

内蒙古自治区岩浆岩主要发育在阴山以北及东部构造活动强烈地带，而全区煤田则主要分布于阴山以南及其构造活动的下陷部位，构造相对稳定，岩浆活动较少，而且聚煤时期较晚，因此岩浆活动总体上对煤田影响是比较小的。从全区情况看，影响较大的主要是海西晚期和燕山期的花岗岩。其中海西晚期花岗岩在北部侵入到石炭系阿木山组中，但该区煤系不发育，而南部的大红山煤系地层迄今未见到岩体与煤层的相互接触，煤层的变质程度较高；燕山期的花岗岩分布较广，在阴山及大兴安岭—锡林郭勒盟北部等地，分别侵入五当沟组、红旗组—万宝组（原阿拉坦合力群）及早侏罗世地层中，对煤系地层起到一定的破坏作用，但也使个别矿区煤变质程度提高。在大青山煤田，还见有煌斑岩和辉绿岩的侵入，使煤层发生不同程度的变质，出现各种牌号的煤，甚至无烟煤。这些变质现象迄今尚未找到比较确切的资料依据，但与燕山中期的岩浆活动是不可分割的。至于燕山期的喷出岩，在许多地区表现为大面积的覆盖，此期的岩浆活动对煤变质程度也可能有一定的影响。

第三章　含煤地层与煤层

第一节　含煤地层概述

内蒙古自治区聚煤时代长，含煤地层分布广泛，各主要聚煤期的含煤地层均有发育。主要聚煤期为晚古生代石炭纪—二叠纪、中生代侏罗纪、早白垩世、新生代新近纪。地层沉积类型多样，既有陆相沉积，又有海陆交互相沉积，总体特征如下。

(1)煤炭资源丰富，横跨我国三大赋煤区(东北、华北、西北)，区内划分了11个赋煤带，即海拉尔、大兴安岭中部、松辽盆地西部、大兴安岭南部、二连、阴山、鄂尔多斯盆地北缘、桌子山-贺兰山、宁东南、北山-潮水、香山赋煤带(图3-1-1)。

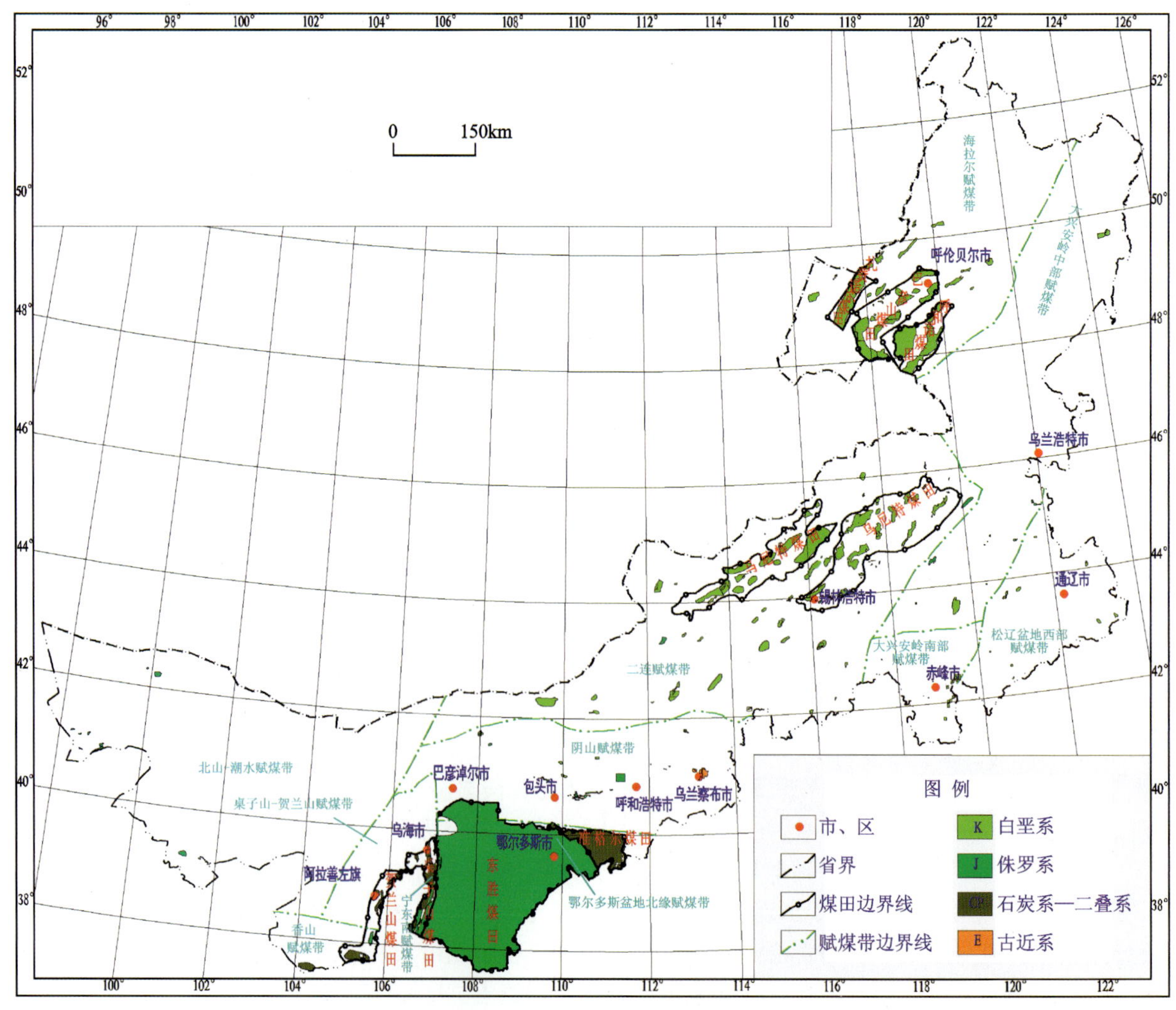

图3-1-1　内蒙古自治区含煤地层分布

(2)煤炭资源分布广,聚煤期多,各时代的聚煤作用均有发生。侏罗系与白垩系含煤盆地面积占全区含煤盆地总面积的90%以上。

(3)煤种较齐全,但资源量相差较大。褐煤、长焰煤、不黏煤等煤化程度较低的煤种数量大、分布广,3类煤类占全区保有煤炭资源量的97.66%。此外,炼焦煤、无烟煤、气煤、肥煤、瘦煤、弱黏煤资源量较少。

一、含煤地层区划(分区)

依据全国煤炭资源潜力评价技术要求和地层委员会主编的新版《中国地层指南及中国地层指南说明书》(2001)的相关定义来进行内蒙古含煤地层区划(分区)工作。主要含煤地层区划(分区)采用三级地层分区方案,各级地层分区的界线以相应的构造单元界线为参考。内蒙古自治区古、中、新生代聚煤作用强度差异明显,依据大地构造演化,将全区含煤地层区划(分区)按晚古生代和中—新生代两大阶段分别进行。通过总结前人工作成果和区域地层、古生物资料,内蒙古自治区含煤地层区划(分区)如图3-1-2和图3-1-3所示,其中晚古生代内共划分出3个地层区、9个地层分区、8个地层小区;中—新生代内共划分出5个地层区、7个地层分区、4个地层小区。

图3-1-2 内蒙古自治区晚古生代含煤地层区划示意图

1.晚古生代含煤地层区划(分区)

天山-内蒙古-兴安岭地层区(Ⅰ):板块边缘浅海型和海陆交互相沉积,有火山活动,成煤条件很差。植物群属安格拉植物区系。

华北地层区(Ⅱ):较稳定的地台区。缺失中奥陶世至早石炭世地层。晚石炭世至早二叠世广泛发育海陆交互相和以陆相为主的近海盆地含煤沉积,含煤性好,是本区石炭纪—二叠纪最主要的聚煤区。

祁连山地层区(Ⅲ):早石炭世主要发育浅海碳酸盐岩沉积,与塔里木区相似;晚石炭世至早二叠世则发育海陆交互相和陆相含煤碎屑沉积，与华北区类似；在含煤建造及含煤性方面均具有二者的过渡特征。

2. 中—新生代含煤地层区划

全区中—新生代含煤地层的发育具有连续性，将两大自然断代的含煤地层区划工作合并进行，在两大聚煤区下共划分为 5 个含煤地层区(图 3-1-3)。

图 3-1-3　内蒙古自治区中—新生代含煤地层区划简图

西北聚煤区：以发育大型内陆含煤盆地及山间含煤盆地为特征。晚三叠世发育延长植物群，侏罗纪发育 *Coniopteris*－*Phoenicopsis* 植物群。聚煤时代主要为早—中侏罗世，次为晚三叠世。区内可分 3 个地层区：阿拉善地层区、陕甘宁地层区和山西地层区。其中陕甘宁地层区和山西地层区主要聚煤时代为中侏罗世，次为晚三叠世。沉积类型与北疆分区类似，含煤性好。其中鄂尔多斯分区(大型聚煤盆地)煤炭蕴藏量十分丰富。

东北聚煤区：在中—新生代属环太平洋构造域，中基性—中酸性火山活动较强烈，并有一系列断陷型含煤盆地形成。聚煤时代主要为侏罗纪，晚三叠世的煤基本不具工业价值。区内早—中侏罗世发育 *Coniopteris*－*Phoenicopsis* 植物群，晚侏罗世发育早期热河动物群及 *Ruffordia*－*Onychiopsis* 植物群。根据含煤层位的差异，本区统一作为滨太平洋地层区，其下分为大兴安岭-燕山地层分区和松辽地层分区，前者含 5 个地层小区。其中阴山-燕辽地层分区的下—中侏罗统含煤。全区仅下白垩统含煤，主要分布在北纬 40°以北、东经 95°以东地区。早白垩世发育晚期热河动物群及 *Acanthopteris*-*Ruffordia* 植物群(早期组合)，沉积类型以断陷盆地含煤沉积为主，多成群出现，含煤性好。

二、含煤地层分布

晚古生代石炭纪—二叠纪含煤地层为内蒙古自治区重要的含煤地层，主要分布于内蒙古自治区内的华北地层区鄂尔多斯地层分区和阴山地层分区、祁连地层区的北祁连地层分区；内蒙古自治区内中生代侏罗纪含煤地层分布较为广泛，东起大兴安岭，西至阿拉善潮水盆地，北至阴山以北，南至鄂尔多斯盆地（内蒙古自治区部分），都有含煤地层分布；中生代白垩纪含煤地层主要分布于二连-海拉尔盆地群、赤峰的元宝山、平庄以及阴山的固阳盆地，其范围东起大兴安岭西缘，西至狼山，南至阴山，北至中蒙边界，展布面积约 $40\times10^4 km^2$，含煤岩性均属陆相沉积；新生代新近纪含煤地层主要分布在集宁煤田、丹峰煤田，在察哈尔右翼中旗、察哈尔右翼后旗以及凉城县东南一带也有零星分布（图 3-1-1）。

第二节　含煤地层

内蒙古自治区古生代含煤地层主要有上石炭统羊虎沟组、上石炭统本溪组、上石炭统太原组、上石炭统拴马桩组、下二叠统山西组、下二叠统杂怀沟组、中—下二叠统大红山组。侏罗纪含煤地层主要有中—下侏罗统五当沟组、下侏罗统红旗组、中侏罗统万宝组、中侏罗统新民组、中侏罗统延安组、中侏罗统龙凤山组。白垩纪含煤地层主要有下白垩统大磨拐河组、下白垩统伊敏组、下白垩统义县组、下白垩统阜新组、下白垩统固阳组。新生代含煤地层主要有新近系中新统汉诺坝组和新近系上新统宝格达乌拉组。含煤地层单位的时空序列特点如表 3-2-1 所示。

表 3-2-1　内蒙古自治区主要成煤期含煤地层系列简表

成煤时代	西部	中部	东部
新生代		汉诺坝组、宝格达乌拉组	
白垩纪		固阳组	伊敏组、大磨拐河组、阜新组、义县组
侏罗纪	龙凤山组（青土井组）	延安组、五当沟组	红旗组（阿拉坦合力群）、万宝组、新民组
石炭纪—二叠纪	羊虎沟组、太原组、山西组、大红山组	太原组、山西组、拴马桩组、杂怀沟组	

一、古生代含煤地层

内蒙古自治区晚古生代含煤地层划分与对比见表 3-2-2。

1. 羊虎沟组（C_2y）

羊虎沟组曾称羊虎沟群，时代属晚石炭世，与华北本溪组大致相当，命名地点在甘肃省永昌县羊虎沟附近。区内典型剖面位于阿拉善盟呼鲁斯太境内，为一套滨海相或海陆交互相的含煤沉积。岩性特征：下段为灰白色石英粗砂岩，顶部为灰黑色页岩、砂质页岩夹薄煤层及薄层灰岩，含菱铁矿结核；中段为浅灰色钙质粉砂岩，黑色页岩与灰岩互层，夹煤线；上段以灰色、黑色中厚层灰岩为主，夹页岩、硅质岩。生物特征：植物化石以蕨类植物和裸子植物为主，蕨类植物以石松纲的鳞木、楔叶纲的轮叶占优势；

表 3-2-2 内蒙古自治区石炭纪—二叠纪含煤地层划分与对比简表

地层分区			华北地层区(Ⅱ)			祁连山地层区(Ⅲ)
			阴山分区(Ⅱ$_1$)	阿拉善分区(Ⅱ$_2$)	乌海及鄂尔多斯分区(Ⅱ$_{3-4}$)	北祁连分区(Ⅲ$_1$)
上覆地层			老窝铺组:大于729m,紫色碎屑岩,含钙质结核	二断井群 T_{1-2}	刘家沟组 T_1	西大沟群 T_{1-2}
上古生界	二叠系(P)	上二叠统(P_3)	脑包组:1267m,杂色碎屑岩夹薄层泥灰岩或钙质结核		孙家沟组:167m,杂色碎屑岩夹泥灰岩	窑沟组:46~513m,杂色碎屑岩夹灰岩
		中二叠统(P_2)	石叶湾组:93m,杂色页岩、粗碎屑岩		石盒子组:400m,杂色碎屑岩夹铁质结核	大黄沟组:275m,杂色碎屑岩、火山碎屑岩夹煤线
		下二叠统(P_1)	杂怀沟组:大于80m,碎屑岩夹薄煤层	大红山组:大于1744m,火山岩、碎屑岩,局部夹泥灰岩、煤层	山西组:80m,页岩夹铝土岩及煤层	
	石炭系(C)	上石炭统(C_2)	拴马桩组:896m,碎屑岩夹铝土岩、煤层		太原组:50~95m,碎屑岩夹铝土岩、煤层	
					本溪组:48m,碎屑岩夹泥灰岩、煤线	羊虎沟组:260~447m,碎屑岩夹灰岩、煤线
						靖远组:49~80m,碎屑岩夹灰岩、煤层
		下石炭统(C_1)				臭牛沟组:大于51m,碎屑岩夹灰岩、薄煤层
						前黑山组:80~101m,碎屑岩夹砂质灰岩
下伏地层			乌兰胡洞组 O_3	新元古界 Pt_3	蛇山组 O_3	平凉组 O_2

裸子植物以真蕨、种子蕨纲的脉羊齿、楔羊齿、准羊齿为主；动物化石以蜓科、珊瑚类、腕足类、牙形石为组合特征，腕足类主要为长身贝超科和石燕贝超科；此外见少量的腹足类、海百合茎等。

在内蒙古自治区内，羊虎沟组主要分布在北祁连地层分区、鄂尔多斯地层分区与北祁连地层分区的过渡地带，即桌子山西来峰大断裂以西、贺兰山及腾格里沙漠南缘的庆阳山、黑山等地。在西来峰大断裂以西主要以乌达煤田为中心沉积了一套浅海—海陆交互相地层，地层最大厚度1680m。主要岩性为深灰色和黑色砂质泥岩、泥岩及灰白色砂岩互层，夹多层灰岩和薄煤层。煤层在贺兰山(西麓)煤田的呼鲁斯太矿区可达40层，乌达煤田为20层，公乌素井田仅赋存5层，多为薄煤层。一般结构简单，煤厚变化很大。公乌素井田无可采煤层，雀儿沟矿区有可采煤层2层，乌达煤田有可采煤层8层，自西来峰断裂由东向西含煤性有逐渐变好的趋势。在庆阳山、黑山、方家井一带底部岩性为细砾岩及细砂岩，中上部岩性为灰紫色粉砂岩、细砂岩、灰—深灰色泥岩、砂质泥岩，无可采煤层；在黑山煤田，地层总厚度667m，含煤6层，无可采煤层；在红水煤田方家井，地层总厚度484m，含煤11层，其中可采煤层9层，可采煤层总厚度12.97m。

本组地层与上覆太原组地层整合接触，与下伏奥陶系假整合接触。

2. 本溪组(C_2b)

本溪组形成时代属晚石炭世，为一套海陆交互相的含煤沉积。岩性特征：主要为灰白色石英砂岩、深灰色泥岩、灰岩夹薄煤层等，底部可见不稳定的褐铁矿层，相当于山西式铁矿。桌子山东麓千里山矿区可见底砾岩，地层厚度0～33m，一般厚度为16m，含植物化石，少见动物化石，与下伏奥陶系桌子山组假整合接触。在准格尔煤田，下部岩性为褐红色铁质泥岩，局部为褐铁矿、铝质黏土岩；上部岩性为深灰色泥岩、钙质泥岩、泥晶灰岩及石英砂岩，局部夹薄煤层1～3层，均不可采。灰岩一般1～4层，由北向南层数增多。地层厚度0～35m，一般厚度在20m左右，与下伏奥陶系马家沟组假整合接触，主要出露于准格尔煤田东缘黄河岸边。

在准格尔煤田，本溪组孢粉组合特征是以孢子为主，占95%，而且三缝孢占优势，为67%(其中有环三缝孢占47%，无环三缝孢占20%)，单缝孢占33%。其组合特征可与山西省、山东省、鄂尔多斯盆地的本溪组对比，时代相当。建立 *Densoisporites reticulates* - *Laevigatosporites minutus* 组合带。本溪组在桌子山煤田、乌达煤田孢粉组合特征是三缝孢占孢子总数的72%，其中无环三缝孢占59%，有环三缝孢占次要地位，仅占13%，单缝孢含量少于三缝孢，占总数的28%。在上述组合中，网状套环孢以及多角平网孢目前只是在山西本溪组中见到，故上述组合时代应该趋于石炭纪，为 *Laevigatosporites* - *Triquitrites* - *Densoisporites* 组合。

本组主要分布在鄂尔多斯地层分区的西来峰断裂以东的桌子山、准格尔、清水河煤田等地。

3. 太原组(C_2t)

太原组形成于晚石炭世晚期，典型剖面位于山西省河曲县东刘家塔，为一套海陆交互相的含煤沉积。岩性特征：主要由砂岩、页岩、碳质页岩、煤层及灰岩组成。生物特征：太原组在准格尔煤田孢粉组合特征是以孢子为主，占75%，花粉占25%。孢子中以单缝孢占绝对优势，占81%，三缝孢占19%(其中有环三缝孢占2%，无环三缝孢占17%)，可建立 *Laevigatosporites* - *Convolutispora* 组合带，可与山西省等地的太原组对比，时代亦相当。太原组在桌子山、乌达煤田孢粉保存较少，据少量孢粉分析，单缝孢含量占总数的47%，三缝孢占孢子总数的53%(其中无环三缝孢占41%，有环三缝孢占12%)。花粉中见费氏粉，费氏粉一般常见于石炭纪。属于 *Laevigatosporites* - *punctatosporites* - *Crassispora* 组合，形成时代属于晚石炭纪。

太原组在准格尔煤田发育良好，据其岩性及生物特征，可分为上、下两段：下段主要为浅灰色长石石英砂岩，灰色和深灰色泥岩、泥灰岩及7～10号煤层，产丰富的动、植物化石；上段主要为灰色粗粒杂砂岩、浅灰色泥岩、高岭石黏土岩及巨厚复杂结构的6号煤层，产丰富的植物化石。全组含煤5层，6号、9号煤层为主要可采煤层，其中6号煤层全区发育且较稳定，煤层厚度0.51～42.12m，平均厚度23.06m，哈尔乌素、黑岱沟露天煤矿最厚，向西、向南逐渐变薄；9号煤层厚度0.15～14.67m，平均厚度3.65m，窑沟矿区最厚，向南变薄。地层总厚度12.31～95m，可采煤层累计厚度25.10m，与上覆地层山西组、下伏地层本溪组均为整合接触。

在桌子山地区，太原组岩性以灰白色中细砂岩，深灰色砂质泥岩、黏土岩、泥灰岩(或钙质泥岩)及煤层为主。据其岩性及生物特征，也可分为上、下两段。下段岩性以砂质泥岩、黏土岩夹砂岩为主。该段地层厚度25～140m，平均80m，含丰富的植物化石及小个体的腕足类化石。在桌子山煤田，含可采煤层4层(编号14～17号)，其中16号煤层为主要可采煤层，煤层厚度0～13.10m，平均厚度4.93m，发育状况良好，煤层结构较复杂；在乌达煤田，含煤10层(编号8～17号)，其中12号煤层发育较稳定，为主要可采煤层，煤层厚度0.20～8.05m，平均厚度5.01m。上段岩性为灰—深灰色砂岩与砂质泥岩互层，中间夹不稳定的灰岩2～3层，含煤3～4层。在桌子山煤田含不稳定的12号薄煤层；在乌达煤田发育有稳定的8号、9号主要可采煤层，其中8号煤层厚度0.88～5.21m，平均2.96m，9号煤层厚度0.61～3.13m，平均2.16m。该段地层厚度27～74m，在贺兰山北端厚度加大，最大厚度可达300m，平均厚度140m，含大量的动、植物化石。与上覆地层山西组、下伏地层本溪组或羊虎沟组整合接触。

在庆阳山、黑山地区，太原组岩性主要由泥岩、砂岩、灰岩和煤层组成，分下、中、上3段。下段岩性主要由灰黑色泥岩、碳质泥岩、深灰色灰岩及煤层组成，含煤6层，3层可采，可采总厚度1.60m，该段总厚度17.03m；中段岩性顶部为一厚层状灰岩，中、下部为灰褐色及灰黄色泥岩、细粒砂岩、粉砂岩、砂质泥岩及黑色碳质泥岩，含煤11层，9层可采，可采总厚度11.38m，该段总厚度67.20m；上段为灰白—灰紫色细、粉砂岩，灰黑色泥岩、砂质泥岩，含煤4层，煤层厚度0.12～0.70m，均不可采，该段总厚度90.58m。太原组地层总厚度174.84m，煤层总厚度16.32m，含煤系数为9.33%。与上覆地层山西组、下伏地层羊虎沟组整合接触。

太原组含煤地层在内蒙古自治区有以下沉积规律：分布较为广泛，从东部的清水河煤田、准格尔煤田一直到西部的桌子山煤田、贺兰山(西麓)煤田以及黑山煤田普遍赋存；在横向上含煤地层厚度由东向西逐渐加大、含煤性相对变差，岩石粒度由西向东粗碎屑岩比例增大，尤其是在乌兰格尔一带有砾岩或含砾粗砂岩出现；在纵向上所含的海相灰岩多出现在中下部，且由南向北海相灰岩层数减少、厚度变薄，共含灰岩1～4层；无论东部还是西部，均由南部的海陆交互相沉积逐渐变成纯陆相沉积。

本组为内蒙古自治区重要含煤地层之一，主要分布于鄂尔多斯地层分区及北祁连地层分区的准格尔煤田、桌子山煤田及贺兰山(西麓)煤田。

4. 拴马桩组(C_2sh)

拴马桩组曾称拴马桩煤系，时代属于晚石炭世，创建于乌拉特前旗大佘太镇北的拴马桩沟。原始定义为“由陆湖相灰绿色页岩、灰白色粗粒石英砂岩、含砾石英砂岩及煤层组成，厚度为748m，富含蕨类及鳞木化石，下部平行不整合在中、下奥陶统之上，上限被下白垩统所覆盖”，现指分布于阴山地区平行不整合于奥陶系灰岩之上的滨海近岸至湖沼相的含煤地层。岩性特征：主要由灰绿色页岩、灰白色粗粒石英砂岩、含砾石英砂岩、砾岩及煤层组成，富含植物化石。拴马桩组由22个韵律层组成，每个韵律层内均由浅色石英质砂、砾岩开始，到黑色砂泥质页岩、碳质页岩或煤层(线)结束，反映水动力条件周期性震荡运动的特点。

拴马桩组零星出露于阴山地层分区古老结晶基底分布范围内，常不整合覆盖于基底的奥陶系或寒武系之上，长期遭受南北向挤压力的作用形成推覆岩片或被剥蚀殆尽，残存于乌拉特前旗的大佘太镇和石拐区五当沟的大海流素、土默特右旗的中卜圪素、卓资县的四号地、察哈尔右翼前旗的口子村等地。大海流素有可采煤层被逆掩于基底岩系之下，底部是巨厚层灰白色砾岩以角度不整合于中寒武统之上。中卜圪素的剖面结果与正层型相似，但化石少。老爷庙山底亦见透镜状煤层，煤质较好。口子村见铝土页岩夹层。由西(大佘太镇)向东(口子村)粗碎屑含量增多。这些零星出露的地层属于同一时期、同一大地构造背景下形成的湖沼、河流相沉积，应为形态各异、大小不一的山间盆地型沉积产物。

拴马桩组在大青山煤田的大炭壕、水泉、老窝铺及阿刀亥井田发育较好，下部岩性多为砾岩、含砾粗粒砂岩夹细粒砂岩和砂质泥岩，上部岩性为碳质泥岩、黑色黏土岩和煤层，间夹细粒砂岩和砂质泥岩，含煤10余层，6层可采，可采总厚度平均25.39m。拴马桩组的含煤特点是煤层多、厚度大，煤厚变化大，煤层不稳定、结构复杂。在阿刀亥一带煤层平均厚度28m，单层最大厚度40余米；大炭壕一带煤层平均厚度22m，最大可达80余米。地层厚度70～190m，含煤系数19.53%。与上覆地层杂怀沟组平行不整合接触，与下伏地层奥陶系石灰岩角度不整合接触。

5. 山西组(P_1sh)

山西组形成时代属早二叠世，区内典型剖面位于阿拉善盟呼鲁斯太矿区内，为一套湖沼陆相的含煤沉积。岩性特征：主要为青灰色、浅灰色、灰色粉砂质泥岩、粉砂岩、细粒砂岩及煤层，底部为黄褐色含砾粗粒砂岩，富含植物化石。生物特征：植物化石以裸子植物为主，蕨类植物次之。裸子植物真蕨、种子蕨纲的织羊齿、栉羊齿、带羊齿、脉羊齿、座延羊齿最为丰富，同时出现了少量的松柏和苏铁纲。繁盛于石炭纪的蕨类植物石松纲、鳞木大大衰退，楔叶纲出现了瓣轮叶。动物化石少见。在准格尔煤田，山西组孢粉组合特征是孢子占92%，花粉占8%。孢子中无环单缝孢占0.5%，三缝孢占45%，其中有环三缝孢占22%；花粉有松型粉、费氏粉、短缝联囊粉等。上述孢粉类型一般常见于石炭纪—二叠纪，但单缝孢、短缝联囊粉常见于二叠纪，孢粉组合特点与山东省北部的早二叠世组合类似，从而建立 *Torispora*-*Gulisporites* 组合带。山西组在桌子山煤田、乌达煤田孢粉十分丰富，孢粉组合特征：单缝孢占41%，三缝孢占总数的59%，其中无环三缝孢占46%，有环三缝孢占13%。上述组合中以蕨类植物孢子占大多数，有环三缝孢占比较少，含有匙状匙唇孢、齐氏赘瘤单缝孢等。经对77粒花粉分析，松型粉占18%，蝶囊粉占14%，折缝二囊粉占9%，阿里粉占9%，银铁粉占9%，费氏粉占11%，其余均小于5%。孢粉为早二叠世常见的 *Gulisporites*-*Torispora* 组合。

在准格尔煤田，山西组由灰白色中粗粒砂岩、灰黑色砂质泥岩、泥岩、黏土岩及煤组成。含煤5层，以1号、3号、5号发育较稳定。据其岩性及含煤性特征，可分为下、中、上3段，每一段的上部或顶部均有较稳定的煤层或泥质岩类等相当层位。下段含有5号煤层，煤层厚度0.10～7.14m，平均2.36m；中段含有3号煤层，厚度0.10～4.27m，平均1.74m；上段含有1号煤层，厚度0～2.00m，平均0.35m。本组地层厚度36.24～98.81m，一般为60m，有南厚北薄的趋势，含煤性由北向南也逐渐变差，与下部太原组、上部下石盒子组均为连续沉积。

山西组在桌子山煤田的东部广泛出露，地层厚度95～165m。根据岩性及含煤性自下而上划分为P_1sh^1、P_1sh^2、P_1sh^3 3个岩段。P_1sh^1为煤田内主要含煤段，岩性由砂质泥岩、泥岩、黏土岩及煤层组成，含7～10号4层煤(俗称乙煤组)，9号煤层为主要可采煤层，煤层厚度0～11.96m，平均厚度3.85m，岩段厚度在18m左右；P_1sh^2岩性以灰色粗粒砂岩为主，夹深灰色砂质泥岩及泥岩，岩相变化大，含4～6号煤层，煤厚变化大、极不稳定，大多不可采，岩段厚度19～62.83m；P_1sh^3岩性：下部以灰—黄绿色砂质泥岩和泥岩为主，含2号、3号煤层(俗称甲煤组)，煤层厚度分别为0～2.88m、0～0.54m，上部为灰白色中粗粒砂岩、黄绿色砂质泥岩夹细粒砂岩、黏土岩，偶含1号煤层，极不稳定，岩段总厚度34.5～122.83m，富含植物化石，与下伏地层太原组整合接触。

在乌达煤田，山西组划分为3个岩段：P_1sh^1岩段岩性以中、细粒砂岩和煤层为主，含5号、6号、7号煤层，其中7号煤层属较稳定可采煤层，厚度1.28～3.05m，平均1.99m；P_1sh^2岩段岩性以粉砂岩和煤层为主，含4号较稳定煤层，煤层厚度0.01～10.97m，平均4.10m；P_1sh^3岩段岩性以粗粒砂岩、粉砂岩、泥岩为主，含1号、2号、3号煤层，其中1号、2号煤层属于较稳定煤层，煤层厚度分别为1.76～3.86m、平均2.60m和2.43～8.31m、平均4.55m。

在贺兰山中段山西组零星分布于蚕特拉、小台子等地，岩性主要为灰绿色细粒砂岩及灰白色粗粒砂岩，顶部有少量紫色粉砂岩，下部夹碳质泥岩及煤层，含煤面积较小，煤层不稳定。含煤性相对较好的小台子共含煤5层，其中3层(编号$2^上$号、2号、3号)发育较好，煤层平均厚度2～3m，含煤地层总厚度193～238m。富含植物化石，与下伏太原组整合接触。

山西组含煤地层在内蒙古自治区内有以下沉积规律：分布范围较广，大体与太原组相同；含煤性次于太原组，富煤中心大致在桌子山—贺兰山北端一带，向东、向西变差；含煤地层厚度由东向西有增厚趋势；为一套纯陆相含煤地层。

本组为内蒙古自治区重要含煤地层之一，主要分布于鄂尔多斯地层分区及北祁连地层分区的准格尔煤田、桌子山煤田及贺兰山(西麓)煤田等地。

6. 杂怀沟组(P_1z)

杂怀沟组形成时代属早二叠世，为一套内陆山间盆地型湖沼相的含煤沉积。岩性特征：下部为灰色粗粒砂岩及砾岩，上部为灰—黑色碳质泥岩、砂岩、黏土岩及煤层。地层厚度50～80m，含煤性比拴马桩组差，一般含1～6层中、薄煤层，可采煤层2～4层，可采煤层累计厚度3m左右，以脑包沟—中卜圪素一带含煤性最佳。总的特点是分布零星、发育范围狭窄，含煤性较差，富含植物化石。植物化石以裸子植物门种子蕨纲的羊齿类、蕨类，植物门石松纲的鳞木、楔叶纲的瓣轮叶为主，很少见动物化石，形成时代与山西组相当，与下伏拴马桩组整合接触。

杂怀沟组分布于乌拉山、大青山煤田等地。

7. 大红山组($P_{1-2}d$)

大红山组形成时代属早—中二叠世，为一套纯陆相巨厚层状浅—中深变质的碎屑岩含煤沉积，局部夹火山碎屑岩与中酸性喷发岩，含高变质的无烟煤或已石墨化的煤层。岩性特征：在大红山地区下部为砾岩、细砾岩、石英砂岩、杂砂岩及少量薄层泥灰岩，上部为黑色变质砾岩、变质石英砂岩夹凝灰质砂岩、碳质泥岩和石墨化的煤层，地层总厚度大于2000m，含3层可采煤层，但均已石墨化；在苏勒图一带下部为砾岩、砂岩、粉砂岩、泥岩夹煤层，其底部为角砾岩或泥岩，上部主要为砾岩夹砂岩及煤层，有岩浆岩侵入，地层总厚度大于2000m，含4层可采煤层，煤层厚度变化很大，变化范围可从20余米至彻底尖灭，富含植物化石，上、下部接触界线不清，研究程度较低。植物化石主要有*Cordaites* sp.、*Lepidodendron* sp.、*Calamites cistii*、*Emplectopteris*等，很少见动物化石。

大红山组仅分布在狼山和大青山北侧，为区内次要含煤地层。

二、侏罗纪含煤地层

内蒙古自治区侏罗纪含煤地层主要有中—下侏罗统五当沟组、下侏罗统红旗组、中侏罗统万宝组、中侏罗统新民组、中侏罗统延安组、中侏罗统龙凤山组。内蒙古自治区侏罗纪含煤地层划分与对比见表3-2-3。

表 3-2-3 内蒙古自治区侏罗纪含煤地层划分与对比简表

地层		天山地层区(Ⅰ)	阿拉善地层区(Ⅱ)		陕甘宁地层区(Ⅲ)	滨太平洋地层区(Ⅴ)			
						大兴安岭-燕山地层分区($Ⅴ_1$)			
分区		北山分区($Ⅰ_1$)	巴丹吉林分区($Ⅱ_1$)	潮水分区($Ⅱ_2$)	鄂尔多斯分区($Ⅲ_1$)	阴山小区($Ⅴ_1^1$)	博客图-二连浩特小区($Ⅴ_1^2$)	乌兰浩特-赤峰小区($Ⅴ_1^3$)	宁城-敖汉小区($Ⅴ_1^4$)
上覆地层		赤金堡组	巴音戈壁组	庙沟组(K_1)	洛河组(K_1)	金家窑子组	梅勒图组	龙江组(K_1)	义县组(K_1)
侏罗系(J)	上侏罗统(J_3)		沙枣河组				白音高老组 玛尼吐组 满克头鄂博组		满克头鄂博组
					安定组	大青山组	土城子组		
	中侏罗统(J_2)	龙凤山组(青土井群)			直罗组 延安组	石拐群：长汉沟组 五当沟组(召沟组)	塔木兰沟组 万宝组	新民组	万宝组
	下侏罗统(J_1)	芨芨沟组			富县组		红旗组(阿拉坦合力群)(北票组)		
下伏地层		珊瑚井组(T_3)			延长组(T_3)	乌拉山群(Ar)	古生界(Pz)	老龙头组 T_1	古生界 Pz

1. 五当沟组($J_{1-2}w$)

五当沟组由原五当沟组和原召沟组合并而成，形成时代属早—中侏罗世。区内典型剖面位于包头市石拐区古城塔头道沟至二道沟，为一套内陆山间盆地型湖沼相的陆源碎屑岩含煤沉积。岩性主要为灰白色和灰绿色砾岩、砂岩、砂质页岩、碳质页岩、棕灰色含油页岩及煤层；下部以灰白色、灰绿色粗碎屑岩为主，夹砂质页岩及多层煤，向上碎屑粒度变细，颜色变深，以粉砂岩、泥岩夹油页岩及煤层为主。

在大青山煤田五当沟组共含 A、B、C、D、E、F、G、H、I、J、K、L 12 个煤组，自下而上划分为 5 个岩段，煤层主要赋存在中下部。第一岩段含 L、K、J 煤组，发育 20 余层煤，有 9 个煤层在煤田内普遍发育。L 煤组一般由 4 个煤层组成，煤层累计厚度 0.27～46.20m，平均累计厚度 15.90m，主要发育在河滩沟—万家沟一带，以河滩沟、白狐沟发育最佳；K 煤组一般由 2 个煤层组成，煤层累计厚度 0～14.39m，平均累计厚度 3.20m,主要发育在白狐沟、康包、万家沟;J 煤组一般由 3 个煤层组成,煤层累计厚度 0.73～30.6m,平均累计厚度 7.70m,在白狐沟、康包、羊腰沟至万家沟一带发育较好。第二岩段含 I、H、G、F 煤组,发育于石拐矿区的河滩沟、白狐沟、万家沟等地。I 煤组为区域内重要煤组之一,但煤层结构复杂、分叉现象普遍,煤层累计厚度 0～10.04m,平均累计厚度 4.90m;H 煤组结构复杂,厚度变化大,煤层累计厚度 0～3.54m,平均累计厚度 2.02m;G 煤组结构复杂,分叉现象普遍,通常以薄煤层与页岩互层出现,煤层累计厚度 0～5.64m,平均累计厚度 3.60m;F 煤组仅局部发育,煤层累计厚度 0.20～1.80m,平均累计厚度 0.60m。第三岩段一般不含可采煤层,岩性下部为厚层状砾岩、上部为中粗—中细粒砂岩,岩段厚度 10～50m。第四岩段含 E、D、C、B、A 煤组,发育于西部的省劲梁至长汉沟一带和东部的葫芦斯太、六道坝、大南沟等地,岩段厚度 1600m。E 煤组分布范围较小,结构复杂,煤层累计厚度 0～0.60m,平均累计厚度 0.40m;D 煤组仅局部发育,煤层累计厚度 0～1.60m,平均累计厚度 1.00m;C 煤组结构复杂,稳定性差,煤层累计厚度 0～1.10m,平均累计厚度 0.83m;B 煤组发育较好,分布范围较大,层位稳定,易于对比,煤层累计厚度 0.50～6.79m,平均累计厚度 3.75m;A 煤组分布较广,区域内多呈透镜体状发育,煤层累计厚度 0～2.90m,平均累计厚度 1.50m。第五岩段一般不含可采煤层,以厚层油页岩为顶界,岩性主要为灰绿色砂质页岩、中粗粒砂岩。

在营盘湾煤产地,五当沟组岩性有变粗趋势。下部以灰色砂砾岩、细粉砂岩为主,中夹碳质泥岩和煤层;上部以灰色厚层、巨厚层状砾岩为主,夹黄绿色中粗粒砂岩及砂质泥岩,极少含煤或不含煤。自下而上可分 4 个岩段:第一岩段含煤 2 层(17～18 号),第二岩段含煤 10 层(7～16 号),第三岩段含煤 6 层(1～6 号),第四岩段一般不含可采煤层。地层总厚度 1525m,含煤 8～16 层,煤层总厚度 4.30～17.50m,煤层不稳定,结构复杂,与下伏老地层乌拉山岩群不整合接触。

在昂根煤产地,五当沟组岩性为石英砂岩、细粒砂岩、粗粒石英砂岩夹可采煤层。划分 2 个岩段:第一岩段含煤 2 层,均不可采;第二岩段含煤 5 层,可采煤层 3 层,煤层累计厚度 3.44m。地层总厚度 225m,含丰富的植物化石,与下伏石炭纪—二叠纪变质岩系不整合接触。

在察哈尔右翼中旗苏勒图煤产地,五当沟组岩性为中粗粒砂岩与细粒砂岩、碳质泥岩互层,含煤 20 余层,煤层总厚度 0.58～16.10m,其中可采煤层 2 层,可采煤层累计厚度 4.23m。地层总厚度大于 428m,富含植物化石,与下伏老地层不整合接触。

五当沟组的赋存范围仅限于阴山地层分区,主要分布在包头市的石拐矿区、乌拉特前旗的营盘湾煤产地、乌拉特中旗的昂根煤产地、察哈尔右翼中旗的苏勒图煤产地等地。

2. 红旗组(J_1h)

红旗组包含曾使用的阿拉坦合力群,形成时代属早侏罗世。区内典型剖面位于赤峰市扎鲁特旗的塔拉营子,为一套陆相碎屑岩含煤沉积。岩性特征:下部以灰白色砾岩夹薄层砂岩为主,上部为砂岩、粉砂岩、泥岩夹数层可采煤层,含植物化石,与下伏古生代变质火山岩不整合接触。含植物化石,如 *Podozamites lanceolatus*、*Pityophyllum staratschini*、*Cladophlebis*、*Neocalamites hoerensis*、*N. carrerei Todites williamsoni*、*Equisetites lateralis*、*Ginkgo schmidtiana*。

红旗组在各地区岩性特征、地层厚度及赋煤情况都有一定的差别。在吉林省的万宝盆地、红旗盆地,红旗组下部为灰白色砾岩夹砂岩,上部为砂岩、粉砂岩、泥岩夹多层煤,地层厚度 540m;在通辽市的联合屯煤产地塔拉营子煤矿红旗组下部为砂砾岩、砂岩,上部为细粒砂岩、粉砂岩夹煤线;在锡林郭勒盟阿拉坦合力盆地和锡林浩特盆地红旗组为灰色、灰黑色、灰绿色细碎屑岩夹多层煤,地层厚度 1047m;在其他地区红旗组为杂色碎屑岩,夹 1～2 层煤或煤线,地层厚度小于 300m。

红旗组分上、下两个含煤岩段。下含煤岩段含煤性较好,发育 3～5 个煤组,含煤 3～33 层,可采煤层 2～15 层,煤层平均累计厚度 8.02～20.29m;上含煤段仅发育一个煤组,含煤 1～6 层,煤层平均累计厚度 0.65～20.05m。

红旗组主要赋存在通辽市的联合屯、宝龙山煤产地，兴安盟的牤牛海煤田，锡林郭勒盟的锡林浩特煤产地、马尼特庙煤田、五间房煤田，赤峰市的沙力好来煤产地、四家子镇等地。

3. 万宝组(J_2w)

万宝组与呼日格组(或巨宝组)层位相当。在内蒙古自治区内存在于红旗组之上、满克头鄂博组之下，与新民组呈相变关系。以火山岩为主体夹沉积岩的部分属新民组，以沉积岩夹煤层的部分属万宝组。形成时代属中侏罗世，为一套陆相碎屑岩夹火山碎屑岩含煤沉积。岩性特征：上部由碳质泥岩、粉砂岩、砂岩夹薄煤层和凝灰岩组成，产植物化石；下部为砾岩夹砂岩。万宝组与上部的塔木兰沟组整合接触，以厚层凝灰岩为界，与下伏的红旗组不整合接触。自下而上划分为砾岩凝灰岩段、下含煤碎屑岩凝灰岩段、上含煤碎屑岩凝灰岩段，地层总厚度 400～1900m。含植物化石*Coniopteris* sp.、*Coniopteris hymenophylloides Brongniart*、*Equisetites Lateralis*、*Equisetites* sp.、*Cladophlebis* sp.。万宝组主要赋存在兴安盟的突泉县、通辽市的扎鲁特旗一带。

4. 新民组(J_2x)

新民组形成时代属中侏罗世，为一套陆相碎屑岩夹火山沉积碎屑岩含煤沉积体系。岩性特征：下段以紫色、灰绿色、灰白色流纹质火山碎屑岩为主，夹粉砂岩、页岩、泥灰岩及可采煤层，地层厚度 502～893m；中段为灰紫色和黄绿色砂砾岩、砾岩或凝灰质粗碎屑岩，夹黑色页岩及灰岩透镜体，地层厚度 444～893m；上段以灰绿色、黄绿色凝灰砂砾岩及粉砂岩为主，夹酸性凝灰岩，局部夹碳质页岩及劣质煤，地层厚度大于 515m。与下伏红旗组平行不整合接触，与上覆满克头鄂博组角度不整合接触。新民组在多数地区未见底界，局部地区见与二叠纪变质砂岩、板岩呈不整合接触。

新民组含煤性发育较好的地段在黄花山煤矿，共含煤 20 层，其中 17 层可采，单煤层平均厚度 0.63～1.48m，煤层平均累计厚度 14.59m；在新民地区目前仅发现薄煤层或煤线。

新民组主要分布于赤峰市北部的阿鲁科尔沁旗新民乡、克什克腾旗同兴镇、巴林左旗浩尔吐沟、野猪沟以及林西县和扎鲁特旗等地。地层总厚度大于 2217m。新民组在各地岩性有所不同，在新民乡—羊场营子一带以细碎屑岩夹泥灰岩为主，化石丰富，但地层厚度较小；在天山镇以东的温都花一带以碎屑岩夹多层煤层为主，并含多种植物化石；在巴林左旗浩尔吐沟—克什克腾旗同兴镇一带，以陆源碎屑沉积岩为主、火山碎屑岩次之，地层厚度较大。

5. 延安组(J_2y)

延安组形成时代属中侏罗世。区内延安组典型剖面位于鄂尔多斯市准格尔旗的铧尖沟，为一套陆相碎屑岩含煤沉积。岩性特征：主要由灰白色细—粗粒砂岩、黑色泥岩和煤层组成。底部为灰白色含砾砂岩或长石岩屑石英砂岩，底界面与富县组整合接触或与延长组灰绿色中细粒岩屑长石砂岩平行不整合接触，顶部以灰白色长石石英砂岩或粉砂岩顶界面与直罗组灰绿色中粒砂岩假整合接触。生物特征：富含植物化石 *Phoenicopsis angustifolid Heer*(狭叶似刺葵)、*Equisetites lateralis*、*Todites williamsoni*、*Coniopteris hymenophylloides*、*C. tatungensis*、*Raphaelia diamensis*、*Pterophyllum aequale*、*Anomozamites* sp.、*Taenioteris* sp.、*Williamsonia* sp.、*Ginkgoites* sp.、*Sphenobaiera* sp.、*Phoenicopsis rigida*、*Pityophyllum lingstroemi*、*Elatocladus* sp.、*Pagiophyllum*、*Podozamites lanceolatus*、*Carpolithus* sp.等。延安组主要出露于鄂尔多斯市的准格尔旗、东胜区及达拉特旗南部，其他地区仅见于钻孔中。延安组是区内重要的含煤地层。

延安组厚度 113～315m，地层平均厚度 285m，由下至上划分为 3 个岩段，含Ⅵ、Ⅴ、Ⅳ、Ⅲ、Ⅱ 5 个煤组，其中Ⅳ、Ⅲ2个煤组在全区发育，层位稳定。一岩段含Ⅵ、Ⅴ2个煤组，二岩段含Ⅳ、Ⅲ2个煤组，三岩段含Ⅱ煤组，每个煤组含1～3个煤层。延安组一般含煤10～22层，最多可达35层，含可采煤层8～11层，可采煤层累计厚度12.62～21.63m，可采煤层累计平均厚度18.43m。地层倾向大致为西或南西，倾角小于5°，煤层连续性好，结构简单，层位稳定。

延安组主要赋存在鄂尔多斯盆地，有以下特点：含煤地层连续性好，地层厚度由东北向西南增厚；含煤地层平缓，煤层结构简单，层位较稳定；在东胜煤田形成以东胜区至补连矿区为中心的"S"形南北向厚煤带；在东胜煤田深部区形成以杭锦旗为中心的东西向展布的厚煤带。另外，在贺兰山西麓也有延安组含煤地层零星分布，含煤地层遭受严重的后期构造破坏，连续性变差。发育较好的汝箕沟矿区延安组厚度288m，向西变薄为30m，岩性较粗，具边缘相特征；向东煤系被剥蚀，原始沉积边界不清；中部含可采煤7层，煤层单层厚度1.22～20.90m，累计总平均厚度33.65m，有巨厚煤层赋存。

6. 龙凤山组(J_2l)

龙凤山组包含曾使用的青土井群，形成时代属中侏罗世，距今1.64亿～1.50亿年。区内典型剖面位于阿拉善盟阿拉善左旗的红柳沟，为一套陆相碎屑岩夹火山岩含煤沉积。岩性特征：主要为灰白色砾岩，灰绿色、灰色砂岩，灰黑色、灰色泥岩及煤层组成的多韵律含煤沉积组合。底部以灰白色砂岩或砾岩与下伏芨芨沟组顶部灰绿色、暗紫色砂岩或页岩间的不整合面为界；顶部以灰色砂岩与上覆新河组的黄绿色砂岩或页岩的接触面为界，两者为整合或平行不整合接触。富含植物化石 *Neocalamites carcinoides Haris*、*N. carrerei* (Zeiller) *Halle*、*Todites Williamsoni*、*Cladophlebis Brongniart*、*Podozamites lanceolatus* (L. et H.) *Braun*、*Pschenki Heer*、*Otozamites* sp.、*Coniopteris* sp.；*Coniopteris burejensis* (Zalessky) *Seward*、*C. hymenophylloides Brongniart* 等。

龙凤山组在潮水盆地岩性为灰白色和灰绿色细砾岩、砂砾岩、砂岩及灰黑色粉砂岩、泥岩及煤层，岩性、岩相较复杂，地层厚度变化大，最大厚度可达1500m。下部地层是盆地内的主要含煤岩段，含煤段地层厚度103～726m。在阿拉善左旗吉兰泰哈格尔汉一带下部为灰色和灰紫色砾岩、含砾砂岩、细粒砂岩、粉砂岩夹泥岩，上部为灰绿色砂砾岩、砂岩夹粉砂岩，地层厚度725m。在额济纳旗，龙凤山组岩性和地层厚度变化较大，西北部为粗碎屑岩，基本不含可采煤层，厚度达1000m；东南部为砂岩、粉砂岩夹泥岩，含可采煤层，地层厚度小于500m。本组在阿拉善盟的不同地段含煤性各有差异，在阿拉善右旗东部的长山、青苔泉、红砂岗等地含煤性较好，见煤10余层，煤层最大厚度9.63m，含可采煤层7～8层，可采煤层累计厚度一般6.0～8.8m。

龙凤山组主要赋存在阿拉善地层分区的北山地区和南部的潮水盆地。在北山地区主要出露于额济纳旗的沙林浩林、红柳疙瘩、野马泉、沙婆泉、北山煤窑、石板井、芨芨台子、五道明等地。在阿拉善左旗的庆格勒、吉兰泰一带的含煤地层中夹部分火山岩地层。

内蒙古自治区侏罗纪含煤地层除上述几个主要地层单位外，其他均属次要含煤地层。在鄂尔多斯地层分区的早侏罗世富县组、中侏罗世直罗组，一般都含有不可采煤层或煤线；在赤峰地层分区的喀喇沁旗青峰一带也有晚侏罗世含煤地层赋存(未建组)，含可采煤层1层，煤层厚度0.05～9.61m，含煤系数0.1%～3%，埋藏深度小于180m。

三、白垩纪含煤地层

内蒙古自治区白垩纪含煤地层主要有下白垩统大磨拐河组、下白垩统伊敏组、下白垩统义县组、下白垩统阜新组、下白垩统固阳组。含煤地层划分与对比见表3-2-4。

表 3-2-4　内蒙古自治区白垩纪含煤地层划分与对比简表

<table>
<tr><td colspan="2" rowspan="3">地层区划</td><td colspan="2">阿拉善地层区(Ⅱ)</td><td colspan="4">滨太平洋地层区(Ⅴ)</td></tr>
<tr><td rowspan="2">巴丹吉林分区($Ⅱ_1$)</td><td rowspan="2">潮水分区($Ⅱ_2$)</td><td colspan="4">大兴安岭-燕山分区($Ⅴ_1$)</td></tr>
<tr><td>阴山小区($Ⅴ_1^1$)</td><td>博客图-二连浩特小区($Ⅴ_1^2$)</td><td>乌兰浩特-赤峰小区($Ⅴ_1^3$)</td><td>宁城-敖汉小区($Ⅴ_1^4$)</td></tr>
<tr><td colspan="2">上覆地层</td><td colspan="2">寺口子组</td><td>汉诺坝组</td><td>脑木根组</td><td>汉诺坝组</td><td>上界不清</td></tr>
<tr><td rowspan="6">白垩系</td><td>上白垩统(K_2)</td><td>乌兰苏海组</td><td rowspan="2">金刚泉组</td><td rowspan="2"></td><td>二连组</td><td rowspan="2"></td><td></td></tr>
<tr><td rowspan="5">下白垩统(K_1)</td><td></td><td></td><td>孙家湾组</td></tr>
<tr><td>苏红图组</td><td rowspan="4">庙沟组</td><td>白女羊盘组</td><td>白彦花群：伊敏组</td><td>甘河组</td><td>阜新组（热河群）</td></tr>
<tr><td rowspan="3">巴音戈壁组</td><td>固阳组</td><td colspan="2" rowspan="2">白彦花群：大磨拐河组(九峰山组,九佛堂组)</td><td rowspan="2">热河群</td></tr>
<tr><td>李三沟组</td></tr>
<tr><td>金家窑子组</td><td>梅勒图组</td><td>龙江组</td><td>义县组（热河群）</td></tr>
<tr><td colspan="2">下伏地层</td><td colspan="2">沙枣河组(J_3)</td><td>大青山组(J_2)</td><td colspan="2">白音高老组(J_3)</td><td>土城子组(J_2)</td></tr>
</table>

本次煤炭资源潜力评价依据1996年全国多重地层对比清理及近年来研究成果，将白彦花群(以往也称巴彦花群)划分为大磨拐河组及伊敏组，取消原划分的阿尔善组、腾格尔组和赛汉塔拉组，另外，霍林河群也可与白彦花群对比，霍林河群下部四段与大磨拐河组对应，含下含煤段，上部两段与伊敏组对应，含上含煤段(表3-2-5)。

1. 大磨拐河组(K_1d)

大磨拐河组包括曾使用的九峰山组、霍林河组和白彦花群的下部，形成时代属早白垩世。区内典型剖面位于牙克石市的大磨拐河五九煤矿，为一套陆相碎屑岩含煤沉积，主要由砂砾岩、砂岩、泥岩及煤层组成。下部以砾岩、砂砾岩为主，夹泥岩、薄层粉砂岩及灰白色凝灰质粗粒砂岩；中部为灰白色或灰黄色砾岩、砂岩、泥岩及煤层；上部为黄灰色凝灰质粗粒砂岩、中细粒砂岩、泥岩互层并夹有煤线。底界以砾岩为标志与下部的梅勒图组呈不整合或假整合接触，顶部为厚层泥岩与伊敏组或甘河组为连续沉积，地层厚度501m。含植物化石 *Acanthopteris*、*Onychiopsis*、*Sphenobaiera longifolia*、*Pityophyllum* sp.、*Phoenicopsis* sp.，含动物化石 *Liograpta* sp.、*Sphaerium* cf. *anderssoni*、*Cypridea vitimensis*、*C. delnovi*、*C. sulcata*、*C. tuberculisperga*、*C.* cf. *globra*。

表 3-2-5　白彦花群划分沿革表

<table>
<tr><th colspan="2">大庆油田(1981年)</th><th colspan="2">二连勘探公司(1982年)</th><th colspan="3">华北油田研究院(1984年)</th><th colspan="3">华北油田研究院(1985年)</th><th colspan="2">内蒙古地矿局地质研究队(1989年)</th><th colspan="3">内蒙古煤田地质局一五三勘探队(1993年)</th><th colspan="3">第三次全国煤炭潜力评价(1994年)</th><th colspan="2">本书(2011年)</th></tr>
<tr><td colspan="2">二连组</td><td colspan="2">二连组</td><td colspan="3">二连组</td><td colspan="3">二连组</td><td colspan="2">二连组</td><td colspan="3">二连组</td><td colspan="3">二连组</td><td colspan="2">二连组</td></tr>
<tr><td rowspan="7">白彦花群</td><td rowspan="2">上粗段</td><td rowspan="7">白彦花群</td><td rowspan="2">上粗段</td><td rowspan="7">白彦花群</td><td colspan="2">赛汉组</td><td rowspan="7">白彦花群</td><td colspan="2">赛汉塔拉组</td><td rowspan="7">白彦花群</td><td>Ⅴ段(上砾岩段)</td><td rowspan="7">白彦花群</td><td rowspan="3">赛汉塔拉组</td><td>Ⅲ段</td><td rowspan="7">白彦花群</td><td rowspan="3">赛汉塔拉组</td><td>Ⅲ段</td><td rowspan="7">白彦花群</td><td rowspan="3">伊敏组</td></tr>
<tr><td rowspan="3">阿尔善组</td><td>Ⅲ段</td><td colspan="2">都呼木组</td><td>Ⅳ段(上含煤段)</td><td>Ⅱ段</td><td>Ⅱ段</td></tr>
<tr><td rowspan="2">中细段</td><td rowspan="2">中细段</td><td>Ⅱ段</td><td rowspan="2">阿尔善组</td><td>Ⅱ段</td><td>Ⅲ段(泥岩段)</td><td>Ⅰ段</td><td>Ⅰ段</td></tr>
<tr><td>Ⅰ段</td><td>Ⅰ段</td><td>Ⅱ段(粉砂岩含煤段)</td><td rowspan="3">腾格尔组</td><td>Ⅲ段</td><td rowspan="3">腾格尔组</td><td>Ⅲ段</td><td rowspan="4">大磨拐河组</td></tr>
<tr><td rowspan="3">下粗段</td><td rowspan="3">下粗段</td><td rowspan="3">额合组</td><td>Ⅲ段</td><td rowspan="3">额合宝力格组</td><td>Ⅲ段</td><td rowspan="3">Ⅰ段(底砂砾岩段)</td><td>Ⅱ段</td><td>Ⅱ段</td></tr>
<tr><td>Ⅱ段</td><td>Ⅱ段</td><td>Ⅰ段</td><td>Ⅰ段</td></tr>
<tr><td>Ⅰ段</td><td>Ⅰ段</td><td>阿尔善组</td><td>K_1a</td><td>阿尔善组</td><td>K_1a</td></tr>
<tr><td colspan="2">兴安岭群</td><td colspan="2">兴安岭群</td><td colspan="3">兴安岭群</td><td colspan="3">兴安岭群</td><td colspan="2">兴安岭群</td><td colspan="3">兴安岭群</td><td colspan="3">兴安岭群</td><td colspan="2">兴安岭群</td></tr>
</table>

大磨拐河组岩性分段性明显，依据沉积特征由下至上划分为 4 个岩段。砂砾岩段(K_1d^1)：仅见于各盆地的边缘地区，地层厚度 20～150m，岩性以杂色砾岩、砂砾岩为主，夹粉砂岩、泥岩。粉砂岩泥岩含砂砾岩段(K_1d^2)：岩性以灰色和深灰色粉砂岩、泥岩为主，个别盆地含浅灰色粗粒砂岩或砾岩及不稳定的薄煤层，地层厚度 0～180m，含动、植物化石。粉砂岩泥岩含煤段(K_1d^3)：由灰—深灰色泥岩、粉砂岩夹细粒砂岩和煤层组成，局部见菱铁质泥岩夹层和黄铁矿结核，地层厚度 270～310m，在泥岩、粉砂岩中含动、植物化石。泥岩段(K_1d^4)：以深灰—灰黑色泥岩、粉砂质泥岩、粉砂岩为主，夹薄层中细粒砂岩和

粗粒砂岩，局部夹煤线、油页岩、菱铁质泥岩和黄铁矿结核，是区域性含煤地层对比的可靠标志层。该泥岩段在伊敏煤田、乌固诺尔煤田中含有较丰富的动、植物化石，地层厚度 50～400m。

大磨拐河组含煤主要为第三岩段，埋深 600～1000m，含煤 5～20 层，煤层间距 10～40m，单煤层平均厚度 2～10m，煤层平均累计厚度 10～90m，含煤系数 4%～18%。主采煤层分布在含煤段的中部，煤层平均厚度 4～30m，最大厚度 44.85m。含煤性较好的为扎赉诺尔、伊敏、大雁、西胡里吐、宝日希勒煤田等。另据石油钻井资料在乌尔逊、呼和诺尔盆地也有大磨拐河组的第三岩段赋存。乌尔逊盆地海参 1 井在 1900～2300m 之间见大磨拐河组 7 个煤层，煤层累计厚度 13.2m。呼和诺尔盆地海参 7 井在 1450～1850m 之间见可采煤层 12 层，煤层累计厚度约 75m。

大磨拐河组主要分布于海拉尔含煤盆地群、大兴安岭含煤盆地群和二连含煤盆地群。在鄂伦春自治旗的大杨树煤田为一套含火山岩的含煤地层，地层厚度 651m；在扎赉诺尔煤田主要为灰—深灰—黄灰色砂泥岩、砂岩、砾岩和煤层，地层厚度 1110m；在霍林河煤田下部为砂岩、粉砂岩、粗粒砂岩夹煤层，上部为灰色和深灰色粉砂岩、泥岩夹细粒砂岩及煤层，地层厚度 753m；在白音华煤田下部为一套杂色砂砾岩夹泥岩，中部为深灰色泥岩、粉砂岩夹煤层，上部为灰绿色砾岩、泥岩，地层厚度 218m；在锡林浩特煤田边缘，上部为褐黄色含砾粗粒砂岩、长石细粒砂岩，下部为浅黄色、黄绿色页岩，地层厚度 131m。

2. 伊敏组（K_1ym）

伊敏组包括曾使用的白彦花群的上部，形成时代属早白垩世，区内典型剖面位于海拉尔市南约 50km 的伊敏煤矿，为一套陆相碎屑岩含煤沉积。主要由灰白色粉砂岩、砂岩、泥岩、碳质泥岩夹砾岩、砂砾岩组成，含煤 10 余层。底部以灰白色粉砂岩与下伏大磨拐河组粗粒砂岩、含砾砂岩分界，两者呈假整合接触；顶部与上白垩统二连组或新近系脑木根组不整合接触，地层厚度 550m。富含植物化石 *Coniopteris burejensis*、*Ruffordia goepperti*、*Ginkgoites sibiricus*、*G. digitata*、*Taeniopteris* sp.，孢粉组合为 *Triporoletes singularis*、*Kuylisporites undiformis*、*Appendicisponites bilateralis*、*A. potomacensis*、*A. variabilis*、*Piceae-pollenites* sp.、*Pilosisporites* sp.。

伊敏组在海拉尔含煤盆地群中主要分布在海拉尔河断层以南的大部分盆地中，在大兴安岭隆起带边缘的盆地内也较发育。额尔古纳隆起带及海拉尔河断裂以北的一些盆地内伊敏组缺失。地层厚度 300～500m。出露于各含煤盆地的边缘地段，钻孔资料证实在各盆地中基本都有伊敏组分布，在盆地中心地层发育较全，厚度较大。伊敏组在海拉尔盆地群为主要含煤地层，一般含 3～4 个煤组，每个煤组有 1～5 层煤，各煤层间距 8～30m，见煤深度 100～500m，煤层平均累计厚度 10～80m，平均含煤系数 8%～25%。主采煤层一般发育在伊敏组下部，煤层结构较简单，层位稳定，厚度大，分布广，具有多层可采煤层。

伊敏组主要分布于二连含煤盆地群及伊敏煤田、扎赉诺尔煤田、大雁煤田和拉布达林煤田等地。在海拉尔含煤盆地群中地层厚度由西向东变薄，贝尔湖、伊敏一带地层厚度 500m，牙克石市的免渡河地层厚度 200m，黑龙江省黑河市的西岗子、三道沟地层厚度 247m。

3. 义县组（K_1yx）

义县组形成时代属早白垩世，发育于赤峰地区，不整合于晚侏罗世地层、中侏罗世土城子组及更老地层之上。岩性以中基性火山岩、火山碎屑岩为主，局部夹中酸性、酸性和碱性火山岩、火山碎屑岩及多层沉积岩，底部常有砾岩，含热河动物群化石。

义县组主要分布于赤峰地层分区的喀喇沁旗永合营子、小牛群等地，岩性主要以中基性火山碎屑岩为主，夹凝灰岩、凝灰质砂砾岩、安山岩以及砂质泥岩和煤层，含 4 个煤组，Ⅰ煤组煤层厚度 0.60m，Ⅱ煤组煤层厚度 0.30～0.90m，Ⅲ煤组煤层厚度 1.00～2.30m，Ⅳ煤组煤层厚度 1.20～4.60m。在永合营子含可采煤层1～3层，均为局部可采煤层，煤层厚度2.40～9.61m，产丰富的动、植物化石，地层厚度3000m以上，与下伏二叠系或太古宇不整合接触。

4. 阜新组(K_1f)

阜新组形成时代属早白垩世，为一套河湖、湖沼相陆源碎屑岩含煤沉积。岩性以灰白色和灰色砂岩、砾岩为主，夹深灰色（局部出现紫红色）泥岩、碳质泥岩和煤层，富含热河动、植物化石群，与下伏地层九佛堂组整合接触，与上覆地层孙家湾组不整合或假整合接触。

阜新组上部含局部可采煤层；下部为富煤带，含煤20余层，煤层分叉、合并、尖灭现象普遍存在，煤厚变化大。阜新组在元宝山一号露天矿为河湖、湖沼相沉积，岩性以灰色火山岩为主，夹砂岩、泥岩、碳质泥岩和煤层；在宝国图一带上部为灰色、紫色砂质泥岩与煤层互层，下部主要为黑色或灰色页岩，地层厚度大于900m；在平庄盆地夹有较多砂岩层，地层厚度200m左右；在松辽地层分区的宝龙山、金宝屯一带，岩性为砂岩、泥岩夹多层煤，地层厚度约110m。

阜新组为赤峰地层分区元宝山煤田、平庄煤田内的主要含煤地层，分为下部元宝山段和上部水泉段。元宝山段岩性以灰白色厚层状细粒砂岩、中粒砂岩为主，夹粗粒砂岩和泥岩，含1～6号6个煤组，其中1号、2号、3号煤组不含可采煤层，4号、5号、6号煤组含主采煤层，煤层累计厚度最大可达150m。元宝山段垂向上常呈正粒序，4号煤组以下中粒粗砂岩占优势，以上则以粉砂岩和细粒砂岩为主。水泉段岩性以灰绿色砂岩、砂砾岩和泥岩为主。阜新组在元宝山煤田地层厚度310～410m、在平庄煤田地层厚度115～240m，富含植物化石，与下伏九佛堂组整合接触。

阜新组含煤特征：在元宝山煤田，主要煤层集中分布在红庙—西元宝山一带，在盆地的中部合并成巨厚煤层，煤层最大厚度可达80～100m，平均厚度30～50m，富煤带呈带状分布，与盆地北东走向一致；在平庄煤田，5号、6号煤组为主要可采煤层，赋煤规律为浅部厚而集中、向深部逐渐呈马尾状分叉、变薄乃至尖灭，煤层最大埋深约1000m（古山深部），由西南向东煤层逐渐增厚，间距变小，富煤带位于盆地中部靠近西北侧一边，形成以古山4号矿井、西露天及五家矿为中心的3个富煤带。

阜新组主要分布在元宝山、平庄两个盆地中，在敖汉旗北部的长胜镇也有分布。

5. 固阳组(K_1g)

固阳组形成时代属早白垩世，区内典型剖面位于包头市固阳县的昔连脑包村，为一套陆源碎屑岩含煤沉积。岩性特征：下部为灰白色和黄褐色砾岩、砂砾岩和砂岩，偶夹泥岩；中上部为灰黑色泥岩、页岩与黄灰色和灰绿色砂岩、粉砂岩互层，常夹泥灰岩、石膏和可采煤层；顶部出现少量紫红色砂岩、泥岩。固阳组地层总厚度450～2600m。富含植物化石 *Acanthopteris gothani*、*Onychiopsis ovata*、*O. psilotoides*，富含双壳类动物化石 *Sphaerium jeholense*、*Tetoria ? yixianensis*，含介形类动物化石 *Cypridea* sp.、*Lycopterocypris* sp.、*Lycopterocypris infantilis*、*Darwinula contracta*，含叶肢介动物化石 *Eosestheria* sp.、*Neimengguestheria* (*Neimengguestheria*) *gongyimingensis*、*Eosestheria* sp.，含鱼类动物化石 *Kuyangichthys microdus*、*Kuntulunia longipterus*，含昆虫类动物化石 *Ensicupes guyangensis* 及大量孢子和花粉。与下伏李三沟组整合接触，与上覆白女羊盘组的火山岩不整合接触。

固阳组在阴山北麓西部的达格图一带岩性以砂岩、砾岩、砂砾岩为主；在德尔森诺尔西北的呼和勒以北地区岩性为深灰色和灰白色泥岩、粉砂质泥岩、粉砂岩夹砾岩、含砾砂岩、泥灰岩及薄煤层，地层总厚度大于2600m；在榆树沟一带岩性下部以灰绿色、黄绿色砾岩夹长石砂岩为主，上部为灰绿色、褐黄色长石砂岩夹砾岩，局部夹褐红色泥质砂岩及团块状泥灰岩和煤线，地层厚度958m。

固阳组主要赋存于固阳煤产地、供济堂煤产地、巴音胡都格煤产地、流通壕煤产地、新民村煤产地等。

四、新生代含煤地层

内蒙古自治区新生代含煤地层主要有中新统汉诺坝组和上新统宝格达乌拉组。内蒙古自治区新生代含煤地层划分与对比见表 3-2-6。

表 3-2-6　内蒙古自治区新生代含煤地层划分与对比简表

<table>
<tr><td colspan="2" rowspan="3">地层区划</td><td colspan="4">滨太平洋地层区(Ⅴ)</td></tr>
<tr><td colspan="4">大兴安岭-燕山地层分区(V_1)</td></tr>
<tr><td>阴山小区(V_1^1)</td><td colspan="2">博客图-二连浩特小区(V_1^2)</td><td>乌兰浩特-赤峰小区(V_1^3)</td></tr>
<tr><td colspan="2">上覆地层</td><td>第四系</td><td colspan="2">第四系</td><td>第四系</td></tr>
<tr><td rowspan="2">新近系(N)</td><td>上新统(N_2)</td><td colspan="2">宝格达乌拉组</td><td>五岔沟组</td><td>宝格达乌拉组</td></tr>
<tr><td>中新统(N_1)</td><td>汉诺坝组</td><td>通古尔组</td><td>呼查山组</td><td>汉诺坝组　老梁底组</td></tr>
<tr><td colspan="2">下伏地层</td><td>白女羊盘组(K_1)</td><td colspan="2">呼尔井组(E_3)</td><td>甘河组(K_1)</td></tr>
</table>

1. 汉诺坝组(N_1h)

汉诺坝组包括曾使用的昭乌达组，形成时代属新近纪中新世，为一套内陆河湖相夹火山岩相含煤沉积。岩性特征：主要为灰白色和灰色含砂泥灰岩、深灰色泥岩夹灰褐色玄武岩、杏仁状玄武岩，地层厚度 50～350m。富含植物化石及动物化石介形类、腹足类等。与下伏下白垩统的白女羊盘组、上覆新近系上新统的宝格达乌拉组均为角度不整合接触。

汉诺坝组根据岩性组合特征划分为 2 个岩段。下岩段：岩性以粗碎屑岩为主，其中砾岩含量 22%、砂岩含量 65%、泥岩含量 13%。在垂向上总体表现为下粗上细，平面上变化规律不明显。砾岩的砾石成分主要为花岗岩砾和片麻岩砾，砾径 30～500mm，棱角状—次棱角状，分选差，胶结松散，杂基主要为砂质和泥质。砂岩岩石学特征：下部以中—粗粒砂岩为主，上部以中—细粒砂岩为主，矿物成分以石英、长石为主，含云母和花岗岩小砾石，粗粒砂岩常与砾岩、砂砾岩互层，细粒砂岩常与泥岩呈互层出现。泥岩常呈灰色、灰绿色、深灰色，含碳屑、云母碎片及小砾石，含腹足类化石。上岩段：为含煤岩段，岩性以陆源碎屑岩为主，丰度 94%，次为可燃有机岩煤层，丰度 6%。陆源碎屑岩由砂岩和泥岩组成，砂岩含量 71%，泥岩含量 29%，砂岩和泥岩互层出现，煤层赋存于岩段中部。砂岩岩石学特征以粗粒砂岩为主，其次为细粒砂岩，成分主要为石英、长石，含云母、煤屑和小砾石，泥质胶结，半固结。泥岩呈深灰—黑灰色，见植物枝干化石和叶片化石，富含砂质和小砾石。

汉诺坝组在兴和、凉城和赤峰市以西的克什克腾旗、翁牛特旗一带岩性主要由灰黑—黑色和紫灰色橄榄玄武岩组成，夹砖红色泥岩、灰白色泥灰岩及黑色油页岩，含煤最多 7 层，夹石层厚度 1m 左右，煤层最大厚度可达 7m 以上，地层厚度 160m，含动物化石腹足类、双壳类及植物化石。在察哈尔右翼中旗、察哈尔右翼后旗和凉城县东南一带均有含煤地层，据地方小煤窑资料，含煤4 层以上，单煤层最大厚度 1.65m，在凉城县东南一带含煤性较好。

汉诺坝组赋存于集宁、察哈尔右翼前旗、察哈尔右翼中旗、察哈尔右翼后旗及赤峰至克什克腾旗一带等地区。

2. 宝格达乌拉组(N_2b)

宝格达乌拉组形成时代属于新近纪上新世，为一套内陆河湖相含煤沉积。岩性特征：主要为浅紫色砂质泥岩、砂岩、含砾粗粒砂岩、砂砾岩夹煤层，局部含钙质结核及淡水灰岩，含动物化石三趾马和哺乳动物化石 *Indricotherium*。与下伏通古尔组（或汉诺坝组）平行不整合（或角度不整合）接触，与上覆第四系角度不整合接触。

宝格达乌拉组广泛分布于锡林郭勒盟的宝格达乌拉盆地、查干诺尔盆地、乌拉盖盆地以及其南部的山间凹地中。二连盆地岩性为砖红色泥岩、砂质泥岩、粉砂岩、砂岩夹砂砾岩及煤层，地层厚度 40～100m。向西南至大庙一带岩性变化不大，但岩石颜色多以黄褐色为主（夹棕红色），地层厚度小于 30m。在阴山地区岩性为红色和绿色黏土岩、泥灰岩夹细粒砂岩、玄武岩薄层，地层厚度大于 426m。宝格达乌拉组在集宁煤田分布范围较大，西起马连滩、东至玫瑰营子、北到弓沟、南邻黄旗海，面积约 800km²，为一套河流相碎屑沉积，岩性由砂砾岩、砂质黏土岩及煤层组成，岩石固结程度低，地层厚度约 200m，与上覆和下伏老地层均呈不整合接触。

宝格达乌拉组在兴和县索家沟附近发现哺乳动物化石 *Indricotherium*，在白脑包、哈必尔格及二魁沟一带含大量孢子、花粉，孢粉组合特征与青海省柴达木盆地的干柴沟组、新疆准噶尔盆地的霍尔古斯剖面中下部的绿色岩层及陕西渭河盆地白鹿原组的孢粉组合基本相似。

五、含煤地层生物地层学特征

（一）内蒙古自治区石炭纪—二叠纪含煤地层生物地层学特征

内蒙古自治区晚古生代含煤地层主要分布在中部和西部地区，其中主要含煤地层为羊虎沟组、拴马桩组、本溪组、太原组、山西组。

内蒙古自治区石炭纪—二叠纪含煤地层古生物非常丰富，各门类生物化石分布较为广泛，在陆相、海陆交互相或滨海相含煤地层中均含大量的动、植物化石。在石炭纪含煤地层中、以含蜓类、珊瑚类、腕足类和植物化石为主，在二叠纪含煤地层中则以植物化石为主（表 3-2-7），并含少量淡水动物化石。

表 3-2-7　内蒙古自治区北部石炭纪—二叠纪生物地层单位序列表

<table>
<tr><th colspan="2">地质时代</th><th>蜓类</th><th>珊瑚</th><th>腕足类</th><th>植物</th></tr>
<tr><td rowspan="3">二叠系</td><td>P_3</td><td></td><td></td><td></td><td>Callipteris-Noeggerathiopsis 组合带</td></tr>
<tr><td>P_2</td><td rowspan="4">S-Cb 组合带
S-Ca 组合带
Monodiexodina 延限带
M-P 组合带

Pseudoschwagerina 带
T-R 组合带
F-F 组合带
P-P 组合带
E-M 组合带</td><td rowspan="4">W-W-W 组合带
C-P-D 组合带
P-T-T 组合带

C-A 组合带
H-A 组合带

C-S 组合带</td><td rowspan="2">S-H-R 组合带
S-K-Y 组合带</td><td rowspan="2">Cordaites-Alethopteris 组合带</td></tr>
<tr><td>P_1</td></tr>
<tr><td rowspan="2">石炭系</td><td>C_2</td><td rowspan="2"></td><td rowspan="2">Neuropteris-Lepidodendron 组合带</td></tr>
<tr><td>C_1</td></tr>
</table>

1. 植物

（1）*Neuropteris gigantea* – *Linopteris simplex* 组合带（N-L 组合带）：主要的植物化石分子包括 *Neuropteris gigantea*、*N. kaipingiana*、*N. pseudogigantea*、*Linopteris simpler*、*Linopteri neurpteroides*、*L. densissima*、*Lepidodendron subrhombicum*、*L.* cf. *galeatum*、*Asterophyllites* sp.、*Cyclopteris* sp.、*Cardiopteridium* sp.、*Sphenopteris tenuis*、*Pecopteris* sp.、*Calamites* sp.，见于乌达和桌子山西缘的羊虎沟组，与准格尔煤田本溪组完全相当，时代属于晚石炭世。乌达、桌子山西缘以及贺兰山植物面貌基本相似，以蕨类植物和裸子植物为主。蕨类植物以石松纲鳞木、楔叶纲轮叶占优势；裸子植物以真蕨、种子蕨纲的脉羊齿、楔羊齿、准羊齿为主。

（2）*Lepidodendron worthenii*-*Neuropteris gigantea* 组合带（L-N 组合带）：主要种属包括 *Lepidodendron oculus felis*、*L. worthenii*、*L. aolungpylukense*、*L. galeatum*、*L. subrhombicum*、*L. ninghsiaense*、*Neuropteris gigantea*、*N. kaipingiana*、*N. pseudogigantea*、*Lycopodites liaoningense*、*Tingia carbonica*、*Linopteris neuropteroides*、*L. brongniartii*、*Sphenophyllum verticillatum*、*S. oblongifolium*、*Sphenopteris tenuis*、*Pecopteris feminaeforms*、*Mariopteris* cf. *busquetii*、*M. lungwangkouensis*、*Taeniopteris mucronata*，产于准格尔煤田本溪组，时代属晚石炭世晚期。

（3）*Neuropteris ovata*—*Lepidodendron posthumii* 组合带（N-L 组合带）：主要种属包括 *Neuropteris ovata*、*N. pseudovata*、*N.* cf. *plicata*、*N. pseudogigantea*、*Lepidodendron ninghsiaense*、*L. oculus felis*、*L. posthumii*、*L. szeianum*、*Calamites cistti*、*C. suckowii*、*Taeniopteris* sp.，产于太原组和拴马桩组，时代属晚石炭世晚期—早二叠世早期。

（4）*Emplectopteris triangularis* – *Lobatannularia Sinensis* 组合带（E-L 组合带）：主要种属包括 *Annularia* sp.、*A. orientalis*、*A. stellata*、*A. gracilescens*、*Pecopteris* sp.、*P. wongii*、*P. unita*、*P. arborescens*、*Cordaites* cf. *schenkiis*、*Calamites* sp.、*Sphenophyllum minor*、*S. thonii*、*S. speciosum*、*Emplectopteris triangularis*、*Emplectopteridium alatum*、*Sphenopteris tenuis*、*Taeniopteris multinervis*、*T. norinii*、*Cladophlebis* sp.、*Alethopteris* sp.、*Tingia* sp.，产于桌子山煤田、乌达矿区的山西组，时代属早二叠世早期。

（5）*Cordaites* – *Alethopteris* 组合带（C-A 组合带）：主要种属包括 *Sphenophyllum yujiaense*、*S. verticillatum*、*Annularia gracilescens*、*Pecopteris orientalis*、*Walchia*、*Pterophyllum*、*Calamites* 等，主要分布于阴山北麓，属于早二叠世华夏植物群，产于海陆交互相于家北沟组腕足类、蜓类等层位之下，时代属早二叠世。

（6）*Callipteris* – *Noeggerathiopsis* 组合带（C – N 组合带）：是阴山以北地区晚二叠世典型的安格拉植物群，一般不太丰富，常见有 *Paracalamites*、*Pecopteris* 等，产于林西组的中部层位，以层型剖面的第五层最为丰富，常与 *Palaeanodonta* – *Palaeomutela* 组合共生或相伴产出，时代属晚二叠世。

2. 蜓类

（1）*Triticites* – *Montiparus* 组合带（T – M 组合带）：主要种属包括 *Triticites chui var. robustotus*、*T. minutus*、*T.* cf. *brevis*、*T.* cf. *pygmacus*、*Montiparus* sp.、*M. minutus*、*M. primigennius*、*Ozawainella* sp.、*Schubertella rara.*，产于准格尔煤田太原组，时代属晚石炭世。

（2）*Schwagerina* – *Pseudofusulina* 组合带（S – P 组合带）：主要的蜓类种属包括 *Schwagerina* sp.、*Pseudofusulina* sp.，产于准格尔煤田太原组，时代属晚石炭世。

（3）*Fusulina* – *Fusulinella* 组合带（F – F 组合带）：主要种属包括 *Fusulina* sp.、*F. pseudokonnoi*、*F. quasicylin drica*、*F. prolongata*、*F. knnoi*、*F. pseudonytvica*、*F. nytvica*、*Fusulinella* sp.、*F. laxa*、*F. bocki*、*F. lata*、*Profusulinella pseudolibrovlchi*、*Hemifusulina jungarensia*、*Ozawainella* sp.、*O. vozh galica*、*O. rhomboidalis O. angulata*、*O. guizhouensis*、*O.* cf. *shanxiensis*、*Pseudostaffealla* sp.，产于准

格尔煤田的晚石炭世本溪组。

(4)*Triticites-Rugosofusulina* 组合带(*T*－*R* 组合带):主要种属包括 *Triticites noinskyi*、*T. primigensis*、*T. irregularis*、*Staffella*、*Pseudoendothyra*、*Schubertella exilis*、*S. kingi*、*Rugosofusulina jinheensis* 等,见于晚石炭世中晚期。

(5)*Pseudoschwagerina* 带:主要种属包括 *Pseudoschwagerina borealis*、*P. alpina*、*P. cheni*、*P. texana*、*P. paraborealis*、*P. uddeni*、*Triticites boliviensis*、*T. amushanensis*、*Quasifusulina spatiosa*、*Ozawainella* 等,见于晚石炭世晚期。

(6)*Misellina ovalis*－*Parafusulina splendens* 组合带(*M*－*P* 组合带):是内蒙古自治区二叠纪蜓类化石最早期的一个带,主要种属包括 *Misellina minor*、*M. ovalis*、*M. claudiae*、*Parafusulinaboesei*、*P. yabei*、*P.* cf. *diabloensis*、*P. australis*、*P. splendens*、*Schubertella* cf. *simplex*、*Minojapanella* sp.、*Nankinella* cf. *hunanensis*、*Schwagerina* aff. *tschernyshewi* var. *fusiformis* 等,以 *Misellina claudiae*、*M. ovalis*、*Parafusulina* 等最为丰富。化石产在三面井组下部含燧石条带和团块的中厚层灰岩、生物碎屑灰岩中,时代属早二叠世早期,与我国南方的栖霞早期大致相当。

(7)*Monodiexodina* 延限带(*M* 延限带):位于 *M*－*P* 组合带之上,主要种属包括 *Monodiexodina sutschanica baotegensis*、*M. shiptoni*、*M. caracorumensis*、*M. yongwangcunensis*、*M. neimonggolensis*、*M. anyecunensis*、*Yangchienia*、*Schubertella* 等,以 *Monodiexodina* 的出现与灭绝作为本带的开始与结束。*M* 特征显著,个体丰度很高,常富集成礁状。*M* 延限带在区域上分布很广,层位稳定,西起达尔罕茂明安联合旗的乌兰希勒,东到扎兰屯南部均有发现,时代属早二叠世。

(8)*Schwagerina quasiregularis*－*Codonofusiella simplicata* 组合带(*S*－*Ca* 组合带):位于 *M* 延限带之上,主要种属包括 *Schwagerina quasiregularis*、*S. bulegensis*、*S. mandulandulaensis*、*Codonofusiella simplicata*、*C. schubertelloides*、*C. erki* 等,*M* 延限带基本灭绝。该组合带在区域上分布不广,目前仅见于哲斯地区和赤峰克什克腾旗地区,相当于哲斯组中部层位,时代属早二叠世。

(9)*Schwagerina ulanqabuensis*－*Codonofufusiella pseudoextensa* 组合带(*S*－*Cb* 组合带):位于 *S*－*Ca* 组合带之上,是阴山以北地区二叠系最高层位的一个生物带,主要种属包括 *Schwagerina kwangchiensis*、*S.* cf. *longipertica*、*S. longa*、*S. pulchella*、*S. puerilis*、*S. mandulaensis*、*S. arctica*、*S. nor*－*malis*、*S. trivialis* 等,产于哲斯组上部层位,目前仅见于哲斯地区,时代属早二叠世晚期。

3. 珊瑚

(1)*Carinophyllum*－*Stereostylus* 组合带(*C*－*S* 组合带):产于本巴图组的中上层段,主要种属包括 *Amplexocarinia*、*Cyathocarinia*、*Lithostrotionella*、*Caninia* 等,多为单带型、双带型单体珊瑚,主要是晚石炭世中期分子,与蜓类 *Fusulina*、*Fusulinella* 等共生。

(2)*Hillia*－*Antheria* 组合带(*H*－*A* 组合带):见于阿木山组的下部层位,具边缘泡沫板的三带型群体和单体者居多,主要种属包括 *Hilla*、*Antheria*、*Bothroclisis*、*Lomaphyllum*、*Cystolonsdaleia* 等,时代属晚石炭世中晚期。

(3)*Carinophyllum*－*Akagophyllum* 组合带(*C*－*A* 组合带):是阿木山组顶部的珊瑚组合带,以三带型单体珊瑚继续发育,多角柱状群体的三带型基本消失为特点,主要种属包括 *Carinophyllum*、*Paracarruthersella*、*Timania*、*Akagophllum* 等,时代属晚石炭世晚期。

(4)*Plerophyllum crassoseptatum*－*Tachylasma zhesiensi*－*T. variabila* 组合带(*P*－*T*－*T* 组合带):主要种属包括 *Plerophyllum crassoseptatum*、*P. clavatum*、*P. giganteum*、*P. multiseptatum*、*P. Neimonggolense*、*P. regulare*、*Tachylasmavariabile*、*T. magnum*－*intercalare*、*T. zhesiense*、*T. concavetabulatum*、*P. zhesiense*、*P. sinense* 等,以大型单体珊瑚为特征,显示了北极型动物群的面貌。*P*—*T*—*T*组合带分布广泛,层位稳定,是内蒙古自治区二叠纪珊瑚动物群最早期的一个生物带,该组合

带之下主要是一些分布局限，数量很少，不具备建立生物地层单位条件的三带型复体珊瑚。*P*—*T*—*T* 组合带地质时代为早二叠世早期。

(5)*Carinoverbeekiella sinensis* - *Pseudowaagenopyllum vesiculosum* - *Dipycarinophyllum* 组合带(*C*-*P*-*D* 组合带)：位于 *P*-*T*-*T* 组合带之上，主要种属包括 *Carinoverbeekiella sinensis*、*C. minor*、*C. madreporitea*、*Damuqiphyllum wumengense*、*D. rotiforme*、*Pseudowaagenophyllum vesiculosum*、*P. elegantum*、*Mandulapora permica* 等，其下 *P*-*T*-*T* 组合中繁盛的大型单体珊瑚全部消失，代之而起的是小型单体珊瑚和丛状复体珊瑚及床板珊瑚，显示了浓郁的地方性色彩和演化新阶段的特点。*C*-*P*-*D*组合带产于哲斯组上部微红色或灰白色巨厚层灰岩中，层位稳定，目前仅见于哲斯地区，时代属早二叠世晚期。

(6)*Waagenophyllum virgalense mongoliense* - *W. stereoseptatum* - *Wentzlella* 组合带(*W*-*W*-*W* 组合带)：位于 *C*-*P*-*D* 组合带之上。主要种属包括 *Waagenophyllum virgalense mongoliense*、*W. stereoseptatum*、*Wentzlella*、*Zhesipora permica*、*Mandulapora permica* 等，以复体四射珊瑚和床板珊瑚出现为特征。*W*-*W*-*W* 组合带是阴山以北地区早二叠世珊瑚动物群最后一个生物带，延伸时限相当于哲斯组上部层位沉积时间，分布较局限，仅见于哲斯地区和苏尼特右旗达来南地区，时代属中二叠世早期—晚二叠世早期。

4. 腕足类

(1)*Choristites* -*Echinoconchus* 组合带(*C*-*E* 组合带)：主要种属包括 *Choristites* cf. *mosquensis*、*C.* cf. *gobicus*、*C.* cf. *nigerformis*、*C. jegulensis*、*Marginifera*、*Echinoconchus*、*Martinia semiglana*、*Enteletes*等，产于本巴图组、阿木山组，时代属晚石炭世。

(2)*Spiriferella* - *Kochiproductus* - *Yakovlevia* 组合带(*S*-*K*-*Y* 组合带)：主要种属包括 *Spiriferella magna*、*S. voluta*、*S. neimonggolensis*、*S. Salteri*、*Kochiproductus* cf. *porrectus*、*Yakovlevia mammatiformis*、*Y. spinosa*、*Muirwoodia usualis*、*Rhombospirifer zhesiensis*、*Gypospirifer volatilis*、*Marginifera gobiensis*、*M. typica* var. *septentrionalis*、*M. leptorugosa* 等，共生生物为 *S*-*Ca* 组合带分子及珊瑚 *P*-*T*-*T* 组合带分子。该组合带以长身贝亚目和十燕亚目为主体，正形贝目和小咀贝亚目只见少数代表，以大型贝体为特征，时代属早二叠世中期。

(3)*Streptorhynchus* - *Hemiptychina* - *Richthofenia* 组合带(*S*-*H*-*R* 组合带)：位于 *S*-*K*-*Y* 组合带之上，主要种属包括 *Streptorhynchus hippocripicus*、*S. undulatus*、*S. zhesiensis*、*S. subcataclinus*、*S. semiconus*、*Hemiptychina morrisi*、*H. quadrata*、*H. mongolica*、*H. episulcata*、*H. homoplicata*、*H. nana*、*Richthofenia cornuformis*、*Enteletes andrewsi*、*E. subglobus*、*E. obesa*、*M. lingulata*、*M. mirabilis*、*N. nucleolus*、*D. mongolicum*、*S. zhesiensis*、*Echinauris jisuensis* 等。该组合带外观上以小型贝体种属占优势，明显区别于 S-K-Y 带，时代属早二叠世晚期(不排除延续到中二叠世的可能性)。

(二)中生代侏罗纪含煤地层生物地层学特征

内蒙古自治区中生代侏罗纪含煤地层分布较为广泛，东起大兴安岭，西至阿拉善潮水盆地，北至阴山以北，南至鄂尔多斯盆地(内蒙古自治区部分)，都有含煤地层赋存。主要含煤地层在阴山地层分区有五当沟组，该组主要分布在包头市石拐区，在乌拉特前旗营盘湾、乌拉特中旗昂根、察哈尔右翼中旗苏勒图等地亦有分布。红旗组主要分布在扎鲁特旗塔他营子、锡林郭勒盟阿拉坦合力盆地、锡林浩特盆地、敖汉旗四家子乡和林家地乡。各地区岩石特征、厚度及煤层都有一定的差别。万宝组为红旗组之上、塔木兰沟组之下与新民组呈相变关系的一套碎屑岩夹煤地层。在内蒙古自治区内，延安组出露于准格尔旗、东胜区及达拉特旗南部，其他地区仅见于钻孔中。

1. 植物群

Coniopteris-Phoenicopsis 组合：主要化石分子有 *Equisetites ferganensis*、*E. lateralis*、*Todites williamsoni*、*Klukia* cf. *exilis*、*Coniopteris hymenophylloides*、*C. tatungensis*、*C. buregensis*、*C. szeiana*、*C. punctata*、*C. raciborski*、*Raphaelia diamensis*、*Pterophyllum aequale*、*P. decurrens*、*P. baotoum*、*Anomozamites angulatus*、*Ctenis lingyuanensis*、*Nilssonialinearis*、*Nilssoniopteris - longifolius*、*Taenioteris* sp.、*Williamsoniella* sp.、*Ginkgoiteshuttoni*、*G.* sp.、*Sphenobaiera angustiloba*、*S.* sp.、*Phoenicopsis rigida*、*Pityophyllum lingstroemi*、*Elatocladus* sp.、*Pagiophyllum Setosum*、*Podozamites lanceolatus*、*Carpolithus* sp. 等。该组合在内蒙古自治区侏罗纪含煤地层中都有产出，主要见于早—中侏罗世五当沟组，另外在红旗组、万宝组、新民组、延安组和龙凤山组也有产出。在我国北方，该组合多代表中侏罗世早—中期。

2. 鱼类

Peipiaosteus 组合：以 *Peipiaosteus* 属为代表，见于满克头鄂博组、玛尼吐组、白音高老组火山岩之沉积夹层中，地质时代为晚侏罗世。

3. 叶肢介

Eosolimnadiopsis 组合：以 *Eosolimnadiopsis staminis*、*E. dachangensis*、*E. haginggouensis*、*E. wuziwanensis* 为代表，属于中国南方淡水双壳动物群 *Pseudocardinia*、*Tutuella*、*Margartifera* 组合的成员，仅见于鄂尔多斯地区的富县组，地质时代为早侏罗世。

Nestoria-Keratestheria 组合：以 *Eosestheria*、*Diestheria*、*Leuroestheria*、*Magumbonia*、*Sentetheria* 属的成员为代表，广泛分布在大兴安岭及燕辽地区，属热河动物群的重要分子，见于满克头鄂博组、玛尼吐组、白音高老组，地质时代为晚侏罗世。

（三）中生代白垩系含煤地层生物地层学特征

内蒙古自治区中生代白垩纪含煤地层主要分布于二连-海拉尔盆地群、赤峰的元宝山、平庄以及阴山的固阳盆地。含煤地层为早白垩世大磨拐河组（霍林河组）、伊敏组、九佛堂组、阜新组、孙家湾组、李三沟组和固阳组。区内与含煤地层密切相关的非含煤地层主要有义县组、白女羊盘组、志丹群、巴音戈壁组、苏红图组、庙沟组等。

1. 鱼类

Lycoptera 组合带：以真骨鱼类狼鳍鱼科的 *Lycoptera* 为主体，主要有 *Lycoptera lumgteensis*、*L. tungi*、*L. woodwardi Graban*、*L. kansuensis* 等。伴生有薄鳞鱼科的 *Longdeichthys luojiaxiaensis* 和中华弓鳍鱼科的 *Sinamia zdanski Stensio* 等。广泛分布在大兴安岭及燕辽地区，属热河动物群的重要组成分子，见于义县组、李三沟组、九佛堂组、龙江组、罗汉洞组、泾川组，地质时代为早白垩世早中期。

Kugangichthys 组合带：由 *Kugangichthys microdus*、*Kuantulunia longipterus*、*Anaethalion langshanense* 等组成，是较 *Lycoptera* 更进化的鱼群，广泛分布在内蒙古自治区、宁夏回族自治区、甘肃省，见于固阳组、大磨拐河组上部及巴音戈壁组中上部，地质时代为早白垩世中晚期。

2. 叶肢介

Eosestheria 组合带：以 *Eosestheria*、*Diestheria*、*Neimengguestheria*、*Yangiestheria*、*Amelestheria* 属为代表。广泛分布于大兴安岭及燕辽地区，属热河动物群的重要组成分子，见于义县组、九佛堂组、阜新组、梅勒图组、龙江组、大磨拐河组、伊敏组、李三沟组、固阳组、庙沟组、巴音戈壁组、苏红图组，较

Nestoria 更为进化，分布更为广泛，地质时代为早白垩世。

3. 爬行类

Psittacosaurus 组合带：以 *Psittacosaurus mongoliensis*、*P. osborni*、*P. sinensis*、*P. guyangensis* 为代表，见于李三沟组、九佛堂组、庙沟组、巴音戈壁组及苏红图组的火山岩沉积夹层中，地质时代为早白垩世。

Protoceratops - Bactrosaurus 组合带：以 *Protoceratops* sp.、*Bactrosaurus johnsoni*、*Mandschurosaurus mongoliensis*、*Alectrosaurus olseni*、*Ornithomimus asiatius*、*Oolithlls elongates*、*Parasphaeroolithus - irenensis* 为代表，见于乌兰苏海组、金刚泉组、二连组，地质时代为晚白垩世。

4. 介形类

前人对内蒙古自治区介形类曾进行过详细的研究，《内蒙古自治区区域地质志》(1991)总结的介形类主要有 7 个组合，其中 4、5、6 组合见于松辽盆地的白垩纪地层中，属于松辽盆地白垩纪介形虫组合的西延部分。区内化石种属稀少，因此本书只介绍在区内广泛分布，对确定岩石地层单位有重要时代意义的 4 个介形类组合。

Cypridea badalahuensis - C. xiongbaoziensis - C. aocommodata 组合(*C - C - C* 组合)：产于李三沟组、大磨拐河组、庙沟组、巴音戈壁组下部，地质时代为早白垩世早期。

Cypridea - Limnocypridea - Ilyocyprimorpha 组合(*C - L - I* 组合)：产于大磨拐河组、巴音戈壁组、庙沟组中部及九佛堂组和阜新组中，地质时代为早白垩世中期。

Cypridea kansuensis - Cypridea (*Ulwellia*) *copulenta - Protocypretta* 组合(*C - C - P* 组合)：产于固阳组、大磨拐河组、庙沟组、巴音戈壁组上部，地质时代为早白垩世晚期。

Talicypridea - Cypridea - Candona 组合(*T - C - C* 组合)：产于二连盆地及海拉尔盆地的二连组中，地质时代为晚白垩世。

5. 植物群

阜新植物群以蕨类占主要地位，代表分子有 *Coniopteris burejensis*、*Acanthopteris onychioides*、*Onychiopsis elongata*、*Ruffordia goepperti*。其次为银杏类，代表分子有 *Ginkgo sibiricaus*、*G. digitata*、*Phoenicopsis*、*Sphenobaiera*，并有部分松柏类分子 *Podozamites*、*Pityophyllum*、*Elatocladus*。阜新植物群产于大磨拐河组、伊敏组、阜新组中，地质时代为早白垩世。

固阳植物群是谭琳等(1982)提出的，共计包括 22 属 39 种，以松柏类大量出现为特征，主要代表分子有 *Picea smithiana*、*Tsuga taxoides*、*Cryptomeria fortunei*、*Sequoia obesa*、*Sabinites neimongolica*、*Torreya fargesii*。其次为银杏类，主要代表分子有 *Ginkgo obrutschewi*、*Baiera polymorpha samylina*、*Stenorachis guyangensis*，并有少量蕨类植物。固阳植物群仅分布在阴山地区的固阳组中，地质时代为早白垩世(表 3-2-8)。

表 3-2-8　内蒙古自治区白垩系生物地层划分对比表

<table>
<tr><th colspan="2">地质时代</th><th>鱼类</th><th>叶肢介</th><th>爬行类</th><th>介形类</th><th colspan="2">植物</th></tr>
<tr><td rowspan="4">白垩系(K)</td><td>晚白垩世(K_2)</td><td></td><td></td><td>Protoceratops - Bactrosaurus 组合带</td><td>T - C - C 组合</td><td colspan="2"></td></tr>
<tr><td rowspan="3">早白垩世(K_1)</td><td rowspan="2">Kugangichthys 组合带</td><td rowspan="3">Eosestheria 组合带</td><td rowspan="3">Psittacosaurus 组合带</td><td>C - C - P 组合</td><td rowspan="3">阜新植物群</td><td rowspan="3">固阳植物群</td></tr>
<tr><td>C - L - I 组合</td></tr>
<tr><td>Lycoptera 组合带</td><td>C - C - C 组合</td></tr>
</table>

（四）新生代含煤地层生物地层学特征

新生代含煤地层主要是汉诺坝组和宝格达乌拉组。

汉诺坝组在内蒙古自治区主要分布于集宁、察哈尔右翼前旗、察哈尔右翼后旗及察哈尔中旗等地区，为一套灰褐色玄武岩、杏仁状玄武岩夹灰白色和灰色含砂泥灰岩及灰色油页岩，含介形类、腹足类及植物化石。

宝格达乌拉组含煤地层主要分布于集宁煤田，其范围西起马连滩，东至玫瑰营子，北到弓沟，南邻黄旗海，分布面积约 800km²。宝格达乌拉组为一套河流相碎屑沉积，其岩性由砂砾岩、砂质黏土岩及煤层组成，岩石固结程度低，含煤地层厚度约 200m。在兴和县索家沟附近宝格达乌拉组发现哺乳动物化石 *Indricotherium*；在白脑包、哈必尔格及二魁沟一带宝格达乌拉组所获孢子花粉，从其孢粉组合特征看，可与青海民和及柴达木等地的干柴沟组、新疆准噶尔盆地霍尔古斯剖面的下绿色岩层及陕西渭河盆地的白鹿原组的孢粉组合相对比，时代暂定为渐新世。

第三节　煤　层

内蒙古自治区聚煤期为晚古生代石炭纪—二叠纪、中生代侏罗纪和白垩纪、新生代等。其中中生代侏罗纪和白垩纪是最为重要的聚煤期，其次为石炭纪—二叠纪，新生代聚煤作用较差。

一、石炭系—二叠系煤层

内蒙古自治区石炭系—二叠系煤层主要分布于准格尔旗、鄂托克旗和鄂托克前旗，清水河、阿拉善盟地区及大青山也有少量分布。煤层主要产于太原组和山西组，另外，羊虎沟组、本溪组、拴马桩组、杂怀沟组和大红山组等也含有煤层。按分布面积及资源量大小区分，准格尔煤田最大，其次为桌子山矿区、上海庙矿区。

（一）准格尔煤田

准格尔煤田位于鄂尔多斯盆地东北缘，行政区划隶属准格尔旗及达拉特旗。该煤田地理坐标为东经 110°22′—111°25′，北纬 39°21′—40°06′。煤田北、东濒临黄河，西与东胜煤田东缘相邻，南北宽 73km，东西最长 90km，面积 5700km²。其中，国家规划矿区面积 3300km²，深部区面积 2400km²。

1. 国家规划矿区煤层

准格尔煤田国家规划矿区含煤地层为太原组和山西组。太原组一般含 5 个煤层，即 6 号、7 号、8 号、9 号、10 号煤层，其中全区普遍发育的重要可采煤层为 6 号、9 号煤层；山西组一般含 5 个煤层，其中具有工业意义的为 3 号、5 号煤层，不稳定、局部可采。山西组含煤系数 7.88%，太原组含煤系数 31.56%，山西组和太原组总含煤系数 22.71%。

区内共见可采煤层 6 层，即 3 号、5 号、6(6Ⅰ、6Ⅱ、6Ⅲ、6Ⅳ、6Ⅴ、6Ⅵ)号，8 号、9^{上}(9Ⅰ、9Ⅱ)号、9(9Ⅲ、9Ⅳ)号煤层，其中 3 号、5 号、8 号煤层，在区内局部可采，为不稳定煤层，6 号、9 号煤层在含煤区内基本全区可采，结构较简单—复杂，为较稳定煤层。分述如下。

3 号煤层：位于山西组中部，分布零星，主要分布于区内北段的塔哈拉川西侧和矿区西南部。煤层厚度 0.10～4.27m，平均厚度 0.74m。为不稳定煤层，局部可采。

5 号煤层：位于山西组中下部，主要分布在西部，以南部详查区中西部最厚，煤层厚度 0.10～

7.14m，平均2.36m。

6号煤层：6号煤层位于太原组的顶部，厚度0.51～42.12m，平均厚度23.06m。经241个点统计，厚度变异系数0.33，标准差7.70，煤层厚度巨大，可分为6个分煤层段(6Ⅰ～6Ⅵ)，上部结构复杂，中下部结构简单。黑岱沟区的6个煤层段发育齐全，具有代表性。6号煤层属于较稳定的全区可采煤层。

8号煤层：分布在龙王沟、塔哈拉川以南，煤层厚度0.10～2.15m，平均厚度0.75m，在矿区西南端合并于6号煤层，局部可采。

9号煤层：位于太原组中部，煤层厚度0.15～14.76m，平均厚度3.65m。经237个点统计，厚度变异系数0.76，标准差2.80，煤层结构复杂—简单，一般由3～4个煤分层组成，夹矸岩性为碳质泥岩、高岭石泥岩和泥岩。由于夹矸厚度增大和岩性发生相变，在局部地段9号煤层分叉，可分为4个分煤层段(9Ⅰ～9Ⅳ)，其中9Ⅰ～9Ⅱ合称$9^{上}$号煤层，9Ⅲ～9Ⅳ合称9号煤层。9号煤层水平方向上的总体变化是北厚南薄。在哈尔乌素区和黑岱沟以北煤层厚度一般为4～6m，在矿区北端小鱼沟区最厚达12m以上，而在矿区南部一般厚度2～4m，到南端红树梁区仅1～2m，这种南北方向上的厚度变化与成煤后期的海侵有关。在东西方向上的变化由于受成煤前自北而南分流河道的影响，在矿区的中间形成了一个南北向的薄煤带，薄煤带的东、西两侧煤层厚度增大。综上所述，9号煤层虽然厚度变化较大，但其变化规律明显，大部可采，仍属于较稳定煤层。

2. 深部区煤层

准格尔煤田深部区含煤情况见表3-3-1。区内煤层总厚度7.52～45.48m，平均28.45m，纯煤厚度5.31～34.8m，平均22.33m，夹矸总厚度0.49～15.85m，平均6.12m。山西组地层厚度28.20～124.90m，平均67.00m；含煤1～8层，煤层总厚度平均3.59m；单孔见可采煤层0～5层，可采煤层厚度平均2.78m；平均含煤系数5.4%，平均可采含煤系数4.1%。太原组地层厚度26.20～94.60m，平均52.37m；含煤2～11层，平均4层，煤层总厚度平均24.38m；单孔见可采煤层1～6层，可采煤层厚度平均18.69m；9号煤层为较稳定的全区可采煤层；平均含煤系数46.6%，平均可采含煤系数35.7%。

表3-3-1　准格尔煤田深部区煤层发育情况表

地层	煤层编号	底板深度/m		煤层总厚度/m		可采厚度/m		夹矸层数/层	稳定性	可采性
		范围	平均	范围	平均(点数)	范围	平均(点数)			
山西组	1	685.90～1 016.35	869.93	0.20～3.00	1.28(5)	1.50～1.65	1.58(2)	0～5	极不稳定	不可采
	2	265.60～1 040.85	686.12	0.16～8.85	2.23(123)	0.82～6.35	2.42(73)	0～16	不稳定	局部可采
	3	178.80～1 078.10	683.89	0.18～16.08	3.75(137)	0.80～11.51	3.50(107)	0～14	较稳定	大部可采
	5	349.20～1 086.7	679.48	0.20～6.84	1.77(45)	0.80～6.07	2.14(24)	0～14	不稳定	不可采
太原组	$6^{上}$	362.14～799.95	640.86	0.21～5.83	1.32(66)	0.80～5.18	1.57(34)	0～4	不稳定	局部可采
	6	248.80～1 129.65	718.59	1.48～40.05	17.96(217)	1.48～30.44	14.38(217)	0～30	较稳定	全区可采
	7	499.78～1 132.35	725.66	0.30～2.95	1.14(17)	0.80～2.95	1.38(8)	0～2	不稳定	不可采
	8	363.13～1 141.15	704.11	0.20～13.63	2.83(118)	0.84～8.73	2.80(80)	0～10	不稳定	局部可采
	9	254.30～1 148.75	732.06	0.24～13.50	3.94(215)	0.80～11.64	3.24(189)	0～14	较稳定	全区可采
	10	409.66～1 154.35		0.16～3.65		0.80～2.22		0～3	不稳定	不可采

(二)桌子山煤田

桌子山煤田位于鄂尔多斯盆地西北缘，行政区划隶属内蒙古自治区乌海市和鄂尔多斯市鄂托克旗、鄂托克前旗。地理坐标为东经106°46′01″—107°08′30″，北纬38°10′00″—39°52′35″。煤田范围西起岗德尔山，东至桌子山东麓，北起千里山以北，南至蒙宁省界（内蒙古自治区与宁夏回族自治区省界），面积 2377km^2。

1. 桌子山矿区煤层

桌子山矿区含煤地层为石炭系太原组和二叠系山西组。太原组厚度 21～144m；山西组厚度 36～231m，平均 113m。桌子山矿区含煤 0～28 层，一般为 6～13 层，平均为 11 层；煤层厚度为 1.15～20.78m，平均 10.16m；可采煤层厚度 0.76～17.25m，平均 7.29m；含煤系数 0.97%～43.95%，平均为 7.4%。主要可采煤层为 9 号和 16 号煤层，主要可采煤层为较稳定型。桌子山矿区白云乌素可采煤层特征见表 3-3-2。

表 3-3-2　桌子山矿区白云乌素可采煤层特征一览表

地层	煤层编号	煤层厚度/m		煤层间距/m		可采程度	稳定程度
		范围	平均（点数）	范围	平均（点数）		
山西组	8-1	0～3.36	1.74(107)			大部可采	较稳定
				0.27～3.05	0.92(101)		
山西组	8-2	0～4.17	1.79(103)			局部可采	不稳定
				0.12～4.84	1.93(103)		
山西组	9-1	0.45～4.11	2.04(112)			大部可采	较稳定
				0.02～1.97	0.50(74)		
山西组	9-2	0～2.32	0.60(80)			局部可采	不稳定
				1.76～10.81	4.22(71)		
山西组	10	0～1.74	0.55(99)			局部可采	不稳定
				35.55～56.11	44.35(79)		
太原组	15	0～2.00	0.64(104)			局部可采	不稳定
				0.77～20.58	6.00(105)		
太原组	16-1	0.25～4.90	2.84(124)			大部可采	较稳定
				0.01～14.57	2.05 (127)		
太原组	16-2	0.67～7.25	3.46(127)			大部可采	较稳定
				0.79～12.61	4.00(1 28)		
太原组	17	0.39～5.70	2.05(127)			局部可采	不稳定

9 号煤层：位于山西组第一岩段上部，煤层厚度为 0.30～7.70m，大部分在 2.00～4.50m 之间，平均 3.17m，煤层结构较复杂，含夹矸 0～10 层，一般为 3～5 层，夹矸大部分位于煤层上部，多为砂质黏土岩、泥岩或碳质泥岩。煤层全区都比较发育，总体趋势由东向西逐渐变厚，局部地区分叉为 9-1 号、9-2 号煤层，是全区可采的较稳定煤层，也常作为桌子山矿区的对比煤层。

16 号煤层：位于太原组第一岩段下部，煤层厚度 0.20～11.60m，大部分在 1.00～8.00m 之间，平均 4.96m。顶板岩性为深灰色砂质泥岩及泥岩，底板岩性为砂质泥岩及砂质黏土岩。煤层结构复杂，含夹矸 0～8 层，一般 3～4 层，夹矸岩性为灰黑色泥岩、碳质泥岩。煤层全区都比较发育，总体趋势也是由东向西逐渐变厚，局部地区分叉为 16-1 号、16-2 号煤层，是全区可采的较稳定煤层，也常作为桌子山矿区的对比煤层。

2. 上海庙矿区煤层

上海庙矿区含煤地层为太原组和山西组。太原组厚度 69.09～136.82m，平均 71.49m；山西组厚度平均 52.23m。太原组含煤 3～7 层，含煤总厚平均 6.78m，可采煤层总厚度平均 5.07m，可采含煤系数 7.09%，其中 9 号煤层全区可采，8 号煤层局部可采，其他煤层不稳定。山西组含煤 3～8 层，含煤总厚度平均 10.42m，可采煤层总厚度平均 9.47m，可采含煤系数 18.13%，其中 3 号煤层、5 号煤层全区赋存且全区可采，煤层较稳定；1 号煤层局部可采，2 号煤层本区未见，其他煤层不稳定。上海庙矿区长城煤矿石炭系—二叠系可采煤层特征见表 3-3-3。

表 3-3-3　上海庙矿区长城煤矿石炭系—二叠系可采煤层特征一览表

地层	煤层编号	总厚度/m		可采厚度/m		煤层间距/m		夹矸平均层数/层	煤层对比	稳定程度
		范围	平均(点数)	范围	平均(点数)	范围	平均(点数)			
山西组	1	0.40～5.00	1.73(28)	1.08～5.00	1.98(23)	17.90～42.42	31.76(21)	0	较可靠	较稳定
	3	1.39～6.32	4.28(30)	1.39～6.32	4.28(30)	2.10～21.35	10.29(25)	2	较可靠	较稳定
	4		0.95(1)		0.95(1)		13.99(1)	2	不可靠	不稳定
	5	1.74～6.67	3.46(31)	1.74～6.67	3.46(31)		5.56(1)	3	较可靠	较稳定
	7	0.14～1.31	0.53(5)		1.31(1)	9.34～21.62	17.62(5)	1	不可靠	不稳定
	8	0.38～1.67	0.96(26)	0.81～1.67	1.05(21)	18.49～27.38	23.38(23)	1	较可靠	较稳定
太原组	9	2.34～5.99	4.11(31)	2.34～5.99	4.11(31)	2.87～8.00	5.52(7)	3	较可靠	较稳定
	10	0.17～0.91	0.56(7)		0.84(1)	5.70～15.91	10.40(3)	0	不可靠	不稳定
	11	0.34～1.13	0.62(5)		1.13(1)			0	不可靠	不稳定

二、侏罗系煤层

内蒙古自治区侏罗系煤层产于早侏罗世红旗组(阿拉坦合力群、北票组),中侏罗世延安组,早—中侏罗世五当沟组,中侏罗世龙凤山组(青土井群)。其中延安组为内蒙古自治区最重要的含煤层地层之一。内蒙古自治区侏罗系煤层主要分布于鄂尔多斯市。

(一)东胜煤田

东胜煤田位于鄂尔多斯盆地北部,行政区划隶属鄂尔多斯市。该煤田地理坐标为东经106°50′00″—110°50′00″,北纬 37°35′00″—40°39′00″。含煤范围北起杭锦旗塔拉沟、呼和木都、达拉特旗的耳字壕、呼斯梁、高头窑、敖包梁乡一带的煤层露头及隐伏露头,南至陕西省省界,东始于准格尔旗暖水、五字湾的延安组底界出露区,西止于东胜煤田深部区西边界。

延安组为东胜煤田主要含煤地层,厚度 133.28～279.18m,平均 206.56m。共含 5 个煤组(即 2 号、3 号、4 号、5 号、6 号煤组),含煤 10～30 层,有 22 个主要、大部、局部可采煤层(表 3-3-4)。可采煤层累计总厚度 1.63～28.60m,平均 15.64m,可采含煤系数 1.04%～12.95%,平均 7.57%。

表 3-3-4　东胜煤田可采煤层发育情况一览表

煤组编号	可采层数	可采煤层编号	煤层厚度范围/m	可采厚度范围/m	可采平均厚度/m	可采程度
2	5	2-1^{中}	0～1.72	0.84～1.72	1.05	局部可采
		2-1^{下}	0～8.66	0.80～8.66	2.93	主要可采
		2-2^{上}	0～11.52	0.80～11.52	1.60	大部可采
		2-2^{中}	0～9.20	0.82～9.20	2.21	主要可采
		2-2^{下}	0～4.60	1.10～4.60	1.78	局部可采
3	4	3-1	0～9.60	0.80～9.60	2.43	主要可采
		3-1^{下}	0～3.35	0.81～3.35	1.81	局部可采
		3-2^{上}	0～1.50	0.98～1.50	1.00	局部可采
		3-2^{下}	0～3.74	0.96～3.74	1.62	大部可采
4	3	4-1	0～6.96	0.86～6.96	2.04	主要可采
		4-1^{下}	0～2.52	0.82～2.52	1.13	局部可采
		4-2^{中}	0～4.53	0.80～4.53	1.77	主要可采

续表 3-3-4

煤组编号	可采层数	可采煤层编号	煤层厚度范围/m	可采厚度范围/m	可采平均厚度/m	可采程度
5	3	$5\text{-}1^{上}$	0～3.70	0.88～3.70	1.64	局部可采
		5-1	0～6.62	0.85～6.62	2.24	主要可采
		$5\text{-}1^{下}$	0～2.69	0.80～2.69	1.08	局部可采
6	7	$6\text{-}1^{上}$	0～3.17	0.85～3.17	1.13	局部可采
		$6\text{-}1^{中}$	0～3.23	0.80～3.23	1.31	主要可采
		$6\text{-}1^{下}$	0～3.92	0.87～3.92	1.40	大部可采
		$6\text{-}2^{上}$	0～3.77	0.80～3.77	1.64	大部可采
		$6\text{-}2^{中(上)}$	0～2.53	0.88～2.53	1.31	局部可采
		$6\text{-}2^{中}$	0～9.77	0.80～9.77	2.34	主要可采
		$6\text{-}2^{下}$	0～13.19	0.80～13.19	1.96	大部可采

(二)上海庙矿区侏罗系煤层

上海庙矿区侏罗系延安组含煤地层厚度平均 275.19m，最厚达 371.99m；含煤 19 层，煤层总厚度 25.38～55.31m，总厚度平均 40.34m；含煤系数 15%；可采煤层总厚度 23.22～44.86m，平均总厚度 33.40m，可采含煤系数 12.14%。其中，2 号、3 号、4 号、6 号、8 号、15 号、17 号、18 号煤为主要可采煤层，全区可采或大部可采；$2_{下}$ 号、11 号、12 号、19 号、20 号煤 5 层为局部可采煤层。可采煤层发育特征见表 3-3-5。

表 3-3-5　上海庙矿区延安组可采煤层发育情况一览表

煤层编号	煤层间距/m		煤层厚度/m		可采厚度/m		煤层结构		可采程度
	范围	平均(点数)	范围	平均(点数)	范围	平均(点数)	夹矸层数/层	类型	
2			2.58～13.46	6.98(19)	2.58～13.46	6.98(19)	2	简单	全区可采
	1.40～3.48	2.20(6)							
$2_{下}$			1.80～3.12	2.50(7)	1.80～3.12	2.50(7)	2	简单	局部可采
	1.40～3.48	2.20(6)							
3			0.47～5.29	2.26(18)	1.10～5.29	2.37(17)	2	简单	大部可采
	0.68～9.82	4.09(7)							
4			0.68～5.87	2.12(22)	0.85～5.87	2.27(19)	2	简单	大部可采
	18.69～41.45	26.41(18)							
5			0.22～1.27	0.59(7)		0.85(1)	0	简单	不可采
	8.12～27.04	17.02(18)							
6			0.34～1.89	1.17(19)	1.09～1.89	1.38(17)	1	简单	大部可采
	36.63～51.17	44.39(4)							
8			1.52～5.25	3.83(26)	1.52～5.25	3.83(26)	1	简单	全区可采
	2.58～15.94	5.54(7)							
9			0.30～0.59	0.44(7)			1	简单	可采
	7.23～8.78	8.00(2)							
10			0.25～2.58	0.87(12)	0.82～2.58	1.39(6)	0	简单	不可采
	2.02～17.83	8.98(12)							
11			0.20～5.01	1.10(19)	1.01～5.01	1.82(9)	1	简单	局部可采
	10.49～29.33	16.86(10)							
12			0.30～2.16	1.02(16)	0.85～2.16	1.41(10)	2	简单	局部可采
	1.44-7.05	3.99(11)							
13			0.26～3.80	1.00(11)	0.81～3.80	1.79(4)	2	简单	不可采
	4.73～11.08	7.81(7)							
14			0.26～0.91	0.47(8)		0.91(1)	0	简单	不可采
	5.97～15.76	10.99(8)							
15			1.36～6.59	3.19(31)	1.36～6.59	3.19(31)	3	较简单	全区可采
	6.11～10.97	8.16(4)							
16			0.27～2.67	0.99(5)	0.94～2.67	1.81(2)	1	简单	不可采
	12.79～28.64	20.48(4)							
17			1.08～2.51	1.81(20)	1.08～2.51	1.81(20)	3	较简单	全区可采
	2.91～17.09	8.69(19)							
18			0.35～5.46	2.00(27)	0.80～5.46	2.06(26)	5	较简单	全区可采
	8.87～27.54	16.09(11)							
19			0.27～2.77	1.64(11)	0.94～2.77	1.89(9)	0	简单	局部可采
	11.78～48.94	22.97(7)							
20			0.42～6.69	3.88(7)	2.73～6.69	4.45(6)	1	简单	局部可采

三、白垩系煤层

白垩纪是内蒙古自治区一个重要的聚煤期，煤层主要产于早白垩世的大磨拐河组、伊敏组、九佛堂组和阜新组等，主要分布区域为二连-海拉尔盆地群、赤峰的元宝山、平庄以及阴山的固阳盆地。其范围东起大兴安岭西缘，西至狼山，南至阴山，北至中蒙边界（中华人民共和国与蒙古人民共和国边界），展布面积约 40×10^4 km^2。

本书将二连盆地白垩系含煤地层划分为早白垩世大磨拐河组和伊敏组，含上、下两个含煤段，其中下含煤段位于大磨拐河组上部，对应以往划分的阿尔善组及腾格尔组，即白彦花群下部 4 段地层，上含煤段位于伊敏组，与以往的赛汉塔拉组对应，即白彦花群上部 2 段地层。下面介绍二连盆地中胜利煤田、白音华煤田、伊敏煤田及绍根矿区的白垩系煤层。

（一）胜利煤田

胜利煤田位于内蒙古自治区锡林郭勒盟锡林浩特市，行政区划隶属胜利苏木、毛登牧场。胜利煤田呈北东-南西方向条带状展布，包括一号露天矿、西二号露天矿、西一井田、胜利普查区、胜利煤田东一区、锡凌煤矿外围区、乌兰图嘎锗矿、协鑫露天矿、东区二号露天矿、东区三号露天矿等。该煤田地理坐标为东经 115°53′00″—116°24′00″，北纬 43°55′12″—44°13′15″。

胜利煤田含煤地层为下白垩统大磨拐河组（以往报告称白彦花组），钻孔揭露最大厚度305.90m，一般含煤 8～9 层，可分为 2 个含煤段。

下含煤段含有 12 号、13 号、14 号、15 号煤组，其中 12 号煤组为主要煤组。煤层厚度为 11.42～50.75m，一般23.10～26.95m，含 11～70 个煤分层，一般 20～30 层。下含煤段内 14 号煤组零星可采，其他煤组局部可采。地层厚度 35～426.03m。下含煤段的最大含煤系数 17%，平均含煤系数 5%。

上含煤段为富煤段，地层平均厚度 386m，煤层厚度为 0.50～305.90m，平均厚度 60.86m。上含煤段的含煤系数为 17%，最大含煤系数为 51%。该段含有 2 号、3 号、4 号、5 号、$6^{上}$ 号、6 号、$6^{下}$ 号、7 号、8 号、9 号、10 号、11 号共 12 个煤组，其中 4 号、5 号、6 号、7 号、8 号煤组为主要可采煤组。该段煤层在普查 7～15 勘探线之间，走向长 22km，倾向宽 3km 左右，面积约 66km^2 范围内，可采煤层厚度 100.29（114 号孔）～277.54m（113 号孔），一般厚度 150m 左右，是该段的聚煤中心。煤层从聚煤中心向四周变薄，向西北缘断裂方向煤层呈马尾状急剧分叉变薄，向南东方向煤层呈剪刀状分叉，较缓慢地变薄，沿走向向北东、南西方向煤层的变化比向南东方向小。

上含煤段中煤层发育最好的是 4 号、5 号、6 号煤组，6 号煤组以上的厚度，约占白彦花群含煤厚度的 80%。全区 6 号煤组以上可采厚度 1.72m（80 号孔）～226.86m（79 号孔），平均 50m 左右。6 号煤组以上各煤组在聚煤中心聚集在一起，呈一个大煤组，夹石很薄，难以分开。向盆地四周分叉后，才分出几个煤组。因此，煤层间距变化和煤层厚度变化规律正好相反，即聚煤中心煤组间距小，向四周间距变大。

上含煤段 $6^{下}$～11 号煤组，较 6 号煤组以上煤组厚度小得多，厚度 0.10 ～68.39m，平均 12m 左右。煤层变化规律与 6 号煤组以上煤组相近，唯含煤面积自下而上逐渐扩大，而 6 号煤组以上各煤层自下而上逐渐变小。各煤组厚度、可采厚度、层间距见表 3-3-6。

表 3-3-6　胜利煤田煤层厚度统计表

	煤组编号	煤组厚度/m		煤层厚度/m		可采厚度/m		煤层间距/m	
		范围	平均	范围	平均	范围	平均	范围	平均
上含煤段	1	0.15～3.20	1.47	0.15～2.65	1.07			63.39～66.07	64.73
	2	0.10～30.07	2.25	0.10～9.77	0.84			25.86～73.27	47.48
	3	0.19～31.12	8.76	0.19～22.05	1.61	1.50～20.87	2.10	0.74～58.99	14.73
	4	0.30～47.70	25.86	0.25～37.92	13.06	1.50～37.67	13.85	0.83～99.26	24.53
	5	0.10～103.44	35.93	0.10～67.79	19.84	1.50～67.52	21.40	6.49～51.71	24.58
	6上	0.59～5.09	2.77	0.48～4.74	1.66	1.50～4.74	1.84	0.25～90.88	24.06
	6	4.08～142.65	45.61	0.90～123.80	33.09	2.81～123.33	34.23	0.34～59.93	11.02
	6下	0.05～51.83	16.73	0.05～17.83	3.90	1.50～17.69	4.93	3.06～75.87	31.33
	7	0.10～18.23	5.77	0.10～16.42	3.56	1.50～16.18	5.22	0.05～26.46	8.50
	8	0.14～19.94	5.34	0.14～13.88	2.92	1.50～13.88	4.08	1.26～37.36	13.13
	9	0.05～22.42	6.63	0.05～17.01	2.80	1.50～15.55	4.17	2.02～124.71	30.93
	10	0.15～38.43	8.75	0.15～12.13	3.08	1.50～11.98	4.09	1.16～131.33	47.59
	11	0.10～51.54	12.00	0.10～24.02	3.21	1.50～23.86	5.75	42.90～129.07	73.76
下含煤段	12	0.10～88.01	31.48	0.10～34.60	6.51	1.50～29.82	9.93	7.95～105.50	54.68
	13	0.15～8.24	3.58	0.15～5.93	1.69			13.76～137.78	69.86
	14	0.15～22.59	6.87	0.15～7.33	1.32	1.99～5.77	3.54	28.26～101.74	62.71
	15	0.77～84.38	58.18	0.61～14.69	6.69	1.50～8.83	3.83		

本区含有 15 个煤组，其中 1 号、2 号和 14 号煤组为孤立可采点，零星分布，其他煤组为局部、大部和全区可采煤层。

(二)白音华煤田

白音华煤田位于西乌珠穆沁旗东 80km 处，行政区划隶属锡林郭勒盟西乌珠穆沁旗白音华镇。煤田范围：东以煤层露头为界，西以煤层尖灭线为界，北起默勒黑特音淖尔，南至白音华镇。该煤田地理坐标为东经 118°19′—118°50′，北纬 44°44′—45°12′。煤田为一不规则的多边形，面积 $900km^2$。煤田内共有 4 个露天矿，1 个井田勘探区和 1 个详查区。

白音华煤田为大兴安岭南段西侧的山间断陷型盆地，呈北东—北北东向长条状展布。盆地长约 60km，倾向宽约 8.5km，轴向北东 30°～40°，两翼倾角平缓，约 10°～15°。盆地沉降中心位于中北部。煤层主要赋存于向斜东南翼的半斜坡带上，煤层总体向北西方向迅速分叉、变薄、尖灭。

白音华煤田的主要含煤地层为下白垩统大磨拐河组，含 13 层可采煤层，主要可采煤层 5 层，分别是 5-1 号、5-2 号、6-1 号、6-4 号、6-7 号煤层；局部可采煤层 8 层，分别是 5-3 号、5-4 号、5-5 号、6-2 号、6-3 号、6-5 号、6-6 号、6-8 号煤层；不可采煤层 10 层，分别是 2-1上 号、2-1 号、2-2 号、2-3 号、2-4上 号、2-4 号、2-4下 号、3-1 号、4-1 号、7-1 号煤层，零星分布。区内主要可采煤层的结构简单—复杂，煤厚变化中等，变化规律较明显，为较稳定煤层。

大磨拐河组揭露厚度 76.20～909.10m，平均 440.90m。煤层厚 0.36～107.26m，平均 34.70m，含煤系数 7.87%。本区含煤性好，主要可采煤层发育较稳定，赋煤带受盆地展布方向控制，呈北北东向发育，富煤中心位于煤田中部，厚度高达百米；煤层向东被新近系地层覆盖成隐伏露头，向西侧逐渐分叉、变薄、尖灭。煤层沿走向分叉现象十分明显，由南向北，5 号煤组煤层呈“分—合—分”趋势，6 号煤组煤层呈“合—分”趋势。各煤层特征见表 3-3-7。

表 3-3-7　白音华煤田煤层结构特征一览表

煤组编号	煤层编号	自然厚度/m		可采厚度/m		结构		可采性	稳定性
		范围	平均(点数)	范围	平均(点数)	夹矸数/个	变化程度		
2	2-1^{上}		1.55 (1)		1.55 (1)	1		不可采	不稳定
	2-1	0.68～3.49	2.11(6)	1.50～2.90	2.27(4)	0～3	较简单	不可采	不稳定
	2-2	0.35～2.90	1.52(4)	2.90	(1)	0～2		不可采	不稳定
	2-3	0.50～0.91	0.69(3)			0		不可采	不稳定
	2-4^{上}	0.50～4.25	2.70(4)	2.34～3.35	2.82(3)	0～3	较简单	不可采	不稳定
	2-4	2.02～14.90	7.84(4)	1.69～14.90	6.75(4)	0～7	复杂	不可采	不稳定
	2-4^{下}	1.43～4.33	2.88(2)	4.33	(1)	0		不可采	不稳定
3	3-1	0.99～12.12	7.10(7)	1.85～11.24	7.43(6)	0～4	较简单	不可采	不稳定
4	4-1	0.35～31.41	9.57(8)	4.75～29.31	14.27(5)	0～6	复杂	不可采	不稳定
5	5-1	0.05～13.50	3.27(92)	1.55～13.50	3.62(70)	0～8	复杂	大部可采	较稳定
	5-2	0.20～18.57	5.08(98)	1.51～18.07	5.74(73)	0～14	复杂	大部可采	较稳定
	5-3	0.15～18.62	3.57(87)	1.50～18.62	4.47(54)	0～18	复杂	局部可采	不稳定
	5-4	0.26～50.05	4.37(91)	1.85～39.82	6.35(52)	0～19	复杂	局部可采	不稳定
	5-5	0.10～10.35	2.02(79)	1.55～9.22	3.18(38)	0～6	复杂	局部可采	不稳定
6	6-1	0.20～22.53	3.43(106)	1.51～21.78	4.25(65)	0～12	复杂	大部可采	较稳定
	6-2	0.18～12.60	2.52(64)	1.62～10.70	4.41(27)	0～4	较简单	局部可采	不稳定
	6-3	0.15～8.11	2.29(49)	1.50～6.39	3.34(25)	0～3	较简单	局部可采	不稳定
	6-4	0.23～69.97	16.01(157)	1.52～44.37	16.98(129)	0～32	复杂	大部可采	较稳定
	6-5	0.25～13.05	3.37(95)	1.52～12.16	5.01(51)	0～5	复杂	局部可采	不稳定
	6-6	0.26～12.56	1.86(114)	1.69～12.06	3.20(42)	0～10	复杂	局部可采	不稳定
	6-7	0.25～14.28	4.55(139)	1.50～12.46	5.09(102)	0～7	复杂	大部可采	较稳定
	6-8	0.23～6.06	1.46(121)	1.55～5.75	2.35(39)	0～9	复杂	局部可采	不稳定
7	7-1	0.22～5.25	1.50(43)	1.55～4.27	2.51(16)	0～5	复杂	不可采	不稳定

(三)伊敏煤田

伊敏煤田位于大兴安岭西坡呼伦贝尔草原伊敏河中下游的东、西两侧,行政区划隶属呼伦贝尔市鄂温克族自治旗。该煤田地理坐标为东经 119°26′00″—120°02′00″,北纬 48°28′00″—48°52′00″。煤田包括伊敏河东预查区、伊敏露天矿、伊敏外围普查及五牧场井田,南北长 77km、东西宽 11～34km,面积 1140km^2。含煤地层为下白垩统伊敏组及大磨拐河组。伊敏组各可采煤层特征详见表 3-3-8,大磨拐河组各可采煤层特征详见表 3-3-9。

伊敏组含煤地层厚度 20～450m,平均厚度 335.78m,煤层埋深 41.04～698.70m,含 17 个煤组 19 层煤,其中可采煤层 14 个。15^{上} 号、16^{下} 号煤层相对稳定,煤层累计厚度 0.20～91.15m,平均厚度 39.31m;可采煤层累计厚度 2.89～87.31m,平均厚度 34.96m,平均含煤系数 8.7%。

大磨拐河组含煤 20 层,埋藏深度一般 650m 左右,最大埋藏深度大于 1000m。煤层累计厚度3.20～78.94m,平均累计厚度 24.17m;可采煤层累计厚度 0.90～46.41m,平均累计厚度 16.92m,平均含煤系数 2.50%。

表 3-3-8　伊敏露天矿伊敏组可采煤层特征一览表

煤层编号	总厚度/m		可采厚度/m		夹矸累计厚度/m			煤层对比	稳定程度	可采程度
	范围	平均	范围	平均	范围	平均	结构复杂程度			
1	4.60～5.40	4.97	4.60～5.40	4.97			简单	较可靠	较稳定	局部可采
2	2.50～5.75	4.92	2.50～5.75	4.92	0～0.30		简单	较可靠	较稳定	局部可采
3	2.57～12.43	8.17	2.57～12.43	8.17	0～0.20		简单	较可靠	较稳定	局部可采
4	2.77～9.20	6.85	2.77～9.20	6.85	0～0.65	0.48	简单	较可靠	较稳定	局部可采
5	0.50～16.33	8.52	2.50～16.33	8.90	0～6.25	0.94	简单	较可靠	较稳定	局部可采
9	0.30～4.70	1.88	1.00～4.70	2.09	0.10～0.55	0.25	简单	较可靠	较稳定	局部可采
14	0.20～15.57	3.67	1.00～14.04	3.84	0.20～5.90	1.80	较复杂	较可靠	较稳定	局部可采
15上	0.25～36.10	9.83	1.00～29.64	9.70	0.10～9.96	1.17	复杂	可靠	稳定	全区可采
15中	0.30～6.80	1.23	1.00～2.35	1.42			简单	较可靠	较稳定	局部可采
15下	0.30～3.63	1.37	1.00～3.58	1.74			简单	较可靠	较稳定	局部可采
16上	0.45～5.60	2.55	1.00～5.60	2.77			简单	较可靠	较稳定	局部可采
16中	0.30～22.48	5.30	1.00～14.00	5.36	0.18～21.83	1.55	复杂	较可靠	较稳定	局部可采
16下	0.50～57.50	24.64	1.04～54.05	22.45	0.15～24.58	4.24	简单—复杂	可靠	稳定	全区可采
17	0.32～13.99	3.07	1.00～7.61	2.32			复杂	较可靠	较稳定	局部可采

表 3-3-9　伊敏露天矿大磨拐河组可采煤层特征一览表

煤层编号	纯煤厚度/m		结构复杂程度	煤层对比	稳定程度	可采程度
	范围	平均				
19	0.65～10.83	4.66	复杂	较可靠	较稳定	局部可采
20	8.50～14.85	11.63	简单—复杂	较可靠	较稳定	局部可采
22	0.40～21.57	4.57	复杂	较可靠	较稳定	局部可采
24	0.50～11.75	5.60	较复杂	较可靠	较稳定	局部可采
26-1	1.00～22.30	9.32	简单—复杂	较可靠	较稳定	大部可采
26-2	0.35～27.20	13.55	复杂	较可靠	较稳定	大部可采
26-3	0.30～8.71	4.05	较简单	较稳定	较稳定	局部可采
27-1上	0.45～9.82	4.23	简单—复杂	较稳定	较稳定	大部可采
27-2	0.12～1.75	1.15	简单	较可靠	较稳定	局部可采
27-3	0.50～4.82	2.62	简单—复杂	较可靠	较稳定	大部可采
28	0.75～14.31	7.13	复杂	较可靠	较稳定	局部可采
29	0.50～7.96	3.00	复杂	较可靠	较稳定	局部可采
30	0.47～3.40	1.64	简单	可靠	较稳定	局部可采

（四）绍根矿区

绍根矿区位于赤峰市阿鲁科尔沁旗东南部，大兴安岭余脉南麓、松辽平原西缘。该矿区地理坐标为东经 120°42′08″—120°51′47″，北纬 43°39′00″—43°47′43″，面积 221km²。

绍根矿区含煤地层为阜新组，煤层厚度由北西向南东逐渐增大，厚度变化 0～450m（未见底），共含 6 个煤组，分别为 1 号、2 号、3 号、4 号、5 号、6 号煤组。区内共含厚、薄煤层 20 余层。含煤系数东区高于中、西区（东区 9.24%，中区 4.9%，西区 6.59%），全区综合平均 6.85%。含可采煤组 5 个（2 号、3 号、4 号、5 号、6 号煤组），其中 3 号、4 号、5 号煤组全区发育，2 号、6 号煤组仅在西区局部发育。1 号煤组发育情况不好，不可采。该区主要煤层赋存状况见表 3-3-10。

表 3-3-10　绍根矿区主要煤层赋存状况表

煤层编号	煤层厚度/m		赋存深度/m	资源量估算面积/km²	夹矸层数/层	结构	稳定性
	范围	平均					
2	1.05～5.70	3.67	310.30～360.75	2.22	1～4	较复杂	不稳定
3-1	0.30～4.20	2.48	305.35～508.05	6.98	1～4	较复杂	不稳定
3-3	0.45～3.35	1.71	298.50～569.40	1.93	1～3	较复杂	不稳定
3-4	0.80～7.40	4.01	304.35～577.35	3.27	1～3	较复杂	不稳定
3	0.35～8.65	3.55	293.30～591.15	15.40	1～6	较复杂	较稳定
4-2	0.20～11.60	2.60	322.80～489.20	7.89	1～7	较复杂	不稳定
4-3	0.35～16.05	3.35	302.95～625.30	12.36	1～8	较复杂	不稳定
4-4	0.25～3.70	1.93	315.00～475.45	4.58	1～3	较复杂	不稳定
4	0.20～4.45	2.21	295.45～637.90	16.25	1～4	较复杂	较稳定
5-1	0.25～4.40	2.14	288.06～563.65	15.70	1～4	较复杂	不稳定
5	0.25～15.25	5.35	293.90～658.00	37.07	1～7	较复杂	较稳定
6	0.20～3.35	1.75	311.55～482.90	4.65	1～3	较复杂	不稳定

第四章　沉积环境与聚煤规律

内蒙古自治区地域辽阔，含煤地层分布范围广，聚煤盆地的构造类型和沉积类型多种多样。在国内几个重要的聚煤时期，内蒙古自治区都不同程度地发生过聚煤作用。

内蒙古自治区的聚煤期有晚古生代石炭纪—二叠纪，中生代侏罗纪、白垩纪，新生代新近纪。晚古生代石炭纪—二叠纪的聚煤作用主要发生在阴山以南、贺兰山西麓断裂以东的鄂尔多斯地区和阴山中段的大青山地区，前者属华北晚古生代近海型含煤区的西北部分，沉积了一套海陆交互相含煤地层；后者沉积了一套以粗碎屑为主的滨海含煤岩系。中生代侏罗纪的聚煤作用发生范围亦较广，阴山南北均有发生，但阴山以南的鄂尔多斯盆地为特大型的内陆坳陷盆地，含煤地层沉积厚度不大，平均只有200余米，但聚煤强度大，为我国煤炭储量最丰富的第一大煤田；阴山及阴山以北地区，主要为中—小型的山间谷地式含煤盆地，沉积厚度较大，聚煤作用相对较弱。白垩纪的聚煤作用主要发生在阴山以北和阴山地区，含煤盆地的类型为拉张性断陷盆地，彼此分隔又有成因联系的大大小小断陷盆地成群出现，在内蒙古自治区范围内组成了海拉尔盆地群、二连盆地群和银根盆地群，包括松辽盆地群同属东北亚晚中生代断陷盆地系的一部分。白垩纪的聚煤作用强度比较大，在某些盆地沉积了200m以上的厚煤层。新生代的聚煤作用在内蒙古自治区发生的范围比较小，含煤盆地主要以山间盆地的形式分布在阴山地区，聚煤作用强度不大，在内蒙古自治区不占主要地位。

第一节　主要含煤地层岩石学特征

一、鄂尔多斯地区晚古生代石炭纪—二叠纪含煤岩系岩石学特征

鄂尔多斯地区晚古生代石炭纪—二叠纪含煤岩系主要为太原组及山西组。

（一）上石炭统太原组

太原组主要为陆源碎屑岩和可燃有机岩，少量的机械-生物-化学岩。在陆源碎屑岩中，粉砂岩和泥岩约占46%，位于内蒙古自治区中东部的准格尔煤田的粗碎屑含量比中西部桌子山、贺兰山煤田要高。

在准格尔煤田，太原组粗碎屑岩自下而上逐渐增高，粉砂岩和泥岩的含量逐渐减少，灰岩逐渐消失，含煤性逐渐增强，发育了厚而稳定的6号煤层。横向上岩石的分布主要受古环境的控制。煤层的发育程度与砂岩丰度一般呈负相关关系。灰岩仅分布于准格尔煤田黑岱沟矿区以南地区，在太原组第一岩段呈透镜状产出。

桌子山煤田太原组粗碎屑岩平均含量由下而上逐渐降低，粉砂岩和泥岩含量逐渐增加，灰岩发育在太原组上部的第二岩段。在横向上岩石的分布特征同样受沉积环境的控制。煤层的发育程度在第一岩

段中与砂岩的含量呈负相关关系，砂岩丰度增加，煤层发育变差，在第二岩段中煤层发育与砂岩关系不明显(表4-1-1)。

中东部准格尔煤田太原组第一岩段砂岩丰度平均值38%，第二岩段砂岩丰度平均值42%，桌子山煤田第一岩段砂岩丰度平均值36%，第二岩段砂岩丰度平均值34%。

表4-1-1　鄂尔多斯地区太原组不同岩石类型丰度统计表　　单位：%

岩性	层位	准格尔煤田									桌子山煤田										总平均
		窑沟	龙王沟	119钻孔	118钻孔	黑岱沟	七坪	房塔沟	榆树湾	平均	千里山	木耳沟	旧洞沟	骆驼山	乌达	白云乌素	棋盘井	老石旦	雀儿沟	平均	
粗砂岩(含砾)	P_1t^2	16	16	0	11	35	18	40	2	17.3	0	0	0	0	0	0	0	0	0	0	8.6
	C_2t^1	37	37	53	0	7	17	8	13	21.5	22	22	13	0	20	14	24	0	0	12.8	16.9
中—细砂岩	P_1t^2	13	13	2	25	2	57	16	60	23.5	60	60	48	19	19	3	0	28	0	29.6	26.6
	C_2t^1	8	8	14	24	28	12	13	25	16.5	20	27	10	14	17	34	54	14	26	24.0	20.5
粗碎屑岩	P_1t^2	29	39	2	36	37	75	56	62	42.0	60	46	48	19	19	13	0	28	0	29.1	35.6
	C_2t^1	45	51	67	24	35	29	21	38	38.8	42	43	23	14	19	48	78	14	26	34.1	36.3
粉砂岩、泥岩	P_1t^2	14	44	23	19	15	13	30	25	22.9	32	47	50	81	72	95	96	69	0	67.8	45.3
	C_2t^1	30	35	23	54	44	50	65	55	44.5	49	46	52	56	57	37	11	50	73	47.9	46.3
煤	P_1t^2	57	17	75	45	50	12	14	13	35.4	8	7	2	0	6	2	2	2	0	3.6	19.5
	C_2t^1	25	4	10	22	21	17	8	7	14.3	9	11	25	30	14	15	11	36	21	19.1	16.8
灰岩	P_1t^2	0	0	0	0	0	0	0	0	0	0	0	0	0	3	0	2	1	0	0.8	0.4
	C_2t^1	0	0	0	0	0	4	0	0	0.5	0	0	0	0	0	0	0	0	0	0	0.2
位置		北┈┈→南									北┈┈→南										

砂岩中石英砂岩约占56%，岩屑石英砂岩约占19%，长石石英砂岩约占9%，其余砂岩含量较少。砂岩岩石成分以石英为主，平均含量85%左右，其次为岩屑(10%)和长石(3.8%)，含极少量的云母和重矿物，胶结物和杂基含量14.7%左右。

砂岩以中粒为主，主要为水道砂体。在泛滥平原、三角洲前缘以及砂坪环境沉积的砂岩粒度比较小。东部第一岩段砂岩磨圆度好于第二岩段，西部正好相反。在横向上西部以次圆状为主，东部以次棱角状为主且磨圆度由北向南逐渐变好，反映了北部靠近陆源。砂岩的分选性一般较好，且西部好于东部，反映了东西部沉积环境的差异性。

太原组灰岩、泥灰岩含量甚少，丰度1%左右，主要为粉晶灰岩、含泥晶灰岩，其次为含泥含生物屑泥晶灰岩，生物屑泥晶灰岩、含粉砂屑含泥灰岩。东部准格尔煤田以含生物屑泥晶灰岩-生物碎屑泥晶灰岩为组合特征，各种生物含量10%～20%，并有少量的黄铁矿、褐铁矿。在西部的桌子山、贺兰山煤田，以泥晶灰岩-含粉砂含泥灰岩为组合特征，生物含量较少，粉晶、粉砂屑和泥质物含量一般大于5%，局部含微量的黄铁矿和褐铁矿。

太原组泥质岩的丰度在东部准格尔煤田第一岩段平均值44.5%，第二岩段平均值23%；桌子山煤田第一、二岩段平均值均为46%。太原组泥质岩主要为黏土质泥岩，其次为粉砂质泥岩和含粉砂质泥岩，成分主要有黏土矿物、碎屑石英和重矿物，局部含少量有机质和方解石。黏土矿物以高岭石为主，含量32%～98%，一般在80%以上；其次为伊利石、伊蒙混层石和蒙脱石，偶见绿泥石。东部高岭石含量比西部高，并局部出现了伊利石含量大于高岭石的现象。东部为酸性或弱酸性—中性介质，沉积环境常与三角洲平原、分流间湾等淡水环境有关，而西部水介质为中性—弱碱性，或弱碱性—碱性，沉积环境常与浅海、潮坪、海湾、潟湖以及三角洲前缘的咸水环境有关。

准格尔煤田沉积物的Sr/Ba值0.20～3.94，变化幅度比较大，第一岩段一般值0.60～1.19，平均值1.18，第二岩段一般值0.23～0.59，平均值0.50，硼的平均含量39.3×10^{-6}，总体反映了由下而上水体由咸水—半咸水向淡水环境的演化。西部乌达、桌子山煤田 Sr/Ba 值 2.43，硼含量 18.22×10^{-6}，显示了咸水环境。

（二）下二叠统山西组

山西组岩石组成主要是陆源碎屑岩，其次为可燃有机岩——煤。

在陆源碎屑岩中，砂岩所占比例较大，丰度一般达 50%。准格尔煤田山西组砂岩丰度垂向上由下而上逐渐降低，粉砂岩和泥岩丰度增高，含煤性逐渐变差。横向上岩石的组合主要受沉积环境控制。桌子山、贺兰山煤田，山西组的砂岩丰度由下而上逐渐增高，粉砂岩和泥质岩类丰度逐渐降低，与东部的垂向变化规律正好相反。西部各种岩类的横向变化也同样受控于沉积环境。在含煤性上西部要比东部好一些（表 4-1-2）。

表 4-1-2 鄂尔多斯地区山西组不同岩石类型丰度统计表

单位：%

岩性	层位	准格尔煤田									桌子山煤田									总平均
		窑沟	119钻孔	118钻孔	龙王沟	黑岱沟	七坪	房塔沟	榆树湾	平均	千里山	旧洞沟	骆驼山	乌达	阿尔巴斯	白云乌素	棋盘井	老石旦	平均	
粗砂岩（含砾）	P_1s^3	49	38	4	29	0	—	61	19	28.6	45	79	36	4	29	55	29	22	37.4	33.3
	P_1s^2	12	58	88	25	63	40	0	73	44.9	0	0	15	59	17	43	42	32	26.0	35.4
	P_1s^1	50	93	70	39	0	84	0	53	48.6	44	0	0	0	26	43	0	0	14.1	31.4
中—细砂岩	P_1s^3	29	22	0	16	50	—	9	49	25.0	32	1	16	54	0	15	20	15	19.1	21.9
	P_1s^2	5	0	12	18	3	18	10	11	9.6	70	24	56	0	6	21	26	7	26.3	17.9
	P_1s^1	20	0	0	0	16	0	41	11	11.0	16	40	9	31	16	17	32	11	21.5	16.3
粗碎屑岩	P_1s^3	78	60	4	45	50	—	70	68	53.6	77	80	51	58	29	70	49	37	56.4	55.1
	P_1s^2	17	58	100	43	66	58	10	84	54.5	70	24	71	59	23	64	68	39	52.3	53.4
	P_1s^1	70	93	70	39	16	84	41	64	59.6	60	40	9	31	22	60	32	11	33.1	46.4
粉砂岩、泥岩	P_1s^3	22	40	96	55	50	—	30	32	46.4	23	8	43	21	71	30	50	61	38.4	42.1
	P_1s^2	83	37	0	57	34	31	88	16	43.2	30	73	29	23	77	32	27	60	43.9	43.6
	P_1s^1	30	7	30	38	79	15	22	36	32.1	30	20	33	48	76	16	28	54	38.1	35.1
煤	P_1s^3	0	0	0	0	0	—	0	0	0	0	12	6	21	0	0	1	2	5.3	2.8
	P_1s^2	0	5	0	0	0	11	2	0	2.3	0	3	0	18	0	2	5	1	3.6	2.9
	P_1s^1	0	0	0	23	5	1	37	0	8.3	10	4	58	21	2	24	40	35	24.3	16.3
位置		北→南									北→南									

准格尔煤田砂岩丰度第一岩段平均值 60%、第二岩段平均值 55%、第三岩段平均值 54%。桌子山煤田砂岩丰度第一岩段平均值 47%、第二岩段平均值 54%、第三岩段平均值 55%。

山西组砂岩以石英砂岩和岩屑石英砂岩为主，丰度分别为 23%和 22%；其次为长石岩屑石英砂岩、长石石英砂岩和岩屑砂岩，丰度分别为 19%、18%和 15%；另外还有少量的长石岩屑砂岩。与太原组比较，山西组的石英砂岩丰度较低，而岩屑砂岩丰度高于太原组。

山西组砂岩的碎屑成分以石英为主，平均含量 73%，其次为岩屑和长石，平均含量分别为 18.3%和 7.6%，含少量云母。胶结物和杂基含量为 16.9%左右。

砂岩的矿物成分组合在准格尔煤田和桌子山煤田有些差异。山西组各段石英含量在东部普遍低于西部，而岩屑含量则相反，东部岩屑含量普遍高于西部，反映了成分成熟度的不同，西部的成分成熟度高于东部的。

山西组的砂岩以中粒砂岩为主，粒度的总体变化规律是北粗南细，说明陆源区位于沉积区以北。砂岩碎屑以次棱角状—次圆状为主，磨圆度较差的砂岩多在离物源区较近的河道产出。分选性一般—中等，在平面上表现为北部比南部差，这与粒度、磨圆度规律是相一致的，反映了沉积物是由北向南搬运的。

山西组的泥质岩类主要为黏土质泥岩，其次为粉砂质泥岩和含粉砂质泥岩。岩石组成主要有黏土矿物和细小碎屑，局部含少量有机质。黏土矿物主要为高岭石，含量可达73%～98%，其次为伊利石、伊蒙混层石及碎屑石英。黏土矿物的组合特征可分为高岭石、高岭石-伊利石、高岭石-伊利石-伊蒙混层石3种类型。以上黏土组合特征反映了山西组沉积期间水介质条件为酸性或中性—弱碱性；沉积环境常与河流或三角洲平原等淡水、微咸水有关。

山西组的微量元素Sr/Ba值为0.24～0.34，硼含量$(24.11\sim43.19)\times10^{-6}$，显示了沉积物形成于淡水环境。

二、鄂尔多斯地区中生代侏罗纪含煤岩系岩石学特征

鄂尔多斯地区中侏罗统延安组的岩石组成主要为陆源碎屑岩类和可燃有机岩类，丰度分别为85%和15%左右，另外还有极少量的灰岩、泥灰岩等。各类岩石组成在垂向上的变化规律是煤系顶底部粗碎屑岩丰度较高，粉砂岩类和泥岩类丰度相对较少，煤系的中段粗碎屑岩丰度相对减少而粉砂岩和泥岩类丰度相对增高，砾岩只出现在煤系的底部和顶部，而灰岩只出现在煤系中部，呈透镜状夹于泥岩中。在横向上由北向南粗碎屑岩类含量相对减少，而泥岩类含量相对增加，这一规律反映了煤系地层顶部和底部是以河流体系为主的沉积环境，而中部是以湖湾、三角洲为主的沉积环境，物源区位于煤田的北部（表4-1-3）。

表4-1-3 鄂尔多斯地区延安组不同岩石类型相对丰度统计表

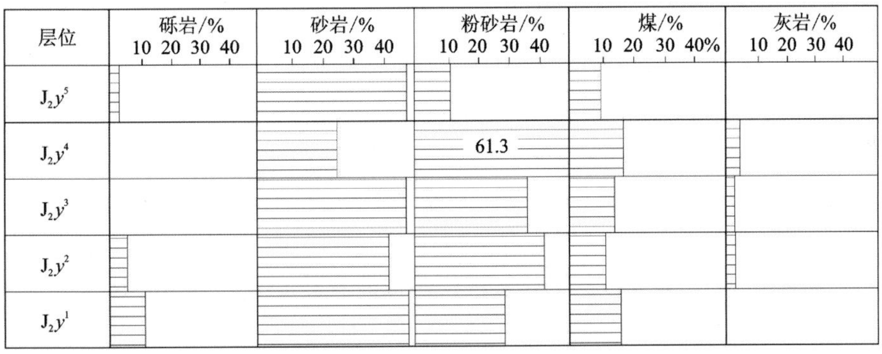

层位	砾岩/% 10 20 30 40	砂岩/% 10 20 30 40	粉砂岩/% 10 20 30 40	煤/% 10 20 30 40%	灰岩/% 10 20 30 40
J_2y^5					
J_2y^4			61.3		
J_2y^3					
J_2y^2					
J_2y^1					

区内延安组砂岩丰度25%～50%，一般35%～45%，主要为长石石英杂砂岩，其次为岩屑长石石英砂岩和长石砂岩，还有少量石英砂岩、岩屑长石砂岩、长石岩屑砂岩等。碎屑成分以石英为主，平均含量达71.1%，长石含量平均14.7%，岩屑、云母、碳屑、重矿物含量较少，杂基含量9.0%～18.6%。砂岩以中粒和细粒为主，在平面上由北向南粒度由粗变细，反映了沉积环境自北向南由河流体系向三角洲、浅湖过渡的特点。在垂向上粒度变化自下而上为粗—细—粗的特点，大致反映了沉积环境随时间的演化，即河流体系—浅湖三角洲体系—河流体系的特点。砂岩的碎屑以次棱角状为主，少量为次圆状，在横向上自北而南磨圆度变好。砂岩的粒度标准差(δ)一般在0.57～1.53之间，平均0.83，说明分选性中等—较好。从平面上分析，标准差从北向南逐渐减小，也就是说分选性自北向南逐渐变好。从垂向上看，延安组中部的砂岩分选较好，顶部和底部分选中等。碎屑颗粒的圆度和分选性在横向或走向的变化，均反映了沉积环境在时空上的演化规律。

区内延安组粉砂岩和泥岩类丰度10%～61.3%，一般20%～35%，以富含云母和碳屑为特点，主要为含云母长石石英粉砂岩、含碳屑长石石英粉砂岩，其次为云母石英粉砂岩。灰岩、泥灰岩比较罕见，呈透镜状夹于泥质岩类中，岩石丰度小于1%。岩石类型为泥晶细砂屑灰岩和粉砂质泥晶灰岩。成分以

碳酸盐矿物为主，含有石英、长石、云母、碳屑及极少量的重矿物。碳酸盐矿物呈泥晶他形粒状，颗粒细小，多为结晶次生加大而成。在粉砂质泥晶灰岩中曾见叠锥、波状及平行于层面的生物扰动现象。这是浅水湖湾—浅湖的典型沉积特征。

延安组沉积物的Sr/Ba值0.13～0.23，硼含量(22.38～48.75)$\times 10^{-6}$，表明本区为内陆淡水环境。

三、中生代白垩纪含煤岩系岩石学特征

(一)二连盆地群

二连盆地群的含煤岩系为下白垩统白彦花群，母岩主要来自巴彦宝力格隆起、大兴安岭隆起、苏尼特隆起和温都尔庙隆起。物源区的岩性不同，使各断陷盆地中的岩石特征也有所不同。

白彦花群自下而上分为大磨拐河组和伊敏组。由于大磨拐河组上下部岩性差异较大，可分为大磨拐河组一段和二段。大磨拐河组一段、大磨拐河组二段和伊敏组的碎屑岩组合特征及含煤性各不相同，现简要分述如下。

1. 大磨拐河组

1)大磨拐河组一段

本段基本上由粗颗粒的陆源碎屑岩类组成，主要为角砾岩、砾岩、砂砾岩和含砾粗砂岩夹薄层状泥岩。二连盆地群砾岩成分因地而异：东部区火山岩砾较多，变质岩砾较少；西部区板岩砾、千枚岩砾较多，火山岩砾较少，砾石磨圆度很差，多为棱角状的“岩块”，某些盆地角砾岩的“岩块”含量高达68%。砂岩的碎屑成分岩屑含量高，一般在60%以上，石英和长石含量低，分别占18%和14%左右，重矿物以不稳定矿物含量高为特征，各断陷盆地矿物物种变化大。杂基主要为凝灰质或由其蚀变的黏土矿物以及其他黏土杂基，含量一般为6.4%～33.7%。本段基本不含煤。根据上述岩石特征，大磨拐河组一段为一套近物源的冲积扇沉积。

2)大磨拐河组二段

本段的岩石组成主要为陆源碎屑岩类，其次为煤层和少量的灰岩。陆源碎屑岩为砾岩、砂岩、粉砂岩和泥岩。各种岩类在平面上的分布规律受沉积环境的控制。在盆缘断裂附近，砾岩和砂岩含量比较高，这里是冲积扇、扇三角洲以及河流环境比较集中的地区；在盆地中心地带，以大套的深灰色泥岩、粉砂岩以及泥灰岩为主，形成于浅湖—半深湖沉积环境。位于二连盆地群东部的霍林河盆地、白音华盆地、胜利盆地等不同程度地含有可燃有机岩类——煤，尤以霍林河、白音华盆地丰度最高，反映了二连盆地群聚煤作用从大磨拐河组二段沉积期间已经开始并且由东向西逐渐迁移。

本段的砾石成分复杂，一般为安山质火山岩砾、凝灰岩砾、板岩砾、千枚岩砾以及石英砾。砾石含量一般大于60%，砾径0.5～1cm，磨圆度中等，分选性极差，杂基主要为砂质和泥质。砾岩的成分成熟度和结构成熟度都比较低，为近物源的快速堆积，一般形成于冲积扇和扇三角洲的近端。

本段砂岩既有含砾的中—粗粒砂岩，也有不含砾的中粒砂岩和细粒砂岩。砂岩成分岩屑含量较高，其中凝灰岩岩屑一般为15%～41.2%，花岗岩岩屑一般为43.1%～60%，变质岩岩屑为7.4%～30%，因而岩石类型主要以岩屑砂岩和混合砂岩为主。砂岩颗粒一般为次棱角状—次圆状，分选中等，胶结物为钙质和泥质，说明砂岩的母岩类型比较复杂，既有火山岩、岩浆岩，也有变质岩。沉积时水动力条件比较强且距物源区比较近，主要形成于扇三角洲平原、扇三角洲远端以及滨浅湖沙滩等环境。

本段泥岩类含量相对比较高，可分为两种组合类型：一种为灰绿色或灰色、深灰色泥岩夹薄层砂岩和含砾砂岩组合，代表了滨浅湖的浅水沉积环境；另一种以大段深灰—黑灰色泥岩夹薄层钙质粉砂岩和白云质泥岩、泥灰岩的组合类型，代表了较深湖的沉积环境。

2. 伊敏组

伊敏组的岩石组成主要为陆源碎屑岩类和可燃有机岩类——煤，含少量的泥灰岩。陆源碎屑岩类主要有砾岩、砂岩、粉砂岩和泥岩。各种岩类的丰度受沉积环境的控制。砂砾岩丰度在盆地边缘附近一般为50%～80%，向盆地中心部位泥质岩类和煤的丰度显著增加，而砂砾岩丰度显著降低，一般在10%～30%之间，说明在盆地边缘附近主要为冲积扇、扇三角洲近端以及短道河流等沉积环境，向盆地的中心部位逐渐过渡为浅湖、泥炭沼泽等沉积环境。

本组的砾石为杂色，砾石成分复杂，主要为变质岩砾和火山岩砾，砾石含量一般45%～50%，砾径0.5～1cm，大者可达5cm以上。砾石为棱角状—次圆状，分选较差。杂基有砂和泥质，砂含量一般30%左右，泥质20%，呈接触式胶结或基底式胶结。砾石一般形成于冲积扇、扇三角洲近端。

本组砂岩与大磨拐河组二段砂岩在成分上的一个显著不同是火山岩岩屑含量和凝灰岩岩屑含量显著减少，而长石、石英及花岗岩岩屑含量显著增加，一般高达81.3%～98%，火山岩、凝灰岩岩屑含量0～14.3%，其他岩屑2%～4.5%。岩石类型主要为长石岩屑砂岩，其次为岩屑砂岩和混合砂岩。重矿物组合为绿帘石-钛铁矿，胶结物为高岭石。总的来说，砂岩碎屑颗粒分选较差，磨圆中等，反映了水动力条件较强的沉积环境。砂岩在平面上的一般分布特点是在砾岩类和泥岩类之间呈过渡类型。

本组泥质岩和粉砂岩在垂向上一般分布于煤层底部，在横向上位于盆地的中心地带，以灰—深灰色的泥岩、粉砂岩为主，含大量的植物化石。在某些断陷盆地中，如白彦花煤田泥岩和粉砂岩含砾石，砾石最大含量可达30%，砾石的磨圆度呈次棱角状—次圆状，分选较差，砾径小者数毫米，大者可达5cm以上，形成于扇三角洲远端。泥岩、粉砂岩的沉积环境主要为浅湖及覆水沼泽。

（二）海拉尔盆地群

海拉尔盆地群含煤岩系为下白垩统下部的大磨拐河组和上部的伊敏组，母岩主要来自西北部的额尔古纳隆起带和东南部的大兴安岭隆起带，以及盆地群内部的嵯岗隆起和巴彦山隆起。物源区的性质不同，使得各断陷盆地中的岩石特征也有所不同。

1. 大磨拐河组

大磨拐河组主要为冲积扇、三角洲、湖泊环境下的一套陆源碎屑岩沉积，岩石类型主要为砂岩、泥岩，砾岩、生物化学岩、有机沉积岩和火山碎屑岩等含量较少。其中，砂岩含量（46.5%）居首位，其次为泥岩（31.1%）、粉砂岩（17.1%），可燃有机岩占4.5%，其中煤为4.3%，其他为生物化学岩。

本组在海拉尔盆地群普遍发育，沉积厚度较大，通常为600～1200m，在边缘隆起带中的盆地内，厚度相对较薄，一般为200～800m。

本组砾石成分复杂，一般为安山质火山岩砾、凝灰岩砾、板岩砾、千枚岩砾以及石英砾。砾石含量一般大于60%，砾径0.5～1cm，大者可达10cm以上，磨圆度中等，分选性极差，杂基主要为砂质和泥质。砾岩的成分成熟度和结构成熟度都比较低，为近物源的快速堆积，一般形成于冲积扇和扇三角洲的近端。

海拉尔盆地群各组段都有砂岩发育，在三角洲前缘、前三角洲都有较好的砂岩层的存在。一般为灰色、灰绿色、灰白色、灰黑色。砂岩中层理类型发育有沙纹层理、波状层理、槽状交错层理、水平层理等。

本组泥岩主要发育在湖泊相的深湖、浅湖和三角洲前缘，一般为灰黑色泥岩，是生油岩的岩层。深湖为深灰色、灰黑色泥岩，浅湖为灰色泥岩，滨湖为灰绿色泥岩，沼泽微相泥岩为绿灰色泥岩夹泥质粉砂岩条带。

2. 伊敏组

海拉尔盆地伊敏组主要为冲积扇、扇（辫状河）三角洲、湖泊环境下的一套陆源碎屑岩沉积，岩石类型主要为砂岩、泥岩、砾岩，煤和火山碎屑岩等含量较少。

伊敏组地层主要分布在海拉尔河断层以南的大部分盆地中，在大兴安岭隆起带边缘的盆地内也较发育，额尔古纳隆起带及海拉尔河断裂以北的一些盆地内伊敏组缺失。地层厚度一般为300～500m，岩性以灰—深灰色泥岩、粉砂岩和煤层为主，夹砂岩、少量砂砾岩。含植物化石。

从纵向上看，伊敏组下部岩性较细，主要含有煤层；上部岩性变化大，整体粒度较粗，含煤少、煤质差。本组自下而上可以划分为3个段：第一段主要为灰色泥岩、粉砂质泥岩与粉砂岩呈不等厚互层，含煤区(伊敏及呼伦湖断陷等)岩性为深灰色泥岩、粉砂岩夹杂色砂砾岩和煤层，厚度186.5～549.5m，与下伏大磨拐河组呈整合或平行不整合接触；第二段主要为灰色、灰绿色泥岩夹粉砂岩，含煤区为深灰色泥岩、粉砂岩、砂砾岩夹煤层，厚度0～442m；第三段主要为灰绿色泥岩，夹泥质粉砂岩，偶夹煤层或砂砾岩，厚度0～469m。各段的岩石类型见表4-1-4。

海拉尔盆地群的砾岩在断陷阶段及坳陷阶段盆地的边缘比较发育，以灰色、杂色为主，砾石成分复杂，有火山岩、沉积岩及少量变质岩。砾岩结构、成分成熟度都比较低，杂基支撑，分选性差，磨圆度较差，可见正递变粒序、冲刷构造等，反映其具有近源快速堆积的特点，主要发育在冲积扇和扇三角洲沉积体系。

表4-1-4 伊敏组岩石类型变化统计表

层位	岩石类型	红花尔基/%	呼和诺尔/%	莫达木吉/%	扎赉诺尔/%	伊敏/%	陈旗/%	诺门汗/%
伊敏组	粉砂岩	47.13	61.35	37.99	18.91	21.68	6.31	17.53
	泥岩	9.00	19.91	30.77	31.39	12.31	6.76	31.76
	细砂岩	32.14	7.58	20.51	19.44	23.66	40.52	5.09
	中砂岩	—	—	6.66	2.71	15.58	5.81	2.75
	粗砂岩	9.70	3.81	1.57	16.66	6.48	25.79	21.10
	煤	2.03	7.35	2.50	10.89	20.29	14.81	21.77

伊敏组砂岩在海拉尔盆地群最为发育，分布最为广泛，包括含砾砂岩、粗砂岩、中砂岩、细砂岩、粉砂岩、泥质粉砂岩等类型，以长石质岩屑砂岩和岩屑砂岩为主，其次为岩屑质长石砂岩，并有少量的长石砂岩。

伊敏组泥岩的颜色有紫色、灰绿色、深灰色、灰黑色等。泥岩的颜色可以表明相类型：泥岩的红色、紫色代表了一种强氧化环境，常见于滨浅湖、扇三角洲平原；深灰色和灰黑色泥岩多形成于还原或强还原环境中，有机质含量高，一般为半深湖—深湖相沉积。

伊敏组普遍含煤系，煤层平均累计厚度为10～80m，平均含煤系数8%～25%。含煤性较好的地区为扎赉诺尔、伊敏、大雁、呼和诺尔、红花尔基、呼山(乌固诺尔)等，其他地区含煤性相对较差，甚至不含可采煤层。

第二节 含煤岩系沉积环境

一、晚古生代石炭纪—二叠纪含煤岩系沉积环境

(一)鄂尔多斯地区含煤岩系沉积环境概述

在早寒武世—中奥陶世，鄂尔多斯广大区域与整个华北地台区一起沉积了一套以碳酸盐岩为主的岩系；中奥陶世以后，地台整体上升，经历了大约130Ma的长期风化剥蚀，地形相当平坦。虽然整体上

的地形北高南低并且对沉积体系域的分布起着控制作用，但地形高差相当微弱，为石炭系、二叠系的稳定沉积奠定了基础。鄂尔多斯西缘的桌子山煤田，为坳拉槽再活动充填沉积成因。

晚石炭世本溪期，只在鄂尔多斯东部的准格尔—清水河和西部的桌子山—贺兰山地区接受沉积，相对较高的中部区域仍未沉积。在东部的准格尔—清水河沉积具有“填平补齐”的特点，海侵来自东南方向华北陆表海，沉积了一套障壁海岸和局限台地的组合岩系，厚度为0～35m。在西部的乌达—贺兰山，海侵来自西南方向的祁连海，由于坳拉槽的再活动，局部深陷，沉积厚度巨大，可达1200m以上，为一套夹有薄煤层的潮坪-潟湖环境下的碎屑岩系。

晚石炭世太原期，海侵范围继续扩大，华北海与北祁连海互相沟通，形成统一的滨浅海。鄂尔多斯西缘的坳拉槽活动明显减弱并趋于稳定，沉积了一套潮坪-潟湖环境下的含煤岩系，地层厚度大于200m；而在桌子山煤田以东的广大区域，来自北部隆起的碎屑物由河流带入沉积区，沉积了一套以河流-三角洲体系为主的含煤碎屑岩系，由于经过本溪期的淤平，地势更为平缓，地层厚度比较稳定，一般为12.31～95.00m。

早二叠世山西期，鄂尔多斯与华北地区一样发生了广泛的海退，河流由北向南携带碎屑物质进入沉积区，沉积了一套以河流体系为主的含煤碎屑岩系，地层厚度稳定，一般为60～200m。

鄂尔多斯地区从晚石炭世本溪期开始整体沉降至二叠纪山西期水体浅化逐渐萎缩，总体沉积体系表现：本溪期东、西部为局限台地和障壁海岸体系；太原期海侵范围扩大，西缘桌子山、贺兰山煤田为障壁海岸的潮坪-潟湖体系，中、东部为河流-三角洲体系；早二叠世山西期为一套海退沉积序列为主的河流体系。鄂尔多斯地区沉积环境模式见图4-2-1～图4-2-3。

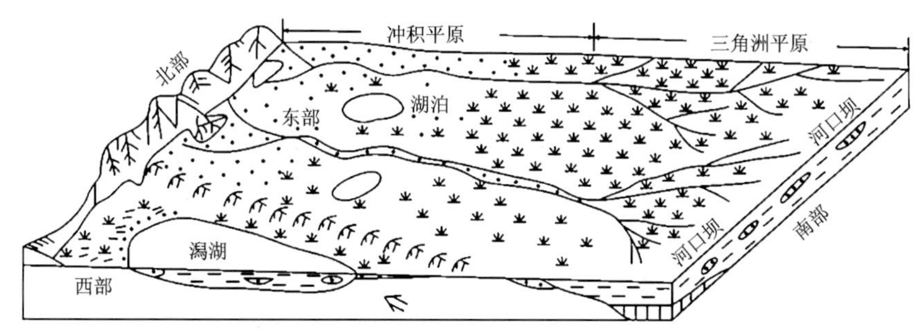

图4-2-1 鄂尔多斯地区石炭纪—二叠纪河流-三角洲、潮坪-潟湖体系综合模式图

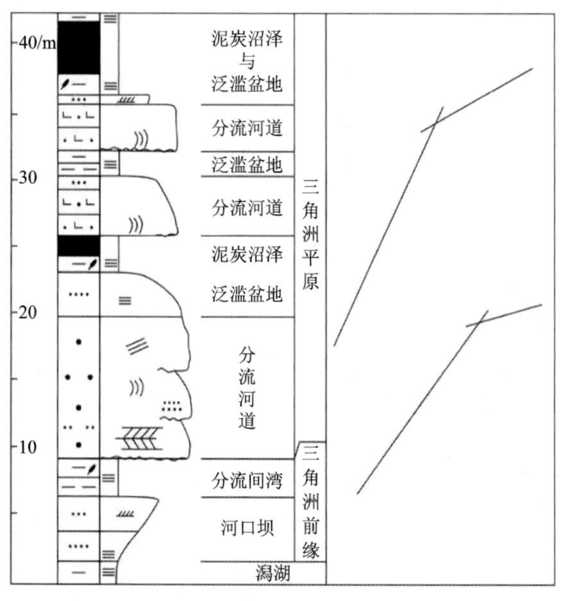

图4-2-2 千里山剖面山西组一段三角洲垂向层序及分流河道粒度曲线

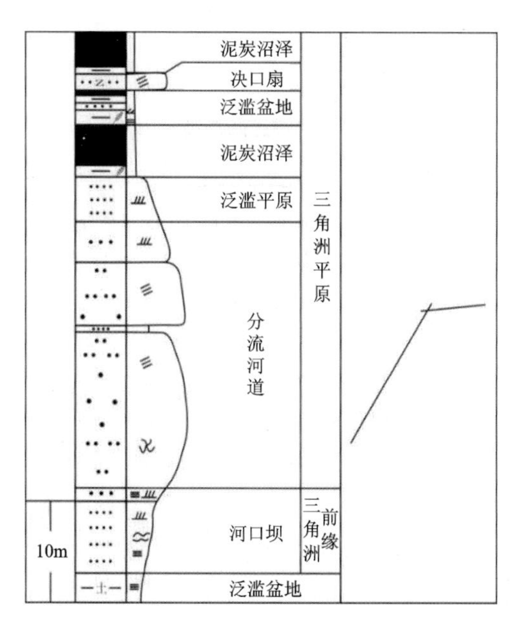

图4-2-3 房塔沟剖面太原组三角洲垂向层序及分流河道粒度曲线

(二)大青山煤田-营盘湾矿区含煤岩系沉积环境概述

华北北缘古陆以北,晚石炭世本溪期来自晚古生代的海槽曾海侵到本区西部的大佘太镇一带,发育了一套含有长身贝类化石和海上双壳类动物化石的滨海相沉积体系。晚石炭世太原期(拴马桩期)的海侵范围比本溪期更为广阔,海水遍及海柳树、大炭壕、中卜圪素、磴场、水泉以及四号地、庙地等地,沉积了一套以滨海陆源碎屑、滨海沼泽为组合特征的滨海沉积岩系。早二叠世山西期(杂怀沟期),海水退出本区,在狼山一带沉积的大红山组、石拐东部的杂怀沟组,均为内陆湖泊充填体系。大青山煤田沉积模式如图 4-2-4 所示。大青山煤田-营盘湾矿区上石炭统拴马桩组沉积环境类型主要有冲积扇环境和滨海环境。

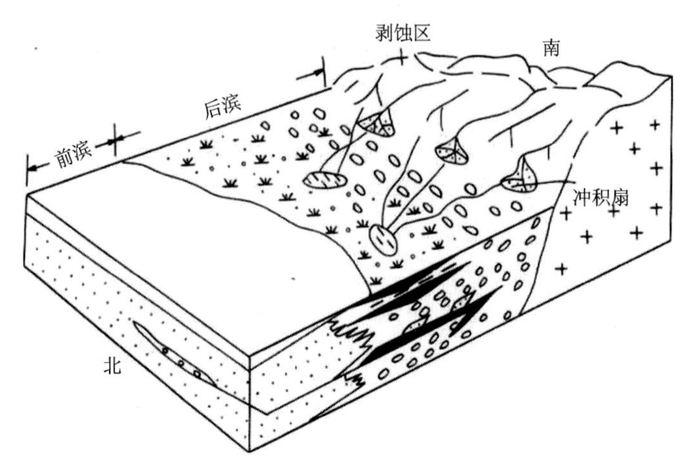

图 4-2-4 大青山地区太原期滨海—滨海沼泽沉积模式图

冲积扇环境:位于沉积区的南缘,岩性为分选极差的砾岩夹泥质岩。砾石成分以石英岩砾为主,有少量的碳酸岩砾,砾径一般 1～3cm,最大可达 25cm,磨圆度很差,叠瓦状排列不明显。砾岩中杂基支撑的特点相当突出,粒度分析(概率累计曲线)指示辫状河的水动力特征,即牵引和悬浮,总体分选较好。

滨海环境:后滨呈东西延展的席状层,砂岩、砂砾岩的成熟度较高。砂砾岩中局部夹有粉砂岩、砂质和粉砂质高岭石黏土岩、碳质泥岩、白云质灰岩、煤等各类透镜体,反映在宽阔的后滨—潮上带有一些小河道、小型流水沼泽及泥炭沼泽。前滨以砾岩沉积为主,夹砂岩、泥岩透镜体。砾石成分单一,以石英岩砾为主,杂基含量 5%～10%。砾岩平均砾径 6～9cm,磨圆度为次圆状—圆状,分选中等—较好。砾石定向性好,倾角以 5°～23°为主。

二、中生代侏罗纪含煤岩系沉积环境

(一)鄂尔多斯盆地中侏罗世延安期沉积环境

鄂尔多斯侏罗纪含煤盆地是一大型内陆湖盆,延安组沉积期存在的沉积环境类型有冲积扇、河流、三角洲和局限湖泊,其中以河流沉积环境分布最为广泛,冲积扇只出现在西北部盆地边缘地区,三角洲也仅在东南部与陕西省交界处发育(图 4-2-5)。鄂尔多斯盆地的广湖区主要发育在陕西省内,本区没有广湖发育。

冲积扇沉积体系主要位于沉积区的边缘地带,可分为砾质冲积扇和泥流型冲积扇两种类型。该期冲积扇比较显著的特点是规模小,分布于沉积区的边缘,没有形成统一的扇带。冲积扇砾岩的砾径小,含砂粒多,不存在巨大的棱角状砾石,表明延安组沉积期间盆地构造条件比较稳定,北部物源区较低平,边缘古坡度较小的沉积背景。

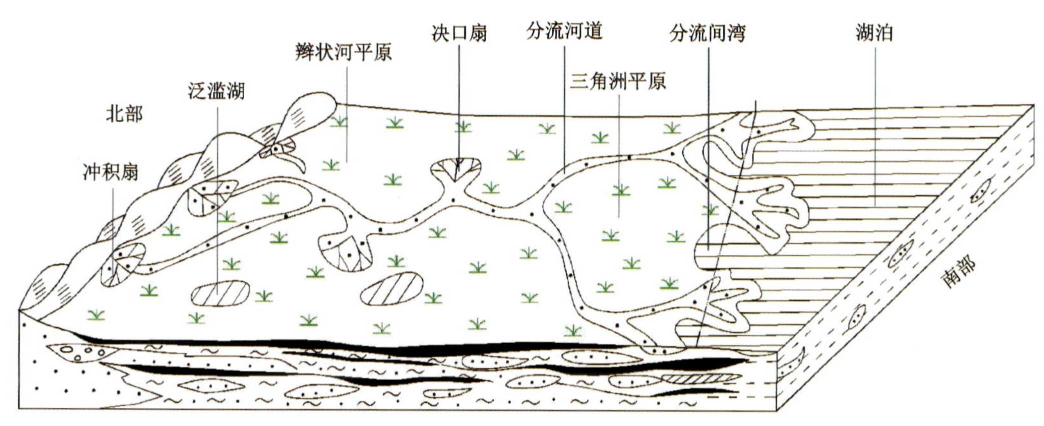

图 4-2-5 鄂尔多斯盆地中侏罗世延安组沉积模式图

鄂尔多斯盆地的河流体系又进一步区分为辫状河和曲流河，其沉积物特征区别是明显的，一是河道沉积体的宏观特征，二是辫状河中粗碎屑沉积物明显高于曲流河(图 4-2-6)，含砂率极高，一般大于80％，包括辫状河道、曲流河道、河道边缘及泛滥盆地亚环境。

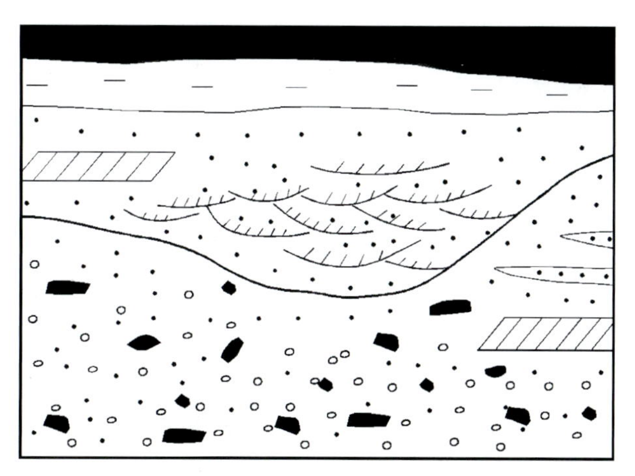

图 4-2-6 辫状河道充填沉积(罕台川西岸)

鄂尔多斯盆地的三角洲体系主要发育三角洲平原，而三角洲前缘和前三角洲发育较少。三角洲平原以河流沉积作用为主，沉积物带有明显的曲流河沉积色彩，主要包括分流河道沉积和泛滥盆地沉积。湖泊三角洲前缘是三角洲的水下部分，主要发育河口坝和分流间湾两个亚环境。

在河流泛滥平原或三角洲间发育一些面积不是很大、水体相对闭塞的泛滥湖泊。由于盆地的广湖区发育在陕西省内，鄂尔多斯盆地没有与三角洲以远的开阔水域直接连接。沉积组成为泥质岩、粉砂质泥岩、粉砂岩及少量泥灰岩。沉积构造发育有水平层理、对称波痕、不对称波痕、脉状层理。透镜体泥灰岩常发育叠锥构造，生物遗迹亦较发育。滨湖、浅湖沉积垂向上没有明显的粒度变化，为均匀稳定的细碎屑悬浮沉积，沉积作用主要为波浪的搬运改造。

(二)阴山地区、锡林郭勒盟地区、潮水盆地中—下侏罗统含煤岩系沉积环境

潮水盆地的特点是按照一定的构造方向呈狭长带状分布，经后期改造，面目皆非，出露零星，很难恢复原型盆地的面貌。因此本书只根据零星的资料对其做简单、概略的分析。

燕山运动的第一幕使这些地区形成狭长的山间谷地。强烈的沉降和近源的快速充填使坳陷中沉积了厚达千米以上的陆相河湖含煤建造。在阴山的昂根矿区，主要含煤地层五当沟组为一套以粗碎屑为主的辫状河沉积体系，向东至大青山石拐矿区，以多旋回为特点，底部以冲积扇、河流体系为主，向上过

渡为浅湖—较深湖沉积，说明石拐矿区由早期山间河流发育的山间谷地演化为晚期狭长的山间湖盆。锡林郭勒盟地区和潮水盆地沉积体系与大青山石拐矿区基本类似，不再赘述。

阴山地区、锡林郭勒盟地区、潮水盆地沉积环境类型主要有冲积扇环境、河流环境和湖泊环境。

冲积扇环境：以砾岩为主，夹含砾粗砂岩，砾石成分复杂，主要为变质石英岩、片麻岩及花岗片麻岩。砾径一般2～3cm，最大可达2m以上，杂基主要为石英砂，分选、磨圆均差。在阴山区中—下侏罗统含煤岩系中，砾岩主要分布于下侏罗统五当沟组下部，为盆地形成初期的充填沉积物。

河流环境：为低弯度的辫状河沉积，主要发育在昂根矿区。根据钻孔资料分析，沉积物的垂向层序是由多层由下而上粒度变细的河道沉积叠置而成，很少见越岸沉积（细砂岩和粉砂岩互层）和越岸悬浮沉积（粉砂岩、泥岩）（图4-2-7）。砂岩含有大量的变质岩砾石、煤砾及泥砾，分选性差、磨圆不好，磨圆度一般为次棱角状，由此可见碎屑物质未经远距离搬运。

湖泊环境：沉积物主要为泥岩、粉砂岩、透镜状泥灰岩以及棕黑色油页岩，其中油页岩的单层厚度可达25～50m，由此可见覆水较深。

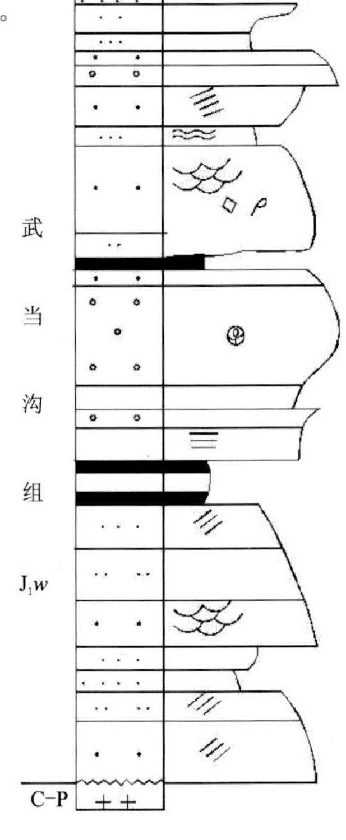

图4-2-7 昂根地区10号孔辫状河道垂向层序

三、中生代白垩纪含煤岩系沉积环境

内蒙古自治区在早白垩世形成的大型盆地群主要有3个，由北向南分别为海拉尔盆地群、二连盆地群和赤峰盆地群。它们形成于相似的大地构造背景，同属于东北亚晚中生代断陷盆地系的一部分。经过对二连盆地群和海拉尔盆地群的部分盆地进行研究发现以下两个事实。

（1）二连盆地群和海拉尔盆地群形成于早白垩世，由于燕山运动的影响，凹凸相间的古地形导致湖盆大小不一，形态多样，每个断陷盆地具有各自的沉积体系，湖水始终没有连通形成统一的大湖盆，仅在次一级坳陷内部存在着短时期的沟通。突出地表现为多物源、近物源、多中心、粗相带和相变快的沉积特征，不利于河流三角洲的形成。

（2）对不同断陷盆地进行地层对比，岩性地层单元的特征和旋回有着相似性，说明断陷盆地之间虽然彼此分隔，始终没有连通，但盆地的沉积演化历史却很相近（图4-2-8）。

有了以上两个重要的事实，也就有了选择部分具有代表性盆地进行分析研究而对其他盆地进行预测的基础。本书潜力评价选择了二连盆地群的胜利盆地、白音华盆地、乌尼特盆地、赛汉塔拉盆地和白彦花盆地，海拉尔盆地群的扎赉诺尔盆地、伊敏盆地以及赤峰盆地群的平庄盆地、元宝山盆地等含煤盆地进行分析研究，寻求盆地的沉积演化以及煤层聚积规律，期望达到对所有盆地进行煤炭资源预测的目的。

（一）二连盆地群含煤岩系沉积环境

二连盆地群早白垩世地层是在晚侏罗世大规模火山喷发之后，盆地强烈下陷的地质背景下沉积的一套河湖相沉积物，一般厚度1000～3000m，自下而上分为大磨拐河组和伊敏组。大磨拐河组一段形成于盆地的初始充填阶段，“山高谷深”的古地貌特征使冲洪积体系占主导地位，沉积体系主要为冲积扇和河道，在盆地的中心部位出现浅—较深湖泊，但不占重要地位；大磨拐河组二段形成于地壳伸展运动、盆地基底持续下沉、剥蚀区地形渐趋平缓的区域构造背景之下，为盆地的最大水进时期，湖面覆盖盆地大部地区，形成较深的深水湖泊，湖的周缘带很窄，在盆地的两侧主要为扇三角洲沉积区。在同一坳陷内彼此相邻的盆地在水进最强阶段，湖面可能有暂时的连通。大磨拐河组二段沉积持续的时间较长，沉积了巨厚的泥岩段。值得说明的是位于二连盆地群东部的霍林河盆地、白音华盆地、胜利盆地等在此期间

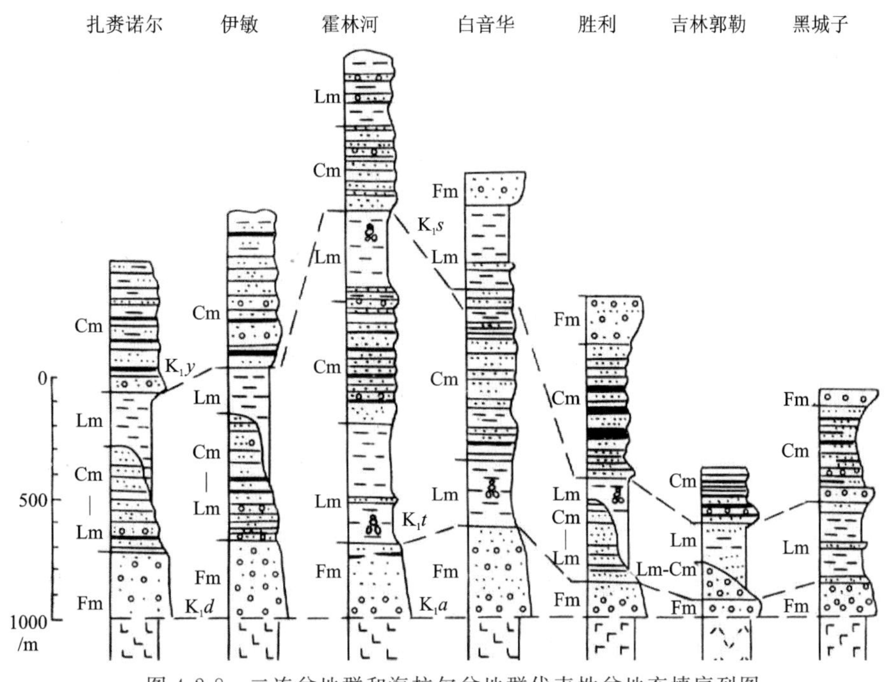

图 4-2-8　二连盆地群和海拉尔盆地群代表性盆地充填序列图

Fm. 粗碎屑沉积(冲洪积物为主)；Lm. 湖泊沉积；Cm. 含煤碎屑沉积

没有形成深水湖泊或形成时期很短，由于接近大兴安岭物源剥蚀区，使湖泊得以快速充填，聚集了有工业价值的煤层。伊敏组形成于张扭体制转化为压扭体制，区域构造背景出现了总体抬升，大面积的冲积扇、河流从边缘隆起快速向湖盆中央伸长，而湖水迅速退缩在同沉积断裂的根部，或叠置在大磨拐河组二段的沉积中心之上，这时沉积体系的配置：半地堑式盆地在断层发育一侧以扇三角洲和浅水湖泊为主体，在缓坡边缘一侧以冲积扇—低弯度河流—小型三角洲为主体；地堑式盆地中心部位为浅水湖泊和洪泛洼地，而在盆地边缘部位冲积扇和扇三角洲特别发育。伊敏组沉积期间是煤层形成的最主要时期，煤层厚度大，分布范围广，在一些盆地内常有巨厚煤层形成。

二连盆地下白垩统的沉积环境类型主要有冲积扇相(包括扇根、扇中、扇端微相)、辫状河相、扇三角洲相(包括扇三角洲平原、扇三角洲前缘平原、前扇三角洲亚相)、辫状河三角洲相、曲流河三角洲相、近岸水下扇相、湖泊相(图 4-2-9、图 4-2-10)。

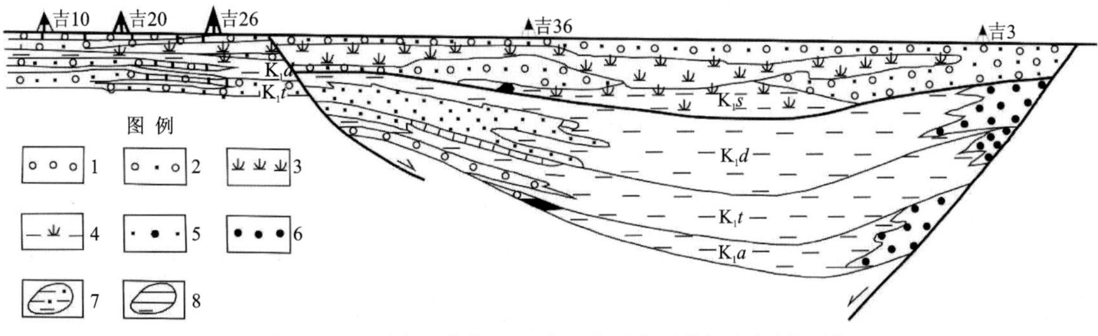

图 4-2-9　阿南凹陷吉 10—吉 3 井下白垩统沉积相剖面图

1. 洪冲积相；2. 河流相；3. 沼泽亚相；4. 湖沼亚相；5. 扇三角洲相；6. 近岸水下相；7. 滨浅湖亚相；8. 较深湖亚相

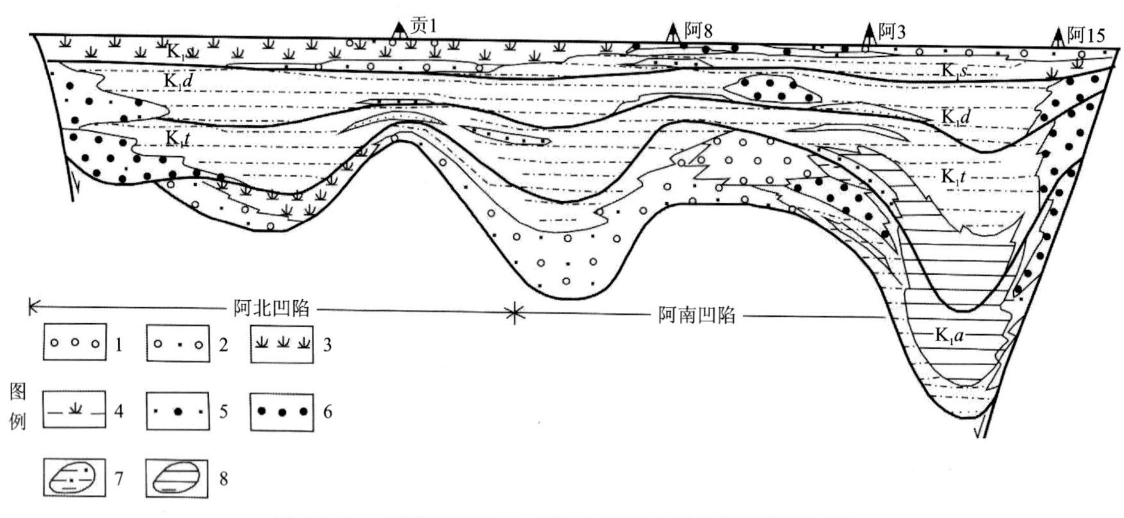

图 4-2-10　阿北凹陷贡 1—阿 15 井下白垩统沉积相剖面图

1. 洪冲积相；2. 河流相；3. 沼泽亚相；4. 湖沼亚相；5. 扇三角洲相；
6. 近岸水下相；7. 滨浅湖亚相；8. 较深湖亚相

(二)海拉尔盆地群含煤岩系沉积环境

海拉尔盆地群的盆地类型主要为地堑式及半地堑式的断陷型，少数为坳陷型，这些盆地由于受北北东向构造因素的控制，在空间上的展布规律明显。

盆地中的含煤岩系主要为扎赉诺尔群，不整合于晚侏罗世火山岩或古生代变质岩之上，由一套河湖相的碎屑岩、泥质岩及煤层组成，一般厚度 600～1300m，自下而上分为大磨拐河组及伊敏组。具有代表性的扎赉诺尔盆地及伊敏盆地含煤岩系的垂向序列一般由 3 种沉积组合构成(图 4-2-8)：Fm 为以冲洪积物为主的粗碎屑堆积；Lm 为以湖相沉积为主的泥质沉积；Cm 为含煤碎屑沉积。这 3 种沉积组合大体上代表了盆地的 4 个演化阶段。

第一充填单元底部冲洪积物(Fm)，形成于盆地的初期，堆积于凹凸不平的古基底之上，厚度变化大，下部以洪积扇砾岩为主，向上冲积物增多。一般沉积只限于盆地边缘附近。

第二充填单元为含煤碎屑沉积物与湖相沉积物共生(Cm-Lm)，一般沉积在底部冲洪积物之上，有的盆地只发育含煤碎屑沉积而湖相沉积不发育。与第一充填单元比较，地层厚度变化较小，沉积范围亦较广，是湖盆扩张阶段的产物。

第三充填单元为湖泊沉积物(Lm)，这一时期盆地基底持续下沉、湖泊不断扩张，岩性以深湖相泥岩为主，夹有粉砂岩，为盆地充填演化过程中湖侵范围最大的时期，湖泊体系占主导地位。

第四充填单元为含煤碎屑沉积(Cm)，湖盆由下沉扩张转化为收缩，河流三角洲体系发育。大多数盆地发育了具有工业价值的主采煤层，该单元在盆地演化历史中聚煤作用最强，但煤层的厚度及数量常因沉积环境的不同而有所差异。

顶部地层因后期构造抬升而被剥蚀。上述盆地的沉积序列与盆地沉积的构造演化相适应，同沉积构造运动的性质、强度及其转化过程，是控制盆地沉积序列和变化的决定性因素。

海拉尔盆地群由众多的小坳陷组成，由于各坳陷之间联系和规模均不大，甚至彼此孤立等原因，导致了该区不利于发育长距离的曲流河沉积，而以发育辫状河沉积为主，但也有小规模曲流河发育。其他沉积环境类型有冲积扇相、扇三角洲相、辫状河三角洲相、湖泊相(图 4-2-11)。

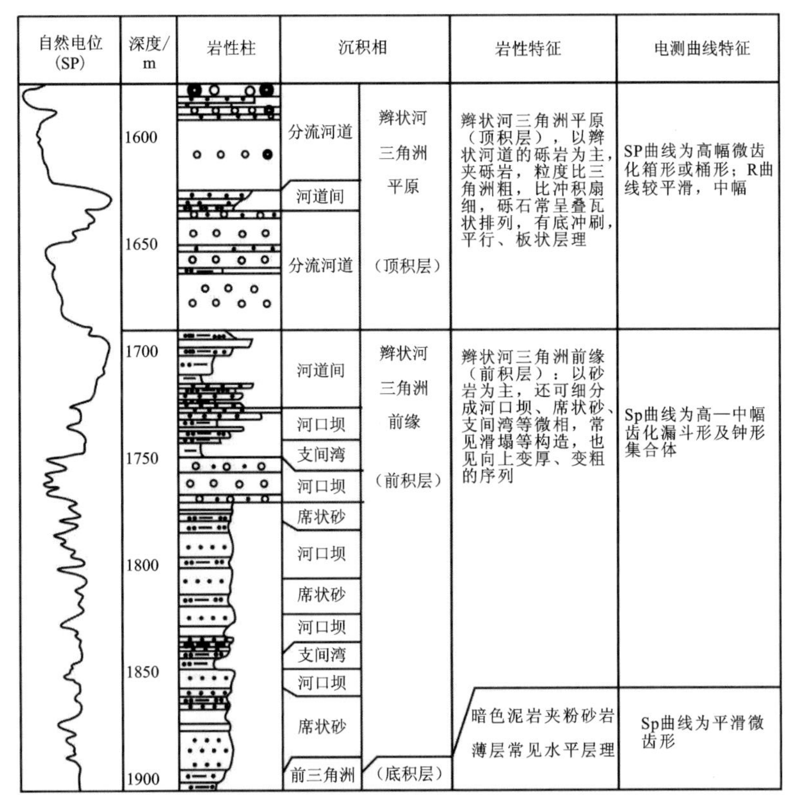

图 4-2-11　辫状河三角洲沉积序列

(三)赤峰盆地群含煤岩系沉积环境

赤峰盆地群主要有平庄盆地、元宝山盆地等，位于赤峰-铁岭坳陷区的西部、大兴安岭隆起带南段的东南翼。盆地呈北东向展布，各盆地之间斜列成“多”字形。盆地边缘存在着起控制作用的同沉积断裂，盆地的构造性质均为断陷盆地。

含煤岩系为阜新组元宝山段及其下部的九佛堂组杏园上段，含煤以前者为主。煤系是沉积在晚侏罗世火山岩系之上的一套内陆型河湖相沉积物(图 4-2-12)，一般厚度在 1000m 以上，大体可分为 4 个沉积单元(岩段)，代表了盆地的 4 个演化阶段(相当于 4 个沉积幕)。第一单元为吐呼鲁组与五家段，以粗碎屑冲积物为主，代表了盆地形成初期的充填阶段，以冲洪积体系占主导地位；第二单元为杏园段，以湖相细碎屑沉积物为主，代表了盆地间歇性扩张阶段，以湖泊体系及三角洲体系为主；第三单元为元宝山段，属主要含煤岩段，代表了盆地沉降作用和充填作用减缓、沉降速度和充填速度相近的相对稳定阶段，以河流、三角洲体系为主，此外还有一些彼此分隔的小型湖泊体系，这一阶段成为聚煤作用最强的时期；第四单元为水泉段，以粗碎屑冲积物为主，形成于盆地的萎缩阶段，主要是由冲积扇、河流沉积组成的进积岩系。

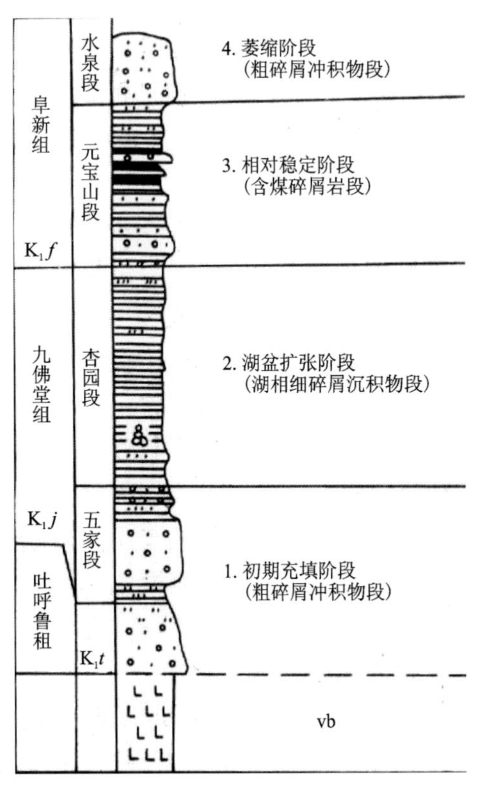

图 4-2-12　平庄盆地含煤地层充填序列图

冲积扇环境主要发育在元宝山期靠近盆缘断裂的一侧，它是在扇三角洲环境上发育而成的，并随着湖盆的水退形成进积型层序。冲积扇环境下形成的沉积物常具有泥石流沉积、扇面河道沉积及漫流沉积的性质。

扇三角洲发育于盆地内靠近盆缘断裂的一侧，是湖泊萎缩消亡之前盆地充填的一种重要沉积类型。扇三角洲砂砾岩体的形态纵向呈楔状，横向呈凸透镜状，平面上呈朵状。

河流沉积广泛发育于平庄盆地阜新组中，并可分为辫状河与限定性河流（网结河、顺直河及曲流河的统称）两种类型，但前者在断陷盆地中最为常见，分布亦十分广泛。在洪泛平原或河间湿地常发育有沼泽及泥炭沼泽，形成具有工业价值的煤层（图 4-2-13）。

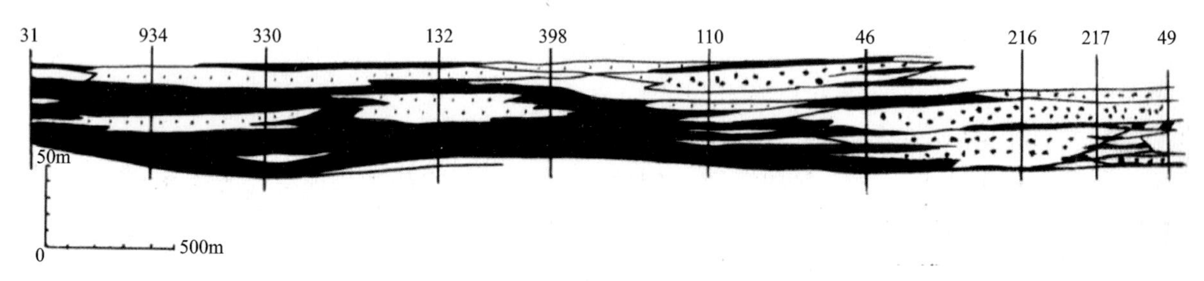

图 4-2-13 网结河沉积断面图（古山矿区第Ⅲ走向线）

三角洲沉积是平庄盆地含煤岩系中重要的沉积类型，见于九佛堂组杏园段顶部—阜新组元宝山段底部，常位于盆地非断裂（或沉积断陷较小）的一侧，砂体形态在横向沉积断面上呈透镜状，在平面上呈朵状及伸长状。其成因类型属于湖盆萎缩时期的浅水三角洲，三角洲前缘沉积及前三角洲沉积不发育（图 4-2-14），前三角洲沉积常与湖泊沉积不易区分。

湖泊沉积包括滨浅湖与深湖沉积。反映盆地演化的含煤岩系沉积格架的特点可概括为：含煤地层向盆缘断裂方向增厚，碎屑物主要来自这个方向，反映了盆缘断裂对盆地充填速度、厚度的控制；九佛堂组各段自下而上依次呈超覆关系，元宝山段与杏园段之间及元宝山段与水泉段之间呈推覆关系，反映了盆地由扩张到萎缩直至消亡的过程；在平面上，冲积扇-扇三角洲体系发育在盆内靠近断裂盆缘一侧，河流-三角洲体系主要发育在盆内靠近非断裂盆缘；在垂向上，先期为扇三角洲体系与湖泊体系呈楔状交互，后期为冲积扇与河流体系呈楔状交互，河流体系发育于盆地充填的晚期（上部），并位于盆地中部至近非断裂盆缘一侧。

四、新生代新近纪含煤岩系沉积环境

新生代新近纪的含煤盆地在本区分布较少，聚煤强度较弱。相比之下，以阴山地区的集宁煤田规模最大，煤层发育较好，含煤地层分布面积可达数百平方千米，由马连滩、小单岱、哈必尔格等次级坳陷组成，局部地区形成厚度达 6m 的褐煤。

在新近纪早期，由于受喜马拉雅运动的影响，在集宁一带形成了一些互不相连、规模悬殊的断陷盆地，规模较大的马连滩区面积可达数百平方千米，规模最小的小单岱区面积不足 10km²。

在盆地形成初期，盆内与其周围地形高差很大，碎屑充填强烈，沉积了一套以冲积扇-河流体系为主的灰绿色厚层粗碎屑岩。从图 4-2-15 可以明显看出，这套沉积物的垂向层序由几个总体向上变细的正粒序叠加而成，砂砾岩和粗砂岩占了相当大的比例，说明沉积环境以山间辫状河为主，水动力条件很强。

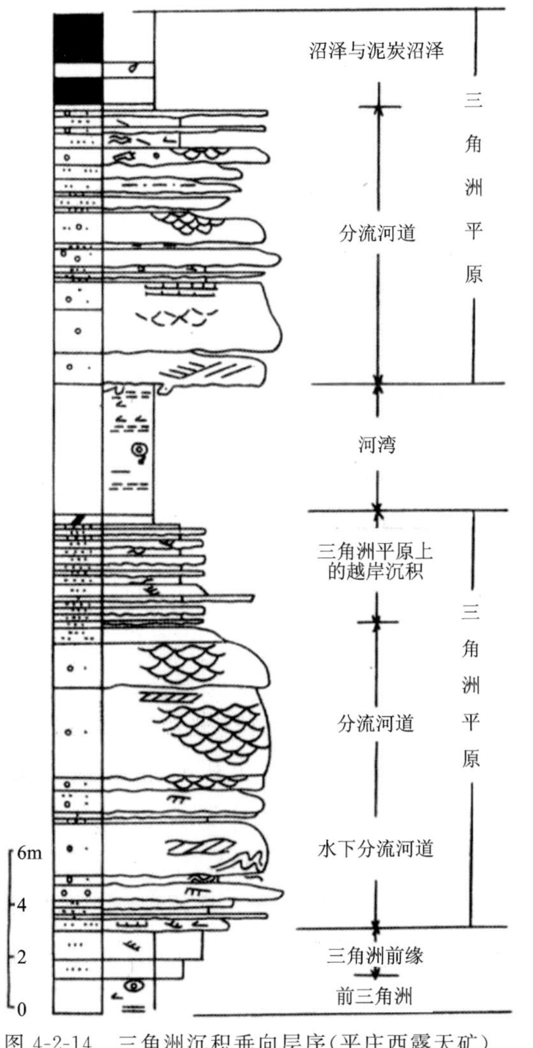

图 4-2-14　三角洲沉积垂向层序(平庄西露天矿)

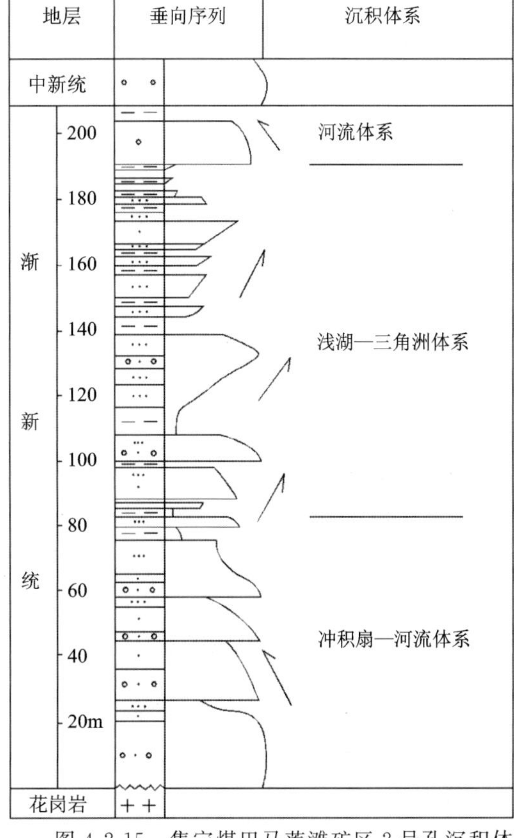

图 4-2-15　集宁煤田马莲滩矿区 2 号孔沉积体系

在盆地发育中期，盆地内部与盆地边缘的高差已明显减小，盆地充填的碎屑体系活动减弱，沉积物变细，盆地的充填速度小于基底的坳陷速度形成湖盆，沉积了含有腹足类动物化石的深色泥岩。由于湖区距物源区较近，突发性的洪水事件常把砾石等粗碎屑沉积物带入湖区。湖相泥岩中含有一定数量的砾石和砂砾。在这一时期，浅湖-三角洲体系占主导地位。

盆地发育晚期构造活动已明显减弱，三角洲不断向湖盆进积使盆地得到全面淤浅，中新世温暖、湿润的古气候适于植物的生长、繁殖，在三角洲平原上聚集了有工业价值的煤层。煤层沉积后，河流活动再次增强，并对已形成的泥炭有冲蚀作用。至上新世后期气候已变得干燥、炎热，沉积了紫红色岩层。

根据断陷盆地的沉积模式推测，集宁盆地的边缘粗相带分布区煤层发育较差，盆地中央的浅湖-三角洲体系发育地带煤层发育较好，这一推断有待于在今后进一步工作中证实或修正。

扇三角洲沉积体系是研究区重要的沉积类型之一，呼尔井组扇三角洲主要分布在研究区的西部和东部地区。扇三角洲体系在研究区主要发育扇三角洲平原和扇三角洲前缘。

湖泊沉积体系是集宁煤田最重要的沉积类型，煤田 80%以上的区域发育湖泊沉积(以滨浅湖沉积为主)，主要分布在煤田的中部及东、西部的大部分区域。

第三节　层序地层特征分析

层序地层学是研究以侵蚀面、无沉积面或与其相应的整合面为界的及成因上有关的地层之间的相互关系。层序是由不整合面或与之可对比的整合面限定的、相对整一的、成因上有联系的一套地层。层序底界与初始海泛面之间的地层单元为低位体系域；初始海泛面与最大海泛面之间的地层单元为海侵体系域；最大海泛面与层序顶界面之间的地层单元为高位体系域。体系域的识别依赖于层序中的垂向位置、体系域中准层序组的进积或退积叠加模式、沉积环境、相在层序内部的横向分布位置。

一、晚古生代石炭纪—二叠纪含煤岩系层序地层特征

（一）准格尔煤田晚石炭世—早二叠世含煤岩系层序地层特征

针对内蒙古自治区准格尔煤田石炭纪—二叠纪含煤地层的岩相，本次研究中划分出 3 个三级层序（层序Ⅰ、层序Ⅱ和层序Ⅲ，即 SQⅠ～SQⅢ），并建立了准格尔煤田的石炭纪—二叠纪层序地层格架。

晚石炭世—早二叠世早期主要为一海平面下降、盆地进积的沉积序列。根据层序地层界面将含煤岩系划分为两个二级层序构造层序，分别对应于下部的本溪组主体和上部的太原组、山西组。其中二级层序进一步识别出 3 个三级层序（SQⅠ～SQⅢ），本溪组底至太原组 9 号煤层底为层序Ⅰ，9 号煤层底至太原组顶界为层序Ⅱ，山西组独立划分为层序Ⅲ（图 4-3-1）。层序Ⅰ、层序Ⅱ沉积时期主要为陆表海盆地有障壁海岸沉积，三角洲沉积体系次之，只发育高位体系域和海侵体系域，低位体系域在华北陆表海东部发育，未延伸到研究区；层序Ⅲ沉积期海水退却，盆地演化为陆相，主要发育河流-三角洲沉积体系，发育低位、海侵和高位体系域。

各钻孔均识别出三级层序（SQⅠ～SQⅢ）。由沉积相与层序地层综合柱状图中可知，研究区主要聚煤时期为层序Ⅱ和层序Ⅲ的海（湖）侵体系域，其中层序Ⅱ的海侵体系域发育有该煤田太原组主采煤层 6 号、9 号，层序Ⅲ的湖侵体系域发育有山西组主采煤层 5 号，层序Ⅰ的聚煤作用最弱，少有煤层富集。层序Ⅰ主要以障壁-潮坪-潟湖沉积环境为主，特别是障壁作用对煤层的富集起到了不利的影响，煤层极不发育，仅有部分薄煤层。层序Ⅱ主要为潮坪相逐渐过渡到三角洲平原相，在这一过程中煤层富集条件好，形成厚煤层，层序Ⅲ早期主要以三角洲平原相为主，中—晚期逐渐过渡为河流相，煤层富集主要集中在早期的三角洲平原相中。

（二）桌子山煤田晚石炭世—早二叠世含煤岩系层序地层特征

针对内蒙古自治区桌子山煤田石炭纪—二叠纪含煤地层，本次研究中提出 3 个三级层序（SQⅠ～SQⅢ）的划分方案，并建立了桌子山煤田的石炭纪—二叠纪层序地层格架。

晚石炭世—早二叠世早期主要为一套陆表海障壁海岸沉积，晚期随着海水的退去，发育近海河流-三角洲沉积体系，总体为一海平面下降、盆地进积的沉积序列；根据区域不整合面和区域构造应力转化面将研究区含煤岩系划分为 2 个二级层序构造层序，分别对应于下部的本溪组主体和上部的太原组—山西组；其中二级层序进一步识别出 3 个三级层序（SQⅠ～SQⅢ），本溪组底至太原组 16 号煤层底为层序Ⅰ，16 号煤层底至太原组顶界为层序Ⅱ，山西组独立划分为层序Ⅲ（图 4-3-2）。

由图 4-3-2 可以看出，层序Ⅰ、层序Ⅱ沉积时期主要为陆表海盆地障壁海岸沉积，三角洲沉积体系次之，只发育高位体系域和海侵体系域；层序Ⅲ沉积期海水退却，盆地演化为陆相，主要发育河流-三角洲沉积体系，发育低水位、海侵和高位体系域。

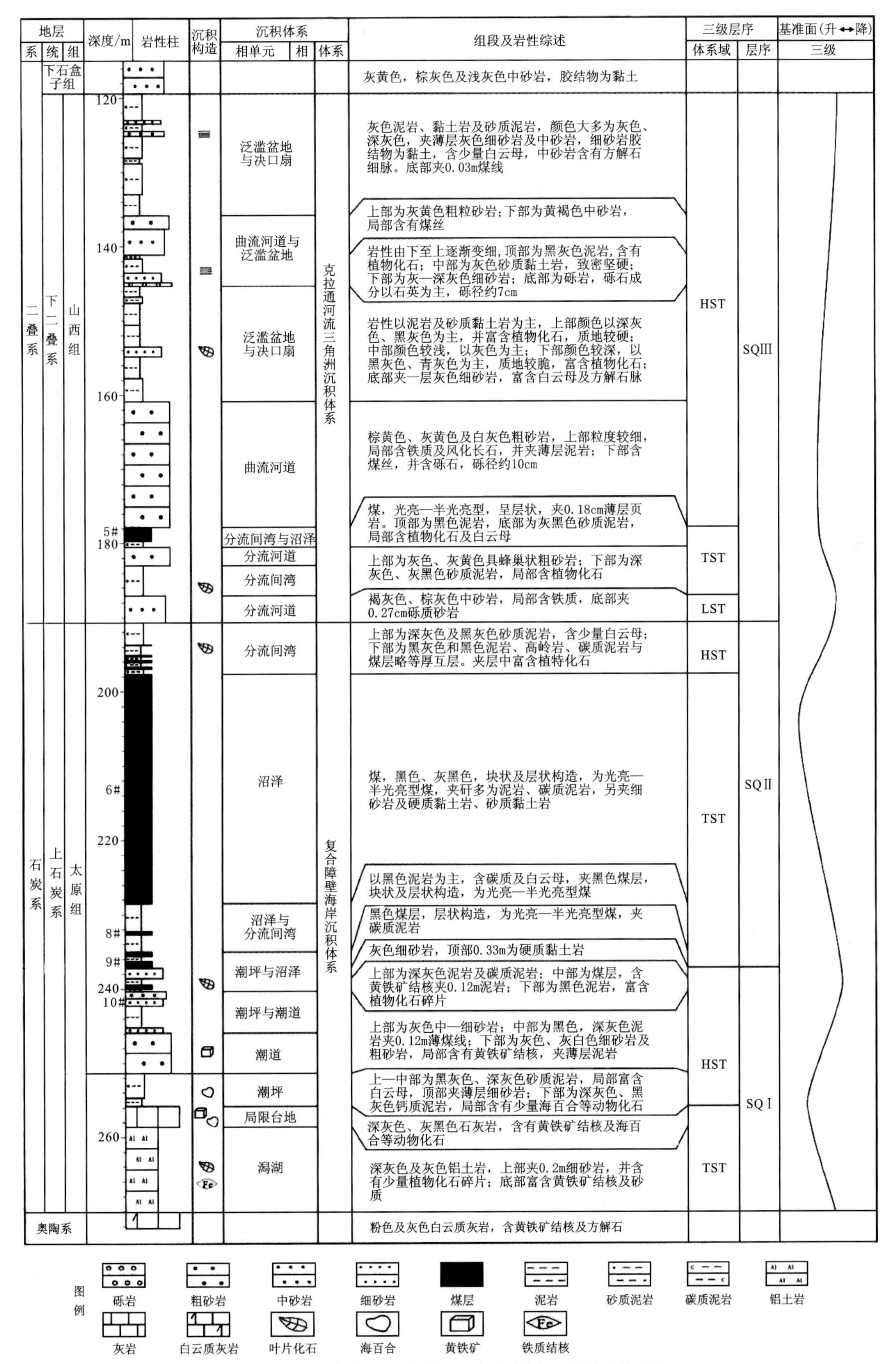

图 4-3-1 黑岱沟114钻孔沉积相与层序地层综合柱状图

地层					煤层及标志层		三级层序		
系	统	阶	组（段）		名称	本书编号	层序	体系域	层序界面
二叠系	中—下二叠统	罗德阶	下石盒子组		骆驼脖子砂岩				石盒子组与山西组之间的砂岩底界
		亚丁斯克阶中期—空谷阶	山西组	三段	煤层	1#—3#	SQⅢ	HST	
				二段	煤层	5#			
				一段	煤层	9#、10#		TST	
					北岔沟砂岩			LST	山西组底部砂岩底界
石炭系	上石炭统	阿瑟尔阶—亚丁斯克阶早期	太原组	二段	灰岩	K6	SQⅡ	HST	
					煤层	11#			
					灰岩	K5			
					煤层	12#			
					灰岩	K4			
				一段	煤层	13#、14#		TST	
					灰岩	K3			
					煤层	15#、16#			16#煤层底界
		格舍尔阶卡西莫夫阶			砂岩	K2	SQⅠ	HST	
					煤层	17#、18#			
					晋祠砂岩				
		莫斯科阶巴什基尔阶	本溪组		铁铝层			TST	
基底									

图 4-3-2　桌子山煤田石炭纪—二叠纪含煤地层层序地层格架

由桌子山煤田沉积相与层序地层展布图可知（图 4-3-2），层序Ⅰ由于钻孔数据不完整，仅识别出高位体系域和部分海侵体系域。海侵体系域数据不完整，仅有的数个发育于海侵体系域的钻孔中。高位体系域发育较好，以发育透镜状障壁岛砂体为特征，障壁岛砂体对其下部的细粒沉积物有明显的冲蚀作用。该时期沉积环境主要是障壁-潮坪沉积体系，局限台地不甚发育。

层序Ⅱ发育海侵体系域和高位体系域。沉积期自北向南早期以潮坪环境为主，中期以下三角洲平原为主、潮坪及上三角洲平原为辅，晚期北部以上、下三角洲平原为主，南部以下三角洲平原为主、潮坪环境为辅。北部厚煤层形成于上三角洲平原环境，南部厚煤层形成于潮坪沉积环境。

层序Ⅲ由低位体系域、海侵体系域、高位体系域组成。主要由细、中、粗粒石英砂岩以及含砾砂岩组成，主要为三角洲平原分流河道砂体，南部以细粒石英砂岩及粉砂岩为主，反映了下三角洲平原此时依然存在于山西组早期。随着海水的逐渐退去，桌子山煤田逐渐过渡为曲流河三角洲平原以及河流沉积体系。

海侵体系域主要由煤层、泥岩、砂质泥岩、粉砂岩组成，间或出现薄层细砂岩。煤层厚度较大，西部巴彦山丹、察赫勒、邦特勒等地山西组剥蚀殆尽，部分煤层已被上覆砂岩剥蚀。南部此时大范围发育三角洲平原相，成煤条件较好，煤层总厚度一般在 7～10m。

高位体系域主要由含砾粗砂岩、中及细粒石英砂岩、泥质粉砂岩、粉砂质泥岩等组成。北部沉积环境已经演变为河流沉积，南部依然为三角洲平原相。该体系域砂体厚度较大，由北向南变薄，北部库里、棋盘山一带砂岩厚度较大，纵向上反映为多期河道重复叠置，中—粗砂岩、含砾砂岩夹天然堤或泛滥平原细粒沉积物，南部砂岩较薄，主要为分流河道砂体，岩性以细砂岩为主。高位体系域内煤层不甚发育，仅有少量薄煤层。

从准格尔煤田、桌子山煤田含煤地层层序地层格架图中可知（图 4-3-3、图 4-3-4），层序Ⅰ沉积期主要处于潮坪、障壁岛沉积环境，煤层极不发育，仅有部分薄煤层；层序Ⅱ沉积期，煤层主要发育在海侵体系域早期，该期构造较稳定，可容空间的增加速率与泥炭堆积速率达到平衡，有利于煤层的发育，形成了煤田范围内广泛分布的主要可采煤层；在层序Ⅲ沉积期，煤层主要发育在海（湖）侵体系域早期，该时期可容空间逐步增大，能够为泥炭堆积提供场所，利于聚煤作用发生，形成山西组可采煤层。

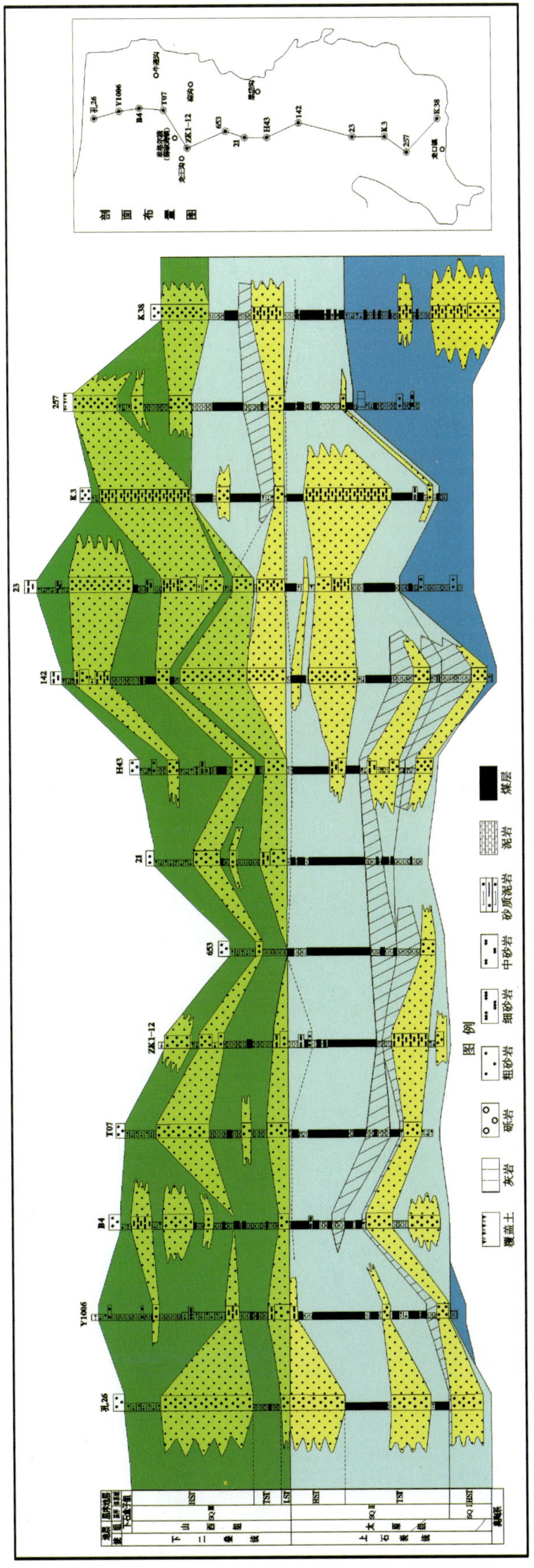

图4-3-3　准格尔煤田南北向层序格架与沉积相展布图

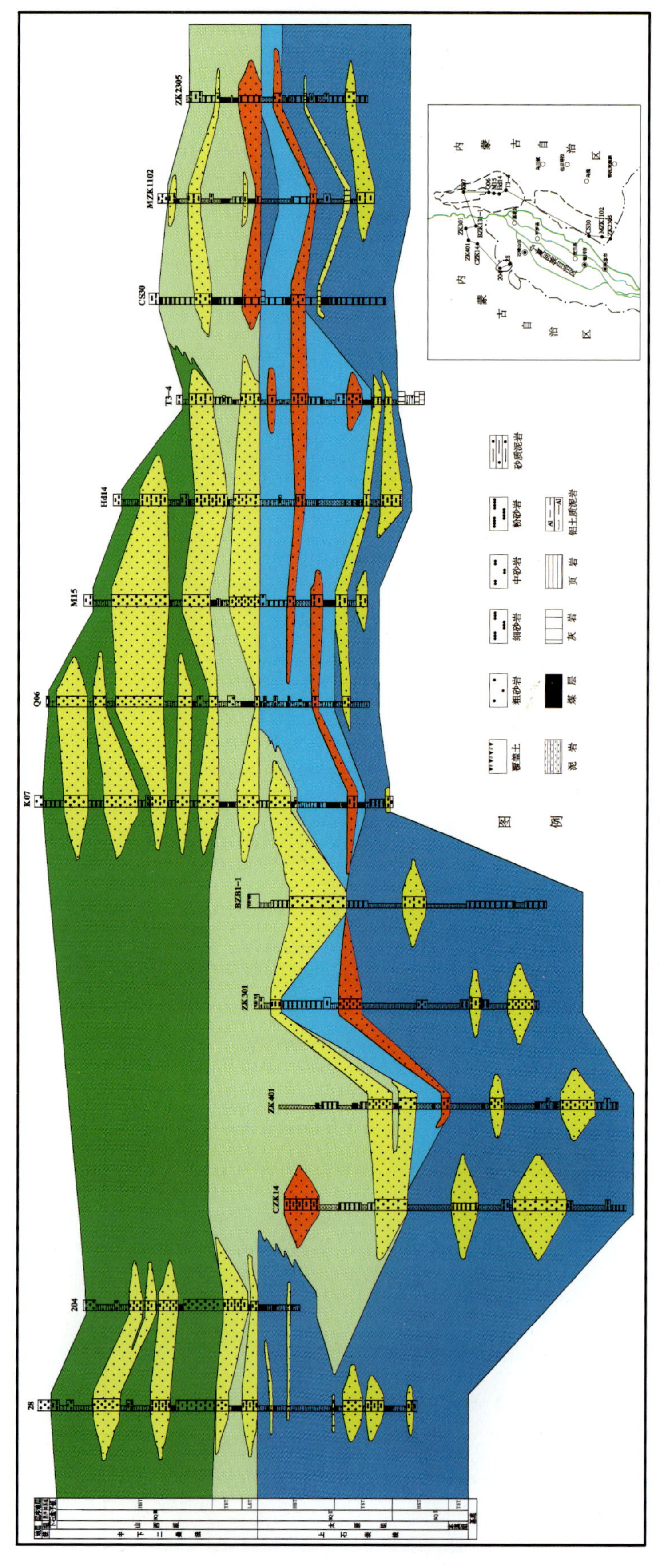

图4-3-4 桌子山煤田沉积相与层序地层展布图

二、鄂尔多斯盆地中生代侏罗纪含煤岩系层序地层特征

根据关键的层序界面，延安组划分为3个三级层序和9个体系域（图4-3-5）。

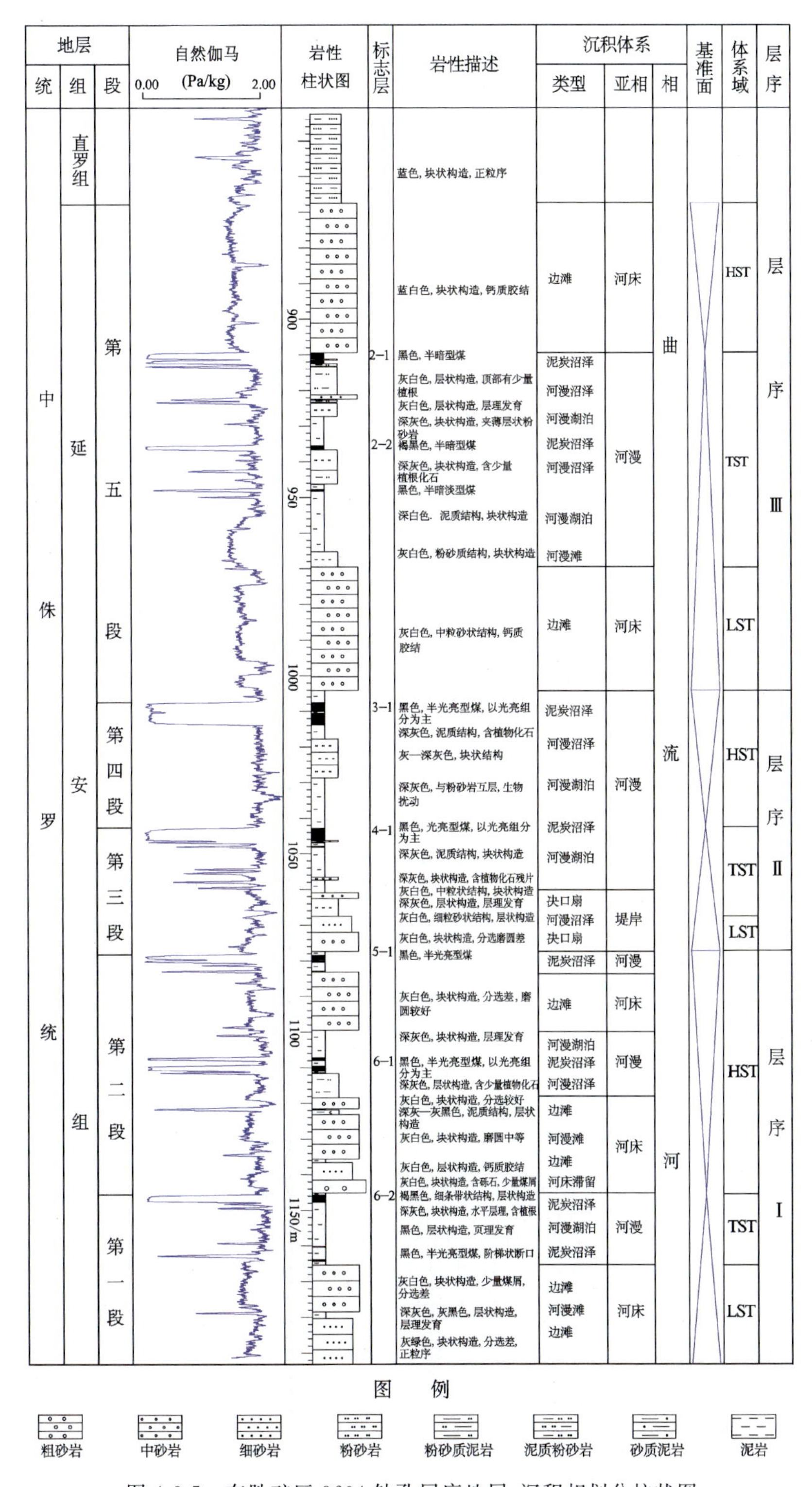

图 4-3-5 东胜矿区9604钻孔层序地层-沉积相划分柱状图

1. 延安组层序地层特征

鄂尔多斯盆地延安组在西南部和东北部保存的地层厚度较小，二者又有所不同。西南部地区各层序、体系域发育保存基本完整，反映了沉积期地势相对较高，沉积地层厚度相对较小。而东北部地区层序保存不完整，局部地区仅保存了下部的层序Ⅰ，上部的层序Ⅱ和层序Ⅲ地层未能保存下来，反映了后期的剥蚀非常强烈而非沉积地层较薄。中部地区各层序保存完整，地层厚度较大，反映了沉积期地势较低。

层序Ⅰ，低位体系域沉积时期，中部的伊金霍洛镇、乌审旗嘎鲁图镇、图克镇等地区率先接受沉积，此时东部的那日松镇、纳林陶亥镇均未接受沉积，之后全区开始接受沉积。湖侵体系域沉积时期，全区均接受沉积，且沉积的地层厚度变化不大，地层均保存较好。高位体系域沉积时期，西南部和东北部地势相对较高，率先结束高位体系域沉积，并遭受不同程度的剥蚀，而中部地区由于地势较低，加之构造沉降幅度相对较大，使得高位体系域地层厚度在中部较大而在西南部和东北部较小。

层序Ⅱ，低位体系域沉积期，地层主要发育在中部和西南部地区，东北部地区由于地势相对较高而沉积地层厚度较小。湖侵体系域沉积期，东北部快速发生构造沉降，沉积了厚度较大的湖侵体系域地层，而西南部沉积地层厚度相对较小。高位体系域沉积时期相对稳定，全区沉积地层厚度变化不大。

层序Ⅲ，低位体系域沉积期，地势相对平坦，各地区沉积地层厚度变化不大，西南部个别地区地势高而沉积地层厚度较小。湖侵体系域沉积期，西南部构造抬升缓慢，而沉积了较厚的湖侵体系域地层。高位体系域地层保存程度较差，难以发现其规律性，仅反映沉积后期西南部和东北部抬升较快，遭受了大强度的剥蚀。

2. 层序地层格架下的沉积环境演化

从剖面上看(图 4-3-6)，沉积相发育以河流相为主，在层序的低位体系域和高位体系域河道砂岩较发育，湖侵体系域河道砂岩相对不发育，泛滥平原较发育。仅在层序Ⅰ的湖侵和高位体系域沉积期，在乌审召镇以南地区发育三角洲平原沉积。层序Ⅱ湖侵体系域沉积期，在 zk9604、5-1 地区发育小范围的岸后湖泊。层序Ⅲ湖侵体系域沉积期，在 zk9605 孔附近发育岸后湖泊；高水位体系域沉积期，在 4－1 孔附近发育岸后湖泊。

3. 煤层在层序地层中的分布规律

煤层在层序地层中的分布主要受可容空间增长速率与泥炭堆积速率之间平衡的控制。可容空间增长速率过快或过慢均不利于泥炭的持续堆积，从而导致聚煤作用的终止。不同地区煤层在层序地层格架中的分布不同(图 4-3-6)，研究区发育的煤层大都发育在湖侵体系域晚期和高水位体系域晚期，其次为湖侵体系域早期和高位体系域中期。

层序地层格架的低位体系域主要在低洼地区发育一些河道砂体，隆起区未接受沉积，难以具备发育煤层的条件。湖侵体系域早期，基准面上升，可容纳空间不断增大，可以发育一定的煤层，但沉积环境变化较快，难以发育厚煤层。湖侵体系域中期，可容空间增加速率最快，超过了成煤物质的充填速率，不利于聚煤作用的发生。在湖侵体系域晚期，即最大湖泛面附近，湖岸泥炭沼泽向陆延伸最远，那里可容空间增加速率与泥炭堆积速率几乎达到平衡，成煤泥炭的植物能够补偿，且沉积环境较稳定，能够长时期地维持这种平衡，故而利于发育厚煤层。高位体系域中晚期有利于聚煤作用发生，此时广湖泊萎缩、淤积，高位体系域早期的充填作用使得盆地变得较为平缓，加之构造稳定，利于大范围、长时期的聚煤作用发生，进而发育厚煤层。

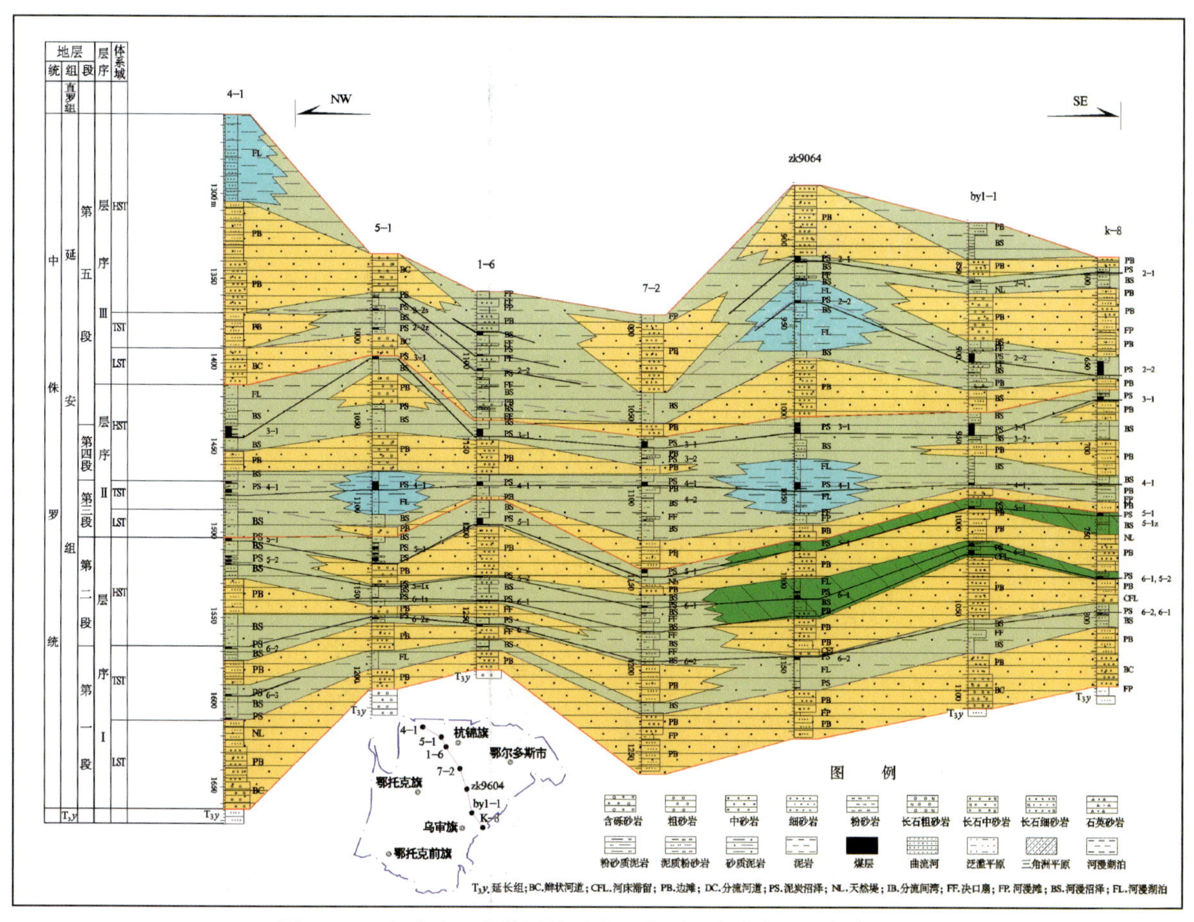

图 4-3-6　东胜矿区中侏罗统延安组北西—南东向沉积相断面图

三、中生代白垩纪含煤岩系层序地层特征

(一)二连盆地群早白垩世含煤岩系层序地层特征

根据关键的层序地层界面,可以将下白垩统划分为 3 个三级层序和 9 个体系域。大磨拐河组与下部的层序Ⅰ和层序Ⅱ对应,伊敏组与上部的层序Ⅱ对应,伊敏组划分为 1 个三级层序和 3 个体系域。三级层序在全区内对比性好,除伊敏组保存不全外,其余 2 个层序发育齐全。

本研究布置了南西西—北东向区域性的大剖面,横跨赛汉塔拉、红格尔、胜利、白音华、霍林河。从断面图(图 4-3-7)上可以看出,白音华煤田层序Ⅰ、层序Ⅱ全区保存完好,每个层序的 3 个体系域发育齐全,层序Ⅲ自西向东保存程度逐渐变差,到了霍林河煤田东部仅保存了层序Ⅰ和层序Ⅱ,层序Ⅲ完全没有保存。层序Ⅰ沉积期赛汉塔拉煤田主要发育滨湖相,而后发育浅湖相,霍林河煤田主要发育滨湖相。层序Ⅱ沉积期,伊和乌苏以发育滨浅湖沉积为主,赛汉塔拉煤田以发育扇三角洲相沉积为主,章古图煤田以滨浅湖相发育为主。胜利和白音华煤田以滨湖沉积为主,霍林河煤田中部首先发育了滨湖相,而后转化为浅湖相,东西部始终以滨湖相发育为主。层序Ⅲ沉积期,全区以滨湖相和三角洲相沉积为主,白彦花煤田以滨湖相沉积为主;伊和乌苏首先发育了三角洲相,而后发育滨浅湖相,最后转化为三角洲相沉积;赛汉塔拉煤田以三角洲相发育为主,章古图煤田首先发育了三角洲沉积,而后转化为滨湖相沉积,最后再次发育滨浅湖相;红格尔煤田首先发育滨湖相而后发育三角洲相;胜利煤田以滨浅湖相发育为主,并在该时期发育了厚煤层;到霍林河煤田,层序Ⅲ只在该煤田西部发育,并以三角洲相的发育为主。

煤层在层序地层中的分布主要受可容空间增长速率与泥炭堆积速率之间平衡的控制。可容空间增长速率过快或过慢均不利于泥炭的持续堆积，而导致聚煤作用的终止。不同地区煤层在层序地层格架中的分布不同（表 4-3-1）。

表 4-3-1 二连盆地不同煤田煤层在层序地层格架中的发育统计表

层序	体系域	期次	白彦花	白音乌拉	巴彦宝力格	额合宝力格	霍林河	准哈诺尔	红格尔	胜利	五间房	乌尼特	高勒浩沁
层序Ⅲ	HST	晚期	—	—	—	—	▲	—	▲	▲	—	—	—
		中期	—	▲	▲	—	—	—	▲	▲	—	—	—
		早期	—	—	—	—	▲	—	—	—	▲	▲	—
	TST	晚期	▲	▲	▲	—	▲	▲	—	▲	▲	▲	▲
		中期	▲	—	▲	—	—	—	—	▲	▲	▲	▲
		早期	▲	▲	—	—	—	—	/	—	—	—	—
	LST	晚期	—	—	—	—	—	—	/	—	—	—	—
		中期	—	—	—	—	—	—	/	—	—	—	—
		早期	—	—	—	—	—	—	/	—	—	/	—
层序Ⅱ	HST	晚期	—	—	/	—	—	—	/	—	—	/	/
		中期	/	/	/	▲	—	—	/	—	—	/	/
		早期	/	/	/	—	—	—	/	/	—	/	/
	TST	晚期	/	/	/	▲	▲	—	/	/	—	/	/
		中期	/	/	/	—	▲	—	/	/	—	/	/
		早期	/	/	/	—	▲	—	/	/	—	/	/
	LST	晚期	/	/	/	—	—	—	/	/	—	/	/
		中期	/	/	/	—	—	—	/	/	—	/	/
		早期	/	/	/	—	—	—	/	/	—	/	/
层序Ⅰ	HST	晚期	/	/	/	—	▲	—	/	/	—	/	/
		中期	/	/	/	▲	—	—	/	/	—	/	/
		早期	/	/	/	—	—	—	/	/	—	/	/
	TST	晚期	/	/	/	—	▲	—	/	/	—	/	/
		中期	/	/	/	—	—	—	/	/	—	/	/
		早期	/	/	/	—	▲	/	/	/	—	/	/
	LST	晚期	/	/	/	—	—	/	/	/	—	/	/
		中期	/	/	/	—	—	/	/	/	—	/	/
		早期	/	/	/	—	—	/	/	/	—	/	/

注：▲ 为发育煤层；—为不发育煤层；/为未揭露地层。

（二）海拉尔盆地群早白垩世含煤岩系层序地层特征

根据研究区关键层序界面的识别，将下白垩统大磨拐河组和伊敏组地层划分为 1 个二级层序和 2 个三级层序，各层序的体系域发育齐全，共发育 6 个体系域。

本研究布置了北北东-南南西向的区域性大剖面，跨越巴彦哈达、陈旗（东明凹陷）、莫达木吉、伊敏和红花尔基（旧桥凹陷）5 个凹陷。详细研究典型凹陷的层序地层发育特征。

从剖面图可以看出（图 4-3-8，图 4-3-9），研究区西北部三角地和开放山地区伊敏组地层大都被剥蚀掉了，扎赉诺尔、鹤门、莫达木吉、呼和诺尔和红花尔基煤田的伊敏组大都有地层保存。该剖面中层序 I（大磨拐河组）大部分都有发育，局部也有缺失，如呼和诺尔 6833 孔和红花尔基 53—17 孔，伊敏组地层直接与火山岩接触。钻遇大磨拐河组的钻孔大都分布在三角地、开放山、扎赉诺尔、陈旗、鹤门、莫达木吉地区，低位体系域偶有钻孔钻遇，如鹤门 32—12 孔，主要为厚层粗砂岩沉积；湖侵体系域早期主要为

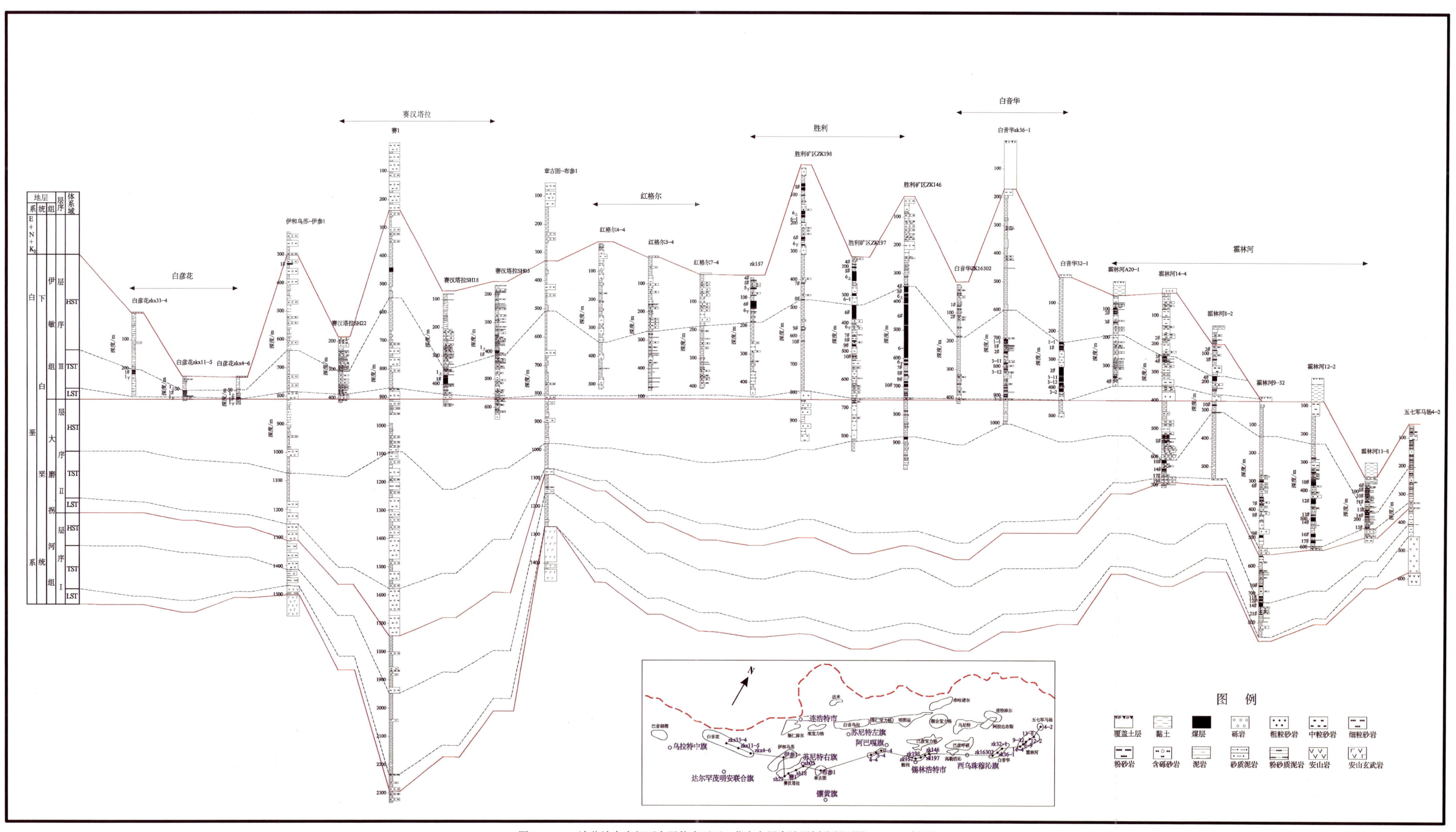

图4-3-7 二连盆地东南部下白垩统南西西—北东向层序地层划分断面图（B—B′剖面）

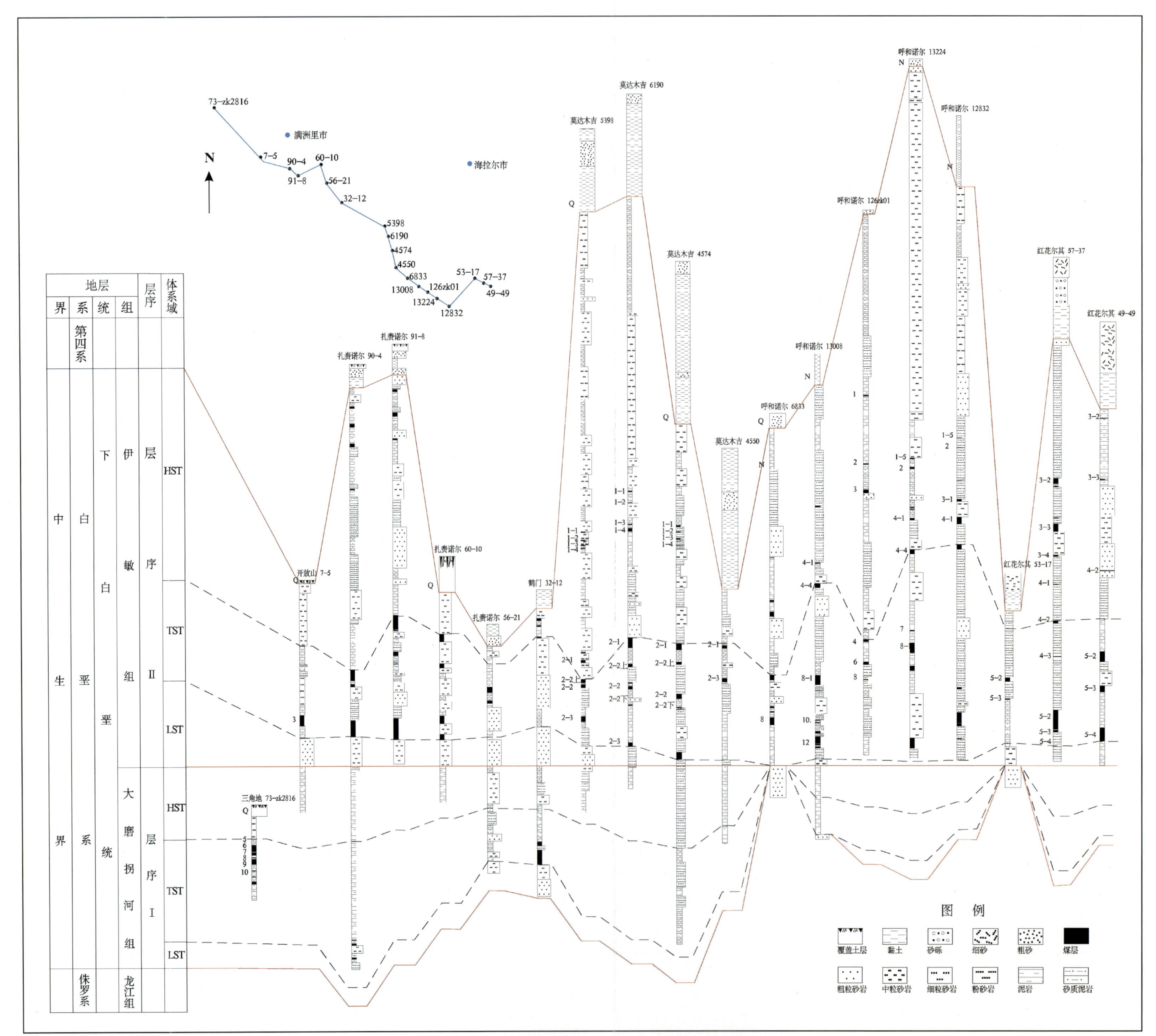

图4-3-8　海拉尔盆地下白垩统含煤地层北北西-南南东向层序地层格架断面图

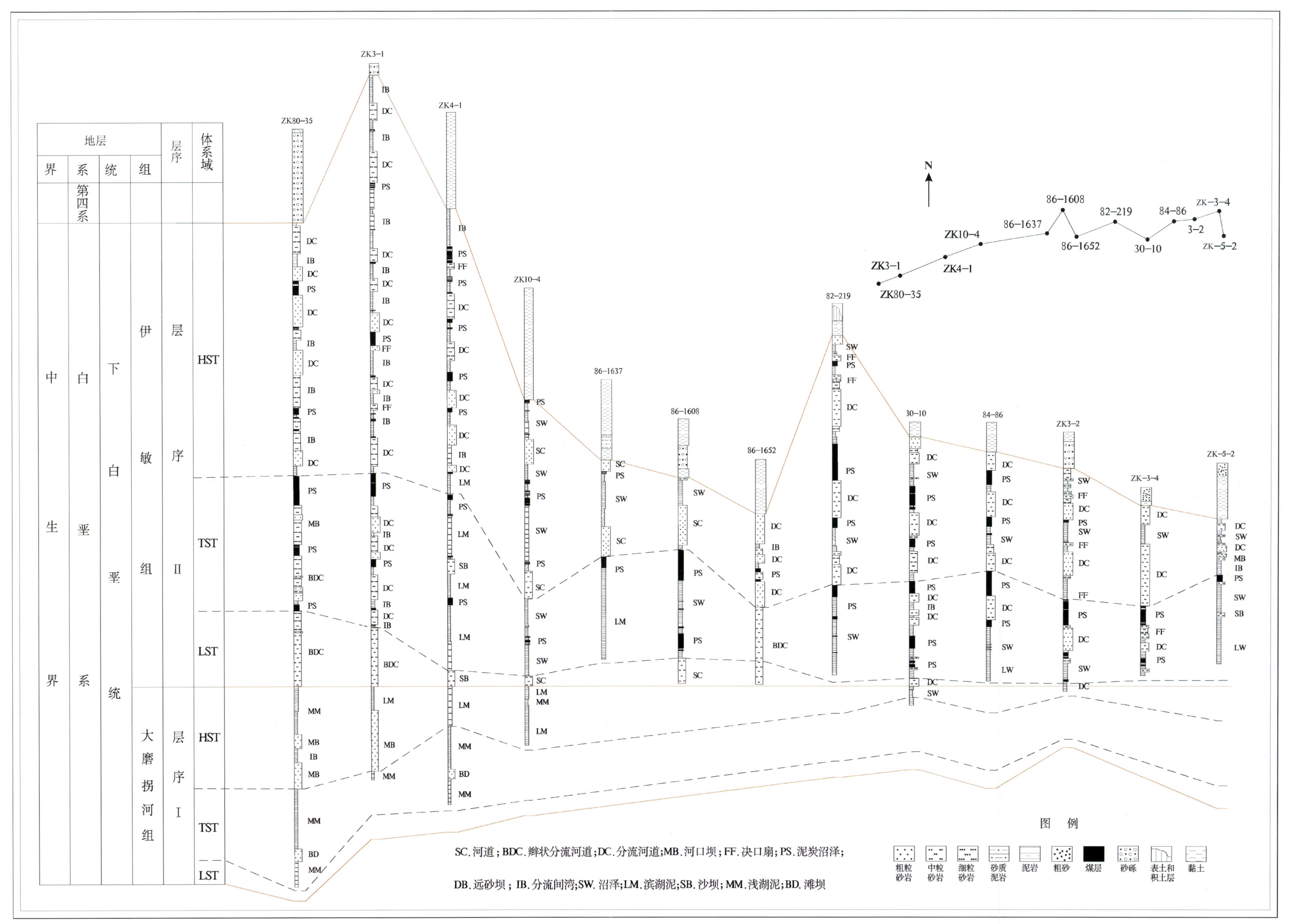

图4-3-9 海拉尔盆地陈旗煤田近东西向沉积相-层序地层断面图

砂泥岩互层夹煤层沉积，为该时期最主要的含煤层段；湖侵体系域中晚期主要发育厚层泥岩，夹薄层砂岩，煤层不发育；高位体系域主要发育厚层泥岩、粉砂质泥岩、粉砂岩等夹薄层砂岩沉积，不发育煤层。

层序Ⅱ（伊敏组）沉积期，除了三角地和开放山以外，均有3个体系域地层的发育和保存。低位体系域地层厚度整体变化不大，厚度大的地区主要发育粗砂岩、砾岩等；湖侵体系域地层厚度不太大且稳定，仅在呼和诺尔地区厚度稍大，主要发育中厚层砂岩和泥岩互层，煤层广泛发育，为伊敏组沉积期最主要的含煤层段；高位体系域地层厚度较大且厚度变化幅度很大，在扎赉诺尔和莫达木吉表现为西北厚、东南薄，呼和诺尔表现为东南厚、西北薄，红花尔基煤田表现为中部厚，东南、西北均薄，反映了后期构造对伊敏组的改造作用强烈。该时期在扎赉诺尔煤田主要发育厚层砂岩和泥岩，晚期发育煤层；莫达木吉煤田、呼和诺尔煤田和红花尔基煤田主要发育大套厚层泥岩，砂岩厚度相对较小，早期煤层较为发育。

从表4-3-2中可以看出，早白垩世海拉尔盆地煤层主要发育在湖侵体系域的早期和晚期，高位体系域的中期和晚期，其次为湖侵体系域中期和高位体系域早期。

湖侵体系域早期和晚期，可容纳空间增大速率较缓慢，利于泥炭的堆积和保存，在靠近盆地（凹陷）边缘地区，湖侵体系域晚期一般利于聚煤，而在靠近盆地（凹陷）中部，湖侵体系域早期利于聚煤。高位体系域中晚期有利于聚煤作用发生，湖侵时期的水体逐渐退却，湖泊逐渐淤积变浅，利于聚煤作用发生。在靠近盆地（凹陷）中部地区边缘地区，最大湖侵期的环境利于聚煤，因此在高位体系域早期利于聚煤作用发生。

表4-3-2 海拉尔盆地不同煤田煤层在层序地层格架中的发育统计表

层序	体系域	期次	陈旗	扎赉诺尔	呼和诺尔	伊敏	三角地	开放山	鹤门	莫达木吉	红花尔基	拉布达林	南屯
层序Ⅱ	HST	晚期	—	▲	—	▲	/	—	▲	—	—	—	—
		中期	▲	—	▲	—	/	—	—	▲	▲	—	▲
		早期	—	—	—	▲	/	—	—	—	—	▲	—
	TST	晚期	▲	—	—	▲	/	—	—	▲	▲	▲	▲
		中期	▲	▲	▲	—	/	—	—	—	—	—	—
		早期	▲	▲	▲	▲	/	▲	—	▲	▲	▲	▲
	LST	晚期	—	—	—	—	/	—	—	—	—	—	—
		中期	—	—	—	—	/	—	—	—	—	—	—
		早期	—	—	—	—	/	—	—	—	—	—	—
层序Ⅰ	HST	晚期	—	—	/	/	—	/	—	—	/	▲	
		中期	—	—	/	/	—	/	—	—	/	—	
		早期	/	—	/	/	—	/	—	—	/	—	
	TST	晚期	/	—	/	/	▲	/	—	/	/	▲	▲
		中期	/	▲	/	/	—	/	—	/	/	—	/
		早期	/	▲	/	/	—	/	▲	/	/	▲	/
	LST	晚期	/	—	/	/	—	/	—	/	/	—	/
		中期	/	—	/	/	—	/	—	/	/	—	/
		早期	/	—	/	/	—	/	—	/	/	—	/

注：▲为发育煤层；—为不发育煤层；/为未揭露地层。

第四节　岩相古地理格局与演化

一、晚石炭世岩相古地理

内蒙古自治区古生代及其以前的地质发展史，实质上是华北板块、西伯利亚板块各自离陆向洋增生，最终对接为巨大的欧亚大陆的一个完整过程（内蒙古自治区地质矿产局，1991）。在这种地质背景条件下，位于内蒙古自治区北部的兴安地槽区在早石炭世末发生的中海西运动第一幕褶皱回返，从此二连浩特—东乌珠穆沁旗—乌兰浩特市以北均隆起成陆，成为西伯利亚台缘增生的陆壳。在晚石炭世东乌珠穆沁旗古陆上陆相火山喷发十分强烈，位于喷发中心地带的宝力格庙至西山一带，有大量的安山质和玄武质火山熔岩和火山角砾岩堆积，沉积厚度大于7574m。喷发带呈北东向展布，一直向西延至蒙古国境内，在远离火山喷发中心的一些地区，正常碎屑岩和火山岩呈互层出现。植物化石为 *Angaroptoridium cardiopteroides* - *Noeggerathiopsis* - *Tingia* 组合。其中安格拉植物分布广泛，在数量上占优势，而华夏植物分布零星，数量也少。这套以火山岩为主的地层称为宝力格庙组。

中部地槽区位于东乌珠穆沁旗古陆和华北北缘古陆之间，晚石炭世（太原期）海侵范围扩大至地槽区的南缘，地势平坦，沉积了成分较为单一的石英砂岩。北缘正好相反，沉积了成分比较复杂的陆源碎屑-碳酸盐岩建造，并发生过火山活动，在二连浩特以南至西乌珠穆沁旗一带，沉积厚度巨大，可达8000m左右，火山喷发强烈，为地槽的活动中心和沉积中心。在此间，珊瑚和腕足类空前繁盛。

在晚石炭世，赤峰以东地区为一西部封闭的海湾，南侧为华北北缘古陆，西侧为翁牛特隆起，海水从东部的吉林省入侵，沉积了海陆交互相槽台过渡类型的酒局子组。

华北地台的腹地自中奥陶世抬升以来，经过了大约130Ma的风化剥蚀，到晚石炭世本溪期复下沉。本溪期的海侵首先到达鄂尔多斯地区东部（准格尔、清水河等地）及西部（贺兰山、桌子山煤田），在这两个地区分别沉积了以障壁海岸、潟湖、潮坪为主的本溪组和羊虎沟组。中间主要发育河流沉积和三角洲沉积。随着太原期的海侵范围进一步扩大，“华北海”和“祁连海”已经完全沟通，鄂尔多斯地区整体接受沉积，发育了海陆交互相的含煤岩系，形成了巨厚的煤层。石炭纪是地质历史上较早的主要成煤时期。在晚石炭世的岸边低地、三角洲平原以及河道两侧的沼泽区都生长了繁茂的森林。在华北地台上生长着华夏植物群，而在东乌珠穆沁旗以北的古陆上，则以安格拉植物群为主。这些佐证了当时陆生植物根据古地理的不同，已有明显的群系之分（黄本宏，1992）。

阴山地区晚石炭世沉积的拴马桩组，过去一般被认为是山间盆地的陆相沉积。但近年来的研究成果表明，早期的拴马桩组形成于和内蒙古自治区中部海槽有某种联系的三角洲平原沉积环境；晚期的拴马桩组形成于开阔滨海环境（钟蓉，1987）。从区域构造和沉积特征两个角度来考虑，阴山地区晚古生代海侵可能来自其北面的海槽，其含煤地层具有一定的沉积空间。今后在阴山地区如大青山、乌拉山煤田附近的推覆构造之下，还可能找到石炭纪的煤层。

另外在兴安地区经过长期的剥蚀后又局部坳陷成湖盆，在依力根牧场、尕拉成等地接受泥质、粉砂质沉积物，在尕拉成还有小规模的火山活动，这套地层称为依根河组（图4-4-1）。

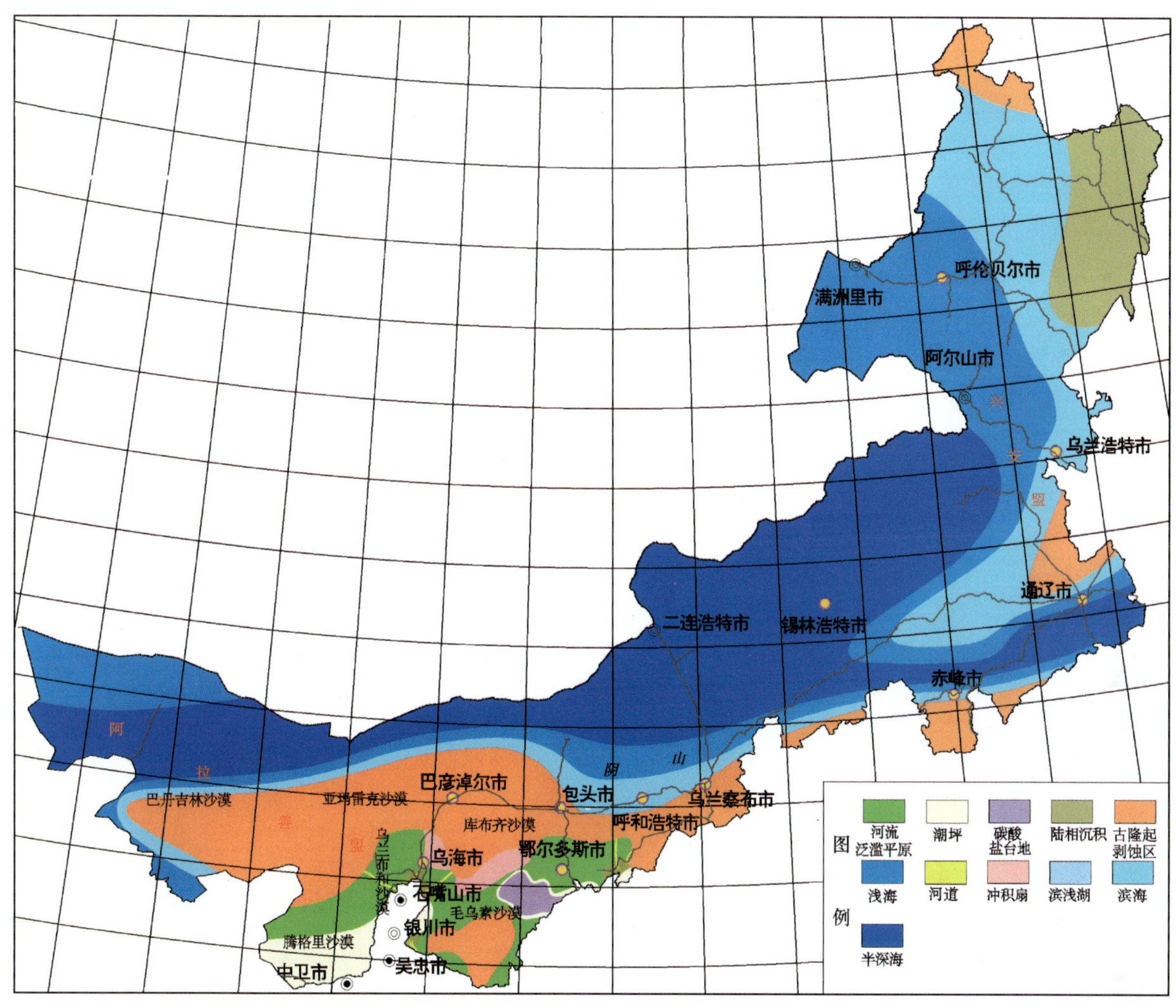

图 4-4-1　内蒙古自治区晚石炭世岩相古地理图

二、早二叠世岩相古地理

内蒙古自治区早二叠世山西期的古地理轮廓与晚石炭世相比发生了较大的变化，突出地表现在华北地台由稳定的沉降逐渐转为稳定的抬升，华北北缘古陆（阴山古陆）范围扩大，鄂尔多斯地区也发生了由北向南的海退，形成大面积的冲积平原和三角洲平原，从此鄂尔多斯结束了海侵的历史。

在内蒙古自治区的中部槽区，该时期基本上均为浅海相沉积，局部为滨海相沉积。发育在赤峰地区的青凤山组，在正镶白旗、正兰旗、镶黄旗一带的三面井组位于地槽的南侧，为一套滨海陆源碎屑岩组合。青凤山组主要由杂色板岩、硬砂质砂岩和长石砂岩组成，化石较少，仅在底部含海百合茎和螺等，出露厚度 1141m。三面井组为灰绿色复成分的砂岩、长石砂岩和板岩，下部夹生物灰岩，化石以䗴类为主，并含珊瑚，腹足等，上部可见植物化石碎片，建组厚度 269.2m。

分布于四子王旗北部的西里庙组为浅海陆源碎屑-碳酸盐岩中夹火山岩组合，岩性为泥质板岩、结晶灰岩以及流纹质凝灰岩、流纹岩等，厚度可达 5386m。而在达茂旗满都拉庙以南，以包格特组发育最好，岩性为陆源碎屑岩夹砂质灰岩和生物灰岩，含大量的䗴类化石，几乎成䗴壳礁出现。沉积厚度大于 975m。

当时地槽的活动中心在二连浩特—西乌珠穆沁旗—大石寨一线，沉积了一套陆源碎屑岩-生物碎屑灰岩中夹中酸性火山岩。地层厚度巨大，一般可达 3400～8000m。生物群主要为连壁珊瑚、雅库特贝、穆武长身贝、柯支长身贝、雅可夫列夫贝、马丁贝、小石燕、派克曼石燕、土曼菊石等，这些冷水型的生物主要来自北方。而生存于华北地台北缘的槽区生物主要来自南方暖水型特提斯生物群，主要有米氏蜓、拟纺锤蜓、假纺锤蜓、直形贝、四川珊瑚、亚珊瑚等。

分布于巴丹吉林和北山地区的双堡塘组为正常的浅海陆源碎屑岩夹灰岩，含丰富的腕足类化石，并伴生有菊石和珊瑚等。沉积厚度800m左右。

在早二叠世山西期，阴山地区已与鄂尔多斯地区的气候条件大致相似，发育了华夏植物群，只在大红山等北部边缘，混生有安格拉植物群分子。在阴山山地只有为数不多的几个淡水湖泊。大红山湖泊是发育时间短暂的山间断陷盆地。沉积物主要是湖滨相的粗碎屑物质，由于湖盆沉降速度快、幅度大，沉积物厚度达2000m以上。后来湖盆淤浅，发育成沼泽，所以在大红山组上部出现了含碳的细碎屑岩和薄煤层等。至下石盒子期，大红山湖已淤塞成陆地，此后二叠纪便没有新的沉积。分布于包头市石拐矿区的杂怀沟组为坳陷型山间盆地沉积，岩性下部以灰色粗砂岩、砾岩为主，上部为细碎屑岩夹薄煤层，与上石炭统拴马桩组连续沉积。杂怀沟组厚度仅80m左右，其沉积延续到晚二叠世。

位于阴山以南的鄂尔多斯地区，结束了晚石炭世以来地壳频繁升降的局面，转入稳定、缓慢地抬升，在东部准格尔旗、清水河等地由晚石炭世太原期的三角洲沉积转化为陆相冲积平原沉积，碎屑物质来自阴山古陆；西部的乌达、桌子山煤田和贺兰山煤田也由障壁碎屑海岸沉积转变为河流、三角洲沉积。在冲积平原和三角洲平原上生长有以大羽羊齿为主的华夏植物群，在泥炭沼泽堆积了泥炭层。从此以后鄂尔多斯地区结束了海侵的历史，开始了陆相沉积的新阶段(图4-4-2)。

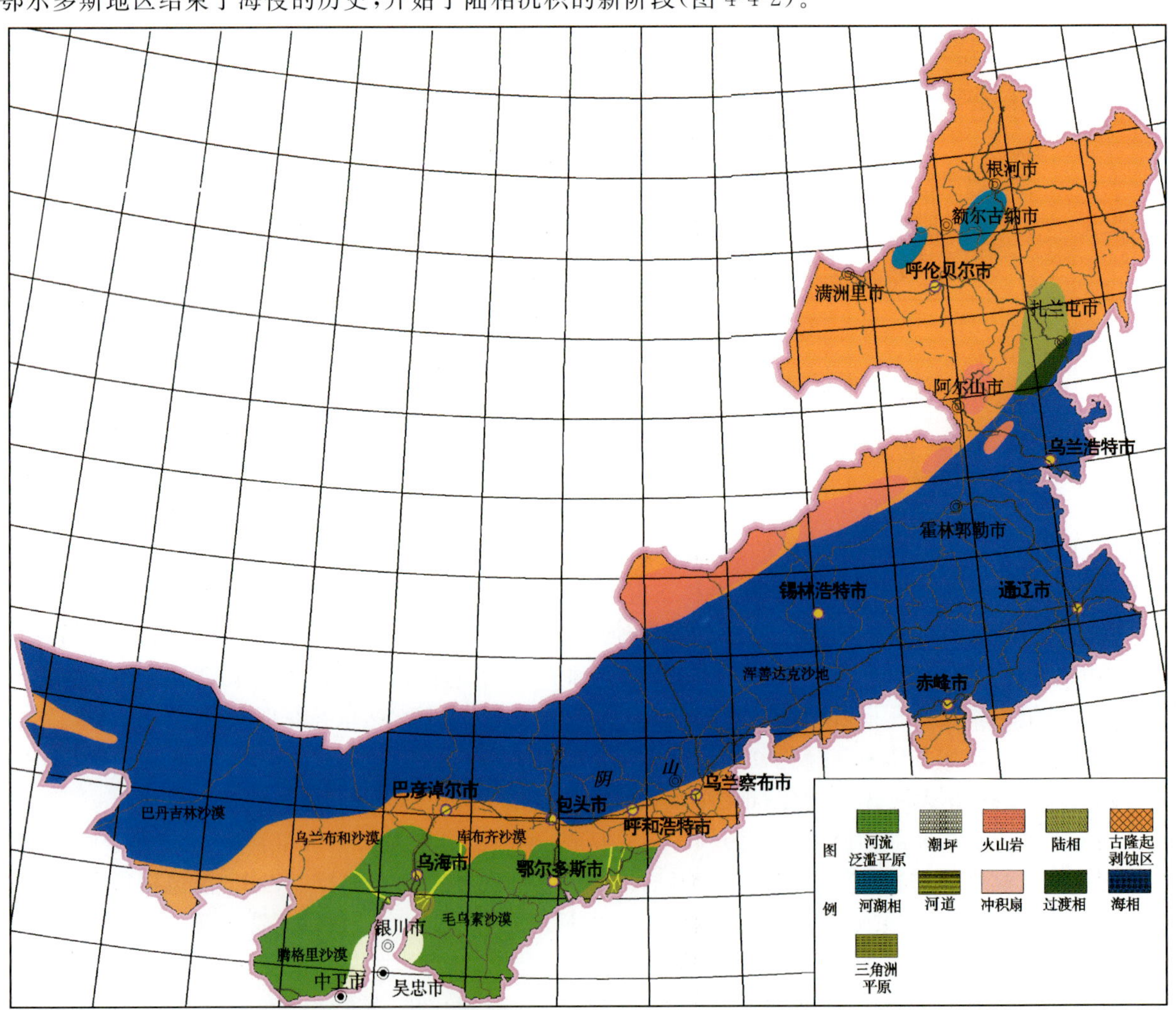

图4-4-2 内蒙古自治区早二叠世岩相古地理图

三、早—中侏罗世岩相古地理

在早二叠世末期的晚海西运动的第一幕，蒙古海槽全部褶皱回返，形成海西褶皱带。从此海水向东退出，西伯利亚板块和华北板块缝合。内蒙古自治区全部上升为陆。取而代之的是太平洋板块与亚洲大陆沿毕乌夫带的强烈作用而产生的滨太平洋构造域，使本区深受其影响。在这种大地构造背景下，内蒙古自治区早—中侏罗世岩相古地理具有明显的分带性。

位于阴山以南的鄂尔多斯盆地，经三叠纪末的印支运动全面抬升接受剥蚀。在早—中侏罗世复下沉接受沉积。印支运动的古构造面为一起伏不平的剥蚀面，对早侏罗世的富县组和中侏罗世的延安组早期沉积有着明显的控制作用。富县组在内蒙古自治区范围内仅沉积在五字湾一带的古洼地。而延安组下部沉积也明显受古地形控制，随着盆地的持续下沉向古高地超覆。延安组在鄂尔多斯盆地普遍发育，厚度变化不大，一般在160～300m之间，在盆地西缘没有明显加厚现象，这一点与晚三叠世沉积的延长组显著不同，说明在延长期出现的那种前陆式的快速沉降坳陷的极不对称等特征在延安期已不存在（李思田等，1992）。现今的鄂尔多斯盆地东、西两侧均非原型盆地的沉积边界，据李思田等的研究，盆地西侧的汝箕沟、二道岭等小型煤田的延安组在沉积相、内部层序、含煤性和厚度等方面都宜与鄂尔多斯盆地相对比，汝箕沟向斜两翼的古流向均指向东，这些都意味着汝箕沟、二道岭的延安组很可能属于鄂尔多斯盆地的一部分。表明鄂尔多斯盆地在延安期是一大型地台基础上的坳陷盆地，而不具有晚三叠世挠曲盆地的特征。延安组在盆地东侧已被剥蚀，在东胜煤田东部露头区延安组既没有明显减薄现象，也无边缘相特征，说明盆地初始边界应向东部延展。从地层及沉积分析判断，大同及宁武盆地在早—中侏罗世可能与鄂尔多斯属于同一沉积盆地。

中侏罗世延安期是我国一个主要成煤时期，当时的鄂尔多斯为一超大型的内陆湖盆。内蒙古自治区部分位于盆地北部并接近阴山剥蚀区，在延安组沉积期主要发育河流相沉积，其次为三角洲平原和泛滥湖泊沉积。该时期发育4条较大的河流，在研究区西南部上海庙镇、昂素镇、苏力德苏木镇地区及其北部发育两条河流，河流流向北西西-南东；中部经木凯淖尔镇、乌审召镇、乌兰陶勒盖镇地区发育一条河流，流向北西-南东；东北部经泊江海子镇、东胜区、鄂尔多斯市、伊金霍洛镇等地区发育一条河流，流向北西-南东。在河流的泛滥平原、分流河道间发育5个泛滥湖泊、分流间湾，在伊和乌素苏木镇西部、杭锦旗锡尼镇北部、苏米图苏木东北部、乌审召镇和图克镇东北部分别发育一个泛滥湖，在城川镇东北部发育一个分流间湾湖泊。三角洲平原区主要发育图克镇—嘎鲁图镇—昂素镇一线的东部、南部区域。此外，广大的区域发育河流泛滥平原沉积。延安组的植物化石有较明显的三分性，在下部和上部都以代表温暖气候环境的银杏类为主，而中部以喜湿、喜暖的有节类和真蕨类植物为主，这可能与盆地的充填演化有关，与沉积环境的变化相对应。

位于内蒙古自治区中部的阴山地区是另一种地理景观。在近东西方向延伸的阴山古陆中，有一狭长的山间谷地，东部由察哈尔右翼中旗的苏勒图开始，向西经包头市石拐矿区、乌拉特前旗的营盘湾至乌拉特中旗的昂根矿区等，长达数百千米。早—中侏罗世的沉积中心在石拐矿区，沉积了厚度达680m的下侏罗统五当沟组和920m的召沟组，两组均为河湖交替的含煤建造。位于盆地西部的昂根沉降幅度较小，在早—中侏罗世均以低弯度的山间辫状河流沉积为主。而营盘湾矿区的沉积相为昂根与石拐矿区的过渡类型。

阴山以北的大兴安岭、锡林郭勒盟等地区，印支运动造成了大面积的剥蚀区，形成了凸凹不平的古地貌。早—中侏罗世含煤地层被晚侏罗世的火山岩、白垩纪的沉积岩以及新生代的松散沉积物深深掩埋。零星分布的地层露头和部分石油深钻资料向人们揭示着在新地层之下，可能还有含煤地层的存在。根据目前地面资料和少量钻孔资料初步分析，含煤盆地的类型为山间谷地型或山间盆地型。盆地的长轴方向与目前的构造线方向基本一致，多数为北东方向。沉积类型除了河湖相含煤沉积外，不同程度地存在细粒火山物质。沉积厚度因地而异并相差悬殊，从 87～2130m，主要受古地形和沉降幅度的控制。这套含煤地层在锡林郭勒盟地区称为中—下侏罗统阿拉坦合力群，在大兴安岭北部地区称为太平川组和南平组，南部地区称为红旗组、万宝组和新民组。

在内蒙古自治区西部的阿拉善盟还有一些山间谷地和山间盆地分布。规模最大的为潮水盆地，沉积类型与阴山地区可以类比，盆地长轴方向为北西向。含煤地层为正常的河湖沉积，厚度变化大，由数百米至 1000m 左右。这套含煤地层在阿拉善地区称为大山口群、青土井群。

综上所述，内蒙古自治区在早—中侏罗世出现了中低山地和内陆沉积盆地相间排列的地理格局，剥蚀区的面积远远大于沉积区的面积，阴山以北为环太平洋活动带，由于太平洋板块向亚洲板块俯冲，形成了一系列北东方向的山间谷地或山间盆地，沉积的含煤岩系含有火山碎屑。阴山以南在稳定地台的基础上形成大型的坳陷型盆地，沉积了厚度稳定、含煤丰富的河流—三角洲相含煤建造。在内蒙古自治区西部的阿拉善地区，可能受印度板块向北俯冲挤压的影响，形成了一系列北西西方向的山间谷地和山间盆地。

本区在早—中侏罗世属于内陆亚热带—温带气候，分布着锥叶蕨属-拟刺葵属植物群，与秦岭以南的南方型热带—亚热带气候有着明显的差别。植物的繁盛为聚煤作用提供了丰富的物质基础(图 4-4-3)。

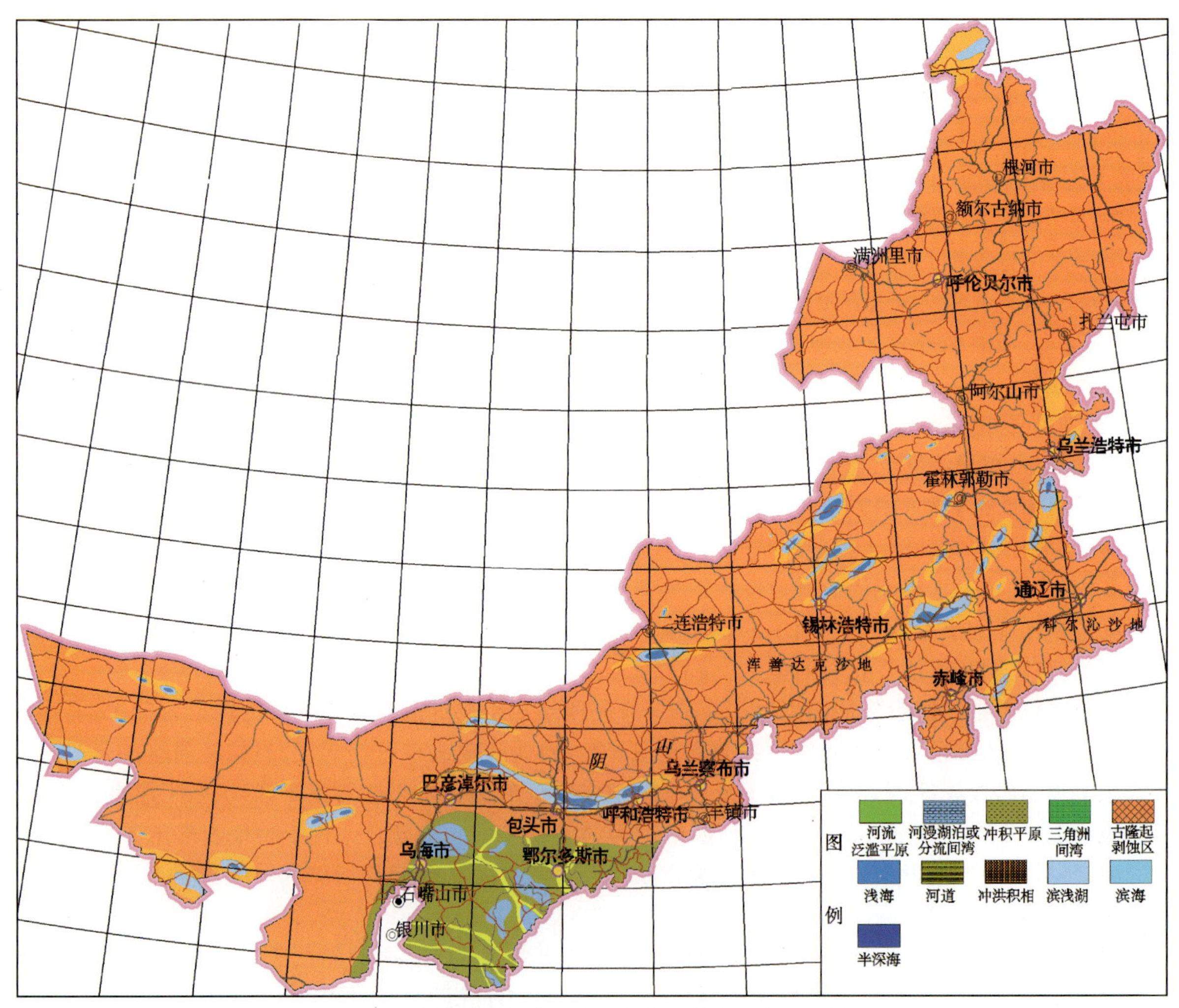

图 4-4-3　内蒙古自治区早—中侏罗世岩相古地理图

四、早白垩世岩相古地理

中侏罗世以后，内蒙古自治区地壳活动经历了一个重要的转折，它表现为由侏罗纪早、中期一些陆相盆地含煤沉积转化为主要受北北东向构造活动带控制的大规模的频繁的火山活动；鄂尔多斯盆地也由整体沉降转为整体抬升，沉积一度中断。这时大兴安岭整体抬升，主脊东、西两侧则下陷，形成了二连盆地群、海拉尔盆地群和松辽盆地群的雏形，大兴安岭为其构造格架。著名的大青山、乌拉山、狼山、桌子山、贺兰山等均已形成雏形（内蒙古自治区地质矿产局，1991）。

晚侏罗世强烈的火山喷发，使地壳深部积累的能量得以大量释放，因此本区构造应力场由挤压转化为拉张。受断裂控制的差异性升降运动造成一系列坳陷和隆起。白垩纪早期，鄂尔多斯盆地率先沉降，受东部隆起区的影响，形成东仰西倾的大型箕状盆地，沉积一套河湖相红色建造，沉积厚度由东向西逐渐增加。根据下白垩统志丹群的残留厚度统计，鄂尔多斯盆地中西部厚度可达 800～1000m，而东部的准格尔旗一带缺失白垩系的沉积。

河套地区随后开始沉降，在起伏不平的古地形条件下沉积了一套厚 0～600m 的李三沟组粗碎屑岩系。李三沟组的层位大致与鄂尔多斯盆地志丹群的罗汉洞组和泾川组对比。就生物化石而言，两者均含 *Psittacosaurus*，*Lycoptera* 鱼群和介形类动物群化石。就分布特征而言，李三沟组很可能是鄂尔多斯盆地在志丹群沉积后期水体范围扩大而形成的同一水体沉积。由于鄂尔多斯北缘断裂的活动，河套地区开始强烈下陷并造成固阳组南厚北薄差异性沉积，南部厚度一般 400～1700m，沉积中心有半深水湖相分布，而向北表现出明显的超覆、变薄、趋于尖灭，这表明了阴山山前断裂尚无明显的活动迹象。在河套盆地接受固阳组沉积的同时，鄂尔多斯盆地已整体抬升，开始受到剥蚀了。

位于阴山以北的大兴安岭两侧，在早白垩世发生了规模巨大的断陷，在大兴安岭东侧形成了松辽盆地群，西侧形成了海拉尔盆地群、二连盆地群和银根盆地群。这些盆地群大部分叠加在古生代的地槽区之上，其基底构造控制了坳陷带的展布方向。在这些断陷盆地中，除银根盆地外，沉积了一套河湖相含煤碎屑岩，沉积厚度一般 1000～3000m。

二连盆地群经历了早期断陷（大磨拐河组）、后期坳陷（伊敏组）的发育历程。宏观构造具有东西方向“三低两高”和南北方向“南高北低”的地貌特征。大磨拐河期以断陷沉积为主，南北方向以苏尼特隆起为界，北部坳陷带湖盆面积大，水体较深，为该时期的沉积中心；而苏尼特隆起之南的坳陷带全部为滨浅湖亚相发育区，湖盆小，水体浅，连通差，具有南北分带的沉积特征。东西方向上，由于“三低两高”地形的制约，形成了川井坳陷西、乌兰察布坳陷东—腾格尔坳陷西、马尼特坳陷东—乌尼特坳陷东三大湖区，其间有乌兰察布坳陷西、马尼特坳陷西—乌尼特坳陷西两大陆上沉积发育区，显示了东西分区的沉积特征。伊敏期以坳陷沉积为主，仍具东西分区、南北分带的沉积相带展布特征，苏尼特隆起以北的坳陷，受早期广水域的影响，湖沼发育较好，范围较广。南部坳陷带湖沼相发育较小。西部沉积厚度薄，以冲积、河流相为主的陆上沉积广泛分布，东部沉积厚度大，湖沼分布范围较大，煤系地层发育。

海拉尔盆地群具有大致东西分带、南北分块的特征。在大磨拐河期和伊敏期沉积特征与二连盆地具有很大的相似性。大磨拐河期以断陷沉积为主，扎赉诺尔坳陷带东南部的巴彦呼舒凹陷和贝尔凹陷湖域范围广、湖水较深、湖水连通性好，主要发育半深湖、滨浅湖等沉积。东部和南部的凹陷，湖域范围较小、水体较浅，主要发育滨浅湖、湖沼、河流、（扇）辫状河三角洲等沉积。伊敏期以坳陷型沉积为主，地势较为平坦。

通过对二连-海拉尔盆地群古植物群落、古气候的研究发现，大磨拐河组沉积早期，二连盆地西部和南部地区处于干旱气候条件下，不利于聚煤作用的发生；盆地的东部和北部地区，气候温暖湿润，利于聚煤作用的发生。之后，温暖湿润的气候逐渐向西部、南部扩展。到了伊敏组沉积期，二连-海拉尔盆地群全部处于温暖湿润的气候条件下，利于聚煤作用的发生。

银根盆地群位于阿拉善盟巴丹吉林沙漠区，受沙漠条件的限制，工作程度极低。据盆地周边出露的下白垩统巴音戈壁组分析，局部夹有煤线，特别是在北山地区甜水井一带发现下白垩统有可采煤层，这给银根盆地群的找煤带来一线希望。不过从二连-海拉尔-银根盆地群整体分析，盆地的活动性由东向西增强，聚煤作用由东向西减弱，由此可以推断在银根盆地群出现像霍林河、胜利、白音华这样含煤极为丰富的断陷盆地的可能性不大。

绍根地区早白垩世主要发育湖泊、(扇)三角洲。三角洲主要发育在东北部断层的西北部和西南部边缘。扇三角洲主要发育在断层附近。滨浅湖主要发育在断层的上升盘，半深湖区主要发育在断层的下降盘地区(图 4-4-4)。

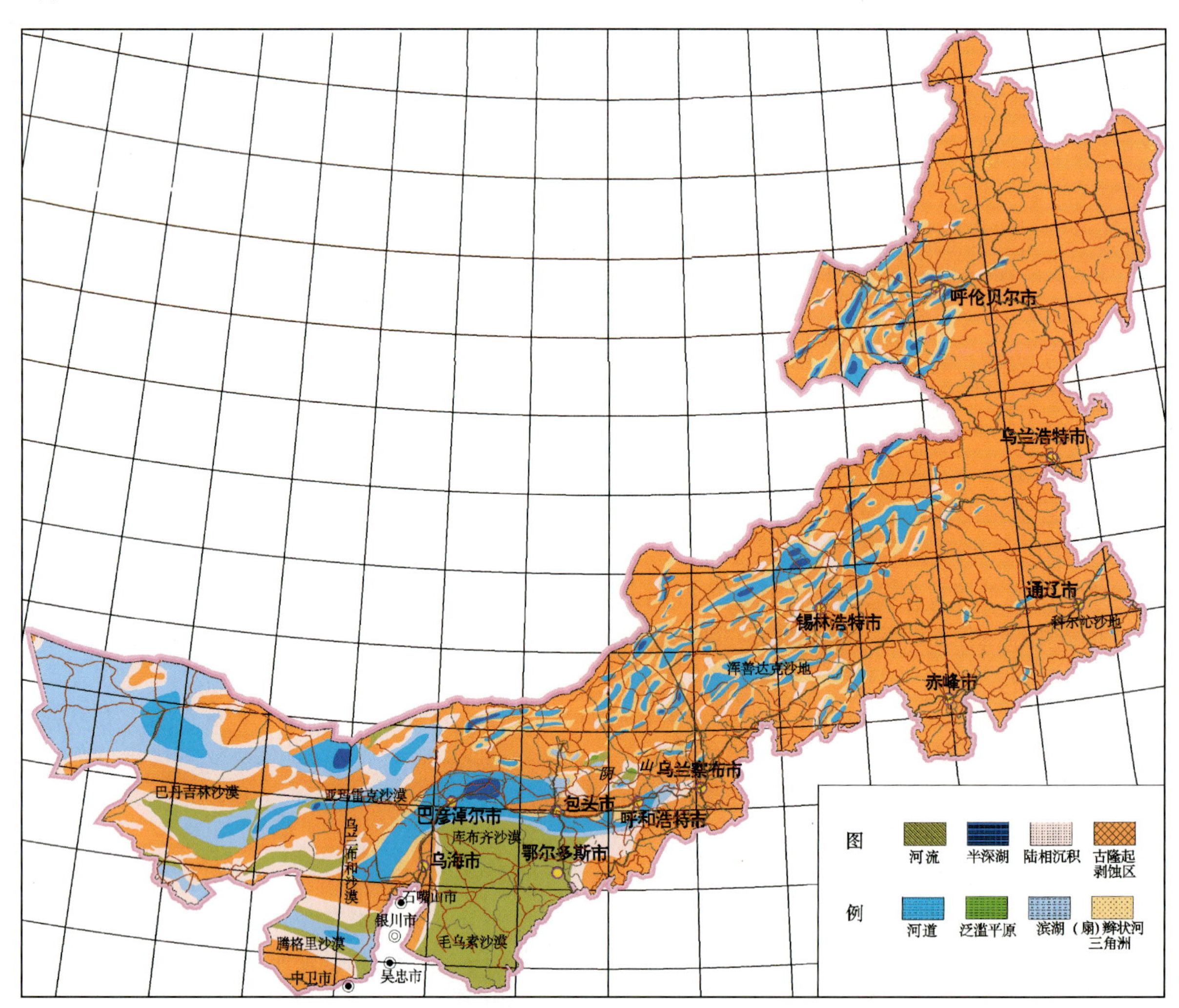

图 4-4-4　内蒙古自治区早白垩世岩相古地理图

五、新生代渐新世岩相古地理

由于资料条件的限制，本次只对集宁煤田渐新世呼尔井组的古地理格局进行分析。该沉积期主要发育扇三角洲和滨浅湖沉积。本研究共发现 6 个扇三角洲，在西部的四股泉地区发育一个来自西北方向的扇三角洲、在煤窑地区发育一个来自西南方向的扇三角洲、在东部王贵沟地区发育一个来自东南方向的扇三角洲、西南部在玉林河流域发育一个扇三角洲、在玉泉岭东南部发育一个扇三角洲、在南部黄旗海镇地区发育一个扇三角洲。此外，广大的研究区范围内发育滨浅湖沉积，湖水主要从东部向西部扩展。

第五节　控煤因素分析

一、晚石炭—早二叠世含煤盆地控煤因素

（一）古植物古气候因素

晚石炭世本溪组以 *Lepidodendron subrhombicum*（扁菱鳞木）植物群为主，该植物化石常见于盆地北部本溪组的泥岩地层中，在海岸平原沼泽相中十分发育。

晚石炭世晚期—早二叠世早期太原组植物化石组合中含有晚石炭世晚期—早二叠世早期华夏植物群中最特征的分子 *Lepidodendron szeianum*（斯氏鳞木）。该植物是典型的东方型鳞木，为高大乔木，多生长在温暖潮湿的沼泽环境中，指示湿热的气候条件，是本区最重要的成煤植物之一。晚石炭世的植物群落是以石松纲鳞木类植物为主，其次为真蕨纲和种子蕨纲植物等，以沼泽森林的形式出现。

早二叠世晚期，生物组合为典型华夏植物群 *Emplectopteris*-*Taeniopteris*-*Cathaysiopteris*-*Lobatannularia* 组合。本组合中的代表分子 *Taeniopteris mucronata*（舌尖带羊齿）、*Annularia orientalis*（东方轮叶）广泛分布于我国北方早二叠世地层中。这个时期植物群落以真蕨纲和种子蕨纲植物为主体，高大乔木鳞木类植物开始衰减，楔叶纲植物明显增加。常见于三角洲前缘分流间湾和三角洲平原沼泽环境中。

研究区晚石炭世晚期—早二叠世早期处于气候炎热潮湿、生物繁盛、化学风化作用强烈的热带—亚热带环境；早二叠世中期处于有利于产生强烈化学风化的中、低纬度多雨温湿气候带，该时期的温暖湿润的古气候和丰富的植物群为成煤作用提供了前提条件。

（二）古构造因素

古构造的控制作用主要表现在两个方面：一是大地构造背景，它控制了陆源区和沉积区、海陆分布及海岸线位置等；二是盆地内次级隆起和坳陷控制富煤区的展布。

（1）大地构造背景的控制作用。盆地北缘由于中亚-蒙古古海槽的封闭，发生了阴山构造带的隆升。盆地基底构造长期控制着中部东经 107°～109°之间的古陆梁。区域构造控制着海岸线的位置，从而控制了体系域内的沉积格局，引起煤层由东向西、由北向南的迁移。

晚石炭世至早二叠世沉积盆地已由裂陷型转化为宽广坳陷型，沉积作用明显减弱，沉积体系的充填和迁移建造了稳定而又开阔的浅水平台，因而有利于泥炭沉积的持续发育。山西组沉积期，盆地的北缘抬升和广泛的海退事件，使聚煤中心发生了由北向南的迁移，已由内蒙古自治区退至山西省境内。

（2）次级隆起和坳陷的控制作用。太原组的沉积厚度、沉积特征的区域性差异反映鄂尔多斯盆地内存在次级的相对隆起和坳陷。晚石炭世及早二叠世继承了早期同沉积隆起和坳陷，虽然其活动性的差异明显减弱，但对聚煤作用及沉积体系的分带起着明显的控制作用。

层序Ⅱ（太原组为主）沉积期，鄂尔多斯盆地富煤带的展布与盆内的同沉积构造关系十分密切，近南北向的一系列坳陷与隆起控制了富煤单元的延展方向（图 4-5-1）。在本区的东部，富煤带主要分布于“向斜”（坳陷）的核部，本区中西部富煤带主要发育在“背斜”（隆起）的两翼，从沉积地貌上看，坳陷盆地的同沉积背向斜与沉积地貌呈“正相关”关系，负向构造控制了负地貌，正向构造控制了正地貌。盆地沉降幅度与地层厚度呈正相关。同沉积向斜的缓慢沉降为泥炭沼泽提供了有利的聚积空间，为沼泽的长期覆水提供了有利条件，而在背斜的轴部，煤层显著变薄。

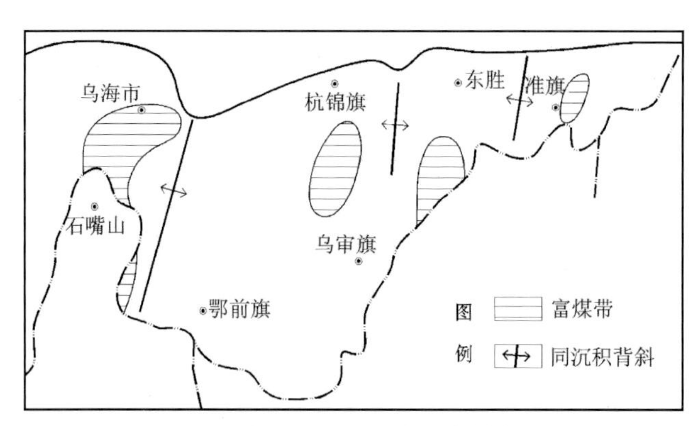

图 4-5-1 鄂尔多斯地区层序Ⅱ富煤带分布图

(三)古地理因素

鄂尔多斯晚古生代聚煤区位于华北地块西部，太原组—山西组地层为连续沉积，发育稳定，古地理对煤层区域性变化控制作用表现在两个方向上的变化，具有明显的规律性。

一是海岸线迁移因素，本期聚煤作用主要是在海侵初期及海退末期的洪水平原、三角洲平原及潮坪地带上发育形成的，随着海侵的到来，潮坪地带首先被淹没，因而煤层通常比较薄，在海岸线前进方向及附近煤层最厚，向大陆方向亦逐渐变薄。层序Ⅱ沉积期的海侵曾波及本区，造成了煤层的变薄、分叉，在各期海侵最终岸线的附近，煤层具有最大厚度，向陆和向海方向都变薄。黑岱沟一带正是处于海岸线域附近，故形成厚度大、变化小的富煤带。

二是河道砂体分布因素，煤层在东西向的变化受活动河道和分流河道的控制，煤层发育在河道和分流河道两侧的泛滥盆地中，煤层朝河道方向变薄、分叉。随着碎屑体系的废弃，聚煤作用向废弃河道扩展，但河道砂与周围的细碎屑沉积物的差异压实作用导致厚砂岩体处煤层变薄，也就是说南北向延伸的砂体厚度与煤层厚度呈明显的负相关关系。

准格尔煤田层序Ⅰ沉积期主要发育河流、三角洲和潮坪沉积环境，富煤带主要发育在三角洲平原沼泽环境；层序Ⅱ及层序Ⅲ沉积期，主要发育河流、三角洲沉积环境，富煤带主要发育在河流泛滥平原沼泽和三角洲平原沼泽环境。

桌子山煤田，层序Ⅰ沉积环境与准格尔煤田相似，富煤带主要发育在三角洲平原沼泽和潮坪环境；在层序Ⅱ至层序Ⅲ早期，西部的沉积演化与东部和中部存在着一定的区别，每个时期的聚煤强度也有差异。在层序Ⅱ沉积期间，西部处于障壁海岸环境，富煤带主要分布于潮坪沉积物之上，而覆水较深的潟湖环境煤层发育较差。层序Ⅲ沉积期，西部演化为河流-三角洲环境，沉积了厚度较大的主采煤层，煤层厚度的变化主要受亚环境和微环境的控制。在河道和分流河道两侧的泛滥盆地以及三角洲前缘间湾的沼泽，煤层合并加厚。

二、早—中侏罗世含煤岩系控煤因素

内蒙古自治区侏罗纪的聚煤作用主要发生在鄂尔多斯盆地、阴山地区、阴山以北的锡林郭勒盟地区以及阿拉善盟的潮水盆地等地。下面以鄂尔多斯盆地的控煤因素为例进行探讨。

(一)古气候与古植物因素

本区延安组中保存有丰富的蕨类植物和裸子植物的叶、茎、根部化石及孢子花粉化石。动物化石有双壳类、叶肢介类、介形虫类，还有比较丰富的遗迹化石。

研究区延安组植物化石种类较多，常见的蕨类植物有膜蕨型锥叶蕨、枝脉蕨、新芦木。裸子植物有焦羽叶、银杏类、拟刺葵、拜拉、松柏类、苏铁杉，为比较典型的 *Cniopteries-phoenicopsis*（锥叶蕨属-拟刺葵属)植物群组合,它们多是高大的乔木,说明成煤植物以木本植物为主。孢子花粉主要有蕨类植物小桫椤孢、近圆石松孢、叉瘤孢、孔眼紫萁孢、三角孢、波形旋脊孢,裸子植物苏铁粉、克拉梭粉、罗汉松粉、云杉粉等。从上述孢粉组合来看,古植物也以高大的乔木为主,反映了温暖、潮湿的气候。

(二)古构造因素

研究区内侏罗纪大地构造背景总体表现为相对稳定的不均衡沉降。早侏罗世,研究区大面积仍处于隆起状态,正地形提供物源,仅在极局限的负地形沉积了富县组河流-三角洲碎屑岩。随着盆地整体沉降,延安期最早的河流沉积迅速在全区范围内稳定发育。盆地继续沉降,出现了湖泊三角洲沉积,湖泊三角洲向北逐渐退积。至延安期末,湖退导致河流粗碎屑沉积再次遍布全区。延安期这种沉积变化反映了构造运动降中有升的变化特点。

侏罗纪盆地处于整体的沉降状态,煤田内东胜—伊金霍洛旗一带是各成因单元沉积的相对厚带,也是延安组沉积的相对厚带。如果将全部的碎屑沉积及煤层总体厚度与构造沉降联系在一起,那么沉积厚度较大的地段是相对坳陷带(相对沉降速率较大),沉积厚度较小的地段则是相对的隆起带(相对沉降速率较小)。各成因单元及延安组的富煤带分布图与各成因单元及延安组的沉积厚度等值线图配置分析将最直接地反映出煤层厚度(或累计厚度)与地层厚度的正相关关系,即相对的坳陷带是聚煤的最有利地段。

(三)古地理因素

延安组主要以河流沉积体系为主,在西北部盆地边缘可见冲积扇沉积,冲积扇之后发育辫状河沉积,再往东南部,过渡为曲流河沉积,到了研究区的南部发育部分三角洲沉积,研究区未发育盆地广湖沉积,仅在河流泛滥平原上发育一些小的泛滥湖或者三角洲平原分流间湾发育一些间湾湖。

冲积扇体系整体上不利于聚煤作用的发生,仅在冲积扇扇端及其与河流相的过渡处,可以发生一定程度的成煤作用。河流体系具有较好的成煤能力,煤层一般发育在河道以外的泛滥平原沼泽环境。泛滥平原面积广阔,大部分地区都可能沼泽化而发生一定的成煤作用,但是并非每个地方都可以成为富煤带。成煤作用的发生,首先要有成煤物质的生长,其次是成煤物质死亡后的堆积场所,最后是成煤物质堆积后的掩埋,使其能保存下来,泛滥平原的沼泽、湖泊周缘满足这些条件。具备发生成煤作用的条件以后,聚煤作用的强度主要取决于成煤作用持续的长短、发育的期次多少等。当成煤环境中沉积物供给与构造沉降达到平衡,而且长时期维持这种平衡的时候,才能大强度成煤,进而发育为富煤带。在相对隆起地区的相对坳陷区或相对坳陷区的次级隆起区,往往有利于持续沉积物供给与构造沉降这种平衡,而发生大强度的聚煤作用。三角洲体系是最有利于成煤的环境,尤其是三角洲平原和前缘近岸地区最利于聚煤作用发生,该地区距水体较近,较为湿润,利于沼泽、成煤植物的发育、堆积和保存。

三、早白垩世含煤盆地控煤因素及成煤模式

(一)古植物与古气候因素

二连盆地群古植物群落和古气候对含煤盆地的聚煤作用影响比较显著,含煤岩系中的古植物群落在纵、横两个方向的变化和不同时期古气候的变化具有明显的规律性。从侏罗纪到白垩纪,以相对干旱为代表的环沟粉和以湿润为代表的孢子植物相互交替,反映了干旱气候和湿润气候的周期性变化。苏联著名古植物学家瓦赫塔梅也夫曾把环沟粉作为侏罗纪和白垩纪气候的指示植物,并用环沟粉的含量曲线,结合岩石特征,对气候做了划分。他认为环沟粉含量1%～10%为温和气候,含量10%～15%为温暖亚热带气候,含量60%～90%为干旱气候。

孢粉在二连盆地群煤系地层中含量比较丰富,总的面貌特征以裸子类为主,蕨类次之,被子类很少。这些孢粉在区域范围和垂向上分布有一定规律,按照类型及分布特征,可以分为两大组合。第一组合:

分布于下白垩统中—下部的大磨拐河组，为拟层环孢-光面海金砂孢-窄角凹环孢组合（*Densoisporites-Lygodiumsporites-Murospora*），总体以裸子植物双囊花粉占优势，孢子种类相对比较单调。第二组合：分布于下白垩统上部的伊敏组，为刺毛孢-放射库里孢-孤独三孔孢-角多穴不等孢组合（*Pilosisporites-Kuylisporites radiatifermis-Tmpardecispora cavernosus*），其总体面貌特征以松柏纲拟云杉属继续占优势，是丰富的孢子出现阶段，种类繁多。

从区域上看，各种孢粉的相对含量也有横向上的变化规律，总体来说代表干旱环境的环沟粉由西向东逐渐减少，而代表湿润环境的孢子由西向东增加。但是在聚煤期间，西部的盆地中出现了高含量的里白孢，是不流动沼泽植物的代表，说明干旱已明显解除。它与东部的同时期一样，具有多样的喜湿海金砂科和苔藓类孢子，并达到了繁盛阶段，对成煤有利。

孢粉组合在垂向及横向上的变化规律，可以大体反映古气候的变化和迁移规律。在早白垩世的大磨拐河组沉积期，东部温湿而西部干旱，随着时间的推移，温湿气候逐渐扩展全区。聚煤作用也是先由东部开始，随着古气候的变化逐渐向西扩展，这从另一个侧面反映了二连盆地群东部的聚煤作用强度比西部大，而且常出现下含煤段这一变化规律。推测海拉尔盆地应该具有与二连盆地东北部相似的古生物和古气候特征。

（二）古构造因素

1. 基底构造对聚煤作用的控制

二连-海拉尔盆地群及控制盆地展布的北北东—北东东向构造带，是在本区比较古老的北东、东西向构造带的基础上发展起来的，主要形成于燕山运动的中晚期。晚侏罗世末期，盆地内逐渐沉积了以陆相碎屑岩为主的煤系地层。

由于盆地是在北东向构造及火山喷发作用下形成的，同时受古老构造带的影响和制约，因此盆地展布呈北北东—北东东向，并且在不同范围内，构成了一些与基础构造相似或相同的盆地组合，出现了分布的分带性。盆地的基底岩层，在大兴安岭西侧一带，多为晚侏罗世火山岩，距离较远的盆地，则多为石炭系—二叠系或其他古老变质岩系。

控制盆地展布的北东向和东西向的古老构造格架是比较清楚的，而隆起和坳陷所显示的轮廓和范围也非常明显，盆地除部分处于隆起带中外，绝大多数是处于现今坳陷的范围，因此，盆地的基底构造，在区域上必然受到大的古老构造格架和活动性较强断裂构造带的分隔与控制。

从二连-海拉尔盆地群整体来看，白垩纪的陆盆构造主要沿袭老断裂带的网格，在新的应力场条件下发育而成。在空间分布上往往追踪或迁就北东、北东东断裂，呈雁列状，伴以北西、北西西向断裂，前者被后者截切或封闭，共同围限和发育了一系列地堑、半地堑式的断陷盆地。组成盆地构造的断裂方位与已往无多大变化，而力学性质则与原来不同，往往表现为多期活动，具有明显的张性或张扭性。

从单个盆地来看，盆地的形态大多呈长条状，长宽比一般为5∶1至5∶2，但也有其他不规则、长宽近相等的盆地，如乌尼特、额仁淖尔盆地等。盆地大小不一，面积大者可达4000km^2左右，面积小者仅200～300km^2，一般400～800km^2，其规模和形态主要与基底构造和同沉积构造有关。

单个断陷盆地所处的构造位置，往往对盆地的沉积与演化起着相当重要的控制作用，位于隆起带上的断陷盆地，裂陷时由于受古隆起的影响，在时间上稍晚于坳陷内部的断陷盆地，裂陷深度也逊于它们，故这些盆地沉积地层往往在纵向上发育不全或者厚度相对较薄。大磨拐河组二段沉积期间，也就是湖盆的最大水进时期，坳陷内部的断陷盆地均被深水覆盖，甚至存在着短期的连通，而位于隆起和坳陷边缘的断陷盆地覆水相对较浅，并迅速被碎屑物质淤平，开始了腾格尔期的聚煤作用，有些还聚积了巨厚的煤层，如霍林河盆地、白音华盆地等。这就是人们常指的白彦花群下含煤段。在二连盆地的主要聚煤期——赛汉塔拉组沉积期间，盆地所处的构造位置对沉积演化也起着类似的控制作用，隆起带或坳陷边缘的盆地拥有广阔的物源区，湖盆充填淤浅较快，聚煤作用时间较长，且古植物供给充足，故形成的煤层较厚，而位于坳陷内部的断陷盆地，物源区相对狭窄，湖盆充填淤浅较慢，且古植物供给相对较少，形成的煤层相对较薄，这可能是富煤盆地常常位于隆起带和坳陷边缘的主要原因。

在阴山北坡的正蓝旗、正镶白旗、镶黄旗一线有一系列排列很有特点的盆地，盆地的长轴方向均为北东向—北北东向，而且越向东越表现出向北偏转，这些盆地形成于早—中侏罗世，尔后在早白垩世拉张应力下发育形成继承性盆地。由于早—中侏罗世聚煤范围广泛，盆地可能沉积早—中侏罗世的含煤岩系，并被晚侏罗世火山岩、白垩系白彦花群深埋，而在早白垩世时，受阴山隆起带的影响，裂陷不深，充填强烈，在主要聚煤期碎屑已基本填满，除正蓝旗黑城子盆地以外，其他盆地均未发现厚煤层沉积。

2. 同沉积构造对聚煤作用的控制

1）同沉积褶皱

本区聚煤盆地中的同沉积褶皱一般不太发育，其中在中西部地区的一些盆地煤系沉积过程中，还比较明显，如乌尼特、白音华、吉林郭勒、赛汉塔拉等。在东部地区盆地的煤系沉积中，则比较少见。这些同沉积褶皱，以纵向为主，也有横向的。在沉积断面图上，同沉积褶皱一般只显示出雏形，起伏十分平缓，具有对称性或基本上对称的特点，也有成箕状或微波状伸展，显示了两侧压应力的均一和不均一性（其中可能也有差异压实的影响）。在平面上，同沉积褶皱则表现为短轴的性质，伸展不大而规模较小，伸展方向常常与盆地展布总体方向一致，或略有斜交，或微有扭曲，反映其在沉积和形成过程中，带有扭动的特征。这些同沉积褶皱，有的具有长期发育的特征，并具有继承性，它们在聚煤期后的构造变动中，有的进一步强化，形成角度较大或褶皱强度较大的背、向斜，而煤系遭受剥蚀，这些在中、西部盆地的煤系中有明显显示；有的则只在成煤期的一般时间中发育，之后则为上覆地层所掩盖或发生迁移或逐渐消失。这些同沉积褶皱对煤系上部的沉积有一定的控制作用，对两翼的沉积相、厚度及含煤性变化也有一定影响，一些巨厚或厚度较大煤层的形成，常常与同沉积背、向斜有关。

2）同沉积断裂

同沉积断裂是沉积岩系在沉积过程中活动的基底断裂或同生断裂。这种断裂对于两侧的沉积物及其厚度变化有明显控制作用，有的则构成沉积标志和含煤性变化的天然边界。从编制的盆地分析图上看，本区所见的同沉积断裂，主要为盆缘断裂，此外，在一些盆地的煤系地层中，也发现有一些不同规模的同沉积断裂。

3. 不同类型盆地的成煤模式

在二连-海拉尔盆地群内不同构造类型的盆地中，有 4 种类型的盆地聚煤作用较为典型，即单断式、双断式、坳陷式和断陷-坳陷式，下面逐一分析它们的聚煤特征。

1）单断式盆地的聚煤特征

单断式盆地是二连-海拉尔盆地群中一种重要的含煤盆地类型，它的构造格架是：一侧由主干盆缘断裂控制，另一侧为侵蚀边界，盆地内部往往有数条与主干断裂倾向一致的基底断裂发育，构成了盆地内部多个掀斜断块。

二连盆地群中以霍林河盆地为代表（图 4-5-2），该类型的盆地从中心到边缘沉积的相具有明显的分带：边缘一般为冲积扇—湖沼相。由于断陷作用，沉积基盘高差较大时常接受河道和泥石流沉积，形成滨湖扇，所以岩性一般为粗大、分选性不好的砾石和角砾。盆地内主体部位一般为湖沼相，以深色泥页岩为主。盆地的含煤性好，煤层厚度大，可从几十米至上百米，甚至可达 200 余米。

2）双断式盆地的聚煤特征

双断式盆地两侧通常发育控盆断裂，由于基底断裂网络的存在和后期构造运动的影响，断裂不断向盆地两侧呈台阶状扩展发育，导致盆地范围逐渐扩大，盆缘地层变薄，盆地中部沉降幅度增大，形成了一个近于对称的宽缓向斜盆地。此类盆地发育的沉积体系包括冲积扇-扇三角洲体系、湖泊体系及河流-三角洲体系。主要聚煤环境以扇前、扇间浅水湖盆或浅水湖泊大面积淤浅沼泽化环境为主。伊敏和扎赉诺尔盆地发育的早白垩世伊敏组上含煤段形成于大型浅水湖泊被淤浅的沼泽化环境，煤层稳定性好，厚度大，储量丰富，富煤带分布于盆地的中部，向两侧分叉、变薄、尖灭。当两侧的盆缘断裂存在差异性

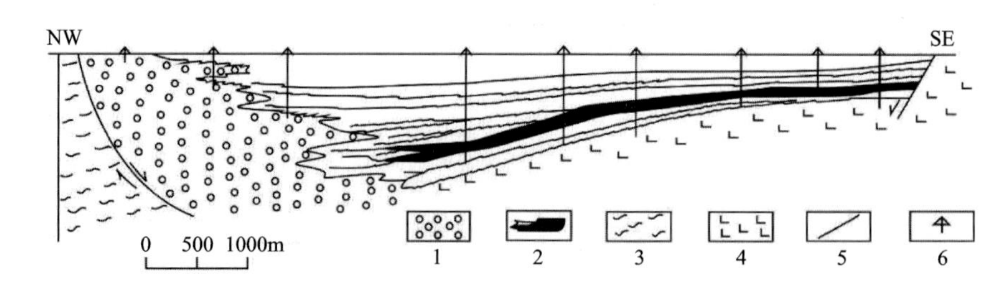

图 4-5-2　单断式盆地的聚煤特征剖面模式图(以霍林河盆地为例)

1.霍林河群(组)扇砾岩;2.霍林河群(组)湖沼相;3.变质岩;4.兴安岭群火山岩;5.盆缘断裂;6.钻孔

活动时,其聚煤中心更靠近主干断裂一侧。这类盆地的聚煤中心展布主要受两侧台阶状盆缘断裂活动的控制,随着盆地范围的扩展,早期形成的盆缘断裂到后期已成为盆地新的"基底断裂",这些"基底断裂"常具有同沉积断裂的性质,它们的活动控制了盆地内部巨厚煤层或富煤带的分布位置和展布方向(图 4-5-3)。在盆地内部,煤层或地层厚度突然发生变化的地方,可能预示着存在基底同沉积断裂活动,如阜新、霍林河、红花尔基和伊敏等聚煤盆地内部都存在这种现象。

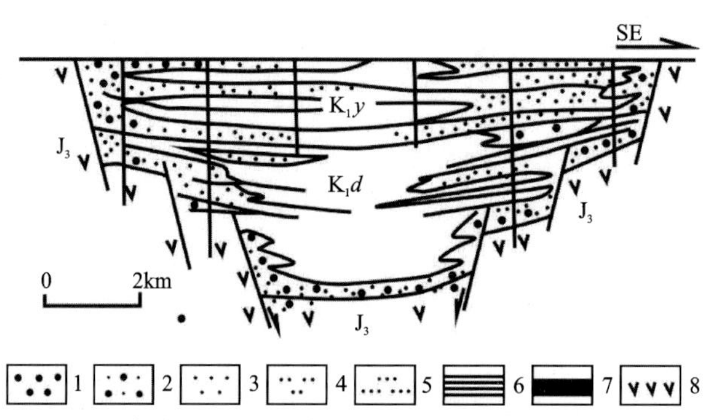

图 4-5-3　双断式盆地的聚煤特征剖面模式图(以伊敏盆地为例)

1.砾岩;2.含砾砂岩;3.粗砂岩;4.中砂岩;5.细砂岩;6.泥质粉砂岩;7.煤;8.火山岩

3)坳陷式盆地的聚煤特征

坳陷式盆地聚煤作用发生在晚期超覆沉积阶段,聚煤面积与早期相比明显扩大,在相邻盆地间的隆起区亦有煤层发育。由于聚煤期处于构造稳定阶段,煤层厚度比较稳定,但聚煤中心经常发生迁移,盆地的聚煤量远少于前述盆地。该类型盆地的相变一般为初期小规模的盆地,而后再发展到大型的湖盆,常出现沼泽成煤环境。岩性上表现为泥质砂岩、粉砂岩,然后会出现煤层与泥岩的交替,之上又可以覆盖泥岩、页岩、粉砂岩。煤层厚度较小,一般为几米至几十米,在垂向上,含煤段中通常只有 1~2 个煤组,但煤层分布广泛,如西白彦花煤盆地,其煤层分布面积占整个盆地面积的 80%,富煤带通常位于盆地中部,沿盆地走向展布,富煤中心常与盆地坳陷部位相吻合(图 4-5-4)。

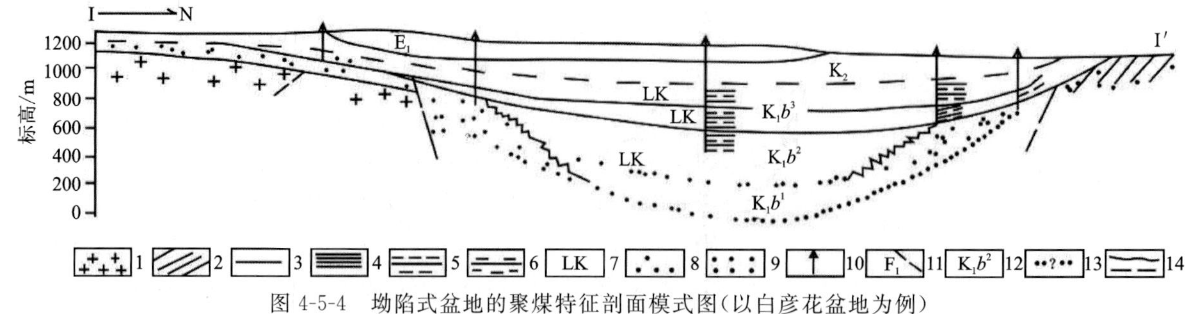

图 4-5-4　坳陷式盆地的聚煤特征剖面模式图(以白彦花盆地为例)

1.花岗岩;2.变质砂岩;3.白彦花组煤层;4.白彦花组页岩;5.白彦花组泥岩;6.白彦花组粉砂质页岩;7.以湖泊沉积为主;8.白彦花组砂岩;9.白彦花组含砾砂岩;10.钻孔;11.盆缘断裂;12.白彦花组各岩性段代号:K_1b^1 为底部砂砾岩段、K_1b^2 为砂泥岩段、K_1b^3 为含煤段;13.推测界限;14.不整合

4)断陷-坳陷式盆地的聚煤特征

这类盆地发育的早期(早白垩世大磨拐河组)具地堑型盆地特征,盆地的范围较狭窄,盆缘断裂活动性强,沉降速度大,以冲积扇-扇三角洲体系及深水湖泊体系为主,通常不含煤。到了晚期(早白垩世伊敏组)具坳陷型盆地特征,地层向两侧超覆,盆地范围迅速扩大,发育河流-三角洲体系及浅水湖泊体系,并伴随有大面积浅水湖泊沼泽化聚煤环境。聚煤作用早期发生在地层超覆的早期阶段,在原盆缘两侧断裂的上方地段均有聚煤作用发生,煤层发育的特点是层数少,厚度稳定,并向湖岸和湖心变薄直至尖灭。盆地发育的中晚期沉积继续向两侧超覆,盆地范围进一步扩大,远远超过早期地堑型亚盆地的范围,在盆地中部发生大面积浅水湖泊沼泽化聚煤作用。煤层发育的特点是煤层层数多、面积大、厚度稳定。当构造稳定时,聚煤中心位于盆缘与湖心之间中部地段(图 4-5-5)。

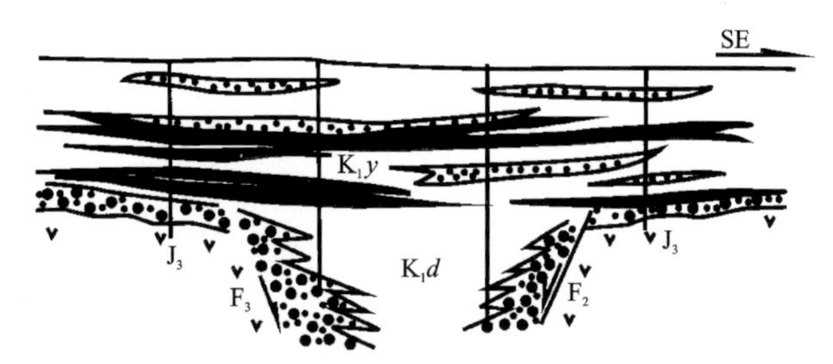

图 4-5-5　地堑-坳陷式盆地的聚煤特征剖面模式图(以呼山盆地为例)

(三)古地理因素

通过二连-海拉尔盆地群早白垩世几个不同类型的断陷盆地分析研究发现,煤层的分布范围与成煤前的古环境密切相关,煤层的展布方向一般平行于沉积相带,浅湖、扇三角洲、三角洲等沉积物之上均有煤层发育,而冲积扇、辫状河平原等沉积物之上难以发现可采煤层赋存。富煤带的展布范围,一般均叠加在古浅湖的分布范围之上。

研究发现:①位于隆起带和坳陷边缘的断陷盆地含煤性较好,位于坳陷中心部位的断陷盆地含煤性较差,阴山地区的断陷盆地充填强烈,含煤性差;②以苏尼特隆起为界,位于东带的坳陷构造稳定性好,利于聚煤,位于西带的断陷盆地活动性强,不利于聚煤;③温湿气候由东向西扩展,聚煤作用由东向西推进,东部聚煤作用时间长,并有下含煤段沉积,而西部聚煤作用发生的时间较晚,无下含煤段沉积;④地堑式的含煤盆地一般优于半地堑式,主要因为半地堑缓坡带常有短直辫状河发育,强水动力条件不利于泥炭沼泽发育;⑤每个盆地的煤层分布范围与沉积相带平行,富煤带与浅湖环境的范围基本一致,可能为微异地成煤。

分析发现,研究区最重要的成煤环境为滨浅湖、河流、(扇)辫状河三角洲环境。几种典型的成煤环境沉积相平面展布特征及相应的聚煤模式如下。

1.深水半地堑盆地聚煤模式

这种模式主要出现在盆地演化中期水体较深的盆地,如二连盆地北部凹陷带、海拉尔盆地巴彦呼舒、贝尔湖凹陷等。这种凹陷沉积断面上表现为"一断一超",盆缘的高角度大断层控制盆地沉积,这种凹陷湖域范围广、水体较深。在盆地陡坡带,广泛发育大规模扇三角洲,向凹陷内延伸较远,以碎屑沉积为主,也发育较窄的潮坪带,可以发生一定的聚煤作用,但聚煤作用较弱;缓坡带可以发育辫状河三角洲、小的扇三角洲和三角洲等沉积,地势平缓,可以发育宽广的滨湖带,在滨岸平原上可以发育沼泽环境,利于聚煤作用的广泛发生。由于水体较深,缓坡带和陡坡带的煤层向凹陷内部延伸不远,煤层不能发生对接或连为一体,因此表现为明显的两个聚煤带:缓坡聚煤带和陡坡聚煤带,缓坡聚煤带占绝对优势(图 4-5-6)。

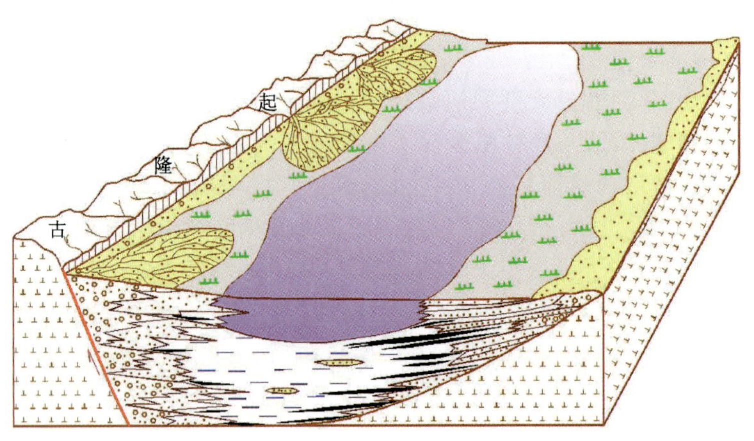

图 4-5-6　二连-海拉尔盆地群早白垩世深水半地堑盆地聚煤模式图

2. 浅水半地堑盆地聚煤模式

这种模式主要出现在盆地演化早中期二连盆地南部凹陷带、海拉尔盆地东部、北部众多盆地，以及二连-海拉尔盆地群晚期水体变浅阶段的断陷盆地。这种凹陷湖泊范围较小、水体较浅，在潟湖周缘发育潮坪带，缓坡处宽、陡坡处窄，聚煤作用从缓坡开始向凹陷内部延伸，由于水体较浅，煤层可以与陡坡的扇三角洲砂体或煤层几乎对接，使得潟湖缓—陡坡两侧的煤层相接。该种凹陷发育的煤层可以延伸到扇三角洲砂体以外的整个凹陷(图 4-5-7)。

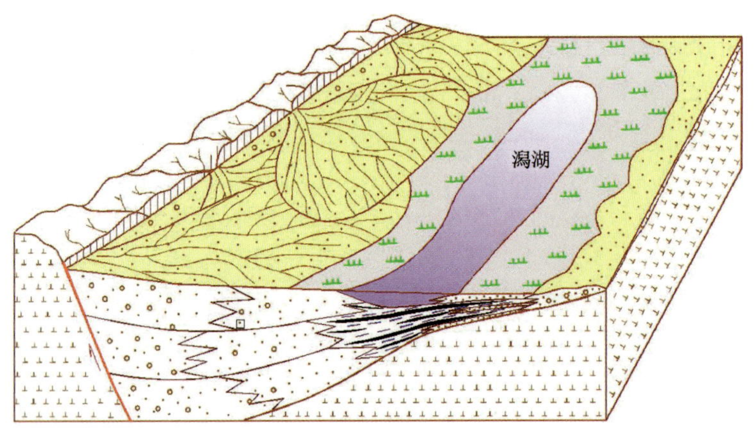

图 4-5-7　二连-海拉尔盆地群早白垩世浅水半地堑盆地聚煤模式图

3. 冲积扇扇前(间)、辫状河(三角洲)聚煤模式

该模式常出现于断陷盆地演化早中期盆地长轴方向的两端或盆地演化晚期(伊敏期广泛出现)，由于区域总的地形坡度趋势和水系发育的格局，通常在盆地的端部发育较长的洪泛平原。该模式河道从纵端部进入，蜿蜒于扇前或扇间地区，最后在盆地宽阔处进入湖泊。此种类型在垂向序列显示了曲流河的特征，如具迁移多阶的河道、垂向加积部分发育等，靠近边缘则有越来越多的扇沉积物的夹层，一般认为是远端相。河道两侧的平原上可以沼泽化并发育煤层，但煤薄而不稳定。较厚和较稳定的煤层形成于河道废弃之后，这时扇间地区可以大面积沼泽化形成较厚煤层，成为主要的富煤带(图 4-5-8)。

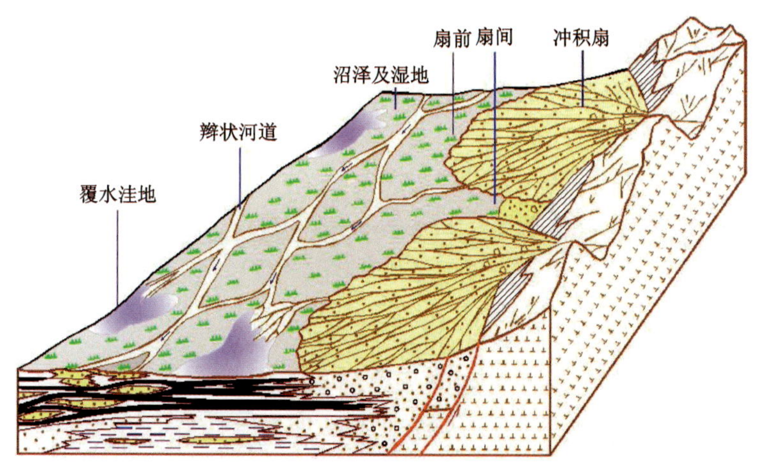

图 4-5-8　二连-海拉尔盆地群早白垩世冲积扇扇前(间)、辫状河(三角洲)聚煤模式图

第五章　煤盆地构造演化和煤田构造

第一节　煤田构造基本特征

一、赋煤构造单元划分

根据不同的地质背景、成因特点、成煤时代、构造特征、含煤盆地的地理分布以及地质工作程度等煤炭资源分布条件，结合全国第三次煤田预测成果，内蒙古自治区可划分为三大赋煤区、11个主要赋煤构造带和七大重点区及115个矿区(煤产地、远景区)(图5-1-1，表5-1-1)。

图5-1-1　内蒙古自治区赋煤构造单元划分略图

赋煤单元划分的依据是褶皱、断裂等控煤构造特征,以及由此导致煤系赋存状况的差异。通常,煤田构造格局和煤系分布具有分区、分带展布的特点,这种分区分带性在很大程度上受区域构造格局和大地构造单元的控制。因此从区域煤田构造格局入手,以内蒙古自治区大地构造分区方案为基础,突出煤系赋存的区域构造控制条件,并参考区域地球物理场及岩石圈结构特征,区内的赋煤构造单元划分见表 5-1-2,图 5-1-1。

表 5-1-1　内蒙古自治区赋煤单元划分表

<table>
<tr><th>赋煤区</th><th>赋煤带</th><th>煤田</th><th>次级煤田(矿区、煤产地、远景区)</th></tr>
<tr><td rowspan="18">东
北</td><td rowspan="7">ⅠA
海拉尔赋煤带</td><td></td><td>拉布达林矿区、得尔布煤产地、特兰图矿区、胡列也吐矿区</td></tr>
<tr><td>扎赉诺尔煤田</td><td>扎赉诺尔矿区</td></tr>
<tr><td></td><td>开放山煤产地、三角地煤产地、西胡里吐煤产地、鹤门煤产地</td></tr>
<tr><td>巴彦山煤田</td><td>红旗牧场远景区、莫达木吉远景区、乌尔逊矿区、宝日希勒矿区、南屯-马达木吉矿区</td></tr>
<tr><td></td><td>五九矿区、莫拐矿区、大雁矿区、免渡河煤产地</td></tr>
<tr><td>呼和诺尔煤田</td><td>伊敏矿区、红花尔基矿区、呼和诺尔矿区</td></tr>
<tr><td></td><td>郝尔洪得远景区、乌固纳尔远景区</td></tr>
<tr><td>ⅠB
大兴安岭中部赋煤带</td><td></td><td>大杨树煤产地、牤牛海煤产地、黄花山煤产地、联合屯煤产地、温都花煤产地、塔布花煤产地、宝日勿苏远景区、福山远景区</td></tr>
<tr><td>ⅠC
松辽盆地西部</td><td></td><td>公营子煤产地、宝龙山煤产地、双辽矿区、榆树林子煤产地、绍根矿区、沙力好来矿区</td></tr>
<tr><td rowspan="4">ⅠD
大兴安岭南部赋煤带</td><td></td><td>广兴源煤产地、亿合公煤产地、当铺地煤产地</td></tr>
<tr><td></td><td>永丰煤产地</td></tr>
<tr><td>元宝山-平庄煤田</td><td>元宝山矿区、平庄矿区</td></tr>
<tr><td></td><td>四龙矿区</td></tr>
<tr><td rowspan="5">ⅠE
二连赋煤带</td><td></td><td>五七军马场矿区、贺斯格乌拉矿区、白音霍布尔矿区、宝力格矿区</td></tr>
<tr><td>乌尼特煤田</td><td>霍林河矿区、查干陶勒盖矿区、高力罕矿区、伊和达布斯矿区、道特淖尔矿区、巴其北矿区、白音华矿区、乌尼特矿区、五间房矿区、巴彦胡硕矿区、吉林郭勒矿区、乌套海矿区、锡林浩特矿区、胜利矿区、西乌珠穆沁旗矿区</td></tr>
<tr><td></td><td>巴彦宝力格矿区、巴彦温都尔矿区、红格尔矿区、查干诺尔矿区、阿其图矿区、赛罕高毕矿区、白音昆地煤产地、扎格斯台矿区、好鲁库煤产地、西大仓煤产地、黑城子煤产地、石匠山煤产地、赛汉塔拉矿区、沙尔花矿区、白彦花矿区、达来矿区、即日嘎郎煤产地</td></tr>
<tr><td>马尼特煤田</td><td>准哈诺尔矿区、额合宝力格矿区、马尼特庙矿区、那仁宝力格矿区、白音乌拉矿区</td></tr>
<tr><td></td><td>浑善达克远景区、额尔登苏格远景区、都仁乌力吉远景区、格日勒敖都远景区</td></tr>
</table>

续表 5-1-1

赋煤区	赋煤带	煤田	次级煤田(矿区、煤产地、远景区)
华北	ⅡA 阴山赋煤带		集宁矿区、苏勒图煤产地、流通壕煤产地
		大青山煤田	大青山矿区
			固阳煤产地、营盘湾矿区、昂根煤产地
			巴音胡都格矿区、供济堂煤产地、新民村煤产地
	ⅡB 鄂尔多斯盆地北缘赋煤带	准格尔煤田	乌兰格尔矿区、准格尔矿区、清水河矿区
		东胜煤田	东胜煤田国家规划矿区、东胜煤田深部矿区
	ⅡC 宁东南赋煤带		上海庙矿区
	ⅡD 桌子山-贺兰山赋煤带	贺兰山煤田	二道岭矿区、呼鲁斯太矿区、正目关远景区
		桌子山煤田	乌达矿区、桌子山矿区
西北	ⅢA 北山-潮水赋煤带		希热哈达煤产地、北山煤产地、潮水矿区
	ⅢB 香山赋煤带		喇嘛敖包矿区、黑山矿区

赋煤构造单元划分为四级:赋煤构造区、赋煤构造带、赋煤坳陷、赋煤凹陷(凸起),其中赋煤构造单元级别与赋煤单元级别的对应关系为:赋煤区、赋煤带、煤田、矿区(煤产地),对应的大地构造单元级别为:Ⅰ级构造单元、Ⅱ级构造单元、Ⅲ级构造单元、Ⅳ级构造单元。

内蒙古自治区跨越东北赋煤构造区、华北赋煤构造区和西北赋煤构造区,赋煤构造单元划分为 3 个一级赋煤单元、11 个二级赋煤构造单元、26 个三级赋煤构造单元。

表 5-1-2　内蒙古自治区赋煤构造单元划分表

赋煤构造区 一级	赋煤构造带 二级	赋煤坳陷/隆起/斜坡带/断陷/冲起/背斜/褶断带/断裂带 三级
东北赋煤构造区	海拉尔赋煤构造带	扎赉诺尔断陷(扎赉诺尔煤田)、嵯岗隆起、贝尔湖断陷、巴彦山隆起(伊敏矿区)、呼和湖断陷(大雁矿区)
	大兴安岭中部赋煤构造带	兴安中段隆起
	二连赋煤构造带	马尼特坳陷、乌兰察布坳陷、川井坳陷、苏尼特隆起(胜利煤田)、乌尼特坳陷(霍林河矿区、白彦花矿区)、腾格尔坳陷
	大兴安岭南部赋煤构造带	平庄斜坡带(平庄矿区)、元宝山断陷(元宝山矿区)
	松辽盆地西部赋煤构造带	开鲁坳陷(道德庙矿区)
华北赋煤构造区	阴山赋煤构造带	阴山隆起(大青山矿区)、河套坳陷(集宁矿区)
	鄂尔多斯盆地北部赋煤构造带	东胜斜坡带(东胜煤田)、准格尔斜坡带(准格尔煤田)、赛乌素坳陷、阿尔营斜坡带
	桌子山-贺兰山赋煤构造带	乌达冲起、桌子山背斜(桌子山矿区)、贺兰山西缘褶断带(贺兰山矿区)
	宁东南赋煤构造带	贺兰山东缘断裂带(上海庙矿区)
西北赋煤构造区	北山-潮水赋煤构造带	阿拉善右旗坳陷(潮水矿区)
	香山赋煤构造带	青山-牛首山深断裂(喇嘛敖包矿区)

二、赋煤构造单元特征

内蒙古自治区在现代板块格局中属欧亚板块，位于中国亚板块与蒙古亚板块的相交地带，构造背景比较复杂，而且以阿拉善右旗、乌拉特后旗、化德、赤峰大断裂和贺兰山及六盘山为界。内蒙古自治区跨越了东北、华北和西北3个一级赋煤构造单元，这3个赋煤构造区不但具有构造运动、岩浆活动、沉积作用，包括聚煤作用、变质作用以及成矿作用的显著性差异，而且还具有地质构造发展的多阶段性及其空间上的不平衡性。东北赋煤构造区的聚煤盆地类型主要为断陷型，受盆缘主干断裂控制呈北东—北北东向展布；华北赋煤构造区总体呈不对称的环带结构，变形强度由外围向内部递减，赋煤区位于华北陆块区的主体部位，被构造活动带所环绕，北、西、南外环带挤压变形剧烈，为构造复杂区；西北赋煤构造带以早一中侏罗世特大型聚煤盆地为主，受后期构造运动的改造，盆地周缘构造较复杂，断裂发育，地层倾角较大，盆地内部为宽缓的褶曲构造，倾角变缓。由于各个单元的显著差异，在赋煤方面也有显著差异。

1. 海拉尔赋煤构造带

海拉尔赋煤构造带属于东北赋煤区。该赋煤构造带由北东向、北北东向断裂控制的多个相对独立的断陷盆地群组成，其基底为古生界浅变质岩。该带在加里东期和海西期整体处于华北板块与西伯利亚板块间的中亚-蒙古洋中。在古生代晚期(海西期)，兴安造山系褶皱回返，逐渐隆升成陆。三叠纪晚期进入强烈造山期，在侏罗纪大规模的火山活动之后，地幔热隆起引起地壳强烈伸展，在晚侏罗—早白垩世形成大幅度坳陷，并最终构成“二隆三坳”相间的构造格局。

海拉尔赋煤构造带中的盆地主要位于额尔古纳隆起区与大兴安岭隆起区之间的海拉尔巨型坳陷带中，其西侧有少量盆地跨在额尔古纳隆起带。盆地展布的总体格局为“二隆三坳”，自西向东为扎赉诺尔断陷带、嵯岗隆起带、贝尔湖断陷带、巴彦山隆起带及呼和湖断陷带(图5-1-2)。

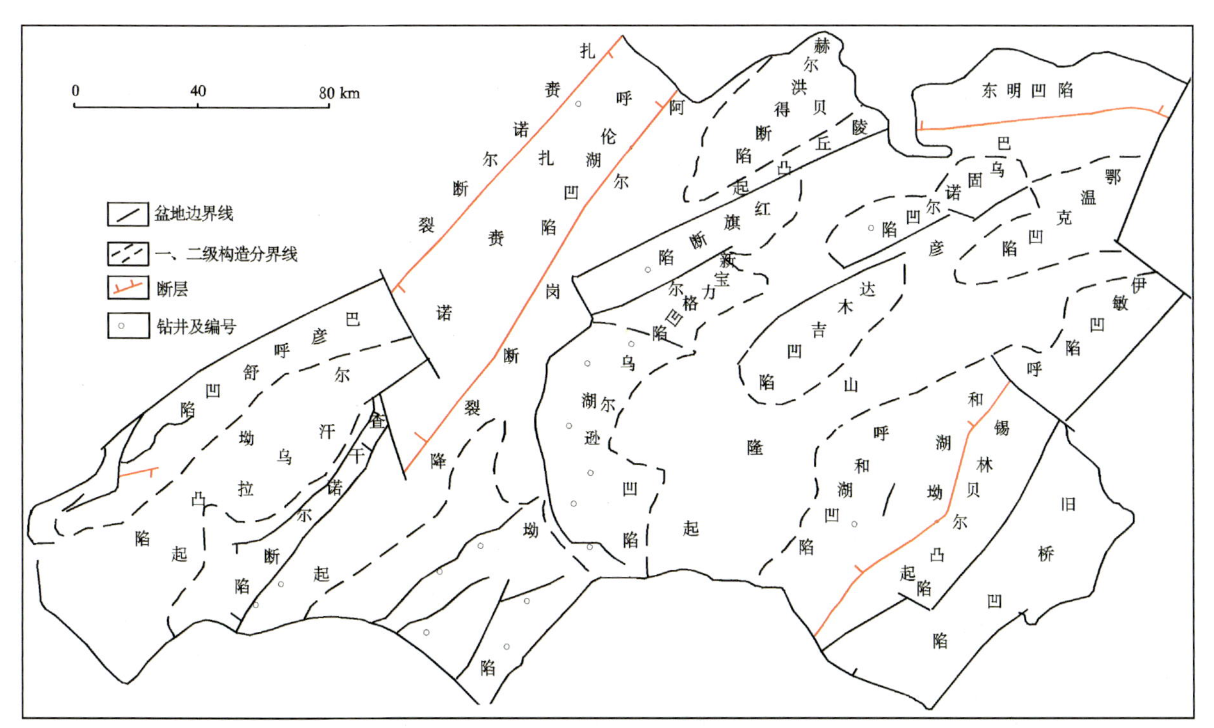

图5-1-2　海拉尔盆地群构造纲要图(据陈均亮等，2007)

扎赉诺尔断陷带位于得尔布干断裂与其西侧扎赉诺尔断裂所夹持的地堑内。该断陷带总体走向为北北东向，与该区基底构造方向一致，其北侧为扎赉诺尔地堑型断陷；中部呼伦湖地堑地表为水体；南部西侧巴彦呼舒断陷为西断东超的箕状盆地，东侧查干诺尔断陷为东断西超的箕状盆地，两者之间的汗乌汗凸起为坳中之隆。盆缘的主干断层是上陡下缓的犁式正断层，西缘的盆缘断层倾角更缓，反映北西西—南东东向的伸展作用。巴彦呼舒断陷中还见北东向右行雁列次级坳陷分布，说明该区遭受了右行剪切作用。

贝尔湖断陷带与扎赉诺尔断陷带之间有嵯岗隆起相隔。断陷带整体为北东向，带内右行雁列分布着巴彦哈达-赫尔洪德断陷、红旗断陷、新宝力格-乌尔逊断陷和贝尔断陷。这些次级断陷盆缘两侧都有断层，但两侧断层规模不等，一般西缘断层规模大，对盆地的形成起控制作用，而且也是上陡下缓犁式断层，越往南倾角越缓。乌尔逊断陷的南侧由于受基底东西向断层制约而向东偏离，使盆地整体复杂多变。

在巴彦山隆起带上分布着陈旗、呼山、鄂温克、莫达木吉和五一牧场等几组断陷。受基底东西向断裂制约，北部陈旗断陷和南部的五一牧场都是东西向延伸、南断北超的箕状盆地。其他的几个盆地也位于隆起带，同样是为一侧由盆缘断裂控制的箕状盆地。

呼和湖断陷带中主要的盆地是伊敏和呼和湖两个东断西超的箕状盆地。这两个盆地的面积较大，断陷较深。

因此，海拉尔盆地群内拉张断裂发育，从而形成30个右行雁行排列的盆地群。以巴彦山隆起为界，东部坳陷为东断西超，西部坳陷为西断东超。靠近盆地边缘，受大断裂控制，形成双断型坳陷。这些断陷盆地（煤盆地）的基本特征如下。

（1）断陷盆地所处区域主要受到以北东、北北东向为主，东西向为辅，北西向次之的断裂网状格架的控制和影响。

（2）断陷盆地呈右行雁行排列，且大多受盆缘断裂的控制，断裂大多为正断裂。盆地基本为两边断裂，亦有单边断裂，为拉张型断陷盆地。

（3）盆地均接受大磨拐河组沉积，后期剥蚀较小。各个孤立盆地沉积厚度不一，但具有相似构造发展史和沉积史。

（4）断陷之间一般被凸起或断裂分开，隆起与凹陷相间，但总体凹陷多凸起少，断陷盆地众多。

（5）具有抬升型盆地特点，自南向北由于近东西向断裂的控制与改造作用呈阶梯状抬升。

2. 大兴安岭中部赋煤构造带

大兴安岭的大地构造格架和构造单元布局主要是在古亚洲洋演化期间形成的。古亚洲洋是古生代期间发育于西伯利亚板块和华北板块之间的一个复杂的多岛洋，以大规模的岛弧体系发育和陆缘增生为特征（任纪舜等，1999）。可大致看成南、北两大陆块边缘相向增生的同时，华北陆块相对向北漂移；而两陆块之间的多岛洋体制中，众多大陆亲缘性微块体和不断生长发育的岛弧体系相互汇聚拼贴（包括陆陆、弧陆、弧弧汇聚），从而带来了同时发育多边界缝合并相互转换改造的复杂情形，结果形成了目前所见以软碰撞造山为特征，多边界汇聚缝合的宽阔造山带。由于受向南凸出的蒙古弧的影响（李述靖等，1998），大兴安岭各构造单元和主构造线的方位从南往北由近东西向转为北东东向、北东向，直至最北部的德尔布干构造带转为北北东向。尽管尚存在较大的争议，刘建明等（2004）将二连-贺根山构造带作为大兴安岭地区古亚洲洋演化最后的主缝合构造带，时间大致在二叠纪。二连-贺根山构造带以南以西拉沐沦断裂为界分为华北陆块北（外）缘东西向的早古生代增生造山带和大兴安岭南段北东向晚古生代增生造山带；二连-贺根山构造带以北则是西伯利亚板块向南的增生带，包括大兴安岭北段的北东向晚古生代增生造山带以及德尔布干断裂带北西侧额尔古纳河流域的兴凯期（新元古代）增生造山带。

大兴安岭中段赋煤构造带为贫煤多金属矿产地区，因此研究程度比较低。各煤盆地为断陷盆地陆相沉积体系，主要发育山麓-冲积沉积体系、三角洲沉积体系和湖泊沉积体系。多发育断层及褶皱，构造相对较复杂。

3. 二连赋煤构造带

二连盆地群所处区域构造位置为东起大兴安岭隆起，西至索伦山隆起，南为温都尔庙隆起，北为巴音宝力格隆起。二连盆地群构造格局特征除了北西和南东边界隆起外，总体格局为两坳加一隆（图 5-1-3），中部北东向展布的苏尼特隆起上也分布少数小规模盆地。苏尼特隆起的北西为马尼特坳陷、乌兰察布坳陷和川井坳陷；隆起的南东为乌尼特坳陷和腾格尔坳陷。在南部坳陷由于受到内蒙地轴的影响，呈北东东向，但内部次级凹陷仍呈北东向展布。其凹陷的性质主要为单断式的箕状半地堑断陷，双断式地堑少。前者如阿南、额仁淖尔凹陷等，后者如脑木更凹陷等。一般靠近隆起的凹陷呈单断式向隆起上超覆，内部的凹陷则呈双断式的凹陷。

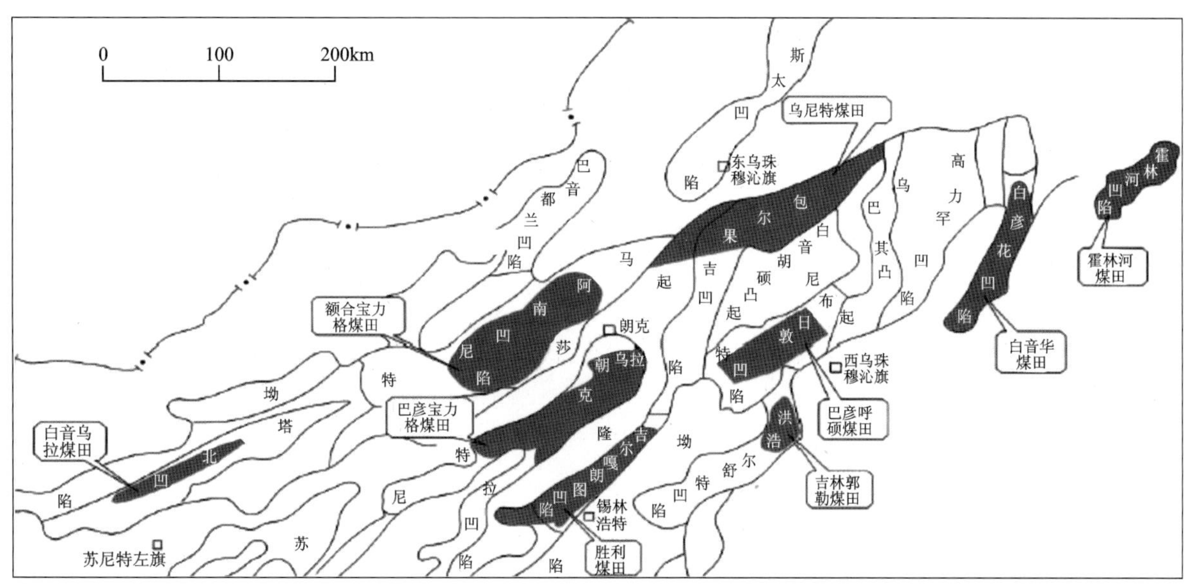

图 5-1-3　二连盆地主要坳陷及矿区位置示意图

此外，可将 5 个坳陷带进一步划分为苏尼特隆起以西，从北向南由巴音都兰、额和宝力格、脑木更、卫境、桑根、达来、白音查干等断陷组成，具有西断东超的特点；苏尼特隆起以东的东部断陷由高力罕、布日敦、吉尔嘎郎图、额尔登苏木、赛罕乌力吉、布图莫吉、赛汉塔拉等断陷组成，其方向由北东向转为北东东向，具东断西超特点。西部断陷带具有沉降幅度大、活动性强、火山活动频繁、地温梯度高等特点，为含油气盆地；东部断陷带边缘断陷断距较小、活动性弱、火山活动微弱、湖泊相发育，有利于成煤，如霍林河、白音华、胜利等盆地均有厚煤层形成。

二连盆地群内所形成的煤系建造多以宽缓褶皱和近水平产状为主，大多数盆地内煤系保留较完整，连续性好，基本保留了原貌，只在抬升或背斜轴部部分遭受剥蚀，例如分布于大兴安岭西缘的胜利、霍林河、巴彦和硕等盆地受强烈断块活动影响，断层抬升剥蚀较明显。区域内已圈定的含煤盆地共有 113 个，呈北东东向—北东—北北东向雁行排列，盆地边缘多有同沉积断裂，形成堑垒相间的构造格局。大部分盆地的基底为兴蒙褶皱带，煤系沉积直接基底为晚侏罗世中性火山岩，少数为上古生界。这些煤田盆地构造简单，多呈向斜或波状起伏单斜，倾角平缓或近于水平，断层稀少，埋藏较浅。区域内含煤盆地多为孤立的断陷盆地，盆缘有断裂控制，如霍林河矿区、白彦花矿区，但是如胜利煤田等一些盆地未见盆缘断裂，这种无盆缘断裂控制的含煤盆地的成因可能与大规模的火山喷发有关：由于岩浆物质大规模散失，岩浆热能丧失，在冷却收缩和重力均衡调整共同作用下形成此类盆地。

二连盆地群在漫长的地质演化过程中形成了早—中侏罗世的断拗型盆地、早白垩世的断陷盆地群及晚白垩世的坳陷型小湖盆等不同的盆地类型。受总体呈北东东、北东向及东西向展布的基底断裂的控制，盆地表现为同方向的隆、坳兼备，多凸多凹的相间平行排列型式。区域内的断陷盆地主要成盆期为早白垩世，多以宽缓的褶皱变形为主，断裂稀少，煤系地层基本完整，保留了其原始面貌，如胜利煤田、巴彦宝力格矿区。只有靠近东缘大兴安岭隆起的几个盆地如霍林河盆地等断裂构造较发育，抬升剥蚀明显。

概括地说，该赋煤构造带在地质演化阶段区域内经历了早—中侏罗世的小规模断陷盆地、晚侏罗世的构造反转（伴随着强烈的火山作用）、早白垩世早期的大规模断陷盆地、早白垩世晚期的构造反转等盆地发展阶段。晚白垩世以来本地区处于整体隆升状态，新生代只有微弱的变形活动和沉积作用。二连盆地群演化过程可以分为以下 5 个阶段。

（1）拱升期：三叠纪本区上升隆起，普遍未接受沉积，中生代以前的地层遭受剥蚀。

（2）初始张裂期：早、中侏罗世，随着隆升作用继续加强，岩石圈发生初始张裂，形成北东向孤立断陷湖盆。断陷内沉积了湖沼、河流相的阿拉坦合力群含煤建造。

（3）褶断期：中侏罗世末，构造运动逐渐加强，局部形成北北东向褶皱和逆断层，发育逆掩构造现象。晚侏罗世构造活动进一步加剧，沿断裂发生大规模的火山喷发，堆积一套巨厚的酸—中—基性陆相火山岩系。这次构造运动改造了前期断陷并形成新断陷，使得侏罗纪断陷和早白垩世断陷不相一致，为二连盆地群的形成塑造了雏形。

（4）断坳期：早白垩世早中期，盆地开始沿北西向、北西西向（少数为南北向）伸展断陷。这种同沉积断陷形成一套下部为充填式砂砾岩沉积夹火山岩，上部为以湖相深灰色泥岩为特点的沉积建造。此时的断陷向广深发展，沉积物向盆地边缘超覆，使盆地发育达到鼎盛时期。

（5）隆升萎缩期：早白垩世晚期，地壳升隆，水域变小，湖泊淤塞，发育一套湖沼、河流相沉积，普遍见煤层。至晚白垩世地壳继续隆升，盆地大部分地区未接受沉积，盆地开始萎缩。新近纪的沉积主要发育在盆地的西南部，东部大部分未接受沉积。西南部以河湖相砂砾岩建造为主。

4. 大兴安岭南部赋煤构造带

大兴安岭南部赋煤构造带大部位于兴蒙造山系内，局部位于华北陆块区。带内断裂褶皱比较发育，以断裂构造为主，总体呈北东—北北东向展布，南部为平庄、元宝山等断陷聚煤盆地。

平庄矿区和元宝山矿区呈北东向伸展的两个断陷盆地，其北还有桥头盆地，与平庄、元宝山盆地呈“多”字排列。平庄、元宝山盆地在平面上呈反“S”形态，即中间为北东向，两端为北北东向。盆地构造以盆缘张性断裂为主，盆内有次级断裂，将盆地分割成次级隆起和次级凹陷，控制岩相和煤层的发育。盆内背、向斜不发育，地层总体为向西倾斜的单斜构造或不对称向斜构造，倾角一般 10°～15°，局部到 30°左右。盆内断裂以北东向张性断裂为主，次为北西向张扭性断裂，且北西向断裂切割北东向断裂，并切割了上覆地层，形成方格网状断裂体系。主要盆缘断裂在元宝山盆地西侧，为双庙断裂和赤峰-锦山断裂，东侧为红山-八里罕断裂带，均具有同沉积性质，以东侧为主。

平庄盆地西侧为红山-八里罕断裂带，且为本盆地的主干断裂。盆缘断裂的走向为北北东（15°～25°），断裂带较宽，具明显的破碎带和缓波状弯曲。平庄盆地由于八里罕断裂带为主干断裂，盆地上覆盖层总体为向西倾的单斜构造或不对称的向斜构造，倾角一般10°～15°；盆内次级断裂，以北东向为主，其次为北西向（或近东西向），形成次级断块凸起和凹陷，控制着沉积相带和富煤带的分布。

元宝山盆地构造特征与平庄盆地相似，只是平庄盆缘西断裂成为元宝山盆缘东断裂，而盆地西断裂双庙断裂和赤峰-锦山断裂，也为盆缘同沉积断裂，但不强烈，断裂带宽仅数十米，呈片理状和挤压扁豆体。盆内次级同沉积断裂呈雁行排列方向，以北东向张性断裂为主，其次为北西向张扭性断裂。盆地内同沉积背、向斜相间排列，轴向 25°～30°，两翼倾角仅 10°左右，属宽缓型背、向斜。

5. 松辽盆地西部赋煤构造带

该赋煤带属贫煤地区，该区是一个在晚海西褶皱基底上发育起来的中、新生代断陷，坳陷盆地。侏罗纪为断陷期，发育了一套火山岩，厚度 2000m 以上。白垩纪以坳陷为主，沉积了含煤碎屑岩建造及红色建造，其厚度较之松辽盆地明显变薄。中、新生代沉积总厚度不超过5000m，一般为2000～3000m。北北东向和东西向张性断裂发育，由于不均衡的升降运动，在开鲁至舍伯吐一线构成两坳夹一隆，即东西向小型隆起和两侧同方向坳陷的构造格局。盆地中背、向斜不发育，一般属于单斜构造或宽缓向斜。

西部绍根矿区在造山系发育期呈岛链状展布，向东隐没于中生代火山岩系之下。在本区西部有下寒武统温都尔庙群分布，有侵位的超基性岩—蛇纹岩带，仅有上志留统，为海相和海陆交互相碎屑岩和火山岩建造。本区内还有二叠纪火山岩建造和碎屑岩建造。阜新组是本区的主要含煤地层。本区东段总体形态为一平缓的单斜，于早白垩世末，地层抬升部分遭受剥蚀，下降部分接受沉积，煤系地层的厚度由北西向南东逐渐增大；西区总体形态为一轴部向南东倾伏的向斜，两翼于早白垩世末接受剥蚀，煤系地层厚度以中东部最厚，向两翼及西侧逐渐变薄，直至尖灭。

6. 阴山赋煤构造带

阴山赋煤构造带位于蒙古板块与华北板块之间，马宗晋等(1999)称之为内蒙地轴，为兴蒙造山系中的一部分。北界限为二连-贺根山-乌兰浩特板块缝合线，南缘是阿拉善右旗-乌拉特后旗-化德-赤峰深大断裂。该赋煤构造带整体为北东东—北东向，该区南部在加里东期开始褶皱形成复式构造，到海西造山系回返形成褶皱，印支—燕山旋回发生北东向断裂，形成一系列北东向断陷盆地，开始了中生界含煤建造的沉积。

阴山-燕山造山带经过强烈造山改造，其北缘曾受到加里东和海西增生事件的影响，其南缘在中生代发生过薄皮挤压变形，新生代早期发生过裂陷(马宗晋等，1999)。该构造带内，地质构造复杂，下面仅对代表性的大青山矿区做简介。

大青山矿区(煤田)基底由太古宇乌拉山岩群组成，盖层为中、下寒武统，中、下奥陶统，上石炭统，二叠系，下三叠统和侏罗系。区内构造复杂，褶皱断层发育，混合岩化强烈，每期构造运动都有表现。矿区呈北东东-南西西向展布，地层走向北东60°～80°，主要构造线循此方向延展，构造线多以近东西向为主，形成近东西向倒转的背、向斜及低角度的逆掩断层。矿区构造形态以不对称的复式向斜为主体，同时伴有巨大的叠瓦式逆掩断层，褶皱轴面多向南倾斜形成倒转。断层面大都南倾，形成由南而北之低角度逆掩断层，高角度的逆掩断层和正断层少见。

从构造特点看，大青山矿区由东向西，由复杂变为较简单，西部地层平缓，褶皱断层较少，往东褶皱断层剧烈，以至东端有花岗岩侵入。从南北方向来看，有从南到北逐渐简单的趋势，南部褶皱断层剧烈，中部有平缓的复式褶皱，而北部接近水平。

7. 鄂尔多斯盆地北缘赋煤构造带

鄂尔多斯北缘赋煤构造带位于阴山赋煤构造带之南。早古生代末，华北大陆板块南、北两侧先后发生洋壳俯冲并沿大陆边缘形成加里东褶皱带，导致华北大陆板块整体抬升和板内浅海盆地消亡。晚古生代华北大陆板块开始沉降，形成了南北均以加里东褶皱带为界，向西收敛并与祁连海域相通，向东开口的箕形板内陆表海沉积盆地，本区位于该盆地西北部。西侧祁连海与南、北两侧褶皱带一起控制了鄂尔多斯盆地晚古生代含煤岩系的沉积类型和煤层聚积特征。三叠纪基本上继承了晚古生代晚期的构造格局，主要受沉积作用的控制，在陕西延安以北子长、横山一带形成三叠纪煤田。但受特提斯构造域洋壳俯冲的影响，西及西南缘强烈抬升，使该区变成了北、西、南三侧均被褶皱造山带围限，向东开口的大型箕状内陆盆地的一部分。三叠纪末的印支运动使全区抬升遭受剥蚀和变形，早侏罗世起转入相对稳定的坳陷阶段，鄂尔多斯盆地才告形成。北、西、南三侧大陆边缘活动带与其所夹持的大陆板块对立发展到趋于统一的构造演化过程，就是鄂尔多斯盆地形成演化的构造背景(王双明等，1996)。

鄂尔多斯盆地现今构造格架主要是燕山期和喜马拉雅期所形成。石炭纪—二叠纪、三叠纪和侏罗纪含煤岩系和煤层，均经历了此两期构造运动的改造。含煤岩系及煤层的分布范围、倾角大小、平面连续性及煤级高低与所在的构造单元和构造部位密切相关。北缘赋煤区包括准格尔煤田及东胜煤田。

准格尔煤田为石炭纪—二叠纪成煤，东胜煤田为早—中侏罗世成煤。但其构造单元属鄂尔多斯断块伊陕单斜区，鄂尔多斯断块的构造轮廓为一极其平缓开阔的不对称向斜，向斜轴偏西，东翼较宽缓，西翼较陡。向斜四周构造复杂，内部构造简单。两煤田地层走向近于南北向，倾向西或北西西，倾角小、地层近于水平。在煤田北部边缘地层走向近于东西向，向南或南西向倾斜。断层稀少，构造简单是其共同特点。

准格尔煤田总的构造轮廓为一东部隆起、西部坳陷，走向近南北，向西及北西西缓倾的单斜构造，局部发育波状起伏或挠曲构造，地层倾角一般3°～5°，断层稀少，整体构造形态简单。在挠曲带，煤层倾角由3°变成10°～15°。

东胜煤田基本构造形态为一向西倾斜的单斜构造，岩层倾角1°～3°，褶皱及断层不发育，仅在南部神木大柳塔一带延安组中见有几条走向北东的小型正断层，延伸长度2～11km，断距20～80m，对煤矿采掘有一定影响，其余地段虽然发现少数断层，但断距较小，延伸距离也较小，本书不再一一列举。区内没有褶皱构造，仅发育有宽缓的波状起伏，无岩浆岩侵入，属构造简单型煤田。

8. 桌子山-贺兰山赋煤构造带

桌子山-贺兰山赋煤构造带位于鄂尔多斯北缘赋煤构造带以西，该褶皱逆冲带由10余条近南北向延伸的大型逆冲断裂、数条同向大型正断层及一些近东西走向的大型平移断层组成构造骨架，基本构造形态为总体由东向西扩展的逆冲断裂组合，与鄂尔多斯盆地主体呈向西缓倾的单斜形成鲜明对照。这些主干逆冲断裂沿走向断续延伸，相互平行，大致以等距离出现在同一地段，各段之间常被走向东西的断层所隔。这些断层一般均具有向“S”逆冲和右行滑动性质，使各段东移速度的差异得到调整。褶皱逆冲作用使鄂尔多斯盆地西缘石炭纪—二叠纪和侏罗纪两套含煤地层遭受强烈改造，失去原始的连续性和完整性，被割成许多大小不等、形状各异的块段，增加了煤炭资源开发的难度。

9. 宁东南赋煤带

该赋煤带地质构造基本上为一向东倾斜的单斜构造，桌子山东缘大断裂为区内最主要的控煤构造。该断裂是一条自西向东推覆的逆冲断层，控制了中生代地层的沉积，垂直断距达5km，直接切割并错断了石炭系与二叠系的煤系地层。该断层形成较早，活动时间较长，中生代活动最强烈，后又被新华夏构造体系利用，直至新生代仍有活动。

新上海庙矿区位于桌子山东缘断裂带南部，其地层特点与华北腹地基本相同。古生代至新生代的地层均有沉积，缺失了中晚奥陶世、志留纪和泥盆纪的沉积，沉积厚度因受祁连褶皱带的影响而较华北大。古生代为坳陷区，沉积了巨厚的中、下奥陶统海相灰岩和薄层泥岩，石炭纪—二叠纪海陆交互相含煤地层和陆相碎屑岩系。中生代仍属坳陷区，沉积了厚度3000m以上的陆相碎屑岩系。新生代古近系、第四系遍布全区。矿区内断层面普遍向东倾斜，由断层所加持的一系列断块呈西高东低的特点。

10. 北山-潮水赋煤构造带

北山-潮水赋煤构造带位于内蒙古自治区西部，它位于华北板块西缘与塔里木板块东缘结合部位，北邻兴蒙造山带，是一个多构造单元的结合部(李俊建，2006)。区域构造背景相对复杂，且为贫煤地区，本书不做区域性的详细探讨，主要叙述两个能源盆地。

1)潮水盆地

潮水盆地位于龙首山以北，是印支运动后在阿拉善地块之上发育形成的中、新生代断坳山间盆地。潮水盆地大地构造位置位于阿拉善地块南部。该地块介于天山-兴蒙造山带与祁连造山带之间，南、北两侧为深大断裂所控制，东邻华北板块的二级构造单元鄂尔多斯地块西缘的贺兰山断褶带，西以阿尔金断裂带与塔里木板块为界(王贞等，2007)。

潮水盆地由于受龙首山和阿拉古山的北西—近东西向构造、北大山弧型构造以及东邻巴彦乌拉山北东向构造线的共同控制，形成断裂和坳陷相间总体为东西向展布的构造格架，西部、中部和东部又有明显的差异，盆地西部桃花拉山以西至阿右旗坳陷均呈北西向，中部金昌坳陷呈近东西向，东部红柳园坳陷又转为北东向，呈一弧形构造形态，弧顶位置在东经102°30′附近，盆地内纵向大断裂和褶皱轴线，大体上都反映出西部紧束向东撒开的特点，并且存在南北差异和东西差别，表现出明显的构造差异性，说明该区构造的复杂性。

潮水盆地中各坳陷的边界断裂的形成、演化与煤系地层的沉积和保存有着密切的关系：桃花拉山以西和阿右旗坳陷在燕山早期受北东、南西方向拉张作用，接受中、下侏罗统沉积，断陷主要以北西方向的断裂为主，在中侏罗世末期以后发育挤压性逆断层，具有明显的构造抬升，造成上侏罗统和下白垩统的缺失；中部金昌坳陷在燕山早期，受边缘拉张性正断层控制，沉积了中、下侏罗系，因持续沉降的原因，中生代地层厚度较大，到了喜马拉雅期，由于受南北向挤压作用，形成了一系列东西向逆掩断层，并且产生了一批依附于断层的构造圈闭（汤锡元等，1992），它们多以断背斜为主，完整的背斜、向斜较少；东部红柳园坳陷，在燕山早期也受拉张性正断层控制，中、上侏罗世地层较厚，晚期挤压作用相对较弱，只在局部地段发育一些逆断层，一些小型的凹陷和凸起构造，是形成局部构造及各种圈闭条件的良好基础，特别是在凹陷边缘的凸起构造上，易发育成串的断背斜，由于后期抬升，使煤系地层埋藏变浅，是含煤地层较发育地带。

2)巴彦浩特盆地

巴彦浩特盆地位于阿拉善地块的东南部，盆地走向北东-南西向，呈略向南东凸出的弧形展布，北接吉兰泰盆地，南邻祁连山前陆冲断-褶皱带，西以巴彦乌拉山隆起与雅布赖盆地、潮水盆地相隔，东与贺兰山冲断-褶皱带毗邻。刘绍平和刘学锋(2002)将巴彦浩特盆地划分为三坳一隆一斜坡5个一级构造单元，即西部坳陷带、东部坳陷带、南部坳陷带、中央隆起带和东部断阶斜坡带。巴彦浩特是在早古生代早期的秦、祁、贺三叉裂谷系交叉带发育起来的一个复合-叠加型盆地（刘和甫等，1990；杨振德等，1988），晚古生代为一伴随祁连山的冲断-褶皱作用而形成的前陆盆地，中新生代为一在拉张环境下形成的断陷盆地。盆地结晶基底由太古宇—古元古界阿拉善群组成，结晶基底之上中元古界、古生界、中生界及新生界均有分布（汤锡元和李道燧，1990）。

巴彦浩特盆地边界断裂主要有两条，即西缘的巴彦乌拉山断裂和东缘的贺兰山西麓断裂，它们均是由多条断层组成的断裂带。研究区应力环境经历了从挤压环境向拉张环境的转变，相应地，受不同时期应力环境控制，盆内断裂性质也具有多样性，其中规模较大的具代表性的断层有伊南断裂、查汗断裂、锡林逆断层。

巴彦浩特盆地内现已证实的生油层有石炭系，是一个良好的油气盆地，但含煤建造不发育。

11. 香山赋煤构造带

香山赋煤构造带北界为青山-牛首山断裂。青山-牛首山深断裂是划分鄂尔多斯地块与河西走廊弧后盆地的关键性断裂，是华北板块与鄂尔多斯盆地西缘二级构造单元的重要分界。加里东期该断裂东北属大陆边缘陆棚浅海环境，沉积类型属稳定型沉积，但西南侧为活动性沉积，不仅沉积厚度巨大（深海复理石），而且有火山活动，香山群是其典型代表。构造配置分析表明，香山群形成于弧后盆地环境，盆地西缘和本部则属相对稳定的大陆边缘斜坡和台地环境。到泥盆纪，该断裂西侧尚有陆相磨拉石建造，以东则是海西晚期—印支期，该断裂活动相对较弱，燕山期和喜马拉雅期，该断裂又比较活跃，由于沿该断裂的逆冲推覆作用，形成了六盘山山系，使得古生代及前寒武地层被推至地表，形成分割型前陆盆地，从而使鄂尔多斯盆地西缘具有“双层结构”特点。该断裂地表产状较陡，向下变缓，倾向朝西。沿走向朝西北可能与河西走廊北侧的龙首山深大断裂相连，形成阿拉善古陆与河西走廊弧后盆地的分界。

三、影响含煤地层的主要断裂构造

据现有资料，内蒙古自治区具有构造区划意义，对煤田地质影响较大的断裂有耳布尔深断裂带、头道桥-鄂伦春自治旗深断裂、查干敖包-阿荣旗深断裂、大兴安岭主脊-林西深断裂带、嫩江-八里罕深断裂带、二连-贺根山深断裂带、索伦敖包-阿鲁科尔沁旗深断裂带、贺兰山西缘断裂、乌审旗深断裂、高家窑-乌拉特后旗-化德-赤峰深大断裂带、青山-牛首山深断裂、宝音图隆起西缘深断裂(图 5-1-4)。它们控制了大部分的煤田边界和煤系地层的赋存。

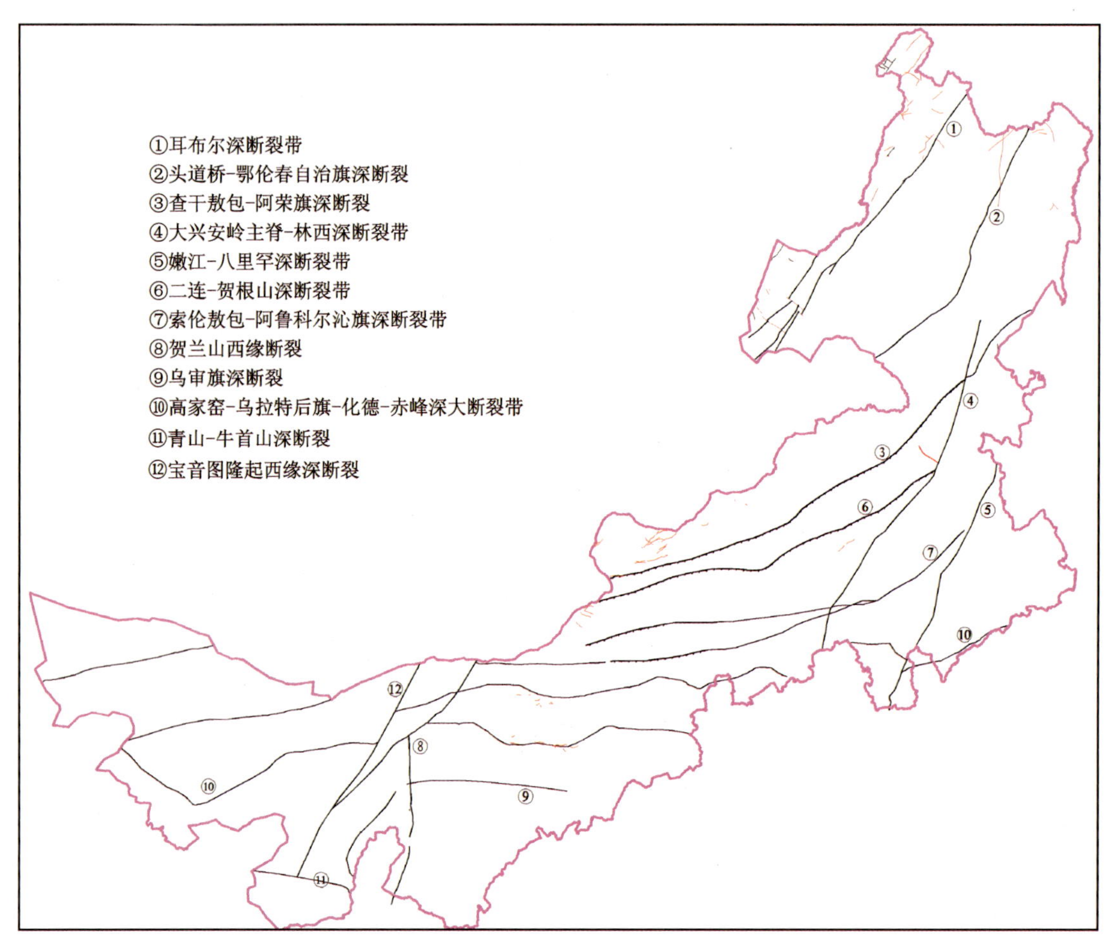

图 5-1-4　内蒙古自治区主要断裂分布示意图

1. 耳布尔深断裂带

耳布尔深断裂带西端自蒙古国延入内蒙古自治区，大致沿呼伦湖东岸、经黑头山、得耳布尔河及金河河谷呈北东向延伸。区内长约 660km。断裂带向西南延入蒙古国，同蒙古国境内的深断裂相连，总体构成一个向南凸出的弧形。沿弧状断裂有大量的蛇绿岩套构造侵位，构成了北侧兴凯褶皱带与南侧海西海槽的重要分界线。深断裂所经之处，北西侧多为陡立的高山，并发育一系列断层三角面；南东侧地势平坦，常为负地形。在得耳布尔一带，断裂北西盘出现一系列近似于平行排列的次生弧形断裂。这些弧形断裂是受北西-南东向挤压应力作用而产生的张性断裂，呈带状北西向展布。该断裂带卫星图片上显示线性影像特征，在区域磁场中为一磁场变异带。

该断裂带起始于晚元古代，由于南东侧晚元古代洋壳沿断裂向北侧俯冲、消减，在北西侧额尔古纳河流域形成岛弧型火山岩建造。自古生代以来，深断裂带一直控制着两侧的地质发展历程：早古生代，北西侧为“冒地槽”或盖层性质的沉积，而南东侧为较强烈的活动的“优地槽型”建造；晚古生代，北西侧上升隆起，南东侧继续发育了巨厚的“优地槽型”沉积建造；中生代断裂继续活动，沿断裂带常有中酸性岩浆入侵、火山熔岩喷发和强烈的挤压破裂带。

2. 头道桥-鄂伦春自治旗深断裂

头道桥-鄂伦春自治旗深断裂南西端自蒙古国延入内蒙古自治区境内，向北东经头道桥、伊利克得、鄂伦春，再向北东延入黑龙江省，总体呈北东向展布。区内长度 620km。在头道林—伊利克得一带，由数条呈北东展布的逆断层组成断裂带。断裂通过之处，地表可见 1.5～2km 宽的破碎带。带内岩石片理化、糜棱岩化、绿泥石化极发育。在维纳河一带，断裂带北西侧断层三角面清楚。断裂带两侧不乏板块活动遗迹：断裂带北西侧发育有混杂堆积、双变质带、石英闪长岩及花岗岩热轴等，在鄂伦春自治旗一带，也有蛇绿岩零星分布，说明该断裂可能是一个古俯冲带。在区域磁场中，此段为负磁异常，南西段异常不明显。在重力场中反映为重力异常梯级带。

自泥盆纪至石炭纪，断裂控制了南、北两侧地质发展历史进程。石炭纪时期，北西侧处于海盆拉张的构造环境，形成细碧角斑岩和放射虫硅质岩等，具深海相沉积建造特点；南东侧处于整体上升隆起状态，发生陆相火山喷发活动，局部有残留浅海沉积。二叠纪以后，断裂两侧进入同步发展阶段，但断裂仍有微弱活动，控制现代地貌的形成。

3. 查干敖包-阿荣旗深断裂

该断裂西端自蒙古国境内延入内蒙古自治区，向北东经查干敖包、东乌珠穆沁旗至阿荣旗南，呈北东向延伸。区内长达 1000km 以上。东部被大兴安岭主脊-林西深断裂所截，构成东乌珠穆沁旗早海西期褶皱带与东乌珠穆沁旗南晚海西褶皱带的分界线。断裂两侧地貌特征差异明显，北侧为山区或丘陵山地，南侧以平坦草原为主。

以该深断裂为界，南、北两侧的古地理，古构造及生物群的演化具有很大差异：奥陶纪，北部以中基性—中酸性火山岩建造为主，夹碳酸盐岩及碎屑岩建造，而南侧缺失奥陶系；志留纪，北部为复理石建造及中性火山岩建造，而南部缺失志留系；泥盆纪，北部为海相类复理石建造、火山碎屑岩建造，并见有陆相层，而南部为代表大洋型沉积的蛇绿岩建造；石炭纪，北部已隆起成陆，因而缺失下石炭统，上石炭统为陆相沉积，是一套碎屑岩-中基性火山岩建造，含安格拉植物群，南侧石炭系发育，为复理石建造夹火山碎屑岩建造；早二叠世，北侧一般无沉积，南侧局部为残留浅海相碎屑岩夹中酸性火山岩建造；晚二叠纪以前对两侧的地质发展历史起了明显的控制作用。以板块构造观点而论，断裂北部为西伯利亚增生板块，南部为海西海槽，二者以断裂为界，呈安第斯山型接触，深断裂即为南部洋壳向北俯冲的古俯冲带。

4. 大兴安岭主脊-林西深断裂带

大兴安岭主脊-林西深断裂带沿大兴安岭主峰及其两侧分布，向南延入河北省境内，与上黄旗-乌龙沟深断裂连为一体。呈北北东向延伸千余千米。据各区段区调成果，该断裂带总体向东倾斜，倾角在 60°～80°之间。在区域重力场中，位于大兴安岭-太行山-武陵山重力异常梯度带的北段，莫霍面深度大于 38km。在布格重力异常图上处于陡梯度带向缓梯度带变换的部位。该断裂带形成于晚侏罗世，白垩纪继续活动，与东部嫩江-八里罕深断裂同步发展，形成巨大的大兴安岭主脊垒、堑构造体系。

5. 嫩江-八里罕深断裂带

嫩江-八里罕深断裂带位于大兴安岭的东缘，北段自黑龙江省呼玛一带延入本区，向南沿嫩江流域到莫力达瓦旗，经黑龙江省、吉林省再入本区境内，由扎鲁特旗以东的白音诺尔、奈曼旗西、平庄、八里罕，再向南延入河北省，与平场一桑园大断裂相接。该断裂带呈北北东向延伸，长度在 1200km 以上。为侏罗世—新生代长期活动的西抬东降的正断裂。该断裂带所造成的地貌特征极为清楚。该断裂带以西为大兴安岭高山地带，以东为松辽断陷盆地，构成大兴安岭山区与平原的天然分界线。卫星图片上线性影像要素极为醒目。

该断裂带北段大致沿嫩江河谷延伸，由两条相互平行的区域性大断裂组成。断裂带两侧断层三角面发育，断面呈舒缓波状，表面具斜划擦痕。断裂带倾向东，倾角60°～80°，呈张性特点，多处被西北向大断裂及区域性断裂所截，并产生位移。断裂带南段扎鲁特旗—八里罕一带，长720km，大部地段为第四系所覆，只在平庄—八里罕一线显露地表，为一断面东倾的正断层。该断裂带在开鲁西部截断东西向温都尔庙—西拉木伦河断裂带，显示左行张扭性质。在区域磁场中，北段沿嫩江河谷为一大而稳定的负异常带，南段则是负异常的背景上显示串珠状正异常带，走向北北东，宽10～25km，异常带两侧为密集的梯度带，在美丽河—八里罕一线，显示为正、负异常分界线。在区域重力场中，位于大兴安岭-太行山-武陵山重力异常梯级带东侧，与地壳深部构造异常带相吻合。据深部重力异常资料：断裂带西侧在扎兰屯一带，莫霍面深为34km，断距3.3km；东侧在大庆一带，莫霍面深度在30km以内。向西至大兴安岭主脊附近，莫霍面深度在40～42km之间。该断裂带正位于地壳厚度陡变带部位。

该断裂带南段形成时代早于北段。晚古生代，断裂带已初具规模，控制东、西两侧石炭—二叠系沉积，为敖汉旗复向斜的西界断裂。中生代活动强烈，在早白垩世表现尤为明显，控制东侧下白垩统成煤盆地的形成与发展。受其左形扭动的影响，致使宁城四龙沟、平庄、元宝山等白垩系成煤盆地呈现北北东向雁行式斜列。新生代，局部地区有喜马拉雅期玄武岩岩浆喷溢活动。另据历年地震资料，断裂带为一地震活动带，属强震区。

6.二连-贺根山深断裂带

二连-贺根山深断裂带西端由蒙古国境内延入本区，向东经苏尼特左旗北、贺根山，再向东时隐时现，直抵大兴安岭附近。总体呈北东向延伸，长达680km。东端被中新生代火山岩掩盖和北北东向大兴安岭主脊一林西深断裂所截。沿断裂带有蛇绿岩套呈带状分布，以贺根山地区最发育。在朝克乌拉地区的蛇绿岩套中，地表显露为大规模叠瓦状构造：叶蛇纹石化的二辉辉橄岩推覆到条带辉长岩之上，而条带辉长岩又推覆于斜长角闪岩之上。断裂带岩石破碎，糜棱岩发育。在钠长角闪岩中碱镁闪石的出现，说明这里曾有过高压的构造环境。

这是一条备受瞩目的超岩石圈断裂带。多数地质工作者认为是一条古板块缝合线，有的认为这是西伯利亚板块和华北板块之间唯一的缝合线。《内蒙古自治区区域地质志》(1991)记述：在二叠纪以前，这里曾处在西伯利亚增生板块(包括东乌珠穆沁旗早华力西褶皱带在内)和艾力格庙-锡林浩特中间地块之间，曾是一个较宽阔的海槽。由于从石炭纪开始的水平侧向挤压和海槽收敛活动，于早二叠世早期末海槽封闭，西伯利亚增生板块与艾力格庙-锡林浩特中间地块对接缝合于此，并导致蛇绿岩套的构造侵位、高压变质带的产生和混杂堆积。中生代期间，沿断裂带东段有岩浆侵入和中酸性火山熔岩喷发活动。由于处于水平侧向挤压的应力体制中，晚侏罗世的推覆构造十分发育。该断裂带在地球物理场及卫星影像等方面均有所显示。

7.索伦敖包-阿鲁科尔沁旗深断裂带

索伦敖包-阿鲁科尔沁旗深断裂带西起索伦敖包，向东经查干诺尔、达里诺尔、阿鲁科尔沁旗，直抵扎鲁特旗东部。总体呈近东西—北东走向，东段于巴林右旗南部一带逐渐向北东延伸，长达1180km以上。其东、西端均被北北东向深断裂所截。

西段断裂在索伦敖包—满都拉一带沿索伦山南缘分布，呈东西走向。沿线分布有蛇绿岩带和混杂堆积。蛇绿岩带主要分布在索伦敖包、察汗哈达庙及满都拉以南地区，证明深断裂具有俯冲带的某些特点。在区域磁场中，于索伦敖包—二道井以南，在一片负磁场的背景中，出现近东西向断续分布的正磁异常窄带，总体呈线状排列。重力场中，在索伦山南缘有近东西向延伸的重力异常带。此外，在察汗哈达庙一带，卫星图片上线性景象特征明显。

中段断裂在满都拉东—查干诺尔—浑善达克盆地一带，大部分隐伏于中、新生代盆地之下。该段在区域磁场中显示中间负、两侧正的近东西向低磁异常带，在重力场中反映为一系列东西向重力梯度带。

东段断裂于达里诺尔湖畔出露后，经巴林右旗、阿鲁科尔沁旗，直抵扎鲁特旗东部，为嫩江-八里罕深断裂所截。该段总体呈北东向伸展，略显向南东凸出的弧形。断裂以南，石炭纪早期为海相碳酸盐岩建造、砂页岩建造夹植物层，晚期为海陆交互相砂页岩建造、碳酸盐岩建造。二叠纪为浅海—滨海相砂页岩建造，含华夏植物群分子。断裂北侧，石炭纪为海相火山岩建造、碳酸盐岩建造，早二叠世早期为岛弧型火山岩建造和弧后碳酸盐岩建造，含冷水型动物化石。深断裂方向与二叠纪岛弧平行一致。岛弧的形成机制与沿深断裂洋壳向北俯冲作用有关。深断裂两侧有蛇绿岩套的构造侵位。上述东段的这一特征在中段和西段也有所反映。断裂北侧也较为广泛地发育了早二叠世岛弧型火山岩建造，如下二叠统西里庙组，并以含冷水型动物群为其特征，断裂南侧虽大部为中、新生界掩盖，但从更南部的加里东褶皱带的生物面貌观之，其同期生物则以暖水型动物和华夏植物群为其特征。因此，该断裂是华北增生板块与早先分裂出去的艾力格庙-锡林浩特中间地块于早二叠世晚期碰撞、缝合的位置。

8. 贺兰山西缘断裂

贺兰山西缘断裂西南端自巴伦别立南，向东北经阿拉善左旗至磴口附近。长约 310km，呈北北东—北东向，大部地段隐伏于中、新生界之下，仅在南部一些地方显露。

古城子至木仁高勒，沿北北东向展布于蛇腰山及贺兰山西麓，在科学山一带地表显露有破碎带。大战场西侧见一系列由中寒武统香山群形成的孤立山包，大体沿北北东 15°～20°方向排列，经钻孔揭露，中寒武统之下出现侏罗系砾岩。据此推论，该段在燕山早期为断层面西倾的逆冲断裂。区域磁场中反映为一变异带，断裂以西为负异常区、以东贺兰山地区以正异常为主。

木仁高勒至磴口，经贺兰山西麓桌子山北端，呈北东方向，成为河套新断陷与乌达冲起的界线。断裂隐伏于第四系之下。卫星图片上线性特征清晰，在磴口以南，主干断裂可能与鄂尔多斯北缘断裂相接。断裂初起于元古代，表现为长期活动的特点。在元古宙至中生代早期，表现为西升东降的性质，贺兰山区为南北向的坳陷带。白垩纪时，贺兰山褶皱升起，断裂转变成向西断落的正断层，至今仍有活动。另外，在断裂附近的巴章木仁乡有燕山期岩浆岩(鄂尔多斯岩体)出现。

9. 乌审旗深断裂

乌审旗深断裂西端起自桌子山东麓阿尔巴斯以南，向南东东经鄂托克旗至乌审旗北，然后折为北东东向延入山西省境内，终止于河曲县附近，呈向南凸出的弧形展布。在本区长约 239km。隐伏于中、新生界覆盖层之下，为一条物探资料推测的深断裂。重力场反映不明显。在区域磁场中，乌审旗北侧呈现一条弧形磁场分界线。弧顶向南凸出，西部作北西西走向，东部作北东东走向。它的北侧为宽缓的正磁异常区，南侧为平静的负磁异常区。经化极延拓 20km 及 40km，这条弧形磁异常分界线反映更加清晰。以断裂为界，北侧为早古生代隆起区，南侧为沉降区，成为三级构造单元分界线。乌审旗断裂对东胜煤田侏罗系含煤地层沉积与分布没有影响。

10. 高家窑-乌拉特后旗-化德-赤峰深大断裂带

该断裂带呈近东西向横亘本区，出露长约 2000km，构成陆块和造山系的分界线，对两侧地质构造的演变起着明显的控制作用。断裂带自西向东，各区段的形成、发展、切割深度、地球物理场反映、活动方式和演变特征等方面都有明显差异。据此可分为西段、中段及东段。

西段西起北大山南，东至口子井一带，呈东西向直线状延伸，挤压破碎带宽 1～2km。断面倾向北，倾角 50°～70°。断裂带地貌特征为一东西向平直沟谷或断崖，断层三角面发育。该断裂带在加里东期初具规模，海西中、晚期活动强烈，并伴有大规模的中酸性到中基性乃至超基性岩浆活动，直至中、新生代仍可见其活动迹象，是个规模巨大、活动时间长、力学性质有多期转化特点的岩石圈断裂。断裂带向东呈北东-南西向展布。整个古生代和中生代初，南侧长期上升隆起遭受剥蚀，北侧发育了古生代造山系型沉积建造。

中段断裂西部从狼山北侧通过，向北东延伸至川井一带，经白云鄂博北、化德县延入河北省境内，与康保-围场深断裂相撞。本段在内蒙古自治区境内长达720km。中、新元古代时发育明显，活动强烈。断裂南侧强烈坳陷，形成中元古界渣尔泰山群及白云鄂博群类复理石建造。断裂北侧则开始其造山系生涯，沉积了下寒武统温都尔庙群的建造。直至古生代晚期，断裂对其南、北两侧的地质发展仍具有控制作用。

东段自河北省延入内蒙古自治区，经赤峰、平庄、查尔台等地，向东延入辽宁省。区内长约190km。总体呈东西向展布。本段地表显露为规模巨大的挤压破碎带。破碎带走向呈波状弯曲，倾向多变，时南时北，倾角陡立，一般在70°～80°间。破碎带宽窄不一，从数百米至数千米。带内动力变质特征明显，其大量压碎带、糜棱岩及千糜岩，形成大量挤压片理和构造扁豆体。本段深断裂地球物理场特征明显，在区域磁场中，正磁异常延伸总的趋势呈近东西向，既隐约反映地表所见挤压破碎带的走向，又反映中、新生界及火山岩覆盖的干扰。经化极延拓20km及40km，其深部近东西向展布的磁异常线形排列的特征得以清楚显示。区域重力场在康保以东显示为近东西向展布的重力低值带。

综上所述，该深大断裂带为南部华北陆块区和北部兴蒙造山系的分界线；物探资料表明西段及东段为深断裂性质，属岩石圈断裂，中段为大断裂性质；断裂的形成时代各区段有所不同，西段形成于加里东期，中段在中新元古代及古生代明显发育，活动强烈，据河北省资料，东段断裂形成始于太古宙末，自元古宙起明显发育。

11. 青山-牛首山深断裂

青山-牛首山深断裂位于龙首山-六盘山深断裂带的中段。西端自甘肃境内青山一带延入内蒙古自治区，越过腾格里沙漠至元山子一带，作东西向延伸，由元山子-青铜峡端呈北北西向，向南大致沿宁夏境内的罗山、六盘山东缘作南北延伸，总体形态呈弧形，总长约580km。内蒙古自治区境内约220km，为华北陆块与祁连加里东褶皱带的构造分界线。

西段称为龙首山南缘断裂，展现在甘肃省境内。断裂带宽达10km以上，挤压强烈，多起活动特点显著，具有同沉积断裂的性质。中段指青山—元山子一线，地表未显露，为腾格里沙漠所覆。卫星图片上有形象特征显示。东段及南段为元山子—六盘山东缘一带，主体在宁夏回族自治区，呈近南北向延伸，断面倾向西，倾角约80°。断裂东侧隆起抬升，古生界为陆块型沉积；西侧下沉较深，下古生界为造山系（地槽型）沉积。在区域重力场中，沿断裂带显示为陡立的重力梯度带。卫星图片上线性影像特征较为明显。

断裂初起于元古宙，加里东旋回活动较强烈，控制北祁连加里东褶皱带的形成和演化，中、新生代仍有继承性活动。

12. 宝音图隆起西缘深断裂

宝音图隆起西缘深断裂地表未见直接显露，为地质、物探及卫星图片解译的隐状断裂。北东段由蒙古国延入内蒙古自治区，经巴音查干至宝音图，南西端切割华北陆块北缘深大断裂带。该断裂走向北北东，推测倾向西，显示压扭性质，长约240km，构成北山晚海西造山系褶皱带与苏尼特右旗晚海西造山系褶皱带的分界线。断裂东、西两侧地貌特征截然不同：东侧为隆起的高山或丘陵山地；西侧为断陷盆地，地势较平坦。卫星图片上线性影像要素反映清晰。在区域磁场中，西侧为负磁异常；东侧为正磁异常，断裂显示为磁异常分界线。区域重力场为一北北东向延伸的重力梯级带，梯度较陡，重力梯度变化为$5\times10^{-5}m/(s^2\cdot km)$。该断裂在蒙古国境内也有明显反映。受其影响，断裂东、西两侧硅铝层厚度西厚东薄。西部为12～16km，东部为8～12km。

该断裂形成于中、新元古代，并成为长期控制宝音图隆起抬升和西侧北山造山系发展的重要构造因素。在其历史发展过程中，同贺兰山西缘断裂遥相对应，成为中国东、西部大地构造分界线及南北向构造带的组成部分。

四、褶皱构造

本书主要阐述影响内蒙古自治区含煤地层的主要褶皱构造体系。内蒙古自治区具有构造区划意义和对煤田地质影响较大的褶皱如下：牙克石复向斜、罕乌拉复背斜、东乌珠穆沁旗西山复背斜、马尼特庙复向斜、贺根山复背斜、白音乌拉复向斜、迪彦庙复背斜、桌子山背斜，以及准格尔煤田主要褶皱构造。

1. 牙克石复向斜

牙克石复向斜位于海拉尔河上游一带，北东45°，延长110km，宽60km左右。轴部在牙克石—乌水其汉一线，相辅而行的有海拉尔河上游断裂等。两端被晚侏罗世火山岩覆盖。北西翼与新峰山复背斜相接，南东翼与博克图-伊尔施复背斜相接。核部发育下石炭统海陆交互相碎屑岩、中酸性火山岩及中侏罗世陆相中酸性凝灰岩，两翼为泥盆系。复向斜北东端有海西期中酸性岩侵入。由于晚侏罗世火山岩覆盖，地层出露极其零星，次一级褶皱出露较少，主要有七扎山背斜。

2. 罕乌拉复背斜

罕乌拉复背斜在东乌珠穆沁旗宝力格、罕乌拉到朝不楞一带，北东50°延伸，长220余千米，出露宽30～60km。北东端延入蒙古国，南西端在乌里雅斯太一带倾没。核部为中奥陶统、上志留统。翼部主要为中泥盆统，上泥盆统，上石炭统，中、下侏罗统。南东翼为新生界覆盖，仅有零星出露。复背斜向南西倾伏，倾伏端在宝力格一带。转折端有海西期花岗岩侵入。复背斜轴部与新华夏系隆起带复合地段有燕山早期花岗岩侵入，这些花岗岩与含钙质较高的围岩接触时产生夕卡岩型铁矿床，如朝不楞铁矿、查干敖包铁矿等。复背斜经历了强烈的挤压作用，次级褶皱比较发育，一般都呈紧密线型褶皱，长5～10km，个别长30km左右，宽仅几千米。如复背斜东南端宝力格西南发育在上石炭统中的准昂嘎尔向斜和巴润都兰向斜，发育在复背斜东端的朝不楞向斜及乌兰陶勒盖背斜，满都胡宝力格一带的2个向斜。沿复背斜走向的冲断层和北西向张扭性断裂发育。其中宝力格附近的珠尔很敖老压性断裂、准萨布尔压性断裂及白其格张扭性断裂等具有代表性。这组压性断裂多由北西向南东逆冲，局部形成"飞来峰"，张扭性断裂断面多向南西倾，南西盘地层相对向南东移。两盘岩石破碎，并具夕卡岩化和褐铁矿化现象。这些特点反映了在复背斜形成过程中挤压强烈，形成南北对冲，并有水平扭动。在复背斜的南西倾没端，宝力格附近由北东向压性结构面和北西向张扭性断裂，构成了面积达900km^{2}的"多"字形构造。复背斜内泥盆系和奥陶系及志留系等地层普遍强烈片理化，片理走向与地层走向一致。而上石炭统则没有片理化现象，说明复背斜在海西中期已经发育了。

3. 东乌珠穆沁旗西山复背斜

东乌珠穆沁旗西山复背斜展布在绥和查干经东乌珠穆沁旗西山到柴达木诺尔北山一带，呈北东—北东东—北东向的"S"形弯曲。由于新生界覆盖及花岗岩侵入，将复背斜分成3段。断续延伸160 km，出露宽30km左右。南西端倾伏，倾伏端被海西期及燕山期花岗岩所破坏。轴部主要为泥盆系、中奥陶统。北西翼有大规模花岗岩侵入，地层出露主要见有中、下侏罗统；南东翼与马尼特庙复向斜相连，主要有中、上石炭统。复背斜挤压强烈，泥盆系普遍片理化。次一级褶皱很发育，特别是在它的轴部东乌珠穆沁旗西山一带更加强烈，泥盆系褶皱呈紧密线型，甚至形成倒转平卧褶曲，并伴生有走向冲断层。这些次一级褶皱长10km左右，有的达40 km，宽2km左右。褶皱两翼倾角60°左右。褶皱一般向北西倒转，轴面倾向北西，两翼倾角一般相近，有的倒转翼倾角略大于正常冀。如木哈尔褶皱，在复背斜西段，绥和查干一带，泥盆系强烈破碎，走向冲断层和北西向张性断裂均较发育。褶皱亦发育，但形态不易恢复，能恢复者一般呈紧密线状。乌兰陶勒盖向斜、绥和查干北向斜等，轴向北东及北东东，轴长2～6km，宽1.5～4km。轴面近直立。两翼对称，倾角70°左右。发育在复背斜两翼的褶皱，特别是中、上石炭统和中、下侏罗统的褶皱，变得越来越宽缓，翼角 40°～50°。北翼的褶皱又比南翼的褶皱更和缓些。地层出露、产状变化和二级褶皱的发育特征，说明复背斜总的趋势是北翼宽缓，南翼陡窄。

4. 马尼特庙复向斜

马尼特庙复向斜位于阿巴嘎旗那仁宝力格至东乌珠穆沁旗盐池北山一带，由南向北，轴向自北东东向到北东向延伸，长 240km，出露宽仅 30km 左右。核部为中、下侏罗统和上二叠统。翼部为下二叠统、中石炭统、上石炭统、泥盆系和中奥陶统。南翼几乎全被新生界覆盖；北翼与东乌珠穆沁旗西山复背斜、阿巴嘎罕乌拉复背斜等相连。次一级褶皱构造比较发育，并伴生有走向压性断裂和横张兼扭性断裂。褶皱构造的规模和形态特征，在复向斜的翼部和核部有所不同。翼部的上石炭统、泥盆系和奥陶系等的褶皱呈紧密线型或倒转（见东乌珠穆沁旗复背斜中叙述）。而核部的中下侏罗统和上二叠统中，褶皱规模较小，长 10km 左右，宽 2 km 左右，形态比较开阔，如多希乌拉向斜。地层不整合和褶皱形态，说明马尼特庙复向斜的形成，至少经历了石炭纪末及早二叠世末、中早侏罗世末 3 次比较强烈的构造运动。在复向斜的北东端多希乌拉一带，出现了一组展布面积约 100 km^2 的“多”字形构造，发生在中、上石炭统和中、下侏罗统中，由一组近于平行的北东向褶皱和冲断层及其一组近于直交的张性断裂组成，褶皱呈雁列状依次向南排列。冲断层北盘东移，张断裂东盘南移。

5. 贺根山复背斜

贺根山复背斜位于阿尔善宝力格、贺根山到乌斯尼黑一带。由于与罕乌拉东西断裂构造带、新华夏系复合在一起，有大规模的海西晚期超基性岩、酸性岩和燕山早期花岗岩侵入以及中、新生界的掩盖，复背斜出露很不完整。轴向大致北东 65°，出露长 150km，宽 15～30km。轴部分布有零星的中泥盆统。两翼为下二叠统。复背斜由两次构造运动造成，海西中期构造运动使泥盆系褶皱，并在阿尔善宝力格—贺根山一带形成了向北东和南西端急剧倾没的背斜构造。因此在阿尔善宝力格和贺根山等地区，所见到的泥盆系正处于复背斜的转折端部位，呈北西走向或近南北走向。在泥盆系构成的背斜隆起的基础上，沉积了石炭系和二叠系。海西晚期构造运动时，泥盆系作为海西晚期褶皱的核部出现，并再一次遭受挤压，变质程度也较深。泥盆系和石炭系、二叠系褶皱都很强烈，因露头不佳和断裂构造的破坏。不易恢复成完整的褶皱，在贺根山和乌尼斯黑地区，能恢复成完整的褶皱规模都不大，如复背斜东端产生在中泥盆统中的赫格奥拉 620 铬矿西背斜和产生在上石炭统中的哲尔格勒褶皱，一般长 2km 左右，宽约 1km，个别长可达 5～10km，宽 5km 左右，两翼地层倾角 40°～70°，褶皱紧密对称。贺根山地区的泥盆系，在处于复背斜转折端的北西侧时，褶皱轴为北西走向，倾没方向与复背斜倾没方向基本一致，指向南东。近于复背斜轴部时，泥盆系则转为近南北向。在乌斯尼黑一带的石炭系、二叠系，因受东西向构造和北北西向构造的影响，次一级褶皱的轴向都有所改变，但轴倾向与复背斜基本一致，指向南东。由于露头零星，该复背斜展布区仅见有规模不大的北东向压性断裂和北西西向压扭性断裂。有的压扭性断裂的旁侧，派生有低序次的小型褶皱或断裂，构成了“入”字形构造，如复背斜西翼的小坝良“入”字形构造，展布面积 2000 余平方千米。“入”字形主干构造是北西西向的压扭性断裂，出露长 6～13km。分支构造是北东东向张性断裂及一些北北西向拖曳褶曲，它们与主干断裂呈锐角相交，但不截过主干断裂。表明主干断裂北东盘向西移动，南西盘向南东移动。“入”字形构造北西西向主干断裂截割了海西晚期超基性岩体和东西向冲断层，形成于燕山期。小坝良铜矿可能与“入”字形构造有关。

6. 白音乌拉复向斜

白音乌拉复向斜位于锡林浩特—西乌珠穆沁旗白音乌拉一带，北东东向延伸，长 180km，宽 30～40km。向北东和南西两端翘起。北西侧为新浩特复向斜，南东翼与迪彦庙复背斜相连。轴部为零星分布的上二叠统，中、下侏罗统及下二叠统。两翼为石炭系和下二叠统。沿核部分布有零星的海西晚期基性和中酸性小岩体以及燕山早期花岗岩。复向斜中次一级褶皱和走向冲断裂较发育，次一级褶皱一般多见于下二叠统中，如复向斜北东端的温多尔霍托林乌拉北向斜、敖包图向斜、格根庙向斜及复向斜南西端的哈达候向斜、责钦坤兑背斜等。轴向一般北东 60°～70°，延长 10～20km，宽 1～5km。一般都是紧密对称的复式褶曲，两翼地层倾角为 45°～60°，个别为 30°。石炭系，上二叠统及中、下侏罗统等出露零星，完整褶皱一般较少。中、下侏罗统中的褶皱比较开阔平缓，两翼地层倾角 10°～20°，延长 5～7km，宽 3km 左右。中、下侏罗统与二叠系间为不整合接触。因此，白音乌拉复向斜构造至少经历了早二叠世末和早、中侏罗世末的两次构造运动。复向斜轴部走向冲断层比较发育，在复向斜北东端发育有古尔班道包格断裂带。复向斜南西端发育有毛登南斯仁温多尔冲断裂带及哈达候冲断裂带等。这些断裂自海西晚期至燕山早期曾多次活动，沿断裂带有海西晚期中基性岩及燕山早期花岗斑岩脉侵入，是成矿的有利条件。沿断裂带已发现有多金属矿点，矿化点往往发育在北西向配套断裂中。

7. 迪彦庙复背斜

迪彦庙复背斜位于迪彦麻林场到罕乌拉一带，北东向延伸 140km，宽约 35km。向两端有逐渐倾没的趋势。轴部为新元古界艾力格庙群。两翼为中、上石炭统和二叠系。沿复背斜轴部有海西晚期及乏燕山期的中酸性岩和基性岩侵入。轴部新元古界艾力格庙群强烈揉皱，构造线方向为近东西—北东东向，与上古生界褶皱有较明显的交角。东西向构造被包容在弧形构造带中，并作为复背斜的轴部，同时也受到了改造，使构造线发生了一定的改变，局部成为北东东向。翼部石炭系和二叠系褶皱比较发育，如复背斜东端的格根敖包向斜，中段的敖包亭郭勒背斜和梅特敖包向斜，南段的密透北向斜等。轴向北东 45°～50°，延长几千米到十几千米，宽 2km 左右，个别宽达 5km 以上。一般都呈紧密对称褶皱，两翼地层倾角 40°～60°，有的轴面微向南东或北西倾斜。在近复背斜轴部，伴随褶皱产生有走向冲断层，断面主要向南东倾，少数向北西倾。在西乌珠穆沁旗古尔班道包格到跃进煤矿之间，迪彦庙复背斜的西北翼发育有一走向北东 50°～60°、出露长 38km、宽约 20km 的冲断带，由北东向压性断裂和北西向张性配套断裂组成。北东向压性断裂成群成带出现，出露长一般 10～20km，影响宽数百米到 1～2km。主要表现为岩石糜棱岩化、片理化、岩层陡立，或出现一系列与主干断裂平行的裂隙，断裂面多向南东倾，倾角 40°～60°，这些平行的冲断层在剖面上构成叠瓦式构造，主干断裂以巴音鄂勒黑特冲断层和古尔班道冲断层为代表。综上说明，该背斜的形成过程中压应力主要来自南东。

8. 桌子山背斜

桌子山背斜展布范围包括整个千里山到桌子山一带，北到千里山北端隐伏于中、新生界之下，南到棋盘井南端隐伏于中生界之下，东到桌子山东麓，区内仅出露其背斜的东翼，西翼延伸到西邻。背斜轴呈近南北向，南北长 80 余千米，东西宽 10～20km。背斜呈波状起伏的穹隆状，核部为断续出露的太古界千里山群。围绕南北向的核部，四周依次为震旦亚界长城系、寒武系、奥陶系、石炭系、二叠系、三叠系及侏罗系，为一西翼缓、东翼陡之不对称背斜。组成背斜的地层，除太古宇千里山群呈近东西走向外，其他地层(盖层)均围绕核部倾斜，东翼陡可达 30°，西翼缓为 15°～20°，轴面略向西倾。桌子山背斜近轴部的东翼均被桌子山东缘断裂所破坏，总体呈断块出露分布。

9. 准格尔煤田主要褶皱构造

(1)窑沟背斜：位于煤田北部，轴向北东 23°，北起小鱼沟，经窑沟向南西向延伸至唐公塔区北部消失，轴长约 10km，该背斜西翼倾角 6°～8°，东翼 3°～5°，中部隆起幅度较大，两端宽缓。

(2)西黄家梁背斜：位于煤田中部，北起田家石畔经西黄家梁至刘家疙旦，轴向 30°～50°，向南西倾伏，北西翼陡且窄，倾角一般 25°，局部达 35°，南东翼宽缓，倾角 10°以内，为西陡东缓的不对称背斜。轴部隆起幅度 100～150m，延伸约 12km。背斜在张家疙旦一带煤层抬起接近地表。

(3)罐子沟向斜：位于煤田南部罐子沟西侧，走向南北，两翼地层倾角 5°左右，轴部十分宽缓，褶曲幅度北部 30～40m，南部 60～80m，南北向延伸约 8km。

(4)老赵山梁背斜、双枣子向斜：此背、向为斜伴生关系，位于煤田南部老赵山梁—马场咀一带，轴向近东西，由东向西倾伏，背斜轴部出露奥陶系灰岩，向斜轴部为石盒子组地层，延伸约20km。

(5)田家石畔背斜：位于煤田南部。轴向北西50°，为西南翼陡，东北翼缓的不对称背斜，延伸约8km。

(6)田家石畔—长滩挠断带：从煤田南端的榆树湾向北西40°～60°延伸，经田家石畔、小井子、贺家梁到伏路塥，从地表可见到岩层倾角从平缓到陡立的急剧变化带，地表倾角达70°～80°，挠曲幅度达300m。在伏路塥挠曲发生转折，方向转为北东，经长滩至西坪沟，挠曲幅度逐渐减小，田家石畔—榆树湾电厂一带，挠曲局部发生断裂。推断此挠曲为基底断裂所引起的盖层构造。挠曲总长度40km。

第二节 煤盆地构造演化史

一、古构造应力场分析与构造演化

(一)区域构造应力场分析

前人对大量的节理点、褶皱点资料进行统计，采用从老到新次序逐个恢复了印支期、燕山期、四川期、华北期、喜马拉雅期的主应力方向。中国西部中—新生代构造应力场的主应力方向具有明显的突变性，以现代方位为准，它们的最大主压应力方向，印支期为近南北向，燕山期为北西西-南东东向，四川期为北东-南西向。应力场主应力方向变化的周期也是不相等的。

1. 印支期应力场

印支期发生的时间为230～205Ma，中国东北部大部分地区的构造应力方向：最大主压应力轴(σ_1)的优选产状为SE176°∠5°，中间主应力轴(σ_2)为NE87°∠4°，最小主压应力轴(σ_3)为NW356°∠85°，近于直立(NW355°∠87°)。这说明以现代的方位为准，该期区域构造挤压应力方向是以近南北方向为主的。

2. 燕山期应力场

燕山期构造运动发生的时间为175～135Ma，相当于研究区内的早燕山期，此时中国大部分地区的构造应力方向：最大主压应力轴(σ_1)的优选产状为SE116°∠7°，中间主应力轴(σ_2)(即褶皱轴迹线)为NE26°∠3°，最小主压应力轴(σ_3)为NW297°∠80°，近于直立(NW297°∠80°)。这说明我国东北部燕山期构造应力场，以现代方位为准，是以北西西-南东东挤压和北北东-南南西向拉张为主要特征的。

3. 喜马拉雅期应力场

中国东北部喜马拉雅期构造应力场的最大主压应力轴(σ_1)的优选产状为SE178°∠2°，中间主应力轴(σ_2)为SE91°∠3°，最小主压应力轴(σ_3)为NW350°∠87°。这说明华北期在近南北方向上挤压，在近东西方向上拉张。

(二)内蒙古自治区构造应力场分析

内蒙古自治区构造背景复杂，自晚古生代后，古亚洲大陆对接完成，在区域应力场的控制下，经历了多期次不同方向的挤压，不同方向的应力场交替作用，形成了现今的构造组合。该区的构造形迹主要形成于印支—燕山早期，在印支期，由于南北大陆连成一体，内蒙古自治区尤其中西部地区，在早中生代

(印支运动—燕山运动早期),总体大地构造环境以南、北两大板块持续陆内会聚而产生的南北向挤压为主;中燕山旋回后转为以库拉-太平洋板块与亚洲大陆的相互作用为主,这种构造应力的改变和新构造的叠加,使该区构造形态更加复杂化;晚燕山期库拉-太平洋板块对中国大陆的挤压作用减弱,白垩纪时东部地区处于右旋张剪应力之中(李思田等,1992),形成大规模裂陷作用,主要表现为地壳在北北西—南东东方向水平伸展和大量断陷盆地的形成;喜马拉雅期由于菲律宾板块的北移,该区在南东东或东西向处于拉张状态,以垂直运动占优势的差异性升降运动是本旋回的主要特征。

因此,内蒙古自治区大地构造格局主要经历了 3 期的应力改造:印支期、燕山中晚期和喜马拉雅期。

1. 印支期

鄂尔多斯盆地中东部区在印支期应力场是以近水平的,几乎南北(NNW359°～SSE179°)方向的最大应力轴(σ_3)为基本特征;最小主应力轴(σ_3)的平均产状 88°∠2°～268°∠3°,而西缘处于近东西向的近水平挤压应力场中(图 5-2-1)。海西晚期,褶皱回返成陆,陆块与造山系的构造格局消失,形成统一的亚洲大陆。在三叠纪,北部广大地区处于整体上升隆起环境中,西南部陆块区总体以沉降为主。早侏罗世,是大陆边缘活动阶段的初动期,这一时期,地壳活动的总特点是以差异性升降运动为主,造成一系列北东向或北北东向的断陷盆地。

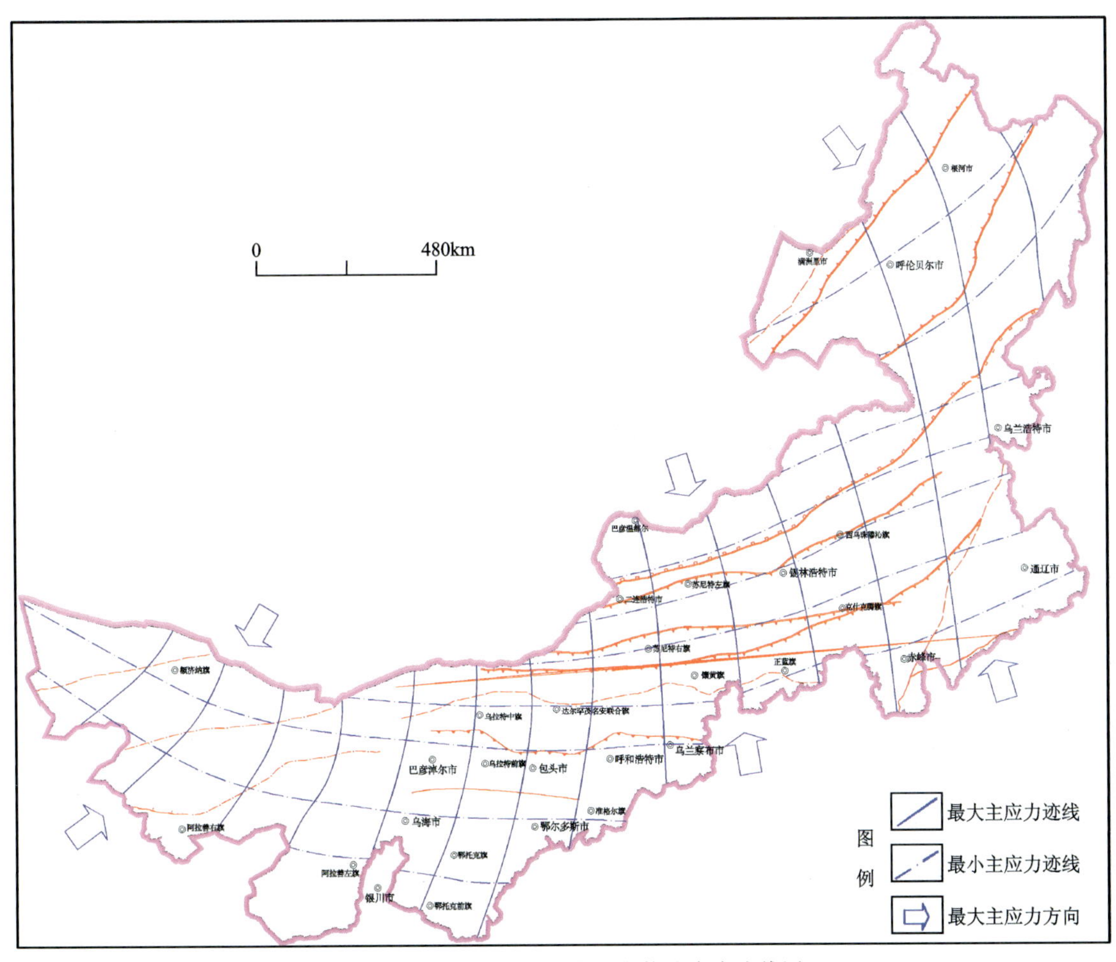

图 5-2-1 内蒙古自治区印支期构造应力迹线图

在早侏罗世,形成一系列呈北东向或东西向的含煤盆地,由于这一时期盆地的扩展大于沉降,因此,在盆地内粗碎屑岩体系之上沉积了粉砂岩、泥岩,夹有多层煤,成为区内重要的成煤期,北东向盆地的规模一般较大,如鄂尔多斯盆地、二连盆地、银根盆地等,近东西向盆地主要分布在阴山地区,现存规模较大。

2. 燕山中晚期

中侏罗世后，西伯利亚和华北古板块对接引发的陆内汇聚基本结束(图 5-2-2)，南北向挤压松弛造成鄂尔多斯区由整体沉降转为整体抬升，聚煤作用结束(图 5-2-2)。东部区库拉-太平洋板块作用相对减弱。

晚侏罗世末期，地层发生强烈褶皱、断裂(具有继承性)，形成与上覆地层的角度不整合接触面。该造山运动，在鄂尔多斯地区的周缘表现为近东西向或南北向的继承性褶皱和断裂。在西部桌子山—贺兰山一带，形成一系列南北向逆断层并呈叠瓦状向东推掩，致使许多煤系被掩覆。随着逆冲带由西向东扩展，从晚三叠世—白垩纪的沉积中心逐步由西向东迁移，形成典型的前进式逆冲推覆构造，鄂尔多斯西缘成为典型的前陆盆地；在阴山地区，煤盆地的南、北两侧发育了近东西向逆掩断层，使乌拉山岩群、二道凹群、什那干群等呈南、北对冲之势逆掩推覆于煤系地层之上；在艾力格庙-锡林浩特中间地块上也有此种构造存在；在大兴安岭一带，造山运动以断裂变形为主，形成一系列北东向、北北东向压扭性或北西向张性断裂体系，褶皱构造基本上为一些"镶嵌式"的开阔的短轴背、向斜，它们多因断裂错动而复杂化，使局部柔皱和变陡，轴向北东、北北东。

燕山晚期，库拉-太平洋板块对中国大陆的挤压作用继续减弱。白垩纪时东部地区处于右旋张剪应力之中(李思田等，1992)，形成大规模裂陷作用，主要表现为地壳在北北西—南东东向水平伸展和大量断陷盆地的形成，在这种应力场中北西向先存基底断裂在压剪作用下处于紧闭状态，因此盆地展布均呈北东—北北东向。在盆地充填后期开始了应力场转化，即由右旋张剪重新转化为左旋压剪。白垩纪早期在内蒙古中西部区也有同类型盆地形成。由于太平洋板块的应力松弛，促使嫩江-八里罕深断裂以东地区下陷，形成松辽盆地。以西原本是裂陷盆地的兴安地区则从白垩纪起始终处于上升状态，至现代形成大兴安岭(图 5-2-2)。

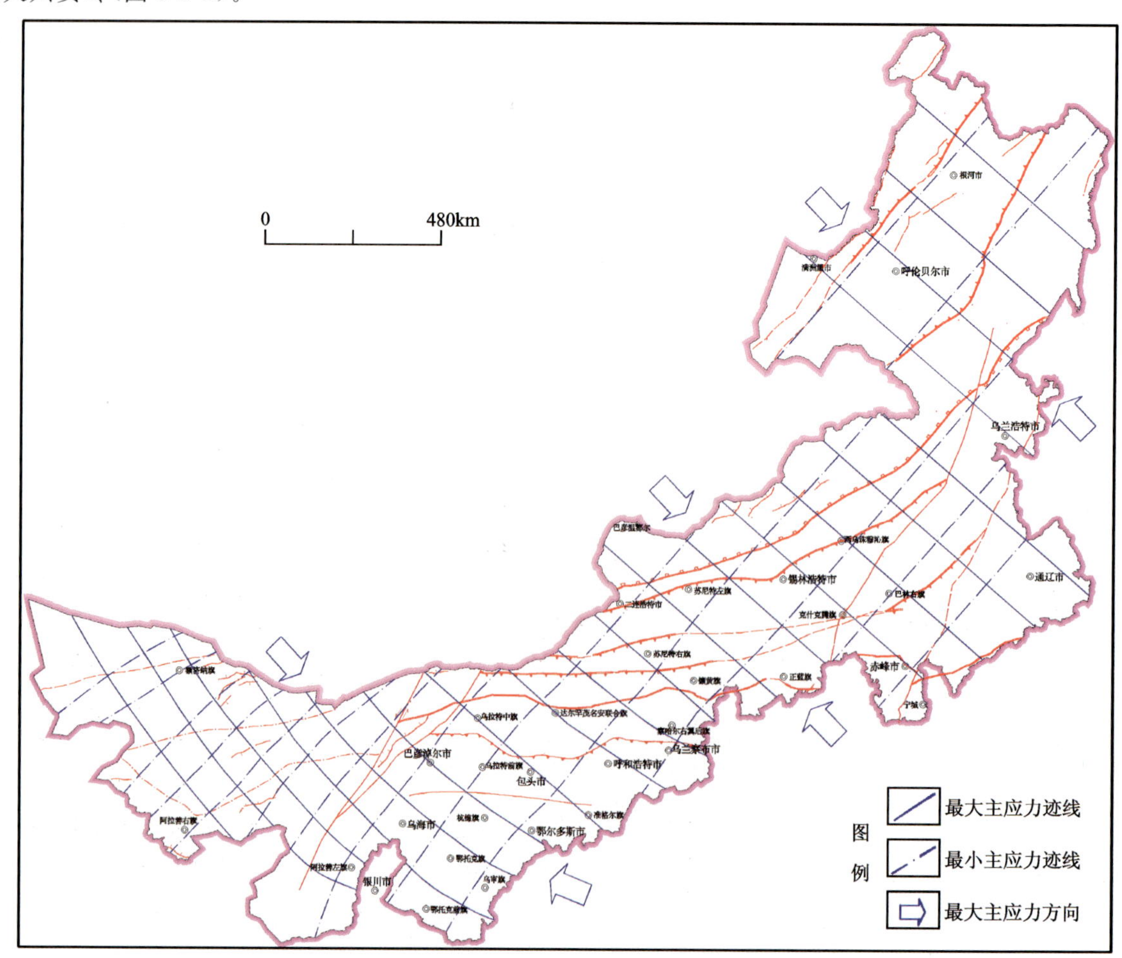

图 5-2-2　内蒙古自治区燕山中晚期构造应力迹线图

鄂尔多斯盆地沉积了一套红色建造，随后潮水盆地、银根盆地、二连盆地群、海拉尔盆地群也相继断陷，连同一些小型盆地，如固阳、乌兰花、供济堂沉积了一套泥岩和磨拉石含煤建造及油页岩建造。

3. 喜马拉雅期

喜马拉雅期构造应力场最大主压应力轴为北北东-南南西向，最大拉张应力方向为北北西-南南东向(图 5-2-3)。以垂直运动占优势的差异性升降运动是本旋回的主要特征。与继承性断裂活动相伴随的线状及面状的裂谷性质的基性火山喷溢，以及多期冰川活动是本旋回的另一醒目标志。

差异性升降运动导致的坳陷盆地多数继承和上叠于中生代坳陷之上，如海拉尔盆地、二连盆地、松辽盆地、鄂尔多斯盆地、潮水盆地等，也有新生的断陷盆地，如腾格里坳陷、河套坳陷、居延海坳陷等，一般沉积巨厚的类磨拉石或湖相泥页岩建造。频繁的脉动式升降运动使其间造成多次的沉积间断，形成不完整的新生界剖面。由于构造运动力源由东向西和由南向北的挤压作用及各种边界的改变造成了今日复杂的构造格局和现代地貌景观。

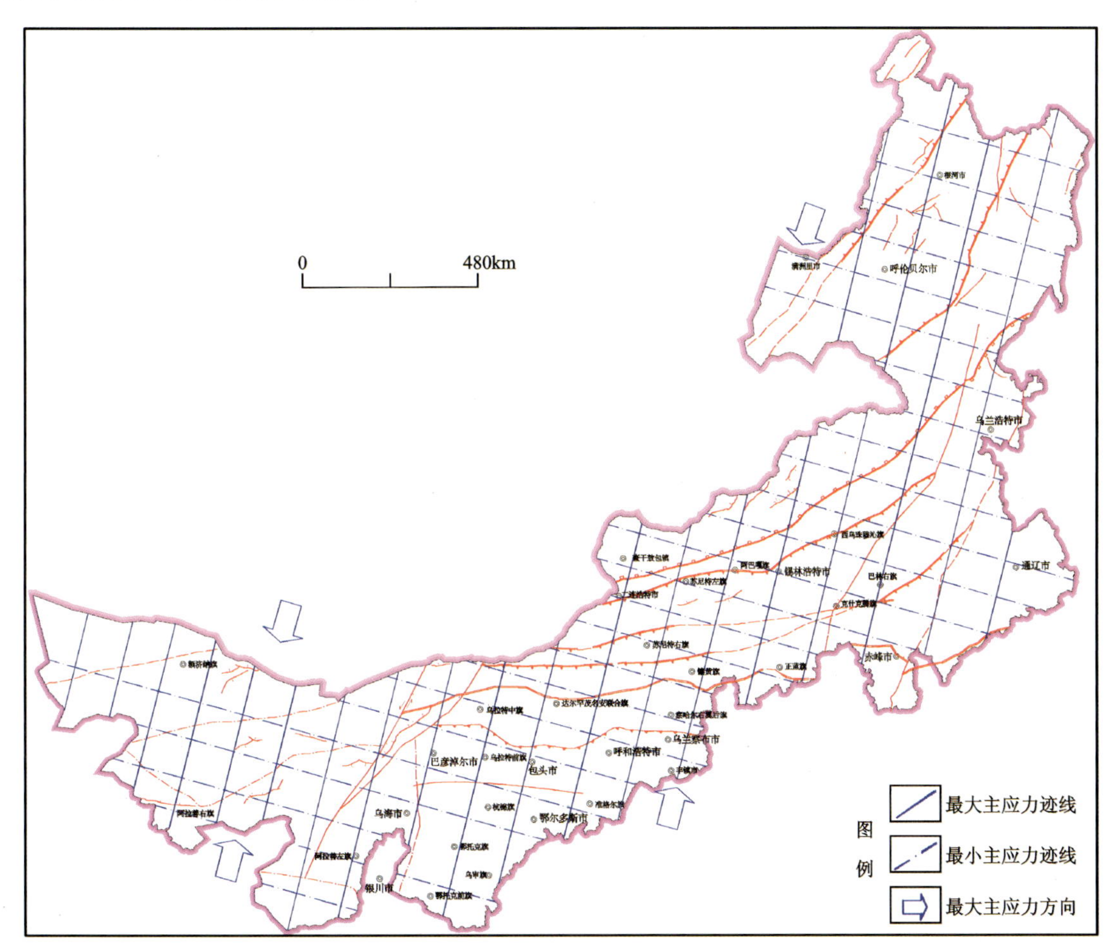

图 5-2-3　内蒙古自治区喜马拉雅期构造应力迹线图

二、控煤构造的形成机制

控煤构造形成于不同的地质年代，分属不同的构造运动时期，各自的成因机制不尽相同，形态特征各异，因而对含煤地层的改造和控制也各具特色。

内蒙古自治区的含煤盆地在形成演化过程中，既受控于太平洋构造域的掠夺俯冲与裂陷伸展的交替作用，又与北部和西南部周边板块碰撞效应及大陆内部各圈层的耦合作用有关。

内蒙古自治区北部即天山-兴蒙造山带，在古生代时曾发育了广阔的古亚洲洋。从早古生代中晚期开始，洋陆边缘的多次俯冲消减和大陆增生作用，在北、南两侧分别出现了加里东期陆缘增生褶皱带和早、晚海西期陆缘增生褶皱带。到二叠纪晚期，西伯利亚板块和塔里木-华北板块最终碰撞拼贴，形成了欧亚统一板块。到中生代早期，西伯利亚板块、塔里木-华北板块及其之间和周边所夹持的地体、陆块已完全拼贴为统一的欧亚大陆，称为拼贴板块构造。

在中生代盆地形成演化过程中的大地构造背景，主要是指东侧库拉-太平洋板块沿北西—北北西方向向欧亚大陆的俯冲和欧亚大陆沿南东—南东东向裂解拉伸的交替作用，以及大陆边缘内侧软流圈上涌和岩石圈减薄对上部地壳的改造所造成的构造-岩浆作用。太平洋板块对欧亚板块沿北西向俯冲挤压及接下来的沿北北西向的斜向俯冲压剪造就了中国东部北东向和北北东向左旋压剪性质的构造变形。

新生代时期东北大陆板块进入新阶段，这时库拉板块已全部消亡，太平洋板块向北西向俯冲，发展为岛弧边缘海构造格局。这时松辽盆地群以西的广大地区处于相对上升状态。根据 Molnar 和 Tapponnier(1977)的滑移线场理论，由印度板块向北楔入造成我国东部传播性挤出模式也对本区的引张伸展和控制转换具有一定作用(李思田等，1992)。

内蒙古自治区的后期控煤构造在时空上有一定特点。区内主要聚煤时代有四期，即石炭纪—二叠纪、侏罗纪、早白垩世、新近纪，其中石炭纪—二叠纪煤系及早—中侏罗世煤系在鄂尔多斯西缘遭受了较严重的聚煤期后构造变动之改造作用，而早白垩世及新近纪煤系受到构造改造很轻微。纵观全区构造变动史，以印支—燕山早期的构造运动对煤系现今保存情况影响最大；受后期构造运动改造最为强烈的地区都位于聚煤盆地的边缘，尤其是造山带内最为强烈，而绝大多数盆地主体内含煤岩系未受到大幅度构造变动的影响。

内蒙古自治区控煤构造的基本骨架表现为以北东—东西向展布的阴山构造带为界，南侧为鄂尔多斯巨型聚煤盆地(C—P，J_{1-2}煤系)，北部为二连-海拉尔盆地群(K_1煤系)。阴山构造带包括狼山、色尔腾山、渣尔泰山、乌拉山及大青山构造带，逆冲推覆作用改造了含煤岩系；鄂尔多斯盆地包括桌子山-贺兰山南北向构造带及鄂尔多斯聚煤盆地。中生代桌子山-贺兰山构造带大规模向东推覆的结果导致鄂尔多斯盆地西缘石炭纪—二叠纪煤系遭受强烈改造；二连盆地群指分布于阴山山脉以北的早白垩世聚煤盆地，主要盆地基本上未受到后期构造的明显影响，仅在其东部略有表现。

(一)桌子山-贺兰山构造带

桌子山-贺兰山构造带的构造形变主要表现为褶皱冲断作用，逆冲断裂和褶皱构造南北向展布，仅在南部贺兰山西缘略转向北北东向。主要逆冲断裂面皆倾向西，主要褶皱构造轴面亦倾向西，与断裂构造相吻合。运动方向主要是由西向东逆冲，在贺兰山西缘略转为北西西向或南东东向。

应变特征为南北向断裂早期均为自西向东逆冲性质。北段表现为脆—韧性变形；南段以脆性变形为主。本逆冲带发育时代应在印支期已具雏形，在燕山中期达到高潮，直到燕山晚期。

印支运动时期，阿拉善地块自西向东运动，致使贺兰裂谷内自元古宙以来形成的巨厚沉积物发生褶皱、隆起，更进一步向东逆冲推覆于鄂尔多斯刚性基底之上。

(二)阴山构造带

阴山构造带不同区位运动方向不同，在狼山地区逆冲断裂走向以北东为主，和狼山山脉走向大体一致。在西南段逆冲断裂面皆倾向北西，中段、北段大致以复背斜核部的印支花岗岩体为界，西北侧的逆冲断裂面倾向东南；东南侧的逆冲断裂面则倾向北西。同时狼山地区发育了多条走向北东向的大型平移断层，西南段主要表现为左行，东北段主要表现为右行。从推覆构造发育强度看，以北西向南东推覆滑脱为主。对煤系地层的影响也是由北西向南东的逆冲推覆。

在昂根含煤盆地北缘有一系列相互平行，走向北东，断面倾向北西的逆冲断裂向盆地内逆冲推覆。在盆缘东南缘尚未发现大规模逆冲断裂，含煤盆地现存形态为一个与逆冲断裂带平行展布的条形盆地。

因此昂根区的逆冲推覆构造的运动方向为北西向南东。

营盘湾区主体轴向近东西，向西延伸渐变为北西西向，愈向东愈接近东西方向。营盘湾盆地北缘有一系列平行的东西展布的逆冲断裂，断面皆倾向北，向南推掩；盆地南缘的逆冲断裂断面倾向南，向北逆冲，构成南北对冲之势。从发育空间及强度来看，这两组逆冲断裂有所差别：北侧向南逆冲的断裂系发育，断层密集，推覆距离较大，一般发育在老地层里，或老地层推覆于含煤盆地之上；南侧逆冲断裂一般规模较小，展布空间有限，多断在含煤岩系内。因此，营盘湾区的逆冲作用为南北对冲，北强南弱。

大青山区现存的拴马桩、石拐煤系内部发育褶皱、断裂，皆沿东西向条带状展布。在煤系地层分布带南、北两侧有两条逆冲断裂带，北侧冲断带的断面皆倾向于北，向南推覆，主要发育于太古宙片麻岩中，对煤系地层没有大的改造影响；南侧冲断带断面南倾，向北逆冲，发育的地层时代广泛，从太古宇、元古宇、古生界、中生界均有，规模较大，导致卷入地层形变强烈，运移距离也大，对煤系地层进行了强烈的改造作用，逆冲断裂倾角缓，形成许多较大规模的飞来峰及构造窗。由此可见，大青山煤田发育的推覆构造属南北对冲，南强北弱。

整个阴山构造带南缘普遍发育逆冲推覆构造，但不同地段特点不同，这是由其所处区域背景、发育强度、形变方式不同所造成的。从狼山地区东南缘以向南东方向逆冲开始，到昂根地区，逆冲断裂仅发育在盆地北缘，至营盘湾仍是北强南弱，大青山以南强北弱对冲为特点；而至呼和浩特一带则以由北向南逆冲为主；苏勒图一带又表现为北侧略强的南北对冲之势。但这种情况只是现今的表现，不能完全体现当时逆冲推覆构造的发育特征。

综上所述，本区推覆构造的基本样式有 3 种，即对冲式、背冲式和楔冲式，以对冲式为主。

本区缺失三叠系，逆冲推覆构造卷入的最老地层为太古宇、元古宇，最新地层为阴山地区下白垩统，营盘湾—大青山一带是中、下侏罗统，苏勒图一带是上侏罗统。因此整个阴山构造带的推覆构造主要发育于印支—燕山早期，中部地区结束较早，为中侏罗世；西部地区为早白垩世末；东部地区于晚侏罗世末结束。

阴山构造带南缘含煤盆地两侧发生的逆冲推覆构造形变特征以脆性变形为主。阴山地区是内蒙古自治区构造变动最为复杂地区，也是含煤岩系遭受后期改造最为强烈地带。该构造带位于华北陆块区北缘，现存构造要素主要成因于华北古板块和西伯利亚古板块的相互作用。

（三）海拉尔地区

海拉尔坳陷成盆期的应力场有两个特征：扭动形式普遍存在，纯张、纯压极少见，控制盆地的断裂网格上表现倾滑现象，符合板块相互作用带的特点；盆地演化过程中应力场多变。

海拉尔盆地的边界断裂及二隆控制的三坳是地堑或半地堑长条状断陷，总体是北北东向展布，各断陷的边界断裂同基底断裂复合具同生断裂性质，说明是张性特征。从坳陷中的北东向断陷的斜列排列，说明北北东向构造又具有扭动特点。从斜列的方向看，应为北东-南西右旋扭的产物，而东西向构造呈张性特征，它们共同控制了海拉尔盆地中生代沉积，可用东、西两侧南北向顺扭作用的受力方式加以解释。

这种扭动结果，造成坳陷边界呈锯齿状拉张形态，各断陷、凸起也大致成这一格局，西侧的扎赉诺尔断裂切割较深且平直，控制了北北东向扎赉诺尔坳陷，到盆地内部这种扭动表现明显，造成凸凹的斜列排列。

晚古生代，西伯利亚古陆南缘和华北古陆北缘逐渐增生，且向南向北相对运移，到晚海西晚期二者碰撞缝合，形成统一的欧亚大陆。这时形成的南北向应力是盆地基底构造格局形成的力源。中生代，印支和燕山运动第Ⅰ幕本区整体上升，遭受剥蚀，到燕山运动第Ⅱ幕，由北西到南东向拉张应力的作用，形成北北东向、北东向的断陷盆地，沉积了巨厚的火山岩建造和含煤碎屑岩建造。

海拉尔地区于晚海西晚期结束了海相沉积，缺失二叠纪—三叠纪的沉积，燕山期第Ⅰ幕总体为上升剥蚀阶段，局部沉积了早中侏罗世的碎屑岩，燕山运动第Ⅱ幕由于北西-南东向拉张应力作用加强，北北东、北东向断裂发育形成许多断陷盆地，开始接受晚侏罗世火山岩沉积、早白垩世含煤碎屑岩建造。

晚古生代，西伯利亚古陆和华北古陆的活动性大陆边缘逐渐靠近，海盆缩小，末期海水退出，二陆相碰撞，形成统一欧亚大陆，结束了洋壳发育阶段，到中生代开始了陆盆发展新阶段。

海拉尔盆地处于向南凸的蒙古弧形构造带的东翼，基底构造由额尔古纳复背斜、海拉尔复向斜、大兴安岭复背斜组成，这些构造为紧闭型的线状褶皱，呈北东—北北东向展布，同时伴有岩浆活动。陆盆发育时期基本上分5个阶段：拱升期、初始断陷期、断陷期、坳陷期和隆升期。

（四）二连地区

二连地区下白垩统广泛分布，迄今除个别地区之外尚未发现较大规模的对煤系有影响的构造形迹。但东乌珠穆沁旗煤田表露出的构造特征也许有一定的代表性。从区域构造分析角度看，二连地区在中侏罗世时处于强烈的北西-南东向的挤压应力场之中，其他邻近地区如阴山地区、吉辽地区等均发生了强烈的逆冲推覆构造，对煤系地层进行了重大的改造作用。二连地区早、中侏罗世含煤岩系为阿拉坦合力群，地表出露点甚少。从目前石油钻探成果看，在巴音和硕盆地、川井盆地中的钻孔资料中都可见到阿拉坦合力群含煤岩系；从地史角度出发，阿拉坦合力群和阴山地区的石拐群在沉积岩相方面具有相似性，都是一套粗碎屑岩体系；从区域构造背景上看，阿拉坦合力群是在兴蒙褶皱带的基础上发育起来的，中侏罗世也是兴蒙造山带持续收敛，大规模逆冲推覆构造发育鼎盛期，不妨将阿拉坦合力群看作推覆体前渊坳陷之产物，则其主体展布方向就是北东向。从目前资料看，阿拉坦合力群可能当时分布较为广泛，只是后期构造改造相对较强烈，加之上覆巨厚的晚侏罗世火山岩系或下白垩统，但在早白垩世盆地边缘或构造引起的冲断岩席隆起区或许可以寻找到一定规模的早中侏罗世煤系，不过这仅仅是一种推测。

（五）平庄—元宝山、大兴安岭南段及松辽盆地西部

3个区的主要构造线的方向均以北北东向延展，倾向北北西和南南东，由此推断其运动方向为北北西与南南东拉张。局部东西向逆冲断层，向南倾斜，可见是由南向北推覆所致。东西向拉张性断裂，为南北向拉张所造成。

从断裂断开的地层来看，最新为下白垩统，最老为古生界，而在赤峰市南局部为太古宇。因此，本区构造发育时代属印支—燕山早期，即早白垩世末。

印支—燕山早期，华北板块内在化德—赤峰一线形成A型俯冲带，来自艾力格庙-锡林浩特中间地块向南推覆，是东西向构造形成的力源。晚侏罗世—早白垩世，太平洋板块向西运动松弛，产生的北北西-南南东拉张应力是本区北北东向构造形成的力源。

第三节 控煤构造样式

一、控煤构造样式

构造样式是含煤岩系构造变形的宏观表现形式，指一群构造或某种构造特征的总特征和风格，即同一期构造变形或同一应力作用下所产生的构造的总和。构造样式研究的目的在于揭示地质构造发育的规律，建立地质构造模型，在地质勘查资料不足的情况下，可以通过构造样式的研究去认识可能存在的构造格局和进行构造预测。

一般意义上的构造控煤作用是指构造形迹或构造变动对煤层形成和赋存状况的控制作用，而控煤构造样式则是针对煤炭资源评价、勘探与开发提出来的，用以描述对煤系和煤层的形成、构造演化和现今赋存状况具有控制作用的构造样式，它们是区域构造样式中的重要组成部分，但不是全部。控煤构造样式的划分（表5-3-1）、控煤构造样式的厘定，对于深入认识煤田构造发育规律、指导煤炭资源评价和煤炭资源勘查实践具有重要意义。

表 5-3-1　控煤构造样式分类简表(曹代勇,2007)

大类	类型	大类	类型
伸展构造样式	单斜断块	反转构造样式	正反转断裂型
	掀斜断块		正反转褶皱型
	堑、垒构造		负反转断裂型
	箕状构造		负反转褶皱型
压缩构造样式	逆冲叠瓦构造		复合型
	双重构造	滑动构造样式	掀斜断块型
	冲起构造		逆冲褶皱型
	对冲构造		断块旋转型
	逆冲褶皱构造		穹隆型
	挤压断块		层滑(顺层滑动)型
	纵弯褶皱	同沉积(成煤期)构造样式	同沉积正断层
	滑脱褶皱		同沉积逆断层
剪切和旋转构造样式	平移断裂		同沉积凸起(背斜)
	正-平移断裂和逆-平移断裂		同沉积凹陷(向斜)
	雁列褶皱构造		
	帚状构造		
	平面“S”和反“S”形构造		

控煤构造样式是指对煤系和煤层的现今赋存状况具有控制作用的构造样式,它们是区域构造样式中的重要组成部分。以野外调查、煤田地质勘探资料分析为基础,根据内蒙古自治区各煤田的区域构造特征,结合区内含煤岩系和煤层现今分布与构造形态之间的关系,将全区煤田构造样式的主要类型归纳为四大类、15 个小类(表 5-3-2)。划分依据:只研究含煤岩系地层的构造形态,只针对对含煤地层造成影响的构造形态进行讨论,不涉及对煤系地层赋存无影响基底构造及其他与煤系地层无关的构造样式,样式的尺度控制在宏观研究范围内,从煤田级别到井田及工作面级均有阐述,并且考虑单一构造单元样式和组合构造样式进行分类。

表 5-3-2　内蒙古自治区控煤构造样式划分表

大类	类型	构造特征	实例	模式图
伸展构造样式	地垒构造	平行或近平行排列、相背倾斜正断层及其所夹持的地层组合而成。相背倾斜正断层之间的含煤块段为共同上升盘,构成地垒	白彦花煤田	
	地堑—半地堑型	平行或近平行排列、相向倾斜正断层及其所夹持的地层组合而成。相向倾斜正断层之间的含煤块段为共同下降盘,构成地堑;在一侧主干断裂控制下形成,煤系的埋深总体较浅,靠近断裂则变深,构成半地堑	二连盆地群五间房	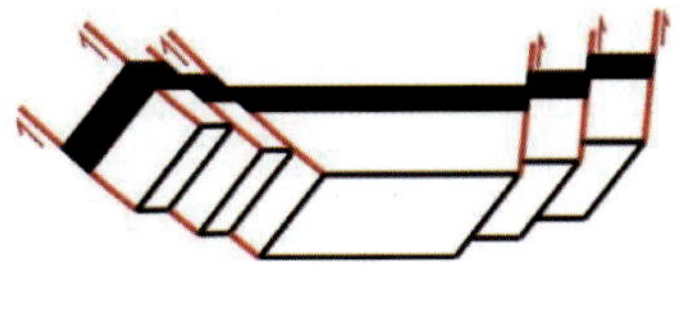

续表 5-3-2

大类	类型	构造特征	实例	模式图
伸展构造样式	箕状构造型	由抬斜断块或半地堑发育起来的箕状断陷盆地构造。在箕状构造发育过程中，主控断层的活动基本上与盆地的充填沉积作用是同步的，因而称为生长断层或同沉积断层。箕状构造可呈单个产出，也可由几个箕状构造构成更大一级的凹陷盆地	平庄盆地	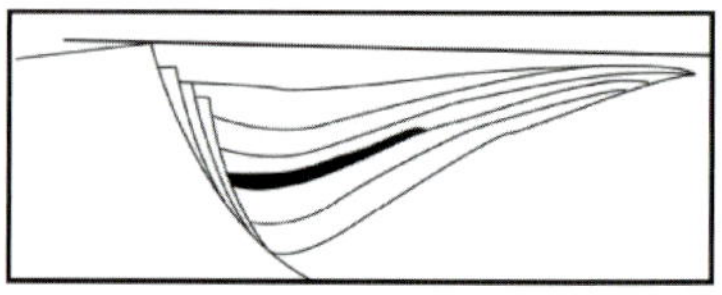
	单斜断块型	煤系主体倾角较缓，被阶梯状的正断层所切割	二连盆地群巴音乌兰	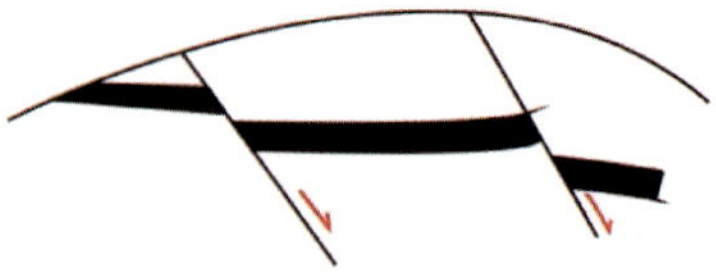
压缩构造样式	叠瓦扇断夹块型	煤系地层为夹持于逆断层之间的断夹块，变形程度较低，基本保持单斜形态，褶皱不发育。断裂对煤系赋存影响较大，多构成矿区的自然边界	营盘湾矿区	
	对冲构造	倾向相背的两组逆冲断层共有下降盘，常表现为煤田的两侧(外围)向煤田内部逆冲，煤层赋存于对冲逆断层的断层三角带内	贺兰山地区	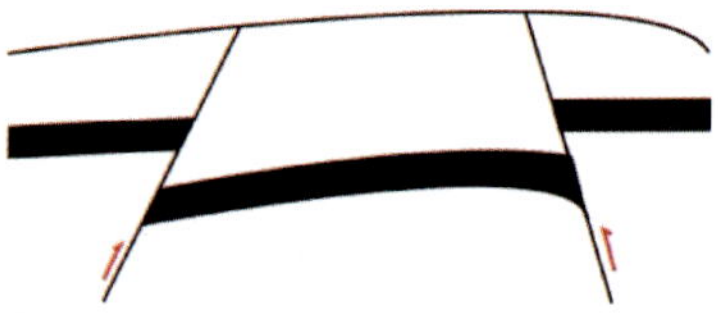
	背冲构造	倾向相对的两组逆断层共有上升盘，煤系赋存于背冲下盘	贺兰山-横山堡带	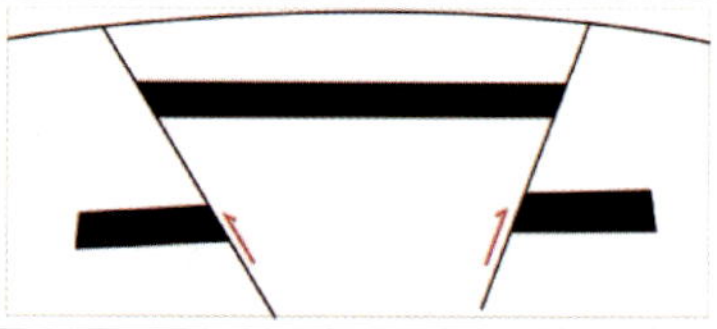
	冲断推覆构造	原地系统及外来系统均未发生强烈褶皱，地层产状较平缓，只是沿断裂面使非煤系地层逆冲于煤系之上	岗德尔-西来峰	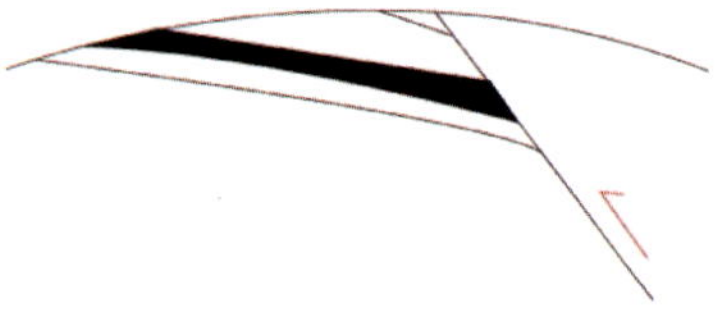
	逆冲褶皱	由于边界逆冲断层的挤压和逆冲牵引，岩(煤)层发生褶皱变形，褶皱轴向与边界逆冲断层平行	老石旦	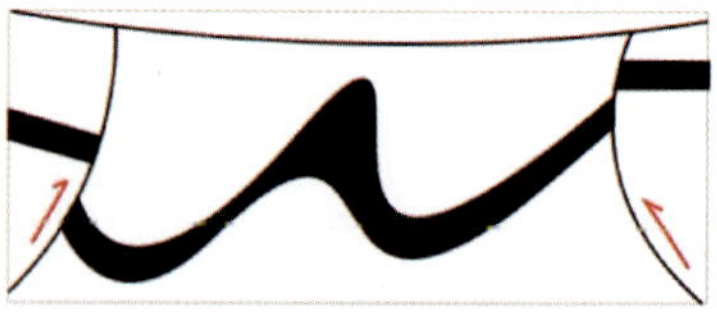
	纵弯褶皱	岩层受到顺层挤压作用形成的褶皱，轴面垂直挤压方向，褶皱轴与中间应变轴一致	大青山西缘鸡毛窑子区	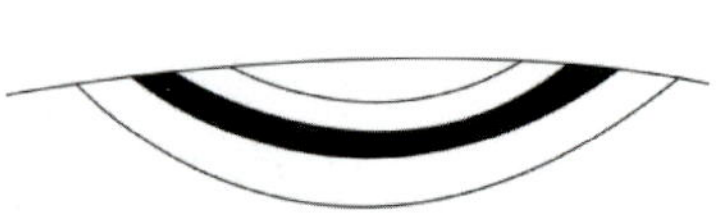
	推覆构造	在挤压作用条件下，老地层推覆于煤系地层之上，推覆距离一般较远	大青山矿区、苏勒图盆地	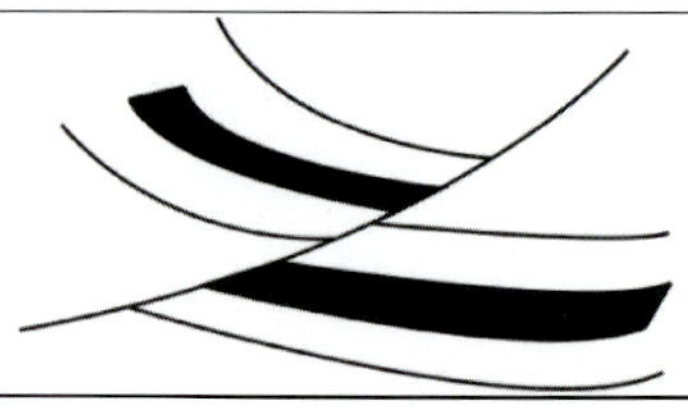

续表 5-3-2

大类	类型	构造特征	实例	模式图
剪切与旋转构造样式	平面"S"形构造	断层两盘基本沿断层走向相对滑动	平庄矿区、元宝山矿区	(平面图)
	花状构造型	在剪切构造应力场中形成的断裂组合形态，一条陡立走滑断层向上分叉撒开，以逆断层组成的背冲构造，断层下陡上缓凸面向上，被切断地层多成背形，将煤系地层切割为若干不连续的块段	鄂尔多斯盆地贺兰山地区	
同沉积(成煤期)构造样式	同沉积褶皱	煤系沉积过程中，由于受构造应力场作用，形成中间沉积厚两翼沉积薄或者中间沉积薄两翼沉积厚的褶皱形态	吉林郭勒矿区、拉布达林矿区	
	同沉积正断层	同沉积断层主要发育于沉积盆地边缘。在沉积盆地形成发育的过程中，盆地不断沉降，沉积不断进行，盆地外侧不断隆起。同沉积断层一般为走向正断层，在剖面上常呈上陡下缓的凹面向上勺状，上盘(下降盘)地层明显增厚	赛汉塔拉矿区、伊敏矿区	

二、典型构造样式的构造控煤作用实例

(一)伸展构造样式

1. 堑垒构造

堑垒构造常使煤系失去连续性，沉积的地堑常常使煤系深伏于新地层之下，不利于开发，抬升的地垒常有煤系出露，但若剥蚀强烈则可能缺失。如二连盆地白彦花煤田白彦花群煤系地层因该控煤样式而使煤层发生一定的变化(图 5-3-1)。

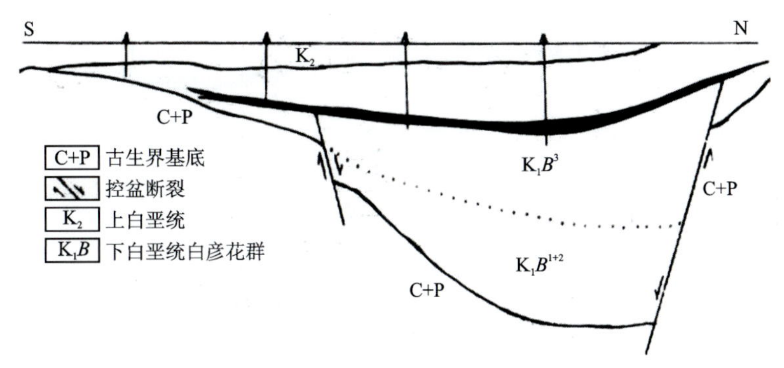

图 5-3-1　二连盆地群白彦花煤田剖面图

2. 箕状构造

箕状构造是由抬斜断块或半地堑发育起来的箕状断陷盆地构造。在箕状构造发育过程中，主控断层的活动基本上与盆地的充填沉积作用是同步的，因而称为生长断层或同沉积断层。箕状构造可呈单个产出，也可由几个箕状构造构成更大一级的凹陷盆地。

如平庄盆地(图 5-3-2)，西缘强烈断陷带(Ⅰ)由于控盆断裂强烈的断陷作用，导致其基底的断陷幅度与强度都超过另外两个带(Ⅱ带和Ⅲ带)，但该地带紧靠物源区，基底断陷的结果有充足的沉积物充填，常常造成沉积物充填幅度大于基底沉降幅度，成为负构造-正地貌的负相关地带，不易发生聚煤作用；东部缓慢断陷带(Ⅲ)位于盆地东部，分布范围较宽，由于远离西缘控盆断裂又靠近东侧物源区，所以其基底下降幅度最小而沉积物补给充分，除局部的低洼(向斜)部位外，大部分表现为水上堆积，很少有水体长期覆盖，这个带内大部分地段不利于聚煤作用发生；中部中间型断陷带(Ⅱ)位于东西缘断陷带之间的盆地中间偏西，由于远离物源区而沉积物补给不充分，其基底沉降幅度小于西缘而大于东缘，在盆地扩张时期，基底下降幅度大于沉积物充填幅度，地表将有大面积水体覆盖形成负地貌，在冲积扇前、扇间以及扇三角洲的扇面上可能形成局部的沼泽或泥炭沼泽从而发生聚煤作用，当盆地进入萎缩时期，基底沉降幅度小于沉积物充填幅度，湖水被淤浅成为沼泽并连片扩大，加之这个时期较稳定的地壳运动，造成沼泽或泥炭沼泽环境可以长期维持，极利于聚煤作用的发生。因此，中部中间型断陷带(Ⅱ)是盆地聚煤作用发生的主要地区。

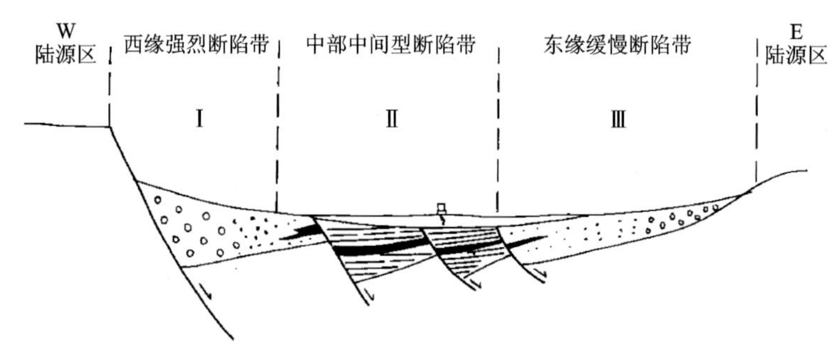

图 5-3-2 平庄盆地构造示意图

3. 地堑—半地堑型构造

该构造样式由平行排列或近于平行排列、相向倾斜或相背倾斜正断层及其所夹持的地层组合而成，相向正断层之间的含煤块段为共同下降盘，构成地堑，相背倾斜正断层之间的含煤块段为共同上升盘，构成地垒。

如二连地区五间房煤盆地东区与西区对比发现，盆地倾向剖面不对称，沉降中心靠近东侧盆缘一侧。东区煤层厚度明显比西区厚度大，且煤质也较西区好。以上格局是由五间房煤盆缘断裂不同沉降速度造成的(图 5-3-3)。

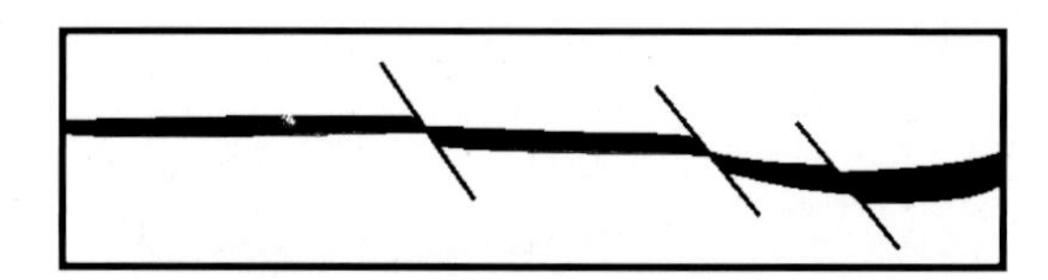

图 5-3-3 内蒙古自治区五间房东区构造剖面图(修改自万欣，2010)

4. 单斜断块型构造

根据地球动力学成因分类，该构造样式应属于伸展构造样式范畴，多发育于低应力区，如区域逆冲断裂之间的岩席地层或逆冲断层前陆滑脱带。应力值相对较低,构造变形不甚强烈。主体构造形态为缓倾向至中等角度的单斜构造,可以是大型褶皱的一翼或大型逆冲岩席的一部分,通常被断层切割,但断层对单斜构造形态不具主导控制作用。因此,煤层变形不强烈,在成煤环境较好的条件下,可形成厚煤层,有利于煤炭资源勘探开发。

如二连地区巴音都兰盆地,含煤地层呈倾向为北西的单斜构造形态,后期因断裂作用有一定的破坏(图 5-3-4)。

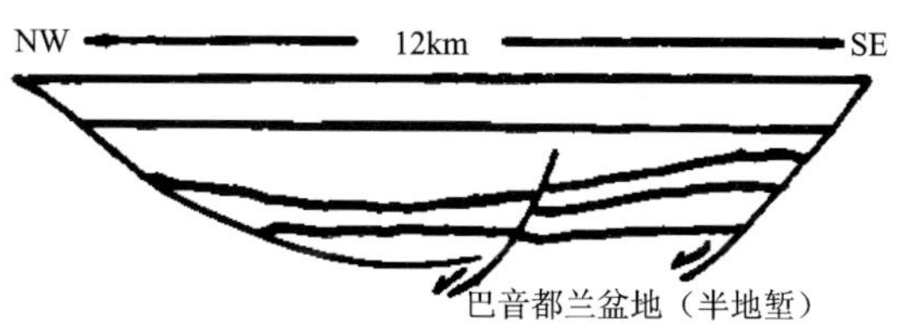

图 5-3-4　巴音都兰盆地构造剖面图

（二）压缩构造样式

1. 冲断推覆构造

推覆体的原地系统及外来系统均未发生强烈褶皱,地层产状较平缓,只是沿断裂面使非煤系地层逆于煤系之上,这类构造发育广泛。

如岗德尔-西来峰逆冲断裂,位于岗德尔山东坡,为两条平行的断裂,呈舒缓波状弯曲,断面西倾,向东逆冲。北起千里沟,向南穿过凤凰岭、岗德尔山,在岗德尔山南端二者分离,在凤凰岭一带断面倾角50°～70°,下奥陶统桌子山组灰岩逆冲在二叠系石盒子组之上,破碎带宽 20m。在岗德尔山东麓,西盘寒武系逆冲于奥陶系之上,奥陶系又逆冲于二叠系之上,破碎带宽 10～20m,断层角砾岩发育。在卡布其铅锌矿附近可见到寒武系(∈)、奥陶系(O)、二叠系(P)组成叠瓦状构造,并见寒武系之飞来峰(图 5-3-5)。

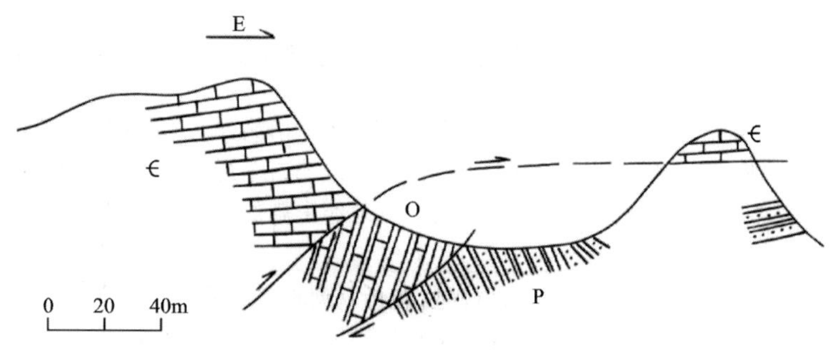

图 5-3-5　岗德尔山东麓断层素描图

2. 逆冲褶皱型

逆冲褶皱是在区域压应力场作用下,夹持于逆冲断层之间的断夹块,由于边界逆断层的挤压或逆冲牵引作用,发生褶皱变形,褶皱轴向与边界逆冲断层走向平行。两者间存在主次关系:以断裂形态为主、褶皱形态为辅,断裂控制着其间褶皱的形成与发育;两者也可能同时形成,形成断裂的同时形成褶皱。如在老石旦煤矿以北,桌子山组灰岩逆冲在二叠系砂泥岩之上,形成老石旦飞来峰(图 5-3-6)。

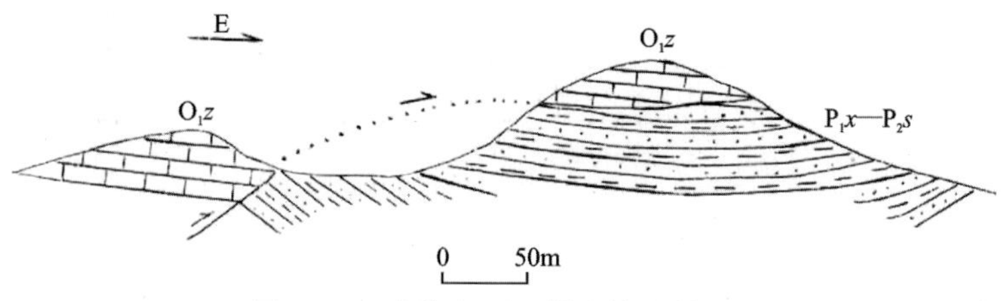

图 5-3-6　乌海老石旦煤矿构造剖面图

3. 叠瓦扇断夹块型

与逆冲褶皱型构造样式成因类似，该构造样式的煤系地层为夹持于逆断层之间的断夹块，不同之处在于，断夹块的变形程度相对较低，基本保持单斜形态，褶皱不发育，断裂对煤系赋存影响不大，多构成矿区或井田的自然边界。如营盘湾矿区的拴马桩向斜构造，轴向 25°，长 2km，宽 1km，核部和翼部均由上石炭统拴马桩组组成，褶皱较紧密，轴向南西倾伏。向斜东翼为倒转翼，其南北端均为冲断层所截（图 5-3-7）。

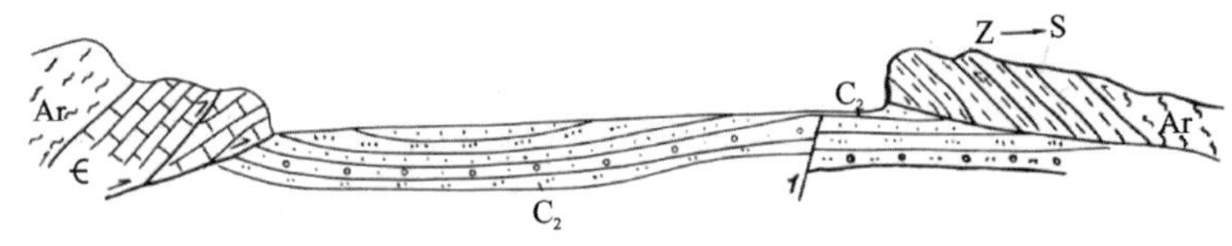

图 5-3-7　拴马桩向斜构造剖面图

4. 纵弯褶皱

纵弯褶皱是一种主要的控煤构造，每个煤田、矿区的煤系、煤层赋存都与褶皱密切相关。煤层可赋存于褶皱的任一部位，如翼部、核部、仰起的转折端等。如大青山煤田西缘鸡毛窑子区，长汉沟向斜西端，石拐群组成一较完整向斜，盆地南、北两侧为太古宇，两者不整合接触，构造形变微弱（图 5-3-8）。

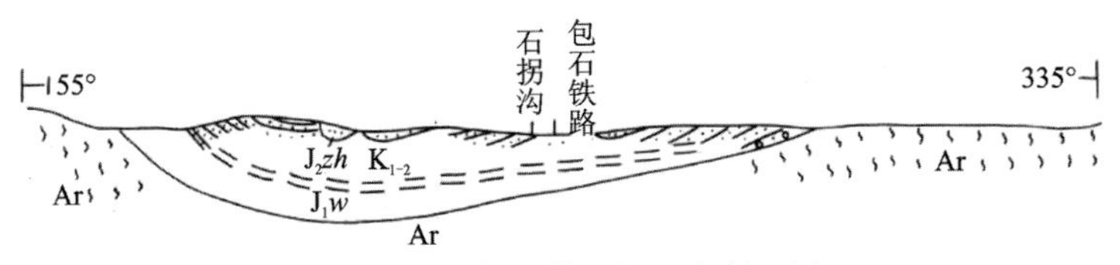

图 5-3-8　大青山煤田长汉沟剖面图

5. 推覆构造型

该构造样式主要产出于造山带及其前陆；其次，在原稳定地块中的一些高活动性构造单元中也有发育（板内造山），这是挤压或压缩作用的结果。在挤压作用条件下，老地层推覆于煤系地层之上，推覆距离一般较远。

如大青山煤田的逆冲推覆构造体系，主要由一系列规模大小不等、大致东西向延伸、总体向南倾斜的叠瓦状逆冲推覆断层，夹持在逆冲断层之间的构造片岩以及与逆冲断层相关的各种样式的褶皱所叠置在一起的逆冲推覆褶皱体所构成。

在察哈尔右翼中旗苏勒图侏罗纪含煤盆地南、北两侧，一系列的冲断层将新太古界乌拉山岩群推覆于古元古界二道洼群之上，把二道洼群推掩于中元古界什那干群之上，而这些前寒武纪古老岩系又被推掩到中—下侏罗统石拐群、上侏罗统大青山组，有时为上石炭统拴马桩组之上（图 5-3-9）。北侧为黑牛沟-盘羊山-乌兰合雅冲断带，东西延伸 50km 以上，断面向北倾斜，倾角西段陡、东段缓，沿冲断带均可见到老地层由北向南推覆于新地层之上。如在高红贵东，二道洼群推覆于上石炭统拴马桩组之上；在高红贵西，什那干群被推覆于拴马桩组之上；在盘羊山、小白兔沟一带，什那干群的推覆体或飞来峰十分发育，平卧的大型逆冲断层使什那干群灰岩被推覆于上侏罗统大青山组砂砾岩之上。

苏勒图盆地南缘冲断带，由大蓝旗-上封-苏勒图煤矿冲断层、前卜洞-火盆洞冲断层组成。冲断带走向近东西，延伸 60km 以上，断面均向南倾。它与北侧的黑牛沟-盘羊山-乌兰合雅冲断带形成了南北对冲之推覆形式，致使苏勒图煤盆地范围大为缩减。在赵家村一带二道洼群被推覆在中、下侏罗统石拐群之上，而石拐群又被推覆于上侏罗统大青山组之上，构成比较典型的叠瓦式冲断推覆构造。此外沿该冲断带多处可见到乌拉山岩群、什那干群及华力西花岗岩体被推掩于侏罗系或拴马桩煤系之上（图 5-3-10）。

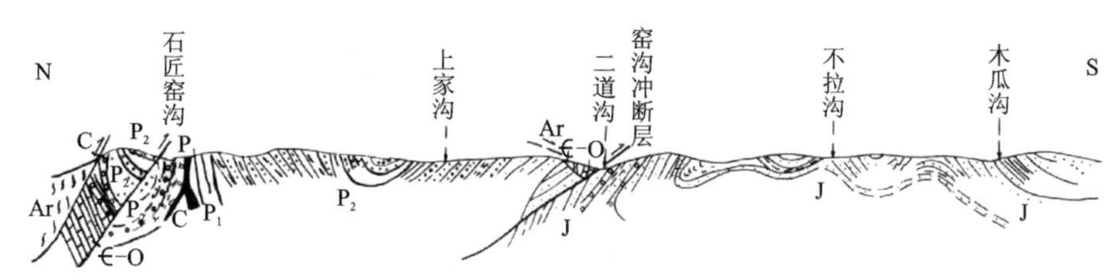

图 5-3-9　大青山逆冲推覆构造示意图

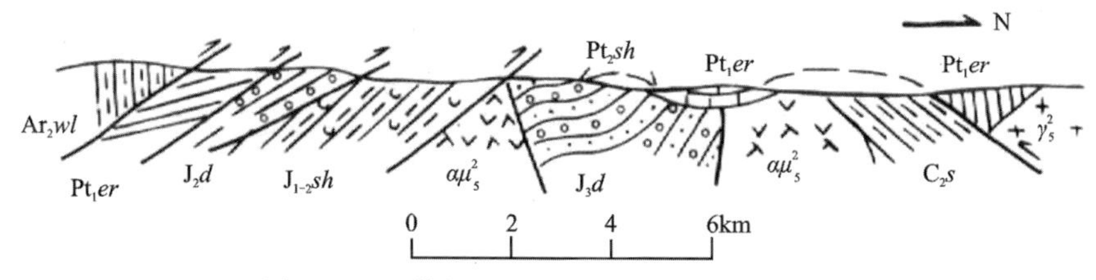

图 5-3-10　苏勒图地区地质构造示意剖面图

6. 对冲构造型

对冲构造是由倾向相背的两组逆断层共有下降盘所形成的构造组合形式。这类构造多发育于构造复杂部位，在两侧对冲挤压作用下，形成倾向相背的两组逆冲断层，共同下降盘变深，并形成相关褶皱。上盘由于抬升剥蚀往往不含煤或含煤性较差，煤系在断裂下盘保存较好。此种构造样式在贺兰山地区有一定的发育(图 5-3-11)。

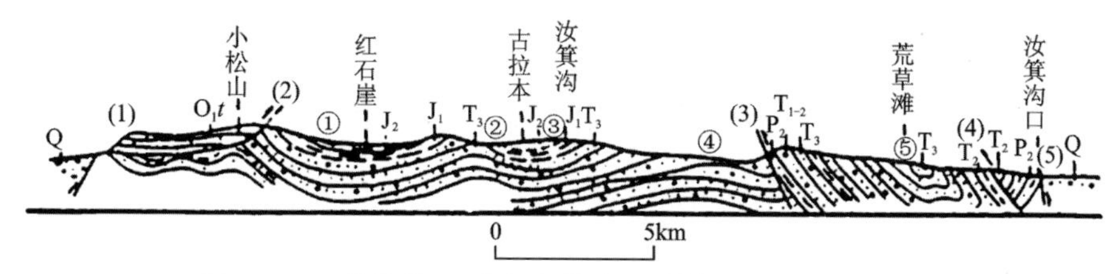

图 5-3-11　汝箕沟口-小松山构造地质剖面(汤锡元等，1992)

7. 背冲构造型

在区域构造应力场强烈挤压作用下，倾向相对的两组逆断层共有上升盘，形成背冲逆断层。煤系赋存于两逆冲断层的下盘。受对冲断层控制，煤系地层构造形态通常为轴向平行于断裂带走向的狭窄向斜，变形较为强烈。通常发育于构造活动较为强烈的地区，煤层受断裂控制较为明显，构成矿区的自然边界，如贺兰山-横山堡带(图 5-3-12)。

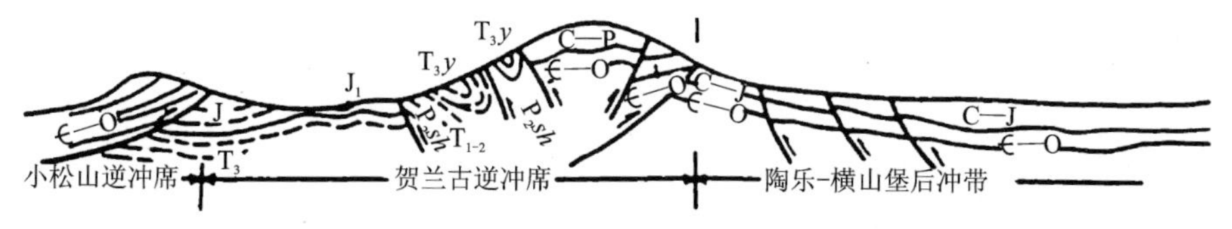

图 5-3-12　贺兰山-横山堡地区剖面示意图(汤锡元等，1992)

(三)剪切与旋转构造样式

1. 平面“S”形构造

平面“S”形构造位于赤峰市呈北东向展布的两个断陷盆地——平庄盆地、元宝山盆地，北侧还有桥头盆地，与平庄盆地、元宝山盆地呈“多”字排列。平庄盆地、元宝山盆地在平面上呈反“S”形态，即中间为北东向，两端为北北东向。盆地构造以盆缘张性断裂为主，盆内有次级断裂，将盆地分割成次级隆起的凹陷，控制岩相和煤层的发育。盆内背、向斜不发育，地层总体为向西倾单斜构造或不对称向斜构造，倾角一般10°～15°，局部可达30°左右。

2. 花状构造型

花状构造的形成与直立断层的走向滑移有关，可作为走滑断层的鉴定标志，是一个被一系列向上或向外撇开的断层组错断的背形或半背形。断层多具逆断层性质，上部倾角较缓，向下逐渐变陡，在深部会合成1～2条直立的中央主干断层，有时断层组只朝一侧撇开，结果形成半花状构造。如鄂尔多斯盆地贺兰山地区，主干断裂向右上方撇开成2条逆断层的形式，组合成花状构造。这种构造形式可使断层成多斜褶皱，局部煤层增厚，煤炭储量富集(图5-3-13)。

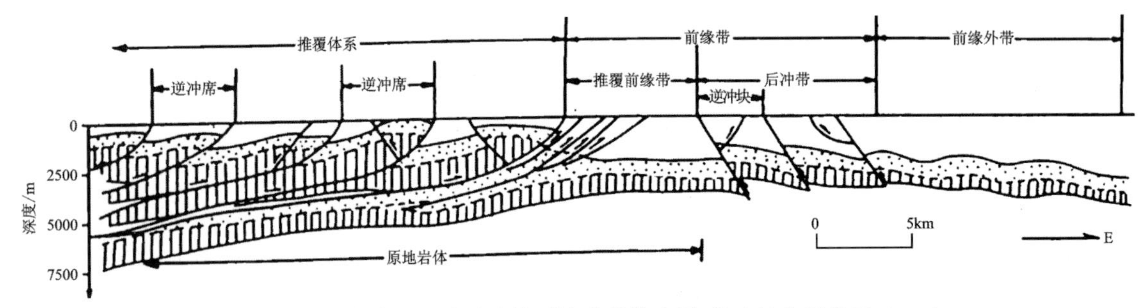

图5-3-13　鄂尔多斯西缘逆冲推覆构造带模式图(郭忠铭和汤锡元，1990)

(四)同沉积(成煤期)构造样式

内蒙古自治区内的同沉积控煤构造样式主要发育在二连及海拉尔赋煤带等地区，以同沉积褶皱及同沉积断裂控煤构造样式为主。

1. 同沉积褶皱型

在海拉尔及二连赋煤带内的聚煤盆地中，同沉积褶皱一般不太发育，其中在中西部地区的一些盆地含煤地层沉积过程中，还比较明显。在东部地区盆地的含煤地层沉积中，则比较少见。

这些同沉积褶皱，以纵向为主，也有少量横向的。这些同沉积褶皱，在沉积断面图上一般只显示出雏形，起伏十分平缓，具有对称性或基本上对称的特点，也有成箕状或微波状伸展，显示了两侧压应力的均一性和不均一性。在平面上则表现为短轴的性质，伸展不大而规模较小，其伸展的方向，常常与盆地展布总体方向一致，或略有斜交，或微有扭曲，反映在沉积和形成过程中，带有扭动的性质。这些同沉积褶皱，有的具有长期发育的特征，并具有继承性，它们在成煤期的一般时间中发育，之后则为上覆地层所掩盖或发生迁移或逐渐消失。这些同沉积褶皱，对含煤地层上部的沉积有一定的控制作用，对两翼的沉积相、厚度及含煤性变化也有一定的影响，一些巨厚煤层的形成，常常与同沉积背、向斜有关(图5-3-14、图5-3-15)。

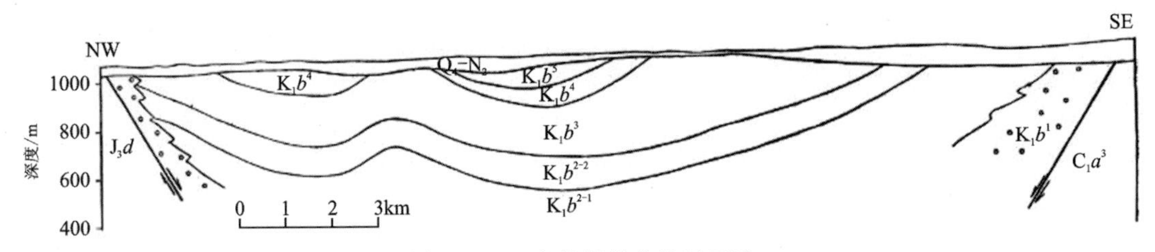

图5-3-14　吉林郭勒盆地剖面图

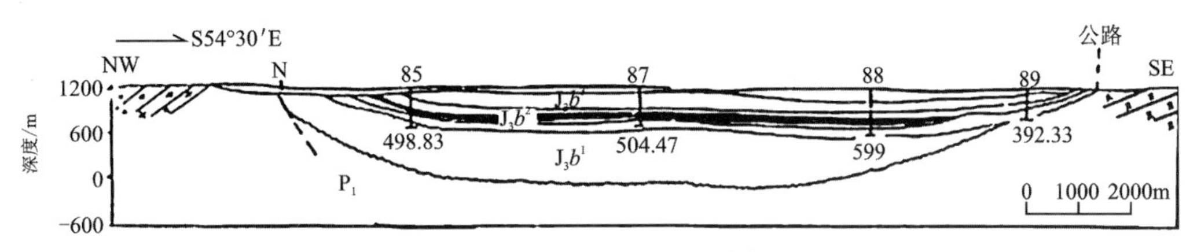

图 5-3-15　胜利煤田某勘探线剖面图

2. 同沉积断裂型

同沉积断裂是沉积岩系在沉积过程中活动的基底断裂或同生断裂。这种断裂对于两侧的沉积物及其厚度变化有明显控制作用，有的则是构造沉积标志和含煤性变化的天然边界。区内所见的同沉积断裂，主要为盆缘断裂。此外，在一些盆地的煤系地层中，也发现有一些不同规模的同沉积断裂。

盆地内部的同沉积断裂，由于工作程度较低，所见较少或没有被证实，仅在少数盆地煤系地层和露天矿区（如扎赉诺尔、霍林河、伊敏及西白彦花）可以找到其依据（图 5-3-16、图 5-3-17）。一般规模较小，而且多属斜向或横向断裂，纵向比较少。这类断裂，在平面上多与盆缘的折线状断裂相对应，有的可连通，有的则限制在一定的范围，一般不切穿上覆或下伏岩系，有些只切过含煤地层有关段或含煤地层，有的则在聚煤期后的形变过程中，被利用发展而成为整个盆地沉积的断裂构造。从总体上看，这种断裂展布的方向，常是北西—北西西向或北东—北东东向的，可以证明它的形成与盆地基底的构造活动密切相关。

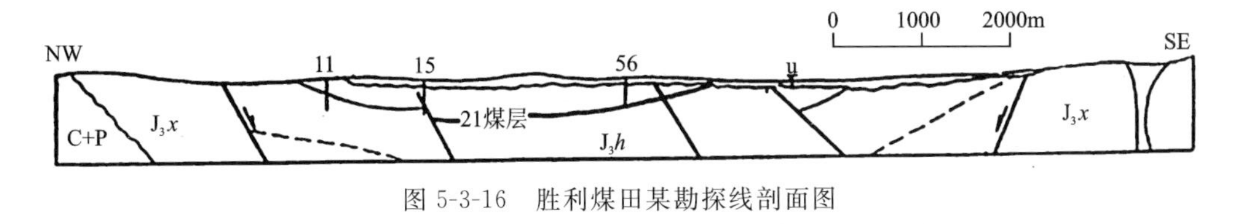

图 5-3-16　胜利煤田某勘探线剖面图

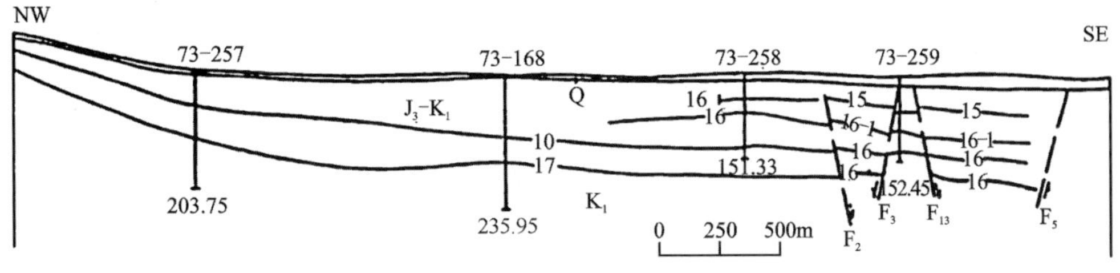

图 5-3-17　伊敏矿区某勘探线剖面图

三、控煤构造样式的区域分布规律

内蒙古自治区地域辽阔，含煤盆地众多，各赋煤带中控煤构造样式发育的特点也有很大区别。

海拉尔赋煤带位于自治区的东北部，是我国东北大型中、新生代断陷盆地之一。海拉尔盆地群东为大兴安岭隆起带，西为额尔古纳隆起带，由于受西北-南东拉张和南北顺扭作用，沉降区内形成了雁行排列的断陷盆地。断裂走向以北北东为主、东西为辅，北西向次之。断裂相互切割，构成网状构造格架。含煤盆地内发育了次级平缓的向、背斜和少许正断层，多数含煤盆地为单斜构造，产状平缓。海拉尔赋煤带在古生代晚期，由于中亚—蒙古洋在加里东期向西伯利亚板块俯冲削减而最终成陆。受三叠纪造山运动和侏罗纪的强烈火山活动作用，从而引起区域性地幔隆起，导致上地壳发生强烈伸展，发生基底滑脱作用。在晚侏罗—早白垩世处于北西-南东向的拉张阶段，形成一系列的盆地雏形，而后由于南北向顺扭，盆地发生右旋张扭体制，进一步产生了断陷盆地，形成隆坳相间、断凸相隔的局面。最终划分为5个二级构造单元，即由西向东依次排列的扎赉诺尔坳陷、嵯岗隆起、贝尔湖坳陷、巴彦山隆起、呼和湖坳陷“二隆三坳”相间的构造格局。因此，该赋煤带的控煤构造样式以伸展型为主，如地堑-半地堑型等。

大兴安岭中段赋煤带位于隆起带之上，在隆起带西侧与二连盆地群的东界接壤，东以松辽盆地西界为界，北止乌兰浩特，南东以白城、阿鲁科尔沁旗—林西一线为界。为北东走向的大兴安岭主脊部分。东与松辽盆地有规模较大、走向北东的压扭性断裂分隔，嫩江-八里罕断裂带与西部林西深断裂带构成大兴安岭主脊的地垒构造。隆起带自晚侏罗世沉积后即整体上升。新近纪仍处于剥蚀状态，只是新近纪末期沿断裂有玄武岩喷溢，在喷发的间歇期沉积了新近纪地层。在隆起带上赋有早、中侏罗世含煤地层，构成万宝-牤牛海含煤区、联合村-西沙拉含煤坳陷、黄花山、浩布力吐等含煤盆地，以小型矿为主。因该区资料较少，研究程度较低，控煤构造样式划分不甚详细。

松辽盆地西部赋煤带位于内蒙古自治区东部，是晚海西褶皱基底上发育起来的中、新生代断陷、坳陷盆地。侏罗纪为断陷期，由于不均衡升降运动，在开鲁至舍伯吐一线构成两坳夹一隆即东西向小型隆起和两侧同方向坳陷的构造格局。区内构造以北东向断裂为主，因此形成北东向雁行排列、东西成行的断陷盆地。盆内发育一些规模小的正断层和宽缓向、背斜，地层产状平缓。因此，区内控煤构造样式以单斜断块型为主。

大兴安岭南段赋煤带内盆地多呈北东向、北北东向展布，呈雁行排列，盆地伸展方向的两侧为主干断裂，或一侧为主干断裂，即呈双断式地堑、单断式半地堑，其断裂性质大部分为张性正断层或张扭性断层，断裂倾角一般大于60°。具同沉积断裂性质，即断裂形成与盆地形成具有同步性，边断边沉积，使沉积物不断充填于盆地中。断陷盆地中也有次级同沉积断裂和因受断裂的牵引形成的地垒和地堑构造。盆缘断裂控制着碎屑物质的沉积，因此沉积物沿断裂有明显相带现象，相应聚煤作用也呈分带现象，一般从盆缘至盆中心煤层由马尾状分岔—合并增厚—厚煤带—分岔变薄而尖灭。因此，该赋煤构造单元中控煤构造样式以单斜或箕状型为主，如平庄盆地。

二连赋煤带所处区域构造位置为东起大兴安岭隆起，西至索伦山隆起，南为温都尔庙隆起，北为巴音宝力格隆起。二连盆地群是在海西褶皱基底上发育起来的中新生代断陷盆地。二连盆地群构造格局特征除了北西和南东边界隆起外，总体格局为两坳夹一隆，中部北东向展布的苏尼特隆起上也分布少数小规模盆地。凹陷的性质主要为单断式的箕状半地堑断陷、双断式地堑少。西部断陷带具有沉降幅度大、活动性强、火山活动频繁、地温梯度高等特点，为含油气盆地；东部断陷带边缘断陷断距较小、活动性弱、火山活动微弱、湖泊相发育，有利于成煤，如霍林河、白音华、胜利等盆地均有很厚煤层形成。因此，区内的主要控煤构造样式以伸展型为主，如白彦花煤田的堑垒型、五间房地区的地堑—半地堑型，以及巴音都兰盆地的单斜断块型。

阴山赋煤带位于自治区中部，该赋煤构造带整体为北东东—北东向，该区南部在加里东期开始褶皱形成复式构造，到海西造山系回返、形成褶皱，印支-燕山旋回发生北东向断裂，形成一系列北东向断陷盆地，开始了中生界含煤建造的沉积。阴山-燕山造山带经过强烈造山改造，其北缘曾受到加里东和海西增生事件的影响，其南缘在中生代发生过薄皮挤压变形，新生代早期发生过裂陷(马宗晋等，1999)。所以，该赋煤单元中所发育的控煤构造样式有营盘湾矿区的叠瓦扇断夹块型、大青山煤田西缘鸡毛窑子区的纵弯褶皱型及大青山煤田的推覆构造型。

鄂尔多斯盆地北缘赋煤构造带位于鄂尔多斯盆地西北部，是中新生代盆地叠加在古生代盆地之上的叠合盆地，现今表现为构造残余盆地。长期以来，对鄂尔多斯盆地的认识是盆地处于稳定的克拉通内，边界受到强烈的后期改造，断裂、褶皱构造发育，内部稳定，对盆地构造的研究也集中在周缘。盆地内部后期除了整体抬升剥蚀外，其他构造活动微弱。该赋煤构造带内东北部准格尔矿区总的构造轮廓为一东部隆起、西部坳陷，走向近南北，向西倾斜的单斜构造。北端地层走向转为北西，倾向南西，南端地层走向转为南西至东西，倾向北西或北。倾角一般小于10°，构造形态简单。煤田构造主要产生于地壳升降运动，构造形式以单斜构造为主，伴有少量正断层。所以，该区发育的控煤构造样式应以伸展型为主。

鄂尔多斯西缘赋煤构造带位于鄂尔多斯北部赋煤构造带以西，该褶皱逆冲带由10余条近南北向延伸的大型逆冲断裂、数条同向大型正断层及一些近东西走向的大型平移断层组成构造骨架，基本构造形态为总体由东向西扩展的逆冲断裂组合，与鄂尔多斯盆地主体呈向西缓倾大单斜形成鲜明对照。褶皱逆冲作用使鄂尔多斯盆地西缘石炭纪—二叠纪和侏罗纪两套含煤地层遭受强烈改造，失去原始的连续性和完整性，被割成许多大小不等、形状各异的块段。因此，该区发育的控煤构造样式以压缩型为主，如乌海老石旦煤矿的逆冲褶皱型、贺兰山汝箕沟口—小松山的对冲构造型及贺兰山—横山堡地区的背冲构造型。

北山赋煤构造带位于内蒙古自治区西部的广大地区，它位于华北板块西缘与塔里木板块东缘结合部位，北邻兴蒙造山带，是一个多构造单元的结合部(李俊建，2006)。区内主要含煤盆地为潮水盆地，由于受龙首山、阿拉古山的北西—近东西向构造和北大山弧型构造以及东邻巴彦乌拉山北东向构造线的共同控制，形成断裂和坳陷相间总体为东西向展布的构造格架，西部、中部和东部又有明显的差异，盆地西部桃花拉山以西至阿右旗坳陷均呈北西向，中部金昌坳陷呈近东西向，东部红柳园坳陷又转为北东向，呈一弧型构造形态，弧顶位置在东经102°30′附近，盆地内纵向大断裂和褶皱轴线，大体上都反映出西部紧束向东撒开的特点，并且存在南北差异和东西差别，表现出明显的构造差异性，说明该区构造的复杂性。该区为贫煤地区，资料较少，研究不甚详细，因此控煤构造样式的发育特点有待研究。

第六章　煤变质规律

内蒙古自治区主要聚煤期为晚古生代石炭纪—二叠纪、中生代侏罗纪、早白垩世、新生代新近纪。

石炭纪—二叠纪聚煤期的煤田(矿区、煤产地)主要分布在内蒙古自治区西南部的华北赋煤区,有贺兰山-桌子山赋煤带的黑山、喇嘛敖包、炭井子沟、蚕特拉、呼鲁斯太、察赫勒、邦特勒、乌达、雀儿沟、桌子山及上海庙矿区;鄂尔多斯北缘赋煤带的准格尔煤田、乌兰格尔矿区、清水河煤产地;阴山赋煤带营盘湾煤矿区的煤窑沟、大青山矿区的石炭纪—二叠纪矿区(阿刀亥、大炭壕、水泉、老窝铺)及东部的四号地。

侏罗纪聚煤期的煤田分布广泛,煤类复杂,煤质变化较大,但以东胜煤田为主,其余区域零星分布。其中北山-潮水赋煤带有希热哈达、红柳大泉及潮水矿区;贺兰山-桌子山赋煤带有新井子、二道岭、千里沟及上海庙矿区;阴山赋煤带有昂根、营盘湾、大青山及苏勒图矿区;二连赋煤带有玛尼图煤产地、锡林浩特及哈达图矿区;大兴安岭中部赋煤带有牤牛海、联合屯、黄花山、温都花、塔布花等零星煤矿。

早白垩世的煤田主要分布在海拉尔、二连赋煤带中。在大兴安岭中部、大兴安岭南部、松辽、阴山赋煤带亦有分布,但较零散。其中,大兴安岭中部赋煤带有大杨树煤产地;松辽赋煤带有公营子、宝龙山、双辽、吉尔嘎郎、绍根、榆树林子、沙力好来的清水塘、兴隆洼矿区;大兴安岭南部赋煤带有当铺地、永丰小井柳村五矿、元宝山、平庄、四龙矿区;阴山赋煤带有流通壕煤产地和固阳、巴音胡都格、五道湾、新民村矿区。

新近纪聚煤期范围较小,仅分布在阴山赋煤带集宁矿区的马莲滩、玫瑰营、七苏木、哈必格煤产地及大兴安岭南部赋煤带的广兴源、亿合公煤产地中。

内蒙古自治区煤类齐全,有褐煤、不黏煤、弱黏煤、长焰煤、气煤、肥煤、焦煤、瘦煤、贫煤和无烟煤等,其中不黏煤和褐煤占绝对优势。全区选出近30个有代表性的煤田(矿区)进行煤变质规律研究。石炭系—二叠系有大青山矿区、准格尔煤田、桌子山煤田、乌达矿区、贺兰山煤田呼鲁斯太矿区蚕特拉井田;侏罗系有牤牛海煤田、联合村矿、阿巴嘎旗煤田巨里贺矿、西乌珠穆沁旗勘探、大青山煤田石拐矿区五当沟组和召沟组、营盘湾矿区、东胜煤田、昂根矿区、贺兰山煤田二道岭矿区、希热哈达矿区;白垩系有宝日希勒矿区、大雁煤田、扎赉诺尔煤田、伊敏煤田、霍林河煤田、平庄-元宝山煤田、白音华煤田、乌尼特煤田、胜利煤田、西大仓矿区、黑城子含煤区、赛汉塔拉煤田、白彦花煤田、巴音胡都格煤田;新近系有集宁煤田马莲滩找煤区。通过对这些区域的研究,可以掌握全区煤变质规律。

第一节　煤岩学特征

一、石炭纪—二叠纪聚煤期

该聚煤期3个赋煤带的各个矿区在分布、成因、后期改造上有所不同,但在煤的物理性质上存在相似之处，如颜色、断口、构造等，不同之处如光泽和结构等（表 6-1-1）。

宏观煤岩类型：炭井子沟为高变质无烟煤，煤层多而薄，主要煤层（8 号）以暗煤为主，但呈弱金属光泽，为暗淡—半暗型煤；蚕特拉煤岩层受挤压后直立，厚度变薄，煤岩成分以亮煤和暗煤为主，煤岩类型属半亮—半暗型煤；乌达、桌子山矿区煤岩成分以亮煤和暗煤为主，夹少量的镜煤和丝炭，煤岩类型以半暗煤为主，乌达矿区 9 号煤层的煤岩类型为半亮型；上海庙矿区 16 号煤层为半亮型；准格尔煤田主要煤层 6 号层，厚度大，煤岩结构较复杂，6 号煤层以暗煤为主，夹有少量的丝炭和亮煤，煤岩类型为半暗型，9 号煤层，以暗煤为主，丝炭较发育，局部夹镜煤条带，宏观煤岩类型属于暗淡型煤；大青山矿区煤层厚度大，煤岩结构复杂，Cu_2煤层以亮煤为主，全组煤以暗煤为主，有受挤压现象，多呈鳞片状，煤岩类型为半亮—半暗型。

表 6-1-1　石炭纪—二叠纪煤的物理性质和宏观煤岩类型

煤田（矿区）	煤层号	颜色	条痕	光泽	脆性	断口	裂隙	比重	结构	构造	宏观煤岩类型
炭井子沟	8	黑色	黑色	玻璃—弱金属		参差—平坦状	较发育	大	条带状	层状	暗淡—半暗型
蚕特拉	3	黑色		似玻璃	性脆		发育		条带状	片状	半亮—半暗型
	7	黑色		似玻璃			发育		条带状	片状	半亮—半暗型
乌达	7	黑色	褐色	似玻璃		参差状			中条带状		半亮型
	12	灰黑色	褐黑色	似玻璃		参差状			中—宽条带状		半暗—半亮型
桌子山	9	黑色		玻璃		参差状		中等	条带	层状	半暗型
	16	黑色		玻璃		参差状		中等	线理条带	层状	半暗型
上海庙	16	黑色	褐黑色	沥青		平坦状	较发育	中等	条带状	块状	半亮型
准格尔	6	黑色	黑棕色	沥青	差	阶梯状	不发育	中等	条带状	块状	半暗型为主
	9	黑色	黑棕色	沥青	差	参差状	不发育	较大	均一	块状	暗淡型
乌兰格尔	6	黑色	黑褐色	沥青		参差状	不发育	中等	条带状	块状	暗淡—半暗型
大青山	Cu_2	黑色		似玻璃	性脆	参差状	发育	较大		片状	半亮型—半暗型

各煤田（矿区、煤产地）的煤层，矿物质含量均小于 20%，且硫化物含量均小于 5%，所以均按显微煤岩类型划分。

炭井子沟煤层镜质、半镜质组接近 100%，大青山矿区镜质组大于 95%，属微镜煤；雀儿沟、桌子山、上海庙、乌兰格尔矿区和准格尔煤田（9 号煤层）的煤层稳定组分含量均小于 5%，属微镜惰煤；准格尔煤田（6 号煤层），3 种组分含量均大于 5%，属微三合煤（表 6-1-2）。

表 6-1-2　石炭纪—二叠纪煤的显微组分含量表

煤田（矿区）	煤层号	有机显微组分/%				（有机显微组分＋矿物杂质）/%							
		镜质组	半镜质组	丝质组	稳定组	镜质组	半镜质组	丝质组	稳定组	黏土类	硫化物	碳酸盐	氧化物
炭井子沟	8	5.2	94.8	0						13.0	0.4	4.7	0
雀儿沟	24	88.1	9.3	2.6		94.4	4.8	0.6				0.3	0
桌子山	9	76.5	4.9	18.4	0.2	63.5	4.0	15.2	0.2	16.0	0.2	0.5	0.5
	16	62.7	9.3	27.7	0.3	52.4	7.8	22.8	0.2	14.3	1.5	0.7	0.3
上海庙	9	76.2	21.3	2.6						11.7	0.6	0.1	0
	16	71.8	25.2	3.0						13.1	0.5	0.5	0

续表 6-1-2

煤田（矿区）	煤层号	有机显微组分/%				有机显微组分+矿物杂质/%							
		镜质组	半镜质组	丝质组	稳定组	镜质组	半镜质组	丝质组	稳定组	黏土类	硫化物	碳酸盐	氧化物
准格尔	6	48.5	7.2	38.3	6.0	44.4	6.7	34.0	5.4	9.0	0.2	0.3	0
	9	52.2	6.6	36.9	4.3	41.9	5.3	29.1	3.5	18.2	1.6	0.3	0.1
乌兰格尔	6	72.4	26.0	1.6						1.5	0.4	0.9	0
大青山	Cu_2	97.0	0	2.3	0.7	71.0	0	1.7	0.6	26.3	0	0.4	0

二、侏罗纪聚煤期

（1）东胜煤田。煤类属低变质烟煤，煤层多。煤的颜色均呈黑色，条痕色为棕黑色，弱沥青光泽，参差状断口，局部见贝壳状断口，内生裂隙不发育，常见线理状结构，波状层理，似水平状层理。煤燃烧时烟大、火焰长，残灰为灰白色，粉状。煤的密度和视密度较小。宏观煤岩成分及煤岩类型在南北部有一定区别：北部区煤岩成分以暗煤为主，含一定数量的丝炭和少量的亮煤、镜煤；南部以暗煤、亮煤为主，其次是镜煤，丝炭含量比北部有明显减少。从煤层来看，位于上部 2 煤组和下部 6 煤组丝炭含量偏高，中部 3 煤组丝炭含量相对较低。宏观煤岩类型，北部各主要煤层以暗淡型为主.而南部各主要煤层以半暗型为主。

（2）希热哈达煤产地。煤均呈黑色，污手，呈沥青光泽，深棕—黑色条痕，平坦或贝壳状断口。硬度 3～4，煤多由亮煤、暗煤相间排列，构成条带状结构。可见原生节理和后生节理两组裂隙。宏观煤岩类型均属烟煤的半亮型煤。经燃烧试验，结论为易燃、浓烟、焰长、焦渣微膨胀、微熔融。

（3）红柳大泉矿区东区。煤呈黑色，条痕为褐黑色，强沥青光泽，阶梯状断口，条带状结构，层状构造。宏观煤岩组分以镜煤为主，属光亮型煤。

（4）潮水矿区长山煤矿。煤呈黑色，中厚层状，条痕深褐色，以暗淡或沥青光泽为主，参差状断口，偶见贝壳状断口，条带状和均匀线理状结构，层状构造，内生和外生裂隙较发育。硬度小于 2.5，性脆，污手。燃点均在 308～315℃之间，经简易燃烧试验，具易燃、烟浓、焰长、焦渣不膨胀不熔融等特点。宏观煤岩类型以半暗—半亮型煤为主。

（5）贺兰山煤田：新井煤矿煤呈黑—深黑色，条痕为棕—棕黑色，光泽较强，内生裂隙较发育，硬度较小，脆度较大，易燃，烟浓焰长。煤岩组分以亮煤、暗煤为主，含少量镜煤、丝炭。煤岩类型为半亮—半暗型煤。二道岭矿区：高变质煤，一般煤的颜色是灰黑—深灰色，条痕深灰色，金刚光泽，贝壳状断口，均质结构，硬度大，块状构造，比重大。宏观煤岩类型属半亮型煤。

（6）上海庙矿区雷家井。煤呈黑色，条痕为黑褐色，沥青—油脂光泽，性较脆，部分暗淡光泽；贝壳状、参差状断口。丝炭呈丝绢光泽，纤维状结构。各煤层内生裂隙不甚发育，裂隙填充少量方解石脉或细小黄铁矿脉及薄膜。二煤层中含少量菱铁质鲕粒或细脉状黄铁矿，局部呈小的结核。煤层以中条带—细条带状结构为主，局部煤层以线理—细条带状结构为主，暗淡型煤。

（7）大青山矿区。煤类多为中变质煤。煤的物理性质在纵向和横向均有所差异。矿区北部主要分布五当沟组上段的煤层，B 煤层为主要可采煤层。煤的颜色和条痕均为黑色，油脂光泽，内生和外生裂隙发育，煤燃烧时火焰长，煤烟很大，宏观煤岩成分以亮煤为主，暗煤颇少，镜煤在亮煤中成细小夹层，构成条带状结构，丝炭多在层理面上赋存，宏观煤岩类型属半亮型煤。矿区南部发育五当沟组下段煤系地层，以五当沟矿、河滩沟矿、白狐沟矿等为主体，呈东西狭长形，J—L 煤组为主要可采煤层，煤的物理性质不同于北部，煤的颜色黑—灰黑色，条痕灰黑色，似玻璃光泽，硬度小，性脆，多呈片状和粉末状，视密度一般为 $1.4t/m^3$ 左右。煤岩成分以亮煤为主，丝炭次之，暗煤和镜煤含量较少，煤岩类型为半亮型煤。

煤的物性沿走向变化也较大，B煤组往东可延至大南沟和万家沟普查区，煤的物理性质有明显变化，颜色灰黑色，多呈鳞片状，光泽较强，为金刚光泽。

(8)玛尼图。煤呈黑色，沥青光泽，丝炭分布于层面，局部含镜煤细条带，条带状结构，块状、厚层状构造，参差状断口，有时见黄铁矿充填，内生裂隙不发育。宏观煤岩类型以光亮型煤为主，半亮型煤次之。

(9)牤牛海。该煤田位于大兴安岭南部赋煤带的最北部，为中变质煤。煤多呈黑色，部分略显棕色调，具条带状和线理状结构。镜煤呈均一状，煤的光泽具有沥青光泽、油脂光泽，断口呈贝壳状和参差状，性脆，内生裂隙发育，镜煤在煤岩中占比例较大，丝炭一般不常见。宏观煤岩类型多为半亮型和光亮型，煤的视密度值较低，野外燃烧试验，一般易燃，烟大，火焰较长，具有膨胀熔融特性，有一定黏结性。

除红柳大泉矿区(黏土矿物大于20%，硫化物含量小于5%)按煤的显微矿化类型划分外，各煤田(矿区、煤产地)的煤层，矿物质含量均小于20%，且硫化物含量均小于5%，所以均按显微煤岩类型划分(表6-1-3)。

表6-1-3 侏罗纪煤的显微组分含量表

煤田(矿区、煤产地)	煤层号	有机显微组分/%				(有机显微组分+矿物杂质)/%			
		镜质组	半镜质组	丝质组	稳定组	黏土类	硫化物	碳酸盐	氧化物
希热哈达	8	39.8	10.5	45.2	4.5				
红柳大泉	4	82.5	17.3	0.2		27.8	0.3	0.9	0
潮水(长山)		29.3～94.7	0.5～62.7	0.8～14.0		0.7～10.4			
二道岭		32.2	14.8	50.4	2.6	4.5	2.5	1.2	0.6
上海庙	2	29.6	61.1	1.3		3.6	2.2	3.2	0.5
	4	28.4	67.2	1.5		3.6	0.4	0.7	1.5
东胜(北)	2-2	23.7	3.8	69.1	1.3	0.6	0.5	0.1	
	3-1	28.9	2.9	64.0	1.9	0.4	0.4	0.2	0.3
	6-1	15.3	2.2	80.3	0.8	0.5	0.1	0.5	0.3
东胜(南)	2-2	53.7		35.4	10.9	4.2			
	3-1	69.8		28.4	1.7	6.0			
玛尼图	4-2	85.5	13.1	1.4		6.1	0.1	4.0	0.1

东胜煤田显微含量的特点，丝质组含量高，北部区为64.0%～80.3%，平均值70%；南部区低于北部区，平均值接近32%。北部区的镜质组含量较低，平均值低于25%，南部区高于北部区，平均值超过61%，矿物杂质含量都低于5%。南部2-2煤层属微三合煤，整个煤田亦属微镜惰煤，反映成煤环境为覆水浅的氧化环境，古地形北高南低。红柳大泉矿区为微泥质煤；希热哈达、潮水、二道岭、上海庙矿区及玛尼图煤产地均为微镜惰煤。

三、早白垩世聚煤期

(1)海拉尔扎赉诺尔煤田。煤层均具有相似或相同的宏观物理性质，均呈黑色或黑褐色，棕褐色条痕，具有弱沥青光泽，多属暗淡型或半暗型煤。结构均一或呈似条带状，有时可见条带状结构或木质结构，具块状或层状构造。煤的断口平坦或呈参差状，外生裂隙发育。硬度1～3之间，但韧性较强。煤的真密度为1.47～1.63 t/m^3，视密度1.15～1.49 t/m^3。宏观煤岩成分，以亮煤和暗煤为主，但丝炭常见，夹镜煤条带。煤岩类型以暗淡型煤为主，其次是半暗型煤。

(2)海拉尔巴彦山煤田。煤的颜色为深褐色与黑褐色，条痕为棕色，光泽多为暗淡的沥青光泽或无光泽，构造多为层状及块状，质致密、坚硬性脆，少量呈片状及粉状，质较松软，呈均一结构及条带状结构，有时为木质结构，偶尔可见清晰的植物年轮。少量呈透镜状和纤维状结构，断口多为贝壳状及参差状，外生裂隙发育，真密度在1.54～1.69t/m³之间，平均为1.61 t/m³，视密度在1.25～1.35t/m³之间，平均为1.31t/m³。宏观煤岩成分以亮煤和暗煤为主，但丝炭常见，夹镜煤条带。煤岩类型以暗淡型煤为主，其次是半暗型煤。

(3)海拉尔呼和诺尔煤田。各煤组煤层的颜色为深褐—黑褐色，条痕为深棕—褐色，光泽暗淡，断口不规则或参差状，裂隙不发育，真密度平均在1.56～1.69 t/m³之间，视密度平均在1.27～1.39 t/m³之间。上部伊敏组各煤组煤的成分以暗煤为主，丝炭次之，层状或块状构造，条带状或均一状结构，为暗淡型煤；下部大磨拐组各煤组煤的成分以暗煤为主，少量丝炭夹亮煤或镜煤条带，层状或块状构造，条带状或均一状结构，为暗淡—半暗型煤。

(4)二连赋煤带。各煤层物理性质在纵向上稍有变化。煤的颜色一般为褐—黑色，条痕为浅棕色、棕褐色—褐黑色，上部煤层多为弱沥青光泽，向下多为沥青光泽。上部半暗和暗淡煤为平坦状断口及参差状断口，下部半亮和光亮煤为贝壳状断口和阶梯状断口。内生裂隙发育，见有方解石、黄铁矿薄膜，敲击易生成棱角小块。褐煤视密度在1.29～1.33 t/m³之间，长焰煤视密度在1.27～1.28t/m³之间。宏观煤岩组分多以暗煤为主，亮煤次之，镜煤和丝炭多以较大透镜体和线理状夹在暗煤和亮煤之中。宏观煤岩类型属半暗和暗淡型煤。

(5)大杨树煤产地。煤呈黑色，暗淡—沥青—玻璃光泽，贝壳状或参差状断口，硬度4～5，视密度1.36～1.43t/m³，内生裂隙发育。煤呈条带状或粒状结构，以半亮、暗淡型为主。

(6)绍根矿区。煤的颜色一般为褐黑色，条痕为棕色、褐色。煤岩组分以暗煤为主，亮煤次之，含有少量的镜煤和丝炭。暗煤光泽暗淡或无光泽，断口多为参差状，外生裂隙不发育，视密度在1.28～1.54t/m³之间，较硬，并具有一定的韧性。亮煤具弱沥青光泽，较脆，内生裂隙发育，敲击易碎成棱角状小块。煤的结构：亮煤多构成小于3mm的细条带状及线理状；暗煤常具宽条带状及块状。局部煤层具近水平层理，易风化。各煤层煤岩组分均以暗煤为主，亮煤次之，镜煤、丝炭以透镜状或线理状夹于暗煤和亮煤之中。宏观煤岩类型以半暗型为主，半亮型煤次之。

(7)双辽矿区。煤呈黑色、褐黑色，条痕为褐黑—黑褐色，油脂光泽，部分呈沥青光泽，宏观煤岩成分以暗煤为主，亮煤及丝炭次之。亮煤呈条带状出现，暗煤和亮煤相间，并呈条带状或块状结构，坚硬，参差状断口，有少量呈平坦状断口。下部丝炭含量增多，坚硬呈块状。宏观煤岩类型为半亮型或暗淡型煤。

(8)平庄矿区的四道营子。煤的颜色一般为深褐色、黑褐色、褐色，条痕呈浅褐色或棕褐色，光泽多为弱沥青光泽，次为暗淡光泽，风化后无光泽。光亮型煤和半亮型煤常具贝壳状断口及阶梯状断口，半暗型煤多为不平坦状断口，暗淡型煤多具参差状断口及纤维状断口，镜煤内生裂隙发育，裂隙比较平坦，有时见有钙质及黄铁矿薄膜充填，敲击易碎成棱角小块，暗煤则具有一定的韧性。煤的吸水性强，易风化，风化后呈团块状及鳞片状，易自燃发火。煤的结构：各种煤岩类型交替出现，以3～5mm的中条带及1～3mm的细条带为主，偶见大于5mm的宽条带状或不连续的透镜状及块状结构。层理为连续的水平层理，偶见不连续的缓波状层理。煤的煤岩组分以暗煤和亮煤为主，丝炭分布于层面，局部含镜煤条带，属半暗型—半亮型煤。

(9)流通壕煤产地。煤呈黑色或褐黑色，条痕为褐色，光泽暗淡，局部可见沥青光泽和丝绢光泽，阶梯状、贝壳状断口，薄层及层状结构，块状构造。裂隙发育，裂隙中充填有黄铁矿薄膜。硬度小，性脆，见风后易碎，污手。宏观煤岩组分以暗煤为主，亮煤含量极少，宏观煤岩类型属暗淡型煤。

(10)巴音胡都格矿区。煤的颜色一般为褐—黑色，条痕为浅棕色、棕褐色、褐黑色，光泽多为弱沥青光泽，平坦状及参差状断口，内生裂隙发育，见有方解石、黄铁矿薄膜，敲击易生成棱角小块。煤岩宏观组分多以暗煤为主，镜煤和丝炭多以较大透镜体和线理状夹在暗煤之中，半暗—暗淡型煤。

由表6-1-4可知双辽矿区的黏土矿物含量大于20%，为微泥质煤；宝龙山矿区镜质组含量大于95%属微镜煤；二连赋煤带5号煤、流通壕煤产地的2号煤，壳质组含量大于5%属微镜壳煤；二连赋煤带6号煤属微三合煤；其余各煤田(矿区、煤产地)的煤层均为微镜惰煤。

表 6-1-4　白垩纪煤的显微组分含量表

煤田（矿区、煤产地）	煤层号	有机显微组分/%				（有机显微组分＋矿物杂质）/%				
		镜质组	半镜质组（惰）	丝质组（惰）	稳定组（壳）	$R^0 \max$	黏土类	硫化物	碳酸盐	氧化物
扎赉诺尔		68.5		18.3	1.9		13.5			
巴彦山		47.6		42.6	1.1		9.0			
呼和诺尔	K_1y	75.5		17.3	0.5					
	K_1d	85.4		14.2	0.4					
宝龙山	9	95.1		低	2.8		13.9	低	低	3.5
双辽	0	40.7		30.7			21.0			
绍根		92.5	0.45	5.6	0.5		12.5	0.3	0.3	0
四道营子	3	87.1		12.9	0		9.0	0	3.8	0
二连	5	85.9	0.6	3.7	7.9	0.332	0.8	0.07	0.1	
	6	61.1	1.3	26.7	9.4	0.362	0.6	0.6	1.4	
流通壕	2	93.8	0	0.25	5.9	0.286	7.1	1.7	0.2	0
巴音胡都格	3	93.0					低	低	低	低

四、新近纪聚煤期

新近纪聚煤期煤的颜色呈灰褐—黑褐色，条痕为褐色，风化面多呈铁锈色。水平层理发育，从矿井生产出来的煤呈瓦片状，易风化，不久发生裂纹，较长时间风化成土状。硬度在2.5左右。光泽暗淡，多呈土状，断口以参差状断口为主，见有贝壳状断口。多为木质结构，层状、片（鳞片）状。部分层面有黄铁矿斑点，燃烧时火焰不大。煤岩成分以暗煤为主，其次为亮煤和丝炭，煤岩类型为暗淡、半暗型（表6-1-5）。由表6-1-6可知除玫瑰营Ⅰ$_1$号煤属微硫化物质煤外，其余各煤产地的煤层均为微镜惰煤。

表 6-1-5　新近纪煤的物理性质和宏观煤岩类型

矿区（煤产地）	颜色	条痕	光泽	脆性	断口	裂隙	结构	构造	宏观煤岩类型
马莲滩	深褐、黑褐色	褐黑色	暗淡		贝壳—参差状				暗淡—半暗型
玫瑰营子	黑色	黑褐色	沥青—丝绢	脆	阶梯—参差状	发育	条带	层状	
七苏木	深褐—黑褐色	深棕—褐色	沥青—玻璃	脆	阶梯—参差状	发育	条带	层状	暗淡—半暗型
哈必尔格	暗黑—褐黑色		土状		参差状	不发育	线理—木质	层状	
广兴源	灰褐—棕褐色		无		平坦状		木质	片—鳞片	暗淡型
亿合公	灰褐—棕褐色		无		平坦状		木质	片—鳞片	暗淡型

表 6-1-6　新近纪煤的显微组分含量表

矿区（煤产地）	煤层	有机显微组分/%			（有机显微组分＋矿物杂质）/%			
		镜质组	丝质组	稳定组	黏土类	硫化物	碳酸盐	氧化物
马莲滩	3-2	88.6	1.2	2.6	4.9	2.4	0.4	
玫瑰营子	Ⅰ$_1$	67.5	28.8	3.6	13.6	6.4	0.2	2.6
	Ⅰ$_2$	66.9	30.2	2.9	14.0	4.5	1.2	0.7
七苏木		72.7	23.8	3.2	18.0	低	低	低
亿合公		61.3	38.7	0	17.0	0.2	2.0	0

五、小结

不同煤类的煤，在物理性质上有共性，也有差异。差异突出表现在煤的光泽上，变质程度高的煤，光泽强，低变质煤，光泽弱。二道岭矿区为无烟煤，金刚光泽。桌子山矿区和大青山矿区，煤类以焦煤和肥煤为主，煤的光泽一般为弱玻璃—玻璃光泽。准格尔煤田为长焰煤，煤的光泽为沥青光泽。东胜煤田为不黏煤，呈弱沥青光泽。二连、海拉尔的褐煤，煤的光泽为沥青光泽—弱沥青光泽。集宁矿区的新近纪褐煤，一般为无光泽或光泽暗淡。煤的显微煤岩类型以微镜惰煤为主，其次是微三合煤，微镜煤、微镜壳煤、微泥化煤甚少。

第二节　煤化学特征工艺性和可选性

一、石炭纪—二叠纪聚煤期

（一）煤的化学特征

煤的工业分析、全硫、发热量及煤分类，可反映煤质的基本特征，分区列表（表 6-2-1）说明如下。

表 6-2-1　石炭纪—二叠纪煤质一般特征表

煤田（矿区、煤产地）	煤层号	洗选情况	工业分析/%			全硫（$S_{t,d}$）/%	发热量/（$Q_{gr,d}$）（MJ·kg^{-1}）	氢含量（H_{daf}）/%	R^0max/%	$G_{R.I}$/Y	煤类
			水分（M_{ad}）	灰分（A_d）	挥发分（V_{daf}）						
喇嘛敖包	3	原	6.93	26.59	6.63	5.05	21.52				WY1
		浮	6.18	6.78	2.40	0.83	29.33				
炭井子沟	8	原	1.80	22.24	6.19	1.41	26.03				WY1
		浮		5.00	2.91	1.17		1.03			
雀儿沟	24	原	0.88	9.21	33.86	2.65	32.06				FM36
		浮	0.96	8.28	33.26	1.91	32.82			99/29	
黑山	16	原	2.00	21.96	20.81	3.48	29.71				JM
		浮		8.57	19.92	1.80	34.30			/11	
蚕特拉	3	原	0.69	28.83	22.29	1.11	30.21				JM
		浮	0.68	11.26	24.92	0.51	35.63				
	7	原	0.65	14.88	19.64	2.30	31.30				SM
		浮	0.61	5.43	17.01	1.55	36.01				
呼鲁斯太	3	原	0.88	26.18	23.26	0.52	35.51				JM
		浮	0.85	10.8	27.77	0.54	35.21			/15	
	7	原	0.74	11.78	19.72	2.34	35.21				SM
		浮	0.76	5.32	22.62	1.55	35.90			/12	
	15	原	0.78	19.12	21.51	2.08	32.85				FM
		浮	0.77	9.84	24.60	1.36	35.20			88/28	
察赫勒	M2	原	0.72	9.24	8.98	0.88	32.24				WY3
		浮	0.17	3.84	6.49	0.76	35.62	1.41			

续表 6-2-1

煤田(矿区、煤产地)	煤层号	洗选情况	工业分析/%			全硫($S_{t,d}$)/%	发热量/($Q_{gr,d}$)(MJ·kg^{-1})	氢含量(H_{daf})/%	R^0max/%	$G_{R.I}$/Y	煤类
			水分(M_{ad})	灰分(A_d)	挥发分(V_{daf})						
邦特勒	M2	原	1.17	22.06	32.23	2.45	23.49				FM
		浮	1.14	9.36	32.45	1.58	29.54			84/	
乌达	9	原	0.54	8.89	15.27	2.15	34.92				JM、QM、FM
		浮	0.79	3.80	13.59	2.02	33.85			/7	
	16	原	0.91	23.90	29.20	2.50	25.71				
		浮								/22	
桌子山	9	原	1.16	28.52	32.95	0.99	23.38				FM、JM、1/3JM
		浮	1.68	15.38	31.77	1.25	28.64			62/17	
	16	原	0.87	26.54	31.28	1.88	25.00				
		浮	0.90	15.63	29.68	1.66	29.56			66/24	
上海庙	5	原	1.78	27.13	38.17	1.16	23.45		0.6452		QM
		浮	1.80	12.11	37.44	0.88	29.74			59/14	
	9	原	1.61	18.62	40.39	2.49	27.13		0.6498		QM、QF
		浮	1.63	8.25	39.73	1.87	30.61			76/16	
乌兰格尔	6	原	6.06	20.27	37.59	0.50	24.83		0.5700		CY
		浮	6.33	7.81	38.53	0.61	28.64			1/	
清水河	5	原	5.92	17.98	35.23	0.73	25.37				CY
		浮	5.33	6.81	36.09	0.70	28.91			/6	
准格尔	5	原	4.30	25.13	39.64	0.74	23.34		0.6063		CY
		浮	4.77	9.37	40.38	0.61	28.96			6/6	
	6	原	4.57	22.06	38.61	0.86	24.27		0.6131		CY
		浮	4.99	8.18	39.19	1.21	29.66			6/4	
	9	原	4.06	24.60	38.91	1.14	23.81		0.6092		CY
		浮	4.53	8.74	39.25	0.84	28.96			6/4	
大青山	Cu_2	原	0.81	27.97	31.14	0.65	28.42				以JM为主、有SM
		浮	0.89	9.82	25.03	0.84	33.89			50/18	

水分是煤炭中的有害成分,同时可反映煤的变质程度,本聚煤期除了喇嘛敖包、准格尔煤田(包括清水河、乌兰格尔)原煤水分略高外,平均值为5%~6%外,其他各煤田(矿区、煤产地)均低于2%。

灰分是煤炭中主要有害成分。石炭纪—二叠纪聚煤期各煤田(矿区、煤产地)煤中灰分的突出特点是除雀儿沟、察赫勒、乌达矿区9号煤属低灰煤,呼鲁斯太7号、15号煤为中低灰外,其他灰分产率普遍较高,均属中灰煤,但浮煤灰分绝大多数降至10%以下。该聚煤期的各煤田(矿区、煤产地)灰分变化有另外一个特点:上、下煤层变化较大,一般薄煤层灰分值较低,巨厚煤层变化较大。例如准格尔煤田的6号煤层,一般20余米厚,中部主层段(6Ⅲ—Ⅳ)原煤灰分一般低于20%,而煤层上部(6I—Ⅱ)和煤层下部(6Ⅴ),原煤灰分较高,经常夹有高灰煤和碳质泥岩薄层,这与煤层结构复杂(如准格尔6号煤层上部(6Ⅰ—Ⅱ)俗称“千层饼”)有关,灰分在平面上变化规律不明显。对于低中灰分的煤田,即使有个别测试点为高灰分煤出现,但其不具有代表性,一般不能连片。

煤的挥发分可反映煤的变质程度,浮煤干燥无灰基挥发分是确定煤分类主要指标。石炭纪—二叠纪聚煤期含有特低—高挥发分煤,其变化是由西向东依次增高:喇嘛敖包、炭井子沟、察赫勒(<10%)为特低挥发分煤;黑山、蚕特拉7号煤、呼鲁斯太7号煤、乌达矿区9号煤为低挥发分煤;蚕特拉3号煤、呼鲁斯太3号煤和15号煤、大青山煤为中挥发分煤(20%~28%);其余则为中高—高挥发分煤,是该聚煤

期资源量最大的煤(桌子山矿区的焦煤、长城矿区的气煤和准格尔煤田的长焰煤)。

全硫是煤中主要有害元素,特别是工业用煤危害性更大。石炭纪—二叠纪聚煤期全硫含量一般变化规律:上部煤层全硫含量低于下部煤层,贺兰山-桌子山煤田的各矿区(煤产地)的硫分普遍高于准格尔煤田和大青山煤田。准格尔煤田和大青山煤田一般不超过1%,属低—特低硫煤,贺兰山-桌子山煤田的各矿区硫分变化大,喇嘛敖包、黑山的煤为高硫煤。另外,贺兰山-桌子山煤田的各矿区原煤洗选后,硫分均有所降低,但像雀儿沟、黑山、呼鲁斯太7号煤、邦特勒、乌达矿区9号煤、桌子山矿区16号煤仍高于1.5%,不适于炼焦。

煤的元素分析是指煤中主要元素碳、氢、氮、氧、硫及微量元素的含量,元素分析结果可反映煤化程度。该聚煤期煤层中低—中高—高变质煤均有,碳含量变化以长城矿区为界,以北、以西的各矿区(煤产地)较高,一般在83%以上,氧含量较低,多在6%以下;以东(包括长城矿区)碳含量低于80%,氧含量比较高,为12%~15%。准格尔煤田更特殊,煤的变质程度低于全国同时期煤田。大青山煤田煤层碳元素含量较高,接近90%,氧含量较低,为3.33%。

工业用煤除硫以外,磷也是主要有害元素,会影响焦炭质量(可使钢铁发生冷脆)。石炭纪—二叠纪煤田煤层中磷含量一般不高,属低磷煤。桌子山煤田一般都低于0.05%,属低磷煤;氯都低于0.15%,属低氯煤;砷含量的高低主要影响食品用煤,一般要求低于8×10^{-6}(二级含砷煤以下),除察赫勒、乌达矿区9号煤为三级含砷煤以外,其余均符合食品用煤,这3种有害元素对煤的利用影响不大。但石炭纪—二叠纪煤田煤层中氟含量较高,除察赫勒、清水河、长城矿区为特低—低氟煤外,其余均为高氟煤($>200\times10^{-6}$)(表6-2-2)。

表6-2-2　石炭纪—二叠纪元素分析表

煤田(矿区、煤产地)	煤层号	浮煤元素分析/%				原煤有害元素				
		碳(C_{daf})	氢(H_{daf})	氮(N_{daf})	硫氧(O_{daf})	磷(P_d)/%	砷(As_d)/$\times10^{-6}$	氟(F_d)/$\times10^{-6}$	氯(C_{ld})/%	全硫($S_{t,d}$)/%
炭井子沟	8	91.20	1.03			0.034	22		0.150	1.41
雀儿沟	24	83.40	5.37	1.81		0.010	8	144	0.070	2.65
蚕特拉	3	88.86	4.67	1.44	5.03	0.040				1.11
	7	89.94	4.58	1.41	4.07	0.006				2.30
呼鲁斯太	3	88.12	4.91	1.47	5.51	0.030				0.52
	7	89.34	5.55	1.37	3.75	0.010				2.34
	15	89.67	4.85	1.42	4.07	0.011				2.08
察赫勒	M2	88.10	3.70	1.41		0.013	15	82	0.067	0.88
乌达	7	91.24	4.19	1.67	1.97	0.019	13	245	0.060	2.15
桌子山	9	82.92	5.03	1.25		0.050	2	251	0.091	0.99
	16	82.81	5.00	1.30		0.039	2	219	0.086	1.88
长城	5	80.48	5.09	1.52	12.19	0.055	2	139	0.047	1.16
	9	79.88	5.20	1.47	11.95	0.014	3	115	0.047	2.49
乌兰格尔	6	78.54	4.63	1.17	15.34	0.020	3	229	0.020	0.50
清水河	5	79.24	4.95	1.32	13.42		3	92	0.050	0.73
准格尔	5	79.58	5.31	1.38	11.84	0.028	2	219	0.049	0.74
	6	79.72	5.04	1.39	12.64	0.030	3	231	0.090	0.86
	9	79.49	5.07	1.31	12.53	0.026	5	229	0.094	1.14
大青山	Cu_2	89.88	4.69	1.34	3.33	0.022	4	209	0.027	0.65

（二）煤的工艺性能

石炭纪—二叠纪煤田（矿区、煤产地）的煤类较全，用途广泛。喇嘛敖包、炭井子沟、察赫勒、乌达矿区部分16号煤为无烟煤；准格尔煤田为长焰煤，属动力用煤；其余各煤田（矿区、煤产地）均为中变质的炼焦用煤或炼焦配煤。

察赫勒煤产地的无烟煤，原煤灰分小于12%、硫分小于1%、磷分小于0.01%，能达到Ⅲ级高炉喷吹用无烟煤技术要求。

炼焦用煤的工艺性能，重点研究和评价煤的黏结性和结焦性能。钻孔煤样一般均测定胶质层指数或黏结指数，可初步了解煤的结焦性能。进入详查、勘探阶段，大型矿井都进行了半生产性质的小焦炉试验（或铁箱试样），提供了煤的结焦性能、焦炭质量和配焦方案的参考数据。

从表6-2-3可看出，桌子山煤田的小焦炉试验结果反映焦炭质量较好，转鼓试验结果大于40mm的含量均在70%左右，单独进行炼焦时，其焦炭抗碎强度较强；转鼓试验结果小于10mm的含量大多数小于10%，反映焦炭的耐磨性好。大青山煤田中卜圪素所采的煤样试验结果表明，煤的抗碎性和耐磨性均较差。

表6-2-3　石炭纪—二叠纪煤的小焦炉试验结果表

煤田	矿井名称	煤层号	装入煤工业分析/%				焦炭工业分析/%			转鼓强度/%	
			灰分 (A_d)	挥发分 (V_{daf})	全硫 ($S_{t,d}$)	粒度 (<3mm)	灰分 (A_d)	挥发分 (V_{daf})	全硫 ($S_{t,d}$)	M40 (mm)	M10 (mm)
桌子山	白云乌素	丙116-1	11.07	29.61	1.71		14.14	0.65	1.38	68.0	7.2
		丙216-1	17.04	31.16	2.71		22.08	1.03	1.55	70.6	7.0
		丙116-2	15.50	29.77	1.75		20.38	0.81	1.39	71.4	6.8
		黑龙龟16-2	10.21	28.16	2.31		13.30	0.97	1.67	69.6	8.8
	骆驼山	16-1	12.35	27.54	1.04	87	15.58	0.55	0.82	74.2	11.0
		16-2	12.33	29.75	0.76	86	15.28	0.92	0.52	73.8	8.2
大青山	阿刀亥	Cu_2-2	11.29	19.39	0.99		17.24		0.78	72.8	11.6
		Cu_2-3	9.48	19.15	0.91		10.38		0.87	81.4	8.2
		Cu_2-4	10.36	17.86	0.80		18.35		0.69	61.6	25.4
	中卜圪素	Cu_2					22.97		0.77	36.9	29.8

上海庙、乌兰格尔等多个矿区煤层的浮煤灰分小于12%、挥发分大于35%、氢碳原子比（H/C）大于0.75、惰质组含量（去矿物基）小于45%、镜质体反射率小于0.75%，符合直接液化用原料煤的技术要求。

石炭纪—二叠纪煤田（矿区、煤产地）主要的动力用煤产地——准格尔煤田。原煤干燥基高位发热量平均值：5号煤层为23.34MJ/kg，6号煤层为24.27MJ/kg，9号煤层平均值为23.81MJ/kg，全区平均值为24MJ/kg。浮煤干燥基高位发热量平均值分别为：28.96MJ/kg、29.66MJ/kg、28.96MJ/kg，全煤田平均值为29.19 MJ/kg。部分钻孔测定低温干馏，6号煤层平均含油率为7.32%，属富油煤。9号煤层平均含油率为6.5%，属含油煤。对煤的气化指标进行测定，得出煤对CO_2反映性较差，在温度为950℃时，CO_2反应率仅达27.8%，说明该煤田的煤炭不利于气化。从其他指标来看属于良好的动力用煤，如煤的灰熔点高，软化温度（ST）值一般1460℃，属较高软化温度灰煤；煤的抗碎强度强，属高强度煤。另外，除察赫勒、准格尔以外的其他矿区（煤产地），如桌子山、乌达、大青山等，除了部分用在炼焦以外，大部分可作为良好的动力用配煤（发热量高、灰熔点高）。

(三)煤的可选性

石炭纪—二叠纪煤田(矿区、煤产地)煤类较多,灰分和硫分变化大,在矿井和硐探曾采过较多可选性大样,对煤的可选性进行详细评价。而在长城矿区、准格尔煤田钻孔中采了简易可选性样。拟定灰分不同,可选性等级不同,各煤田(矿区、煤产地)的可选性详见表 6-2-4 和表 6-2-5。

表 6-2-4　石炭纪—二叠纪煤的可选性评价表

煤田(井田)	采样点及大样编号	煤层号	浮煤/%				可选性评价	
			−1.4		−1.5		±0.1 含量/%	等级
			产率	灰分	产率	灰分		
桌子山	乙-1 峒 9-2	9	53.60	5.94	68.66	8.07	22.77	中等可选
	滴 16-1 丙$_1$	16	48.34	8.25	66.87	10.09	26.72	中等可选
	白 16-1 丙$_1$	16	18.65	10.27	54.34	15.34	50.51	极难选
	白 16-2 丙$_2$	16	43.63	10.92	63.52	13.05	31.32	难选
	白 16-1 丙$_2$	16	27.85	10.98	54.49	14.20	41.02	极难选
大炭壕	大-1-筛	Cu_2-2	18.94	9.38	34.84	14.50	30.46	难选
	大-2-筛	Cu_2-3	42.11	13.47	50.78	15.00	25.33	中等可选
	大-3-筛	Cu_2-4	23.44	12.89	31.32	15.10	22.65	中等可选
阿刀亥	阿-4-筛	Cu_2-1	10.23	9.16	19.63	13.30	22.51	中等可选
	阿-3-筛	Cu_2-2	18.40	8.97	32.31	12.70	28.06	中等可选
	阿-2-筛	Cu_2-3	43.40	6.35	56.49	8.88	23.28	中等可选
	阿-1-筛	Cu_2-4	10.95	8.15	25.12	13.18	36.95	难选
准格尔	82-张-6	6	41.64	7.90	63.24	10.79	32.50	难选
	80-柳-6	6	43.47	10.30	69.59	13.21	38.39	难选
	81-魏-6	6	58.58	1.17	73.59	8.69	20.12	中等可选

表 6-2-5　长城矿区煤层简易可选性(0.5～13mm)测试结果表

煤层号	浮煤(−1.4)		中煤(1.4～1.8)		沉煤(+1.8)		合计		等级
	占全样质量/%	灰分(A_d)/%	占全样质量/%	灰分(A_d)/%	占全样质量/%	灰分(A_d)/%	占全样质量/%	灰分(A_d)/%	
五	35.96	12.07	41.73	35.14	15.74	64.88	93.43	27.93	极难选
九	16.33	11.75	68.57	36.31	8.71	61.48	93.61	30.63	

二、侏罗纪聚煤期

该聚煤期在区内分布广泛,东起大兴安岭中南部赋煤带,西止阿拉善盟的北山和潮水赋煤带。资源量最大、质量最佳的属鄂尔多斯盆地(东胜煤田和上海庙矿区)。该聚煤期煤的化学特征变化较大,详细描述如下。

(一)煤的化学特征

煤质一般特征见表 6-2-6。

表 6-2-6　侏罗纪煤质一般特征表

煤田（矿区、煤产地）	煤层号	洗选情况	水分 (M_{ad})/%	灰分 (A_d)/%	挥发分 (V_{daf})/%	全硫 ($S_{t,d}$)/%	发热量 ($Q_{gr,d}$)/($MJ \cdot kg^{-1}$)	R^0max/%	$G_{R.I}$/Y	煤类
希热哈达	1	原	5.88	10.30	30.80	0.58	27.83	0.683 0		RN
		浮	3.44	3.69	32.83	0.28	33.41			
潮水	8	原	11.82	18.91	39.38	0.51	26.90			CY
		浮	9.18	8.10	41.81	0.23	26.14			
二道岭	二$_1$	原	1.05～1.18	6.80～12.93	4.44～6.73	0.14～0.57	30.17～34.39	2.150 0～3.870 0		WY3
千里沟		原	13.14	11.63	33.70	0.57	24.17			RN
上海庙	二	原	10.73	13.20	35.36	1.73	26.05	0.445 3		BN
		浮	7.94	7.15	34.51	1.12	28.27		1/42	
	四	原	10.48	13.34	33.82	1.10	25.91	0.449 3		BN
		浮	7.97	6.97	33.70	2.94	28.28		1/41	
	八	原	10.26	12.69	34.90	1.24	26.28	0.416 0		BN
		浮	7.28	6.49	34.71	0.61	28.49		0/	
东胜	2-2	原	9.58	8.91	33.76	0.74	25.63			BN
		浮	8.51	4.08	34.36	0.24	27.48		0/	
	3-1	原	10.84	9.08	36.56	0.80	25.15			BN
		浮	10.00	4.55	36.41	0.23	26.77		0/	
	6-1	原	9.27	8.54	35.63	0.54	26.12			BN
		浮	8.53	4.22	35.80	0.20	27.44		0/	
昂根	3	原	2.76	20.82	29.04	0.25	26.06			RN
		浮	0.42	6.53	26.77	0.11			/5	
	5	原	2.15	11.10	32.18	0.39	30.72			RN
		浮	1.14	5.04	30.63	0.34			/2.5	
营盘湾	3	原	5.30	15.50	37.27	0.31	32.00			BN
		浮	4.42	7.66	36.35	0.24			/0	
	12	原	6.31	12.88	38.43	0.20	31.70			BN
		浮	5.60	6.57	37.81				/0	
大青山	B	原	1.42	22.80	37.44	0.46	22.14			QM
		浮							/－4	
	J	原	0.97	21.07	28.48	0.40	30.44			FM
		浮	0.68	8.95	25.81	0.57	34.78		/31	
	L	原	1.06	12.44	22.94	0.26	29.87			RN
		浮	0.71	6.19	19.73	0.46	33.79		/－4	JM
玛尼图	F3	原	2.32	26.00	40.56	0.40	24.05			CY
		浮	2.69	11.67	40.27	0.41	29.78		8/<5	
锡林浩特	F2	原	2.94	18.76	34.55	1.03	25.90			CY
		浮	3.05	13.43		0.31	25.54		0/0	
哈达图	3	原	1.00	27.97	18.05	0.26	24.33			PM
		浮	1.00	11.80	17.82	0.29	32.44			
塔布花	5	原	1.81	29.90	9.59	0.52	23.74			WY
		浮	1.46	10.44	6.77	0.56	31.18			

续表 6-2-6

煤田(矿区、煤产地)	煤层号	洗选情况	水分(M_{ad})/%	灰分(A_d)/%	挥发分(V_{daf})/%	全硫($S_{t,d}$)/%	发热量($Q_{gr,d}$)/(MJ·kg^{-1})	R^0max/%	$G_{R.I}$/Y	煤类
温都花	5	原	1.06	22.64	19.16	2.25	27.23			PM
		浮		9.96	15.36	2.27				
黄花山	6	原	2.02	36.93	15.52	1.47	22.67			WY
		浮	1.41	4.26	13.90		35.23			
联合村	9	原	1.51	28.06	15.35	0.28	25.74			SM
		浮	0.89	10.20	10.08	0.32	33.16		/5	
牤牛海	2	原	1.51	32.05	34.11	0.27	18.61			QM
		浮	1.62	9.31	31.43	0.39				
	5-2	原	6.38	25.37	41.25					JM
		浮	8.87	8.21	38.21					

侏罗纪煤田原煤水分变化较大，最高为潮水、上海庙、东胜煤田，平均值接近或超过10%；最低为贺兰山煤田的二道岭矿区，平均值为0.67%，小于1%；大青山煤田各煤层的水分一般不超过1.5%。大兴安岭各矿点的水分一般在1%～2%之间。

侏罗纪煤田原煤的灰分普遍较低，变化也较小，灰分最低为东胜煤田，不超过10%，属特低灰煤；其次为希热哈达、二道岭、千里山、上海庙、营盘湾、潮水、锡林浩特矿区，不超过20%，属低灰煤；其余均属中灰煤。

侏罗纪聚煤期煤的挥发分变化非常大，最高为潮水煤田，浮煤平均值为41.81%，最低为二道岭矿区及塔布花煤产地，浮煤挥发分平均值为6%～7%。西乌珠穆沁旗、温都花、黄花山、联合村煤的挥发分等较低，而东胜煤田、上海庙、营盘湾、大青山B煤组等其余矿区(煤产地)的挥发分值均较高。有的矿区挥发分变化也较大，例如大青山矿区，上部B煤层挥发分值较高，平均值为37.44%，下部L煤组为19.73%。东部万家沟一带B煤组原煤挥发分降为7.35%。总的来看，该期煤的挥发分变化较大，规律性也很差。

侏罗纪聚煤期煤的全硫普遍很低，仅新上海庙、温都花、黄花山超过1%，大部分没有超过1%，以特低—低硫煤为主。例如东胜煤田，属特大型煤田，所有的勘探区硫分均很低，全区原煤平均值为0.66%，浮煤平均值为0.22%，属特低硫煤。著名的二道岭矿区，含硫量特别低，原煤全硫平均值为0.25%。

侏罗纪聚煤期煤的元素含量变化较大，碳含量最高为二道岭矿区，平均值为94.19%，最低潮水煤田，平均值为70.89%；氢含量最高为牤牛海，平均值接近6%，最低为二道岭，平均值为4.05%。氢含量各区之间差别不大，均在1%左右。氧含量最高为潮水矿区的煤，平均值超过20%，最低者仍为二道岭矿区，平均值为0.76%。

其他有害元素：磷含量较低，均属特低—低磷煤，尤其东胜煤田，仅为0.000～0.007%，平均值为0.006%；氯都低于0.05%，属特低氯煤；砷含量均低于8×10^{-6}，均符合食品用煤(表6-2-7)。这3种有害元素对煤的利用影响不大。但侏罗纪煤田煤层中氟含量较高，除东胜、新上海庙8号煤属特低氟外，其余基本为高氟煤(>200×10^{-6})。

表 6-2-7　侏罗纪煤的元素分析表

煤田(矿区、煤产地)	煤层号	浮煤元素分析/%				原煤有害元素				
		碳(C_{daf})	氢(H_{daf})	氮(N_{daf})	硫氧(O_{daf})	磷(P_d)/%	砷(As_d)/×10^{-6}	氟(F_d)/×10^{-6}	氯(C_{ld})/%	全硫($S_{t,d}$)/%
希热哈达	1	82.84	4.78	0.98	11.19	0.077				0.58
潮水	8	70.89	4.14	0.92	22.06	0.003	5		0.060	0.51

续表 6-2-7

煤田(矿区、煤产地)	煤层号	浮煤元素分析/%				原煤有害元素				
		碳(C_{daf})	氢(H_{daf})	氮(N_{daf})	硫氧(O_{daf})	磷(P_d)/%	砷(As_d)/$\times10^{-6}$	氟(F_d)/$\times10^{-6}$	氯(C_{ld})/%	全硫($S_{t,d}$)/%
二道岭	二$_1$	94.19	4.05	0.84	0.76	0.00～0.018				0.14
千里沟						0.006	2	258	0.037	0.57
新上海庙	二	77.59	4.41	2.01	15.82	0.012	3	276	0.036	1.73
	四	77.83	4.32	0.94	16.51	0.011	2	147	0.049	1.10
	八	77.16	4.40	0.97	16.63	0.009	2	52	0.036	1.24
东胜煤田	2-2	79.69	4.34	0.94	14.73	0.002	2	65	0.010	0.74
	3-1	79.19	4.48	0.99	15.05	0.003	2	54	0.011	0.70
	6-1	79.86	4.25	0.94	14.77	0.007	1	135	0.009	0.65
昂根	3	85.56	4.94	0.76	9.42	0.011				0.25
营盘湾	M2	80.17	4.93	1.08	13.61	0.007				0.31
大青山	B	86.43	5.03	1.27	0.89	0.013				0.46
	J	87.11	5.10	1.08	4.18	0.013				0.40
	L	84.42	4.54	1.19	3.48	0.011				0.26
玛尼图	4-2	81.24	5.18	1.31	11.77	0.050	5	274	0.020	0.40
锡林浩特	16	82.81	5.00	1.30		0.039				1.03
西乌珠穆沁旗	5	80.48	5.09	1.52	12.19	0.006	4	424	0.020	0.26
塔布花	9	79.88	5.20	1.47	11.95	0.014				0.52
温都花	6	78.54	4.63	1.17	15.34	0.020				2.25
黄花山	5	79.24	4.95	1.32	13.42					1.47
联合村	5	79.58	5.31	1.38	11.84	0.028			0.001	0.28
牤牛海	6	82.89	5.91	1.35	8.96	0.019				0.27

(二)煤的工艺性能

二道岭的煤类为无烟煤,其原煤灰分小于10%、硫分小于0.2%,能达到Ⅰ～Ⅱ级高炉喷吹用无烟煤技术要求。

大青山矿区B煤层是五当沟组上段的主要可采煤层铁箱样试验结果:焦炭灰分为12.77%、挥发分为2.12%、硫为0.44%;转鼓试验结果:大于40mm的产率为43.2%;小于10mm的产率为18.4%,说明B煤层进行单独炼焦,其焦炭强度和耐磨性均较差。焦炭的气孔率为52.1%,横裂纹率为0.039%,纵裂纹率为0.2343%。L煤层是五当沟组主要可采煤层,有3个铁箱样资料,其转鼓试验结果抗碎强度(M40)分别为44%、16.8%、43.6%;耐磨强度(M10)分别为34%、75.4%、28.1%,上述资料可说明L煤层,进行单独炼焦其焦炭的抗碎强度和耐磨性均较差。焦炭气孔率分别为41.78%、43.48%、41.39%;横裂纹率为0.0737%、0.0878%、0.117%;纵裂纹率为0.0666%、0.0451%、0.113%。

兰炭系指无黏结性或弱黏结性的高挥发分烟煤在低温条件下干馏热解,得到的较低挥发分的固定碳质产品,可代替焦煤用于冶金工业。具体技术要求:粒度13～50mm(小于13mm的不大于20%)和13～80mm(小于13mm的不大于18%);全水分8%～16%;灰分5%～15%;全硫0.3%～1.0%;磷0.01%～0.03%;煤中氧化铝含量1%～3%。东胜煤田主要煤质指标:水分小于11.84%、灰分小于9.08%、全硫小于0.8%、磷小于0.018%;能达到兰炭用煤要求的另外一个指标——煤中氧化铝含量,即用灰中氧化铝含量×灰分产率而得出的,东胜煤田勘查程度较高的四大矿区(铜匠川、准格尔召一新庙、布尔台、补连)煤灰中的氧化铝含量为9.54%～18.81%,煤中最高氧化铝含量不超过2%,也能达到兰炭用煤要求。由此,东胜煤田煤的工业用途又增加了一项——兰炭。

侏罗纪聚煤期的煤炭资源大部分属动力用煤，有害成分低，发热量是动力煤的主要指标。该聚煤期二道岭矿区的无烟煤发热量最高，干燥基高位发热量平均值为 31.26MJ/kg；其次为东胜煤田的无烟煤，平均值为 25.63MJ/kg；最低为牤牛海，平均值为 18.61MJ/kg，均能满足发电用煤的要求。

二道岭的浮煤：水分 0.57%，灰分 3.29%，硫分 0.21%，挥发分 7.03%，发热量 35.59MJ/Kg，碳含量 94.19%，为超低灰精煤，可广泛用于煤基活性炭、碳化硅、冷压型焦、特种民用型煤（手炉型煤）等产品的生产，是优质化工原料煤。

东胜煤田南部煤层的浮煤灰分小于 10%、挥发分大于 35%、惰质组含量（去矿物基）小于 45%、镜质体反射率小于 0.75%，基本符合直接液化用原料煤的技术要求。只是氢碳原子比（H/C）为 0.69，不符合大于 0.75 的要求，通过加氢处理（即间接液化），能达到液化用原料煤的技术要求。

在东胜煤田深部区，当反应温度为 950℃时，煤对 CO_2 还原率平均值在 16.1%～22.0%之间，各煤层未达到气化用煤要求（表 6-2-8）。其他指标：热稳定性（TS-6）一般在 59%～84%之间，抗碎强度在 79%～84%之间，结渣率在 15%～65%（0.2m/s 的鼓风强度下）之间，煤灰熔融性（ST）一般大于 1150℃（2-2 煤 1180℃、3-1 煤 1220℃、6-1 煤 1330℃），加上全水分小于 12%，基本上能达到常压固定床气化用煤的技术要求。

表 6-2-8　东胜煤田深部区煤对 CO_2 的还原率　　单位：%

煤层号	800℃		850℃		900℃		950℃		1000℃		1050℃		1100℃	
	范围	平均值（点数）	范围	平均值（点数）	范围	平均值（点数）	范围	平均值（点数）	范围	平均值（点数）	范围	平均值（点数）	范围	平均值（点数）
2-1	1.0～2.0	1.5(2)	4.1～5.2	4.7(2)	6.3～11.1	8.7(2)	11.1～21.2	16.1(2)	21.2～30.7	25.9(2)	35.1～39.8	37.5(2)	39.8～66.6	53.2(2)
2-2 中	1.0～6.9	3.5(7)	3.0～17.6	7.6(7)	5.8～27.4	12.8(7)	9.8～40.8	21.7(7)	17.6～56.2	32.8(7)	29.0～60.0	41.1(7)	37.9～49.2	42.3(7)
3-1	1.0～5.2	2.7(3)	2.5～8.6	6.2(3)	6.3～16.2	12.3(3)	17.6～25.0	22.0(3)	25.7～33.3	30.2(3)	39.8～44.9	42.5(3)	49.2～61.3	54.0(3)
4-1		1.5(1)		5.2(1)		12.3(1)		20.4(1)		29.8(1)		41.8(1)		42.8(1)
4-2 中	1.0～2.0	1.5(2)	3.6～6.3	5.0(2)	7.5～11.1	9.3(2)	16.2～16.9	16.6(2)	23.4～25.0	24.2(2)	37.0～39.8	38.4(2)	37.9～49.2	43.6(2)
5-1	1.5～4.1	2.4(5)	3.6～10.5	6.1(5)	7.5～20.4	12.1(5)	10.5～35.1	20.0(5)	16.2～44.9	27.6(5)	26.5～51.5	38.5(5)	33.3～51.5	42.3(5)
5-2		0.5(1)		2.0(1)		9.8(1)		13.6(1)		25.0(1)		40.8(1)		53.8(1)
6-2	0.5～3.6	1.8(7)	2.5～9.8	5.0(7)	5.2～13.6	9.1(7)	11.7～26.5	16.8(7)	20.4～36.0	26.0(7)	28.2～48.1	35.3(7)	29.0～57.5	42.2(7)

东胜煤田焦油产率平均值为 6.5%，属含油煤。但其中 3-1 号煤层平均值为 7.1%、6-1 煤层平均值为 7.3%，属富油煤。锡林浩特煤产地个别达到 8.93%，因而，侏罗纪煤也可提炼煤焦油。

塔布花的煤类为无烟煤，其浮煤：水分 0.89%、灰分 10.44%、挥发分 6.77%，固定碳 81.33%，硫分 0.56%，可达到烧结矿用无烟煤的要求。

（三）煤的可选性

在大青山矿区长汉沟矿（B 煤组）、河滩沟矿（L 煤组）采了可选性大样，拟定灰分 12%以内，评定结果均属易选煤。在东胜煤田主要煤层采了可选性大样和较多的钻孔简易可选性试验样，采用土 01 法，评价煤的可选性，拟定灰分 8%，属极易选煤。上海庙矿区雷家井各煤层浮煤回收率值普遍低于 50%，可选性等级属中等可选—较难选煤。从表 6-2-9 可见，早—中侏罗世聚煤期沉积的煤层，拟定灰分 10%左右，多属易选—极易选煤。

表 6-2-9　侏罗纪重要矿区可选性评价表

煤田（矿区）	采样地点	煤层	精煤/%				可选性评价	
			−1.4		−1.5		±0.1	等级
			数量	灰分	数量	灰分		
长汉沟	大发窑	B	75.70	10.60	85.40	12.00	13.70	易选
	新生窑	B	83.30	8.50	89.80	9.80	9.60	易选
	一井田一号硐	B	79.83	10.44	88.34	11.83	11.96	易选
	一井田二号硐	B	77.40	10.00	85.90	11.60	13.40	易选
	二井田二号硐	B	78.20	10.20	85.00	11.50	11.40	易选
	一井田三号硐	B	75.10	9.70	87.20	11.60	15.20	易选
河滩沟	一号硐	L	76.00	7.27	82.41	8.21	9.01	极易选
	一号硐	L	86.43	7.37	91.13	7.97	7.37	极易选
	一号硐	L	75.15	7.23	80.62	8.02	7.90	极易选
东胜	85-东酸-筛	4-1	92.34	6.56	94.78	6.69	2.90	极易选
	85-东昌-筛	5-1	86.74	7.51	91.76	7.87	6.94	极易选

三、早白垩世聚煤期

（一）煤的化学特征

早白垩世聚煤期煤的水分含量均很高，一般都在10%～20%。其中高者为胜利矿区，4号煤层平均值为21.61%，6号煤层平均值为19.45%，全区平均值为19.61%。其次是黑城子矿区，平均值为19.09%。相对较低的属东部大雁矿区和宝日希勒矿区，平均值分别为10.88%、10.17%。其变化规律，上组煤略高于下组煤，二连赋煤带高于海拉尔赋煤带。

早白垩世聚煤期煤的灰分多在15%～25%之间。以中灰煤居多，海拉尔、二连赋煤带灰分较低，属低灰—低中灰煤。松辽、阴山赋煤带的大多数矿区，灰分略高，例如宝龙山和流通壕，灰分值超过30%，已属中高灰煤（表6-2-10）。

表 6-2-10　早白垩世煤质特征表

煤田（矿区、煤产地）	煤层号	洗选情况	工业分析/%			全硫（$S_{t,d}$）/%	发热量（$Q_{gr,d}$）/（MJ·kg^{-1}）	R^0_{max}/%	焦油产率/%	煤类
			水分（M_{ad}）	灰分（A_d）	挥发分（V_{daf}）					
扎赉诺尔	Ⅱ$_{2-1}$	原	10.56	16.82	44.05	0.37	23.47			HM
		浮	10.66	9.60	43.58	0.39		0.334 1	7.50	
	Ⅱ$_3$	原	7.80	22.82	42.22	0.34	23.14			
		浮	10.72	12.05	41.78	0.33		0.492 3	8.93	
巴彦山	1-2	原	9.59	19.78	43.23	0.47	23.60			HM
		浮	13.15	9.21	41.38	0.45		0.333 0	6.94	
	3	原	8.18	16.82	44.20	0.21	23.43			
		浮	11.10	10.17	40.90	0.35		0.435 0	5.57	
呼和诺尔	15	原	15.56	14.45	46.18	0.28	19.89			HM
		浮	14.88	7.55	45.25	0.38		0.334 1		
	16	原	15.19	16.18	45.13	0.55	18.96			
		浮	12.12	8.37	45.06	0.39	19.53	0.492 3		

续表 6-2-10

煤田(矿区、煤产地)	煤层号	洗选情况	工业分析/%			全硫	发热量	R^0_{max}/%	焦油产率/%	煤类
			水分(M_{ad})	灰分(A_d)	挥发分(V_{daf})	($S_{t,d}$)/%	($Q_{gr,d}$)/(MJ·kg^{-1})			
大杨树	$2_下$	原	9.49	18.56	45.39	0.45	21.09			CY
宝龙山	9	原	7.19	30.38		3.53	21.01			CY
		浮	9.16	8.42	40.65	2.10	27.63			
双辽	基本	原	10.25	22.86	38.14	0.80	21.82			CY
		浮	8.05	9.98	38.28	0.64	31.55			
绍根	5	原	8.16	21.52	42.58	1.11	21.62			HM
		浮	15.55	10.71	41.05	0.96	22.62			
平庄	5	原	11.18	17.95	41.70	1.11	25.92			HM
		浮	12.65	6.75	37.68	0.90	25.15			
	6	原	11.85	18.29	42.18	1.04	23.36			
		浮	12.65	6.84	38.02	0.78	25.15			
元宝山	5	原	12.01	15.73	39.92	1.76	21.80			HM
		浮					24.98			
	6	原	13.54	16.89	41.40	1.21	21.82			
		浮					24.66			
霍林河-白彦花		原	9.23～19.61	15.45～30.29	42.28～48.38	0.25～2.77	16.20～21.21			HM
		浮	9.22～21.61	8.90～13.17	40.98～47.00	0.54～1.93	17.88～24.74			
五间房		原	9.90	22.44	43.11	0.58	22.38	0.690 0		CY
		浮	9.46	9.27	42.84	0.64	25.72			
额合宝力格	3	原	11.45	16.27	38.57	0.29	22.38			CY
		浮	15.45	10.66	39.62	0.33	23.71			
	5	原	10.18	22.35	40.47	0.43	20.44			CY
		浮	14.10	11.43	40.91	0.50	24.36			
流通壕	2	原	12.76	34.33	45.91	2.47	17.66		74	HM
		浮	13.33	13.53	43.27	2.38	23.38			
固阳	D	原	5.40	27.65	39.74	2.09	21.84			HM
		浮	5.87	7.79	37.68	1.56	27.46			
巴音胡都格	3	原	16.10	19.92	44.30	4.29	19.82			HM

早白垩世聚煤期煤的挥发分变化小，均为高挥发分煤，一般均在40%以上。最高为呼和诺尔煤田，全煤田平均值超过45%，最低为额合宝力格矿区，全矿区平均值40%。总的来看，变化很小，平面和垂向上规律性都不明显。

早白垩世聚煤期原煤全硫大多为低硫分煤。海拉尔赋煤带最低，属特低—低硫煤；二连赋煤带变化较大，东中部较低，向西的白音乌拉、赛汉塔拉、白彦花较高，但整个赋煤带一般均低于1.5%。松辽、阴山赋煤带的大多数矿区，硫分较高，东端的宝龙山和西端的巴音胡都格已属高硫煤，而元宝山、流通壕、固阳等矿区也高于本期煤田(矿区)平均值，属中、中高硫煤。

早白垩世聚煤期煤的元素特点，氧含量较高，一般都在20%左右；碳含量普遍较低，一般在70%～75%，个别煤田(矿区)略高，如双辽、巴彦山煤田3号煤、平庄、五间房等，氢含量一般都超过4.5%，达到5%以上者不多(表6-2-11)。

早白垩世聚煤期煤中磷含量较低，都低于0.05%，属特低—低磷煤，尤其是扎赉诺尔、呼和诺尔煤田及额合宝力格、巴音胡都格矿区，仅为0.009%～0.008%，属特低磷煤；氯都低于0.05%，均属特低磷煤。砷含量变化较大，海拉尔赋煤带与双辽、额合宝力格、流通壕等地的煤中砷含量均低于8×10^{-6}，符合食品用煤。绍根、平庄矿区和二连赋煤带的煤均高于食品用煤标准。煤层中氟含量较高，除海拉尔赋煤带没有测试成果外，其余基本为高氟煤(>200×10^{-6})。

表 6-2-11　白垩纪煤的元素分析表

煤田(矿区、煤产地)	煤层号	浮煤元素分析/%				原煤有害元素				
		碳(C_{daf})	氢(H_{daf})	氮(N_{daf})	氧(O_{daf})	磷(P_d)/%	砷(As_d)/×10^{-6}	氟(F_d)/×10^{-6}	氯(Cl_d)/%	全硫($S_{t,d}$)/%
扎赉诺尔		75.89	4.73	1.16	16.94	0.009	4		0.014	0.37
巴彦山	1—2	75.11	4.34	0.91	19.79	0.015	7		0.029	0.47
	3	77.20	5.14	1.39	16.70	0.024	<2		0.027	0.21
呼和诺尔		71.32	4.80	0.86	23.01	0.009	4		0.014	0.38
宝龙山	9	75.54	5.14	1.5		0.035		227	0.024	
双辽		78.56	5.01	1.25		0.025	3		0.009	
绍根	5	72.38	3.85	1.40		0.017	28	305	0.024	
平庄	5	74.97	4.92	0.86		0.010	40	217	0.012	1.11
	6	75.36	4.89	0.88		0.018	19	244	0.009	1.04
元宝山	5	73.52	4.65	1.02		0.014				1.76
	6	73.81	4.87	1.04	19.31	0.022		213	0.051	1.21
霍林河-白彦花		70.13～74.05	4.01～5.01	0.98～1.21	19.74～23.87	0.020～0.040	8～20	130～210	0.015～0.035	0.98
五间房		74.57	4.62	1.07	19.26	0.017	12		0.033	
额合宝力格		73.50	4.15	1.03	21.07	0.008	3	157	0.038	
流通壕	2	70.05	4.75	1.07	23.98	0.030	6	359	0.030	
巴音胡都格	3	71.78	4.63	1.01	19.42	0.008				2.96

(二)煤的工艺性能

早白垩世聚煤期的煤主要用于动力用煤，煤的工艺性研究，除重点对煤的发热量等主要动力用煤指标评述外，对低温干馏，煤的气、液化等方面也做过一些有针对性的研究。

早白垩世聚煤期煤类多数为褐煤，发热量比较低，干燥基高位发热量大多在24.30MJ/kg以下，一般为20MJ/kg左右，属中低发热量煤，最低者为二连赋煤带上的黑城子矿区，平均值仅为16.20MJ/Kg，最高为平庄、元宝山两矿区，均大于24.30MJ/Kg，已属中发热量煤。总体来看，海拉尔赋煤带高于其他赋煤带(不包括平庄、元宝山两矿区)。本期煤的发热量偏低主要因素是煤的全水分较高，胜利煤田的红旗露天5号煤层做了全水分测定，平均值为38.0%，扎赉诺尔、宝日希勒、伊敏、霍林河、五间房分别为32.2%、31.8%、38.7%、29.5%、27.9%，平庄为24.8%，这也是平庄、元宝山两矿区发热量高于其他煤田(矿区)的原因。

早白垩世聚煤期各煤田(矿区)经低温干馏测定，一般含油率均不高，多数煤田(矿区)低于7%，属含油煤。部分矿区煤的含油率偏高：如霍林河煤田的14、21号煤平均值分别为9.56%、11.26%，胜利矿区的6号煤平均值为7.85%，巴音胡硕的3、4号煤平均值分别为8.16%、8.42%，它们已属富油煤，可考虑综合利用提炼煤焦油。

对早白垩世聚煤期各煤田(矿区)煤的气化指标进行了测定，煤对二氧化碳反应性变化较大，总体上看是二连赋煤带较其他煤田(矿区)要好，在常压下950℃时二氧化碳反应性如下：额合宝力格3号煤为92.4%，反应性好；白音华3号煤为88.7%，巴彦宝力格B号煤为86.4%，白音乌拉6号煤为82.5%，胜利东三6号煤为81.4%，反应性均为中等。加之水分较高，灰分一般在20%左右，硫分一般小于1.5%，煤灰熔融性(ST)在 1210～1390℃，可作为固态排灰加压气化制城市煤气的原料。

2000 年，中国矿业大学曾对平庄的褐煤做过气化试验，采用实验法和半理论计算法，初步取得了平庄褐煤水煤气组分和气化参数(表 6-2-12)，表明该煤气可作为燃料直接民用，CH_4裂解处理、脱 CO_2后可直接作为合成甲醇等化工用品的原料气。

表 6-2-12　平庄褐煤的气化试验表

煤气组分/%							热值	气化参数		
H_2	CO	CO_2	CH_4	N_2	C_2H_4	H_2S	MJ/m^3	煤气产率	富耗氧量	热效率
								Nm^3/kg		%
42.47	16.65	28.86	9.35	2.02	0.45	0.20	11.01	1.8	0.49	78.01

早白垩世聚煤期各煤田(矿区)煤类以褐煤为主，含少量长焰煤，全水分均小于 35%，挥发分均大于 35%，惰质组含量巴彦山小于 45%，其他均小于 35%，镜质体反射率均小于 0.65%；浮煤灰分除流通壕和二连赋煤带的个别煤产地外均小于 12%，氢碳原子比除巴彦山煤田 1－2 煤、流通壕和二连赋煤带的部分煤产地(五间房、额合宝力格)外均大于 0.75，说明本期各煤田(矿区)的浮煤可作为直接气化用原料煤，氢碳原子比较低的几个矿区，通过加氢处理，也可达到气化用原料煤要求。

1982 年，煤炭科学研究总院北京煤化学研究所在胜利矿区露天坑中 5 号煤层进行有关煤的液化试验，结果显示煤的转化率在 92.79%～94.93%之间，液化率在 66.64%～70.79%之间，气体产率在 9.78%～15.25%之间，水产率在 12.22%～14.09%之间(表 6-2-13)。

表 6-2-13　胜利矿区乌兰图嘎露天矿 5 号煤层直接液化成果表

样品号	组　成/%					试　验　条　件								
	转化率	液化率	气体产率	H_2耗量	H_2O产率	试验设备	溶剂	煤熔比	催化剂	催化剂(煤)	H_2初压/MPa	反应温度/℃	恒温时间/min	搅拌转速RPM
1	92.79	70.79	9.78	2.77	12.22	0.51美制	脱晶蒽油	1∶3	Fe_2O_3+S	3%	12.06	400	60	800
2	93.18	68.62	10.47	3.16	14.09									
3	94.93	66.64	15.25	3.98	13.04									

根据前期结果，进一步研究该煤中矿物质含量，硅铝酸盐、黄铁矿、有机硫及某些微量元素对煤的加氢液化的作用，得出如下试验结论：未洗选的褐煤转化率较高，是加氢液化较好的原料，若将原煤中矿物质用机械方法除去一部分，能改善加氢液化的条件，可进一步提高液化转化率和油回收率；初步发现胜利褐煤中有机硫及某些微量元素对煤加氢液化有一定的促进作用；煤中矿物质含量增加，对煤液化不利，但某些酸性黏土矿物有可能有催化加氢的作用。

(三)煤的可选性

早白垩世聚煤期各煤田(矿区)的煤均较难选，多用于原煤发电。仅个别矿区为中等可选和易选煤：平庄、元宝山为易选煤，胜利 5 号煤为难选煤，6 号煤为中等可选，白音华 3-1 煤为中等可选—极难选。

胜利矿区锡林露天曾进行了煤的可选性试验，主要在钻孔中采的简易可选性样，结果主要煤层 6 号，当拟定灰分为 10%时，为易选—难选煤，综合平均后为中等可选煤。5 号煤层为难选—极难选煤(表 6-2-14)。

表 6-2-14　胜利矿区锡林露天可选性评价表

煤层号	采样地点	假定精煤灰分/%	理论分选相对密度/(g·cm^{-3})	含量(±0.1)/%	级别	备注
5	露天坑	10	1.39	38.0	难选	
	580 孔	10	1.44	46.1	极难选	参　考
	697 孔	10	1.34	88.2	极难选	
	741 孔	10	1.39	39.8	难选	
综合平均		10	1.37	58.4	极难选	
6	580 孔	10	1.48	35.2	难选	
	580 孔	10	1.60	11.6	易选	
	580 孔	10	1.43	45.8	极难选	
	580 孔	10	1.37	55.5	极难选	
	平　均	10	1.42	36.0	难选	
	697 孔	10	1.42	18.6	易选	
	741 孔	9	1.42	10.4	易选	
综合平均		10	1.43	28.8	中等可选	

胜利矿区东二号露天矿共采可选性大样两套(5 号、6 号煤层各一套),简易可选性样 45 套对各煤层的可选性进行试验。因为生产大样采样数量大(＞10t),而且采样及试验过程均模拟生产实际,代表性强,所以 5 号、6 号煤以大样资料为评价依据,简选样结果只作为参考(表 6-2-15)。

表 6-2-15　胜利矿区东二号露天矿 5 号、6 号煤可选性评定表

煤层号	拟定灰分/%	浮物产率/%	分选密度/(kg·L^{-1})	含量(±0.1)/%		可选性等级
				初始值	最终值	
5	13.00	75.5	1.405	23.5	26.90	较难选
	14.00	80.5	1.470	12.2	14.00	中等可选
	15.00	84.3	1.600	3.5	4.00	易选
6	15.00	67.0	1.335	55.0	61.90	极难选
	16.00	76.3	1.400	26.5	29.80	较难选
	17.00	81.0	1.485	10.0	11.25	中等可选
	18.00	84.5	1.575	5.8	6.50	易选

白音华矿区二号露天 3-1 煤层:浮选后的灰分为 16%和 18%时,可选性等级为中等可选;浮选后的灰分为 20%时,可选性等级为较难选;浮选后的灰分为 14%时,可选性等级为中等可选—极难选。

四、新近纪聚煤期

仅有阴山赋煤带集宁矿区的马莲滩、玫瑰营子、七苏木,哈必格煤产地和大兴安岭南部赋煤带赤峰的广兴源、亿合公煤产地,为新近纪聚煤期,煤类均为褐煤。

(一)煤的化学特征

新近纪聚煤期煤的水分值均很大,最低者为广兴源,最高者为哈必格。集宁矿区马莲滩、七苏木高于玫瑰营子,但玫瑰营子的浮煤水分有较大增加,全矿区平匀值为 13%。赤峰煤产地煤的水分在 8.73%~13.89%,平均值为 10%(表 6-2-16)。

表 6-2-16　新近纪煤质一般特征表

矿区(煤产地)		煤层	洗选情况	工业分析/%			全硫	发热量	有害元素				煤类
				水分 (M_{ad})	灰分 (A_d)	挥发分 (V_{daf})	($S_{t,d}$)/%	($Q_{gr,d}$)/ ($MJ \cdot kg^{-1}$)	磷(P_d)/%	砷(As_d)/ $\times 10^{-6}$	氟(F_d)/ $\times 10^{-6}$	氯(Cl_d)/%	
集宁	马莲滩	1-1	原	11.62	30.37	45.30	2.26	17.74	0.020	7	123		HM
			浮	13.47	9.96	43.41	1.41	23.25					
		2-2	原	10.48	29.84	45.60	2.54	17.93	0.030	8	140		HM
			浮	12.24	9.40	43.01	1.40	23.20					
		3-1	原	12.10	30.61	44.52	2.52	17.41	0.020	8	152		HM
			浮	12.97	9.79	42.88	1.34	23.41					
		3-2	原	11.43	30.37	45.20	2.14	17.69	0.030	6	134	0.007	HM
			浮	12.61	9.69	43.21	1.32	22.91					
	玫瑰营子	1	原	7.97	27.57	45.63	3.11	21.54	0.014	303～41	60～410	0.004～0.371	HM
			浮	11.37	12.54	44.72	1.97	25.73					
		2	原	9.15	33.09	45.47	2.56	19.87	0.013	313～51	80～260	0.029	HM
			浮	11.35	12.51	43.53	1.91	25.83					
	七苏木	Ⅰ$_1$	原	14.09	37.34		2.88	22.61	0.010	13	122	0.243	HM
			浮	13.98	11.50	39.49	1.74	25.62					
		Ⅰ$_2$	原	14.56	24.75	35.41	2.58	22.22	0.009	12	122	0.243	HM
			浮	14.91	11.31	39.51	1.71	25.86					
	哈必格	01	原	25.01	22.81	61.82	0.66	19.45					HM
赤峰	广兴源	Ⅰ	原	8.73	51.73	67.31	0.58	10.11					HM
	亿合公	2	原	13.89	50.28	64.36	0.69	11.70					HM

新近纪聚煤期煤的灰分高，均属高灰或中高灰煤，且变化大。集宁矿区原煤灰分由22.81%～37.34%，平均值为30%左右，以中高灰为主；赤峰煤产地的原煤灰分大于50%，已属碳质泥岩。但集宁矿区的浮煤灰分下降较大(下降2/3左右)。

新近纪聚煤期的煤均为高挥发分煤。集宁矿区浮煤挥发分为39.49%～61.82%，以七苏木最低小于40%，哈必格最高超过65%，变化很大；赤峰煤产地只有原煤资料，在64.36%～67.31%之间。

全硫含量高、变化大，除哈必格、赤峰煤产地外，均高于2%，并且浮煤硫下降不大。

仅集宁矿区有元素分析资料，元素含量变化较小，利用全煤田平均值。碳元素含量平均值为73.20%，氧元素平均值为20.14%，氢元素和氮元素平均值分别为3.97%和0.8%。磷含量小于0.05%，属特低—低磷煤。氯含量变化大，七苏木大于0.15%，属高氯煤，玫瑰营子Ⅰ$_1$煤层变化大，玫瑰营子Ⅰ$_2$煤层、马莲滩均很低。砷含量一般均大于8×10^{-6}，不能用于食品工业；氟含量较高，一般为中氟煤。

(二)煤的工艺性能

新近纪聚煤期煤属动力用煤和民用煤，煤的工艺性能取决于煤的发热量，集宁矿区煤层的干基高位发热量为17.41～22.61MJ/kg，平均值为19.60MJ/kg，能满足发电用煤要求。但赤峰煤产地煤的发热量平均值均小于12MJ/Kg，严格意义上说，已不属煤炭。

仅集宁矿区马莲滩、玫瑰营进行了低温干馏试验。结果各煤层含油率均很低，属含油煤层。马莲滩、玫瑰营进行了煤对CO_2反应性试验：马莲滩3-2号煤950℃时对CO_2反应性为84.9%，玫瑰营为85.9%，说明该期煤的反应性中等或接近较强。

（三）煤的可选性

玫瑰营Ⅰ$_1$煤层：当浮煤灰分为14.07%时，密度级为1.30～1.40t/m^3，理论精煤回收率为58.04%，±0.1产率为48.82%，属极难选煤；当浮煤灰分为22.06%时，密度级为1.40～1.50t/m^3，理论精煤回收率为76.44%，±0.1产率为27.67%，属中等可选煤；当浮煤灰分为31.37%时，分选密度级1.50～1.60t/m^3，理论精煤回收率为85.50%，±0.1产率为12.59%，属易选煤。

马莲滩3-2号煤层：浮煤灰分为20%时，可选性等级为中等可选；浮煤灰分为18%时，可选性等级为易—难选；浮选后的灰分为16%时，可选性等级为较难—极难选，个别易选；浮选后的灰分为12%和14%时，可选性等级为难—极难选。

五、小结

（1）石炭纪—二叠纪的煤田（矿区、煤产地），煤的种类最佳，多为炼焦用煤，以焦煤和肥煤占多数。但是原煤灰分一般均较高，以中灰煤为主，部分为富灰煤，下部太原组煤层硫分也较高，煤的可选性属难选煤或极难选煤。从内蒙古自治区西部地区几个大型矿区的生产实践看，仅部分煤炭用在冶金生产上，大部分作为动力、发电和民用煤。

准格尔煤田已勘查区域镜煤最大反射率为0.57%～0.59%，煤类属长焰煤，煤的变质程度低于全国同纪煤田，属于特例。分析其主要原因，煤田处于稳定地块，构造简单，也没有岩浆热源影响，该区煤层上部覆盖层较薄，影响着煤的变质程度。预计深部变质程度有增高的可能性。

（2）侏罗纪的煤田，煤的质量最佳，为良好的动力用煤，也可作为气化和液化用煤。一般灰分产率和硫分含量均很低。特别是特大型的东胜煤田，煤炭质量最佳，被称为“三低一高”的煤，原煤灰分一般低于10%，原煤全硫普遍低于1%，磷含量低于0.01%，发热量较高。另外，贺兰山煤田的二道岭矿区与全国驰名的汝箕沟矿相邻，均属优质无烟煤。化验成果：原煤灰分平均值为10.53%，全硫平均值为0.25%，是深受国内外用户欢迎的优质煤炭。

（3）白垩纪的海拉尔及二连赋煤带赋存着丰富的褐煤，各煤田的煤质特征相近，为低—中低灰、特低—低硫、特低磷、低氯、中低发热量的优质动力用煤，同时，大多数指标能达到气化用原料煤要求，大有开发前景。

（4）新近纪的煤田仅有集宁矿区和赤峰煤产地，一般煤的质量比较差，水分和灰分均很高，发热量低，易风化，不适宜大规模开采，但气化指标尚可，地下气化成为可能。

第三节　煤类分布及变质规律

一、煤类分布

内蒙古自治区煤类分布规律，除受构造应力和岩浆热的影响外，主要因素与成煤的时间、压力、温度有着密切关系，所以按聚煤期叙述如下。

(一)石炭纪—二叠纪聚煤期

本期煤类以中变质炼焦煤为主,还有长焰煤和无烟煤。主要分布在华北赋煤区的贺兰山-桌子山赋煤带、鄂尔多斯北缘赋煤带和零星分布的阴山赋煤带(图 6-3-1)。

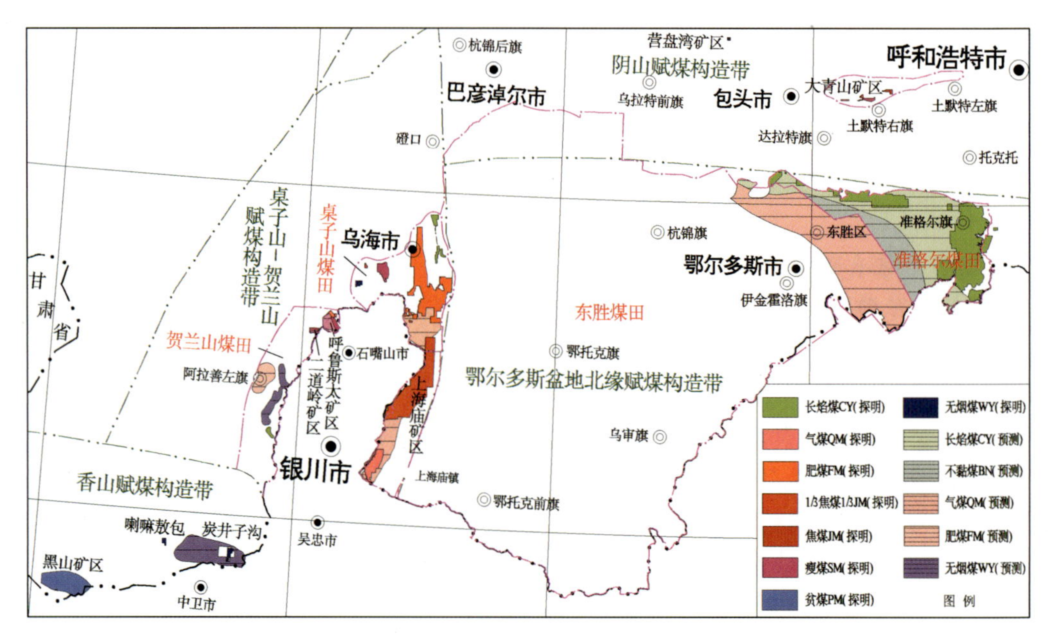

图 6-3-1 内蒙古自治区 C+P 煤类分布图

阿拉善左旗黑山矿区以焦煤—瘦煤为主,主要可采煤层挥发分平均值 19.92%,胶质层厚度(Y 值)11mm,但硫分较高,并且以有机硫为主,用于炼焦受到制约。喇嘛敖包、炭井子沟矿区,挥发分平均值分别为 2.40%、2.91%,氢含量 1.03%,为无烟煤一号(WY1)。

呼鲁斯太矿区以瘦煤和焦煤为主,矿区北部为气肥煤,往南变质程度逐渐加深,矿区南端出现贫煤。另外,矿区内的蚕特拉井田,因受构造影响,地层直立或倒转,煤层厚度变薄,煤类为焦煤和瘦煤。3 号煤层是山西组的主要可采煤层,浮煤挥发分平均值为 24.92%~27.77%,胶质层厚度为 15mm,以焦煤为主;7 号煤层是太原组主要可采煤层,浮煤挥发分平均值为 17.01%~22.62%,胶质层厚度为 12mm,以瘦煤为主。

察赫勒井田挥发分平均值为 6.49%,氢含量 1.41%,为无烟煤二号(WY2)。

乌达矿区以焦煤为主,有 1/3 焦煤和肥煤。9 号煤为山西组主要可采煤层,浮煤挥发分平均值为 13.59%,胶质层厚度为 7mm;16 号煤层为太原组主要可采煤层,挥发分平均值为 29.20%,胶质层厚度为 22mm。

桌子山矿区以肥煤为主,有焦煤和 1/3 焦煤。9 号煤层是山西组的主要可采煤层,浮煤挥发分平均值为 31.77%,胶质层厚度为 17mm;16 号煤层是太原组的主要可采煤层,浮煤挥发分 29.68%,胶质层厚度为 24mm,其变化规律为北肥煤、南焦煤;另外,雀儿沟的 24 号煤,浮煤挥发分 33.26%,胶质层厚度为 29mm,以肥煤为主,其次为气煤、肥煤。

上海庙矿区以气煤为主,有气肥煤。5 号煤层是山西组的主要可采煤层,浮煤挥发分平均值为 37.44%,黏结指数 59,胶质层厚度为 14mm;9 号煤层是太原组的主要可采煤层,浮煤挥发分 39.73%,黏结指数 76,胶质层厚度为 16mm。

准格尔煤田位于鄂尔多斯盆地东缘,煤的变质程度很低,煤类属长焰煤。国家规划矿区:5 号煤层为山西组主要可采煤层，浮煤挥发分平均值为40.38%，黏结指数为6，透光率为88%，镜煤最大反射率0.606 0%；6号煤层为太原组主要可采煤层，浮煤挥发分平均值39.19%，黏结指数为6，透光率为90%，镜煤最大反射率为0.613 1%；另外，北部边缘的乌兰格尔矿区主要煤层为6号煤，浮煤挥发分平均值为38.53%，黏结指数为1，镜煤最大反射率为0.570 0%；9号煤层是太原组上段一个主要可采煤层，浮煤挥发分平均值为39.25%，黏结指数为6，透光率为90%，镜煤最大反射率为0.609 2%。变质规律是煤田的南部略高于北部，下部煤层略高于上部煤层，深部(西部预测区)也有增高的趋势。

清水河矿区主要可采煤层为5号煤，浮煤挥发分平均值为36.05%，胶质层厚度为6mm，变质程度似乎比准格尔煤田要高些。

阴山赋煤带西部营盘湾矿区的煤窑沟，挥发分平均值为5.48%，氢含量3.78%，为无烟煤二号(WY2)。中部为大青山矿区的一部分，由西向东依次为海柳树、大炭壕、阿刀亥、磴场、中卜圪素、水泉、黑土坝，呈东西狭长形，属拴马桩组，煤类以焦煤为主。大炭壕西端有少量的肥煤，阿刀亥东部为瘦煤，主要煤层 Cu_2 的浮煤挥发分平均值为25.03%，黏结指数50，胶质层厚度为18mm。

阴山赋煤带东部的四号地煤类为无烟煤，3号煤为上部的主要可采煤层，挥发分为2.72%～8.82%，平均值为5.43%，10号煤层为下部主要可采煤层，挥发分为3.96%～4.66%，平均值为4.33%。氢含量为2.21%～2.45%，平均值为2.33%，属无烟煤二号(WY2)。

石炭纪—二叠纪聚煤期煤类分布如下。

无烟煤由北东向南西依次分布在四号地、煤窑沟、察赫勒、炭井子沟、喇嘛敖包，煤类由无烟煤二号(WY2)至无烟煤一号(WY1)，变质程度也是由北东向南西增高。

炼焦煤集中分布在桌子山矿区、上海庙矿区和贺兰山煤田，大青山矿区分布零散(图6-3-2)。贺兰山以西，煤类较多，变质程度无规律可循。桌子山矿区自北向南是北肥煤、南焦煤，上海庙矿区自南向北是南气煤、北焦煤，两个矿区的变质程度是南北两端低于中部，但南部变质程度低于北部。大青山矿区的煤类较多，气煤、肥煤、焦煤、瘦煤均有，变质程度向东略高。

长焰煤集中在准格尔煤田，变质程度南部略高于北部，下部煤层略高于上部煤层，深部(西部预测区)预测也有增高的趋势。

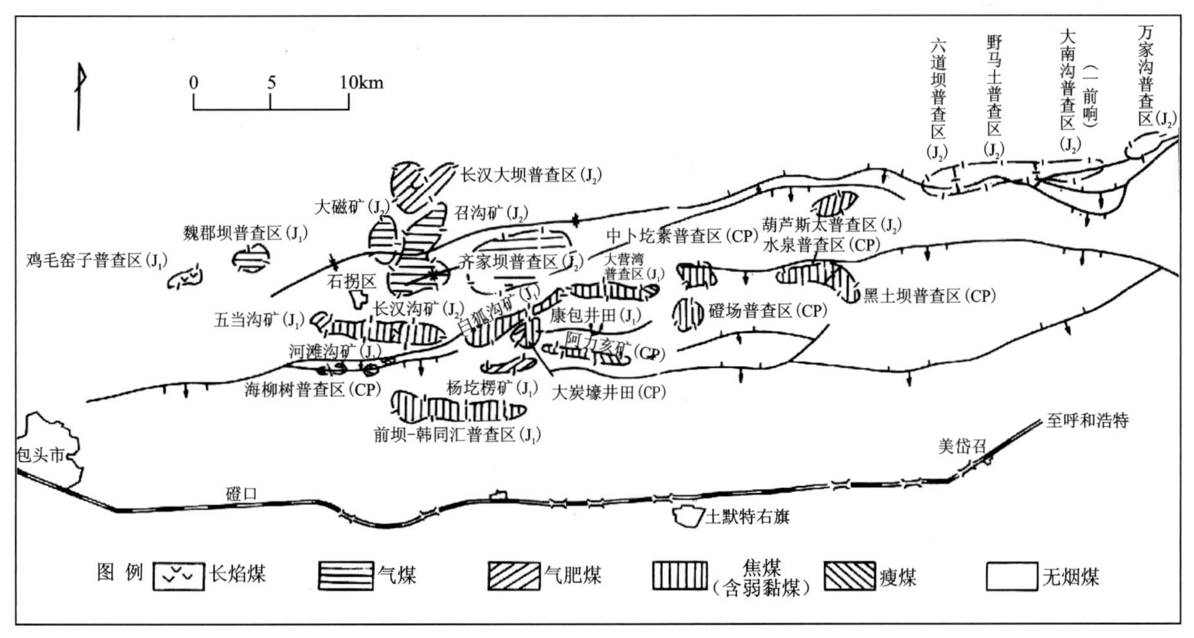

图6-3-2 大青山矿区煤类分布图

(二)侏罗纪聚煤期

本聚煤期以低变质烟煤为主，有少量的焦煤和无烟煤。该时期的煤类分布范围极广泛，鄂尔多斯盆地的东胜煤田含煤面积最大，煤炭资源储量最丰富；其次为上海庙矿区和大青山矿区，上海庙矿区的煤炭资源储量较大，大青山矿区炼焦煤类较多，是内蒙古自治区重要的焦煤基地；其余多为分布零散的中小型煤产地(图 6-3-3)。

1.西北赋煤区

北山-潮水赋煤带的希热哈达，位于北山区的北部，浮煤挥发分平均值为 32.83%，黏结指数为零，镜质体反射率 0.6830%，煤类为弱黏煤；红柳大泉为贫煤；潮水矿区浮煤的挥发分平均值为 41.81%，属长焰煤。

2.华北赋煤区

贺兰山-桌子山赋煤带有新井子、二道岭，桌子山矿区的千里沟及上海庙矿区(J)。

新井子：2 号煤层的浮煤挥发分平均值 28.24%，胶质层厚度为 79mm，属弱黏煤。

二道岭：位于汝箕沟矿区的西部，主要可采煤层二 l 层，浮煤挥发分平均值 6.73%，氢元素平均值为 3.47%，镜质体反射率 2.45%～3.87%，煤类为无烟煤三号(WY3)，变化规律，在向斜的西北翼(天荣井)煤的变质程度偏低，出现贫煤，往东南部变质程度逐渐加深。

千里沟：煤的原煤挥发分平均值 33.70%，煤类属弱黏煤。

上海庙矿区：主要可采煤层 2 号、4 号、8 号煤层，浮煤挥发分平均值分别为 34.51%、33.70%、34.71%，黏结指数分别为 1、1、0，镜质体反射率分别为 0.445 3%、0.449 3%、0.416 0%，煤类为不黏煤，变化规律不明显。

鄂尔多斯北缘赋煤带东胜煤田，煤的种类以不黏煤为主，有少量长焰煤，长焰煤分布规律性较差，主要反映在挥发分值大于 37%，其他性质与不黏煤没有大的差异。本煤田主要可采煤层：2－2 煤层浮煤挥发分平均值为 34.36%，黏结指数为 0，透光率平均值为 82%，镜煤最大反射率为 0.43%；3－1 煤层浮煤挥发分平均值为 36.41%，黏结指数为 0，透光率平均值为 76%，镜煤最大反射率为 0.42%；6－1 煤层浮煤挥发分平均值为 33.91%，透光率平均值为 86%，镜煤最大反射率为 0.46%。综上所述，该煤田变质程度上部煤层与下部煤层变化不大，从平面上看，特别是煤的物理性质，煤的变质程度南部略高于北部。

阴山赋煤带以大青山矿区为主体，包括大青山东部的六道坝、一前响、万家沟一带以及独坝矿等及阴山西部昂根矿区、营盘湾矿区。

昂根矿区位于阴山含煤区的西端。3 号煤层是主要可采煤层，浮煤挥发分平均值为 26.77%，胶质层厚度为 5mm，煤类为弱黏煤。营盘湾矿区，西起大罗沟-八分子勘探区，东止营盘湾勘探区，为东西条带状。该矿区煤的变质程度较低，以不黏煤为主，部分为长焰煤。上部主要可采煤层 3 号煤层的浮煤挥发分平均值为 36.35%，胶质层厚度为 0；下部主要可采煤层 12 号煤层的浮煤挥发分平均值为 38.43%，胶质层厚度为 0。变化规律：挥发分值摆动很大，西部区略大于东部，下部煤层略大于上部煤层。

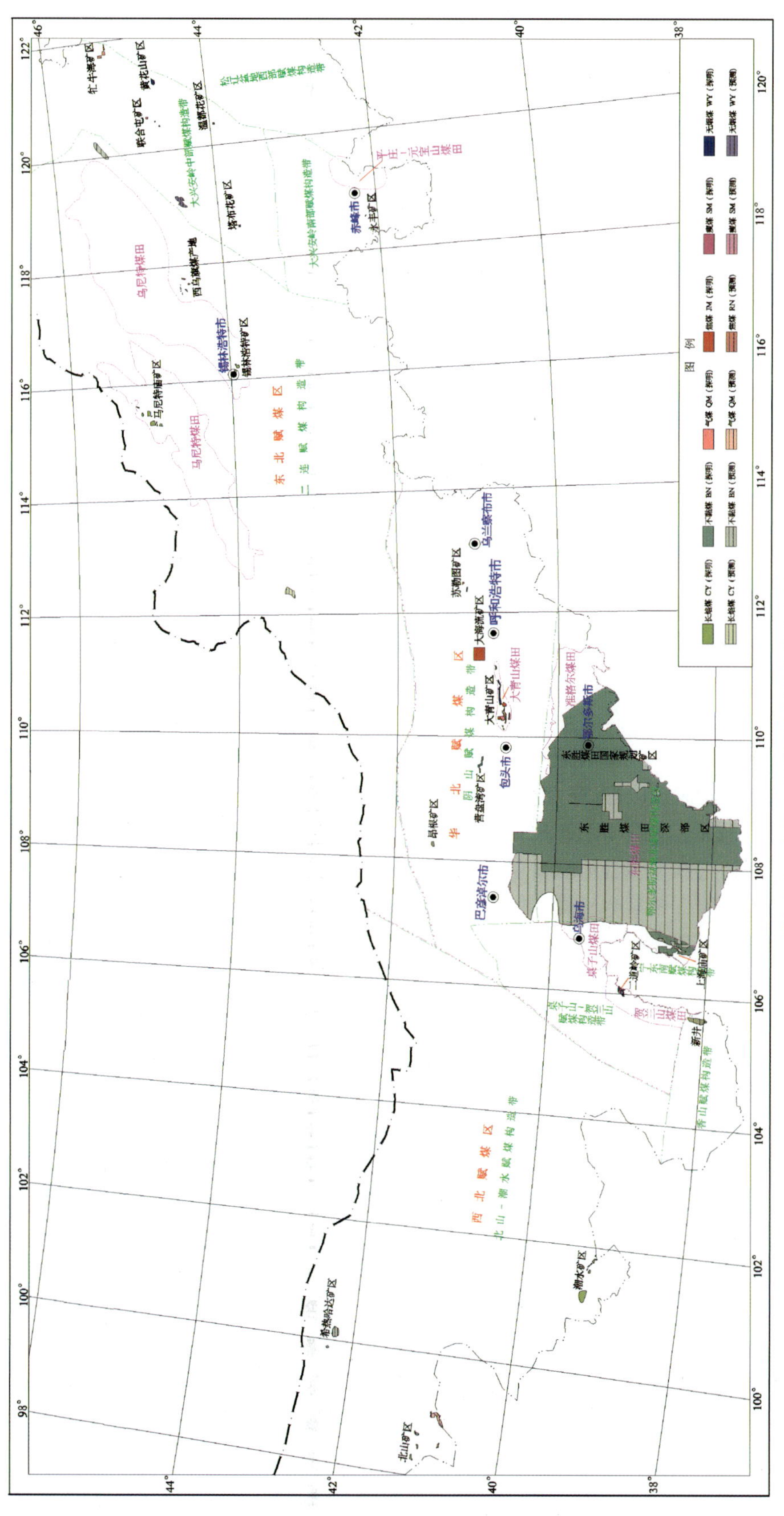

图6-3-3　内蒙古自治区侏罗纪煤类分布图

大青山矿区：以炼焦用煤为主，有气煤、肥煤、焦煤、弱黏煤等。北部发育五当沟组上段，以羊肠沟矿为主，有大磁矿、召沟矿，以及齐家坝等普查区，煤类均为气煤。主煤层(B层)挥发分为37.44%，胶质层厚度为8～22mm，平均值为14mm，属气煤。南部为五当沟组下段含煤地层，以五当沟矿和河滩沟矿为主体，煤类以焦煤和弱黏煤为主。主要可采煤层(L煤组)，浮煤挥发分平均值为19.73%，胶质层厚度为0～27mm.平均值为13mm。该段煤层往东有白狐沟井田、大营湾，变质程度有增加的趋势，康包以东出现瘦煤。大青山的东部，有六道坝、一前晌至万家沟一带，五当沟组上段煤类为无烟煤，挥发分平均值为7.27%。另外，大青山矿区东端还有独坝矿，煤类也属无烟煤，挥发分平均值为4.80%。

3. 东北赋煤区

二连赋煤带有玛尼图、锡林浩特、哈达图3个矿区，煤的储量小，含煤面积小，煤类变化较大，以长焰煤、弱黏煤为主。大兴安岭中部赋煤带有牤牛海、联合屯、黄花山、温都花、塔布花，多为高变质煤。

玛尼图矿区的煤类均为长焰煤。主要可采煤层浮煤挥发分平均值为40.27%，黏结指数平均值为8，透光率平均值为95%，煤类为长焰煤。锡林浩特矿区煤类为弱黏煤，F4号为主要可采煤层，原煤挥发分平均值为30.32%，黏结指数为0，以弱黏煤为主，个别点挥发分值大于37%，属长焰煤。哈达图矿区煤类变化较大，以气煤为主，有焦煤和贫煤。3号煤层浮挥发分平均值为17.82%，胶质层厚度为23mm，主要为气煤，局部出现焦煤和贫煤点。

牤牛海矿区共有4个井田，以3、4井田为主。3井田煤的挥发分为30%～50%，胶质层厚度为11～43.5mm，平均值27.3%；4井田煤的挥发分为40%～50%，胶质层厚度为65～185mm。所以，该区以气煤为主，有肥煤。

联合村、黄花山矿区位于通辽市的北部，煤的变质程度均较高，煤类多为贫煤和瘦煤。联合村矿区煤的挥发分平均值为10.08%；黄花山矿区煤的挥发分平均值为13.90%，胶质层厚度为0～6mm。

温都花和塔布花矿区位于赤峰市北部地区，煤的变质程度均较高。温都花矿区煤类为贫煤，挥发分平均值为15.36%，胶质层厚度为0；塔布花矿区煤类为无烟煤，挥发分平均值为6.77%。

综上所述，在侏罗纪聚煤期，无烟煤(贫煤)由北东向南西依次分布在黄花山、塔布花、独坝、万家沟、二道岭，煤类多为无烟煤三号(WY3)，变质程度无规律。炼焦煤集中分布在大青山矿区，其他赋煤带分布零散。大青山矿区的煤类较多，气肥焦瘦均有，变质程度有向东增高趋势。不黏煤集中在东胜煤田和上海庙矿区。就储量而言，不黏煤占绝对优势。

(三)早白垩世聚煤期

早白垩世的煤田主要分布在海拉尔、二连赋煤带中。大兴安岭中部、大兴安岭南部、松辽、阴山赋煤带亦有分布，但较零散(图6-3-4)。

海拉尔赋煤带的重要煤田有扎赉诺尔、巴彦山、呼和诺尔等，煤类均以褐煤为主，局部深部有长焰煤。另外伊敏矿区东北部的五牧场井田，因受火成岩体热变质影响，出现多煤类现象，从褐煤到贫煤均有。

海拉尔河以北及东部靠近大兴安岭隆起带的部位，大磨拐河组的煤层，煤类多为长焰煤。较大的矿区有胡列也吐、特兰图、得尔布、拉布达林、莫拐、五九、免渡河等。但这些矿区(特兰图)的煤层普遍较薄，煤层较稳定—不稳定，含煤性较海拉尔河以南煤炭聚集区要差很多。

二连赋煤带西起白彦花，东到霍林河，已知矿区近40个，主要有锡林郭勒盟的胜利国家规划、白音华国家规划矿区及巴彦呼硕、五间房、额合宝力格、乌尼特、吉林郭勒、巴彦宝力格、那仁宝力格、白音乌拉、赛汉塔拉等矿区，西端为巴彦淖尔和包头的白彦花矿区，东边通辽的霍林河国家规划矿区，这些矿区煤的挥发分值一般大于40%，透光率小于50%，煤类以褐煤为主，极少数矿区出现长焰煤。出现长焰煤的矿区：胜利国家规划矿区的大磨拐河组下段煤，浮煤挥发分平均值为40.61%，透光率平均值为65%；额合宝力格矿区浮煤的挥发分平均值为39.62%，透光率为65%；五间房矿区浮煤的挥发分平均值为42.84%，透光率多大于50%，镜质体反射率0.690 0%。另外，该赋煤带与阴山赋煤带过渡部位的石匠山矿区，浮煤的挥发分平均值为8.78%，煤类为无烟煤。

大兴安岭中部赋煤带的大杨树矿区位于呼伦贝尔的东部，含煤地层属大磨拐河组，煤类为长焰煤。松辽赋煤带煤类的分布规律明显，东部的宝龙山、双辽、吉尔嘎郎的煤类为长焰煤，中南部的清水塘为焦煤，西部的公营子为无烟煤(WY)。绍根、榆树林子、兴隆洼为褐煤。

大兴安岭南部赋煤带永丰矿区(永丰小井和柳村五矿)较特殊，原煤挥发分平均值为7.34%，柳树五矿的煤类为无烟煤，永丰小井的煤类为长焰煤；平庄古山深部的煤类为长焰煤；而当铺地、元宝山、平庄、四龙的煤类则为褐煤。阴山赋煤带的流通壕、固阳、巴音胡都格、五道湾、新民村的煤类均为褐煤。

综上所述，在白垩纪聚煤期，无烟煤、贫煤、炼焦煤分布极少，仅石匠山和永丰两矿区的煤类为无烟煤，清水塘一处为焦煤，变质程度无规律。长焰煤集中分布在海拉尔河北部诸矿区和二连的胜利国家规划矿区的大磨拐河组下段煤、额合宝力格、五间房矿区，松辽赋煤带分布零散。褐煤广泛分布在海拉尔、二连赋煤带中，并且集中在海拉尔河以南和二连赋煤带的东部，其次为平庄矿区、元宝山矿区，松辽、阴山赋煤带分布零散。就资源量而言，褐煤占绝对优势。

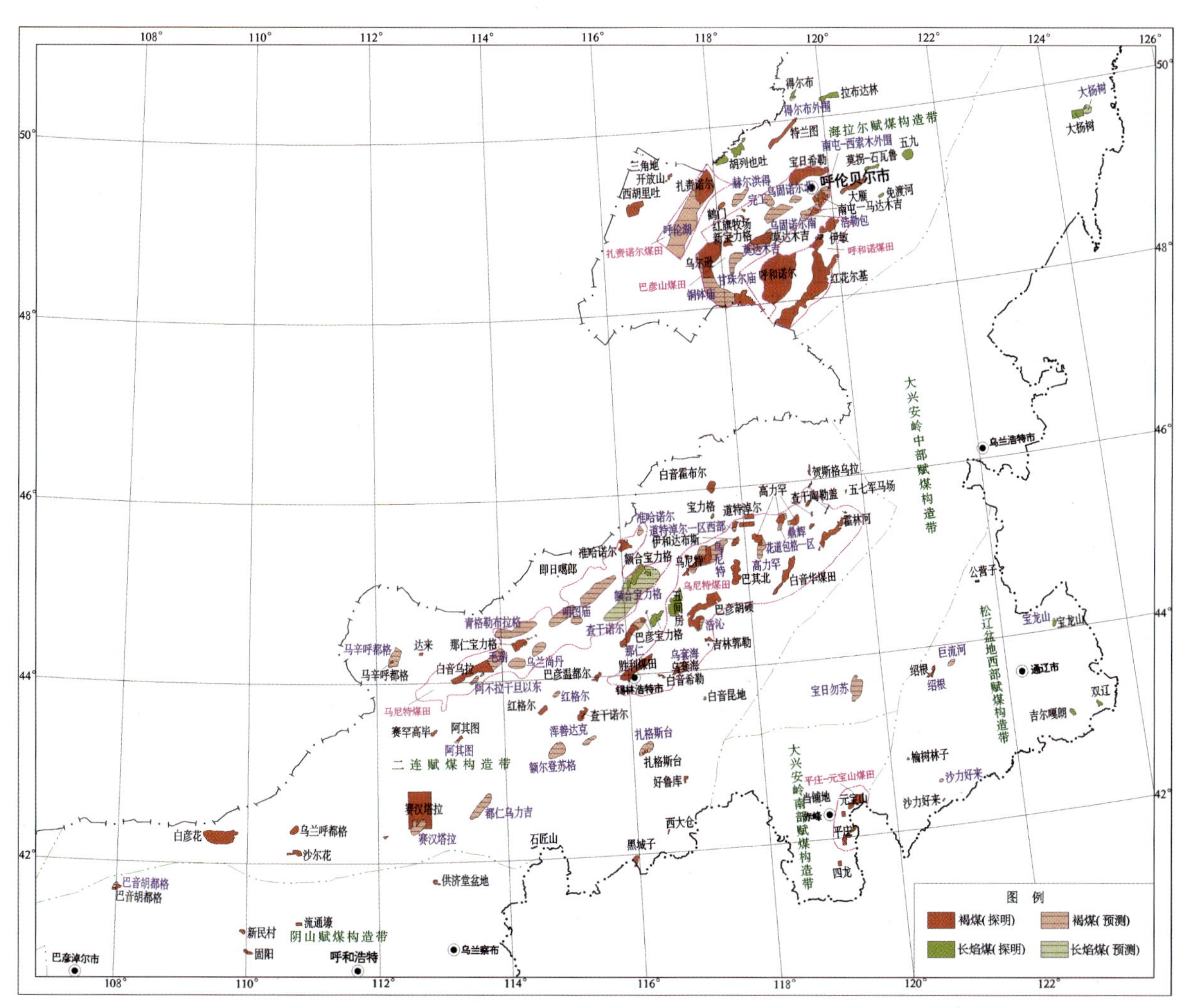

图6-3-4 内蒙古自治区白垩纪煤类分布图

（四）新近纪聚煤期

内蒙古自治区新近纪煤田非常少，仅在乌兰察布发现了集宁矿区，另外在赤峰西北发现了广兴源、亿合公煤产地，煤类均为褐煤。该聚煤期的煤，水分很高、挥发分值非常高，含碳量较低，反映煤的变质程度很低。

二、煤的变质规律

煤的变质规律与煤的变质作用(煤化作用)有着密切关系,主要与地壳的温度、压力和成煤时间有着密切关系。内蒙古自治区地域辽阔,地质构造复杂,岩浆活动频繁,区内变质作用有深成变质作用(或称区域变质作用)、动力变质作用、岩浆热变质作用、接触变质作用四大类,但其中区域变质作用和动力变质作用为主导变质作用。

1. 区域变质作用

区域变质作用是煤变质的基本因素,也是成煤的基础。由于成煤时期和埋藏深度的差异,出现了煤质分带现象。内蒙古自治区几个大型煤田(矿区),由于煤层控制浅,地层倾角平缓,构造简单等原因,还没有发现很标准的煤质水平分带实例,垂向上也不十分明显,但局部有轻微变化,表现在深部比浅部变质程度有相对提高的趋势。例如:乌达矿区,上部煤层(9号煤层)挥发分平均值为31.60%,而下部煤层(16号煤层)挥发分平均值为27.30%;桌子山煤田,上部煤层(9号煤层)挥发分平均值为30.08%,而下部煤层(16号煤层)挥发分平均值为28.58%;准格尔煤田,山西组的5号煤层挥发分为40.93%,透光率为88%,黏结指数为5,太原组6号煤层的挥发分为38.95%,透光率为90%,黏结指数为8,太原组下段9号煤层挥发分为38.86%,透光率为90%,黏结指数为20。还有胜利煤田,上含煤段为褐煤,下含煤段为长焰煤。海拉尔含煤盆地群,出现上含煤段伊敏组的煤类以褐煤为主,而下含煤段的大磨拐河组,以长焰煤为主。

内蒙古自治区有部分煤田赋存在华北板块稳定地台上,构造简单,没有火成岩活动,煤的变质因素主要受区域变质作用控制,反映在煤的变质程度,与成煤时代有着密切的关系。例如:第三纪聚煤期的集宁矿区,年代最新,煤的变质程度最浅,表现在水分和挥发分值非常大,煤的种类为褐煤一号。其次是早白垩世聚煤期的煤田(矿区),分布在二连、海拉尔赋煤带,主要为褐煤,局部为长焰煤。白垩世聚煤期褐煤从物理性质、水分、挥发分等方面看,变质程度明显地高于第三纪褐煤。侏罗纪聚煤期的东胜煤田,是同期煤田变质程度最低的煤田,煤的镜煤最大反射率为0.42%~0.46%,煤类以不黏煤为主,局部有长焰煤。石炭纪—二叠纪聚煤期的煤田(矿区),桌子山煤田煤类为气煤、肥煤、焦煤变质程度高于侏罗纪的煤。而准格尔煤田是例外,镜煤的最大反射率为0.57%~0.59%,煤的种类为长焰煤,原因是埋藏浅长期接近地表,缺乏压力与温度。

2. 动力变质作用

动力变质作用在内蒙古自治区仅次于区域变质作用,使部分石炭纪—二叠纪和侏罗纪的煤田变成焦煤。大青山矿区和鄂尔多斯西缘的桌子山煤田和贺兰山煤田(包括乌达矿区)位于褶皱带内,有着大型东西向和南北向挤压带,大型压性、压扭性断裂和推覆体,使煤系地层发生明显变化,除了地层产状、煤层厚度和物理性质发生明显变化外,煤的化学性质发生大的变化,使煤的变质程度明显增加,大部为焦煤和肥煤,局部地方出现瘦煤。例如:阿刀亥矿区东部地层直立和倒转,煤类为瘦煤。贺兰山煤田蚕特拉井田,有同样现象,地层倒转,煤层受挤压明显变薄,煤的物性有明显变化,挥发分降低,为瘦煤。大青山矿区早—中侏罗世的石拐煤系,由于应力分布不均,在同一煤田和矿区出现了多种煤类。矿区北部羊肠沟煤矿,构造简单,地层倾角平缓,煤的变质程度相对比较低,为气煤。矿区南部有五当沟矿、河滩沟矿、白狐沟矿,构造相对复杂。南缘与老地层接触地段有倒转和挤压现象,煤的变质程度明显增高,煤类出现焦煤。矿区东部下煤组在康包井田和大营湾普查区,构造复杂,地层倒转,煤的变质程度增高,出现瘦煤。综上所述,内蒙古自治区西部地区,受动力变质的叠加作用,煤变质程度相对增高,使部分煤田和矿区,成为焦煤基地。

3. 岩浆热变质作用

燕山期火山活动对煤盆地、含煤地层及煤层的形成及保存发挥了重要作用,但在内蒙古自治区岩浆热变质作用对煤变质影响范围较小,一般都是小型煤产地,如大青山矿区东部,六道坝—野马兔——前晌—万家沟一带,属高变质无烟煤。在该区万家沟一带发现有花岗岩体,除了经受区域变质和动力变质作用外,岩浆热变质作用起到再次叠加作用。大青山东部还有四号地和独坝等小煤产地均为无烟煤,在其附近均有燕山期花岗岩体赋存。锡林郭勒盟的石匠山矿区,附近有大面积的燕山期花岗岩侵入体,该区受侵入体影响为无烟煤,内蒙古自治区的东部大兴安岭一带岩浆岩发育,早—中侏罗世的煤田受其影响,煤的变质程度较高,很多矿区为无烟煤和贫煤,少数矿点有焦煤和瘦煤。

贺兰山煤田二道岭矿区属优质的无烟煤。对该矿区煤的变质因素的研究,学者们有不同的看法,但多数观点认为该矿区附近深部有岩浆岩体存在,所以该矿区主要变质因素除了区域和动力变质作用外,岩浆热变质作用也是主要变质因素。

综上所述,内蒙古自治区高变质无烟煤产地一般在矿区附近或深部存在花岗岩体,这说明区内无烟煤的形成是岩浆热变质作用再次叠加的结果。

伊敏矿区属早白垩世聚煤期大型矿区,矿区的北部五牧场井田,出现多煤类,呈环状分带,有贫煤、瘦煤、焦煤、1/3 焦煤、弱黏煤、不黏煤、长焰煤、褐煤等,变质因素主要与南边有燕山晚期辉绿岩侵入体的赋存有关。

4. 接触变质作用

接触变质作用在内蒙古自治区占很次要的地位,少部分地区有岩浆岩脉侵入到煤系地层,吞蚀了煤层,对煤的变质程度影响很小。例如:西乌珠穆沁旗勘探区煤系地层有岩浆侵入,使局部煤层遭受破坏,煤质变差,灰分增高,挥发分明显降低。该区以气煤为主,由于岩脉的影响,使局部地段出现焦煤和贫煤。平庄-元宝山煤田的古山矿一井和二井,发现有辉绿岩岩脉和岩墙,破坏和吞蚀了部分煤层。仅局部地段煤的变质程度略有提高,但总的以褐煤为主,说明接触变质作用在该煤田影响很小。

综上所述,内蒙古自治区境内煤的变质规律如下。

(1)大兴安岭中段、阴山东段和中段、桌子山、贺兰山北端,属于中高变质带,煤类有肥煤、焦煤、瘦煤、贫煤、无烟煤。

(2)海拉尔盆地群、二连盆地群、松辽盆地、阴山北坡的固阳煤田、集宁煤田、黑城子煤产地及西大仓矿区为低变质带。煤类以褐煤为主,在煤田的深部可能为长焰煤。个别煤田由于成煤后岩浆热变,煤变质程度加深,煤种局部为中高变质烟煤。

(3)中高变质带以南的鄂尔多斯盆地,煤变质为中低变质带,且有从东向西变质程度加深的趋势。煤种为长焰煤、不黏煤、气煤。

(4)以上 3 条变质带是平面上变质规律,而在垂向上希尔定律也是存在的,表现在同时代的煤层,煤质随着埋深的加深,煤的挥发分值减小,变质程度加深;在时间上表现为成煤时代晚,煤变质程度低,成煤时代早,煤变质程度高。说明区域变质作用是煤变质的主导因素。

第四节　煤炭质量等级评价

一、煤炭质量等级计算方法

本次全国煤炭资源潜力评价根据最新国家标准和煤炭行业标准提出了煤炭资源质量等级 6 级划分方案(表 6-4-1)。与煤炭资源质量等级 6 级划分方案相对应,确定了评价因子的 6 级浓度限值。在确定质量浓度限值时,全硫和灰分采用了《煤炭质量分级　煤炭硫分分级》(GB/T 15224.2—94)中的 6 级划分方案,因国标中其余元素的划分均非 6 级,因此,在研究时采取了变通方法,采纳国标中浓度的最低、最高限值分别作为Ⅰ级、Ⅴ级浓度限值,其他级别的浓度限值根据全硫和灰分的划分方案进行近似等比计算得出,最终确定评价因子的 6 级浓度限值($\times10^{-6}$)(表 6-4-2)。

表 6-4-1　煤的质量等级划分方案

等级名称		等级描述
Ⅰ级	稀缺特优煤	以特低硫和特低灰煤为主,有害微量元素的含量不超过其分级的最高界限
Ⅱ级	特优煤	以低硫分和低灰分煤为主,有害微量元素的含量不超过其分级的最高界限
Ⅲ级	优质煤	以低中硫分和低中灰分煤为主,有害微量元素的含量不超过其分级的最高界限
Ⅳ级	中等煤	以中硫分和中灰分煤为主,有害微量元素的含量不超过其分级的最高界限
Ⅴ级	低品质煤	以中高硫分和中高灰分煤为主,有害微量元素的含量不超过其分级的最高界限
Ⅵ级	差品质煤	煤中的硫灰分含量大于 3.0%(高硫分煤)或者灰分产率大于 40.0%(高灰分煤),或者某种有害微量元素的含量大于其分级的最高界限

表 6-4-2　评价因子的 6 级质量浓度限值

成分/元素	Ⅰ级	Ⅱ级	Ⅲ级	Ⅳ级	Ⅴ级	Ⅵ级
全硫	0.50	1.00	1.50	2.00	3.00	4.50
灰分	5.00	10.00	20.00	30.00	40.00	50.00
As	4.00	6.00	10.00	16.00	25.00	40.00
Pb	20.00	24.00	28.00	34.00	40.00	47.50
Hg	0.15	0.20	0.25	0.30	0.40	0.50
Cd	0.60	1.00	1.70	3.00	5.00	8.50
Cr	15.00	17.00	19.00	22.00	25.00	28.00
Se	3.00	5.00	9.00	15.00	25.00	43.00
Co	7.00	9.00	12.00	15.00	20.00	26.00
Ni	25.00	39.00	62.00	97.00	150.00	235.00
Mn	70.00	105.00	159.00	239.00	360.00	542.00
Be	2.50	4.00	6.00	9.00	14.00	22.00
Sb	1.00	1.50	2.00	3.00	4.50	6.50
U	3.50	5.00	7.00	10.00	15.00	21.50
F	80.00	100.00	126.00	159.00	200.00	251.00
Cl	500.00	782.00	1 225.00	1 917.00	3 000.00	4 695.00
Mo	3.50	6.00	11.00	20.00	35.00	62.00
Th	7.00	8.00	10.00	12.00	15.00	18.00
Br	8.00	12.00	18.00	27.00	40.00	60.00

注:全硫和灰分单位为%,其他元素单位为$\times10^{-6}$。

目前常用的环境评价方法有神经网络法、模糊综合法、指数法、灰色聚类法、广义对比加权标度指数法等，不同的评价方法各有所长。结合煤炭资源质量等级评价的特殊性，在对比多种评价方法优缺点的基础上，确定采用广义对比加权标度指数法进行评价。在进行评价时，用标度分指数 K_j 反映污染物危害程度的等比变化：

$$K_j=\frac{\lg(C_{jk}/C_{j0})}{\lg a_j} \tag{1}$$

式中，C_{jk} 为 j 元素的实测浓度值；C_{j0} 为 j 元素的背景浓度值；a_j 为元素相邻两级的重要性比值，$a_j=(C_{jd}/C_{j0})/9$，其中 C_{jd} 为明显危害浓度值。

与式(1)相对应的 j 元素的归一化标度分指数为：

$$I_j=\frac{1}{9}K_j=\frac{\lg C_{jk}-\lg C_{j0}}{\lg C_{jd}-\lg C_{j0}} \tag{2}$$

各因子权重 W_j 可由下式求得，如果 $I_j<0$（即当 $C_{jk}<C_{j0}$ 时），取 0 值：

$$W_j=\begin{cases}2^{P-1}I_j^{\,P} & 0\leqslant I_j\leqslant 0.5\\ 1-2^{P-1}(1-I_j)^P & 0.5<I_j\leqslant 1\\ 1+2^{P-1}(I_j-1)^P & I_j>1\end{cases} \tag{3}$$

为了控制权值的变化快慢的可调参数，先取 0.5，再将 W_j 归一化，从而得到反映煤炭洁净程度的广义对比加权标度指数计算公式：

$$I=\sum_{j=1}^{m}W_j\cdot I_j \tag{4}$$

根据各评价因子的分级标准浓度限制，通过式(4)计算出各类煤炭资源的综合指数 I 作为等级评价基准。为提高评价结果的准确性，在具体的评价过程中，采用了动态综合指数计算，也就是说，根据样本数据中检出元素（评价因子）的不同，其对应的综合指数、等级划分标准是不同的。

表 6-4-3 所示的是在所有元素都检测的情况下，得出的煤炭资源质量潜势等级划分标准与综合指数的对应关系。

表 6-4-3　等级划分标准与综合指数的对应关系

等级名称		综合指数
Ⅰ级	稀缺特优煤	$I\in(-\infty,0.174]$
Ⅱ级	特优煤	$I\in(0.174,0.347]$
Ⅲ级	优质煤	$I\in(0.347,0.516]$
Ⅳ级	中等煤	$I\in(0.516,0.677]$
Ⅴ级	低品质煤	$I\in(0.677,0.842]$
Ⅵ级	差品质煤	$I\in(0.842,+\infty]$

二、煤炭质量等级评价

以钻孔计算结果为主，在没有钻孔控制的区域结合灰分、硫分等值线做出了最终的煤炭质量等级图。各区洁净等级详见图 6-4-1。

东胜煤田西部煤的煤炭质量等级较低，东部较高，西部煤以Ⅲ级（优质煤）、Ⅳ（中等煤）为主，东部以Ⅰ级（稀缺特优煤）、Ⅱ级（特优煤）为主，中部有少量质量等级较高的煤。准格尔煤田以Ⅲ级（优质煤）为主，其次为Ⅱ级（特优煤）为主。二连赋煤带西南部以Ⅴ级（低品质煤）、Ⅵ级（差品质煤）为主，煤炭质量等级高，为低品质煤，东北部以Ⅲ级(优质煤)、Ⅳ级(中等煤)为主。海拉尔赋煤区南部以Ⅱ级(优质煤)为主，北部以Ⅳ级(中等煤)、Ⅴ级(低品质煤)为主，局部有Ⅵ级(差品质煤)。绍根煤田北部以Ⅲ级(优质煤)为主，南部以Ⅳ级(中等煤)为主，局部有Ⅴ级(低品质煤)。集宁煤田全区主要以Ⅳ级(中等煤)为主。

三、优质煤

袁三畏(1999)根据煤类、灰分、硫分、发热量、可选性5个指标，将中国煤炭资源的煤质进行了评价分级，划分为优质煤、中质煤、低质煤几个等级。优质煤的含义是：煤类不低于长焰煤，灰分在15%左右，硫分小于1%，发热量大于22.5MJ/kg，可选性为易选，个别为中等可选。优质煤的成煤时代主要为早—中侏罗世，占优质煤总量的90%。

中生代侏罗纪东胜煤田各煤层干燥高位基发热量在22.08～32.80MJ/kg之间，平均为29.98MJ/kg；原煤灰分在2.87%～32.14%之间，平均为9.56%；原煤挥发分在29.52%～43.69%之间，平均为35.39%；原煤干基全硫含量在0.13%～2.94%之间，平均为0.88%。煤的工业用途有动力用煤、气化用煤、形体加工、低温干馏用煤和水煤浆，属低—中灰、特低硫、高热值优质煤、中等可选的优质煤。

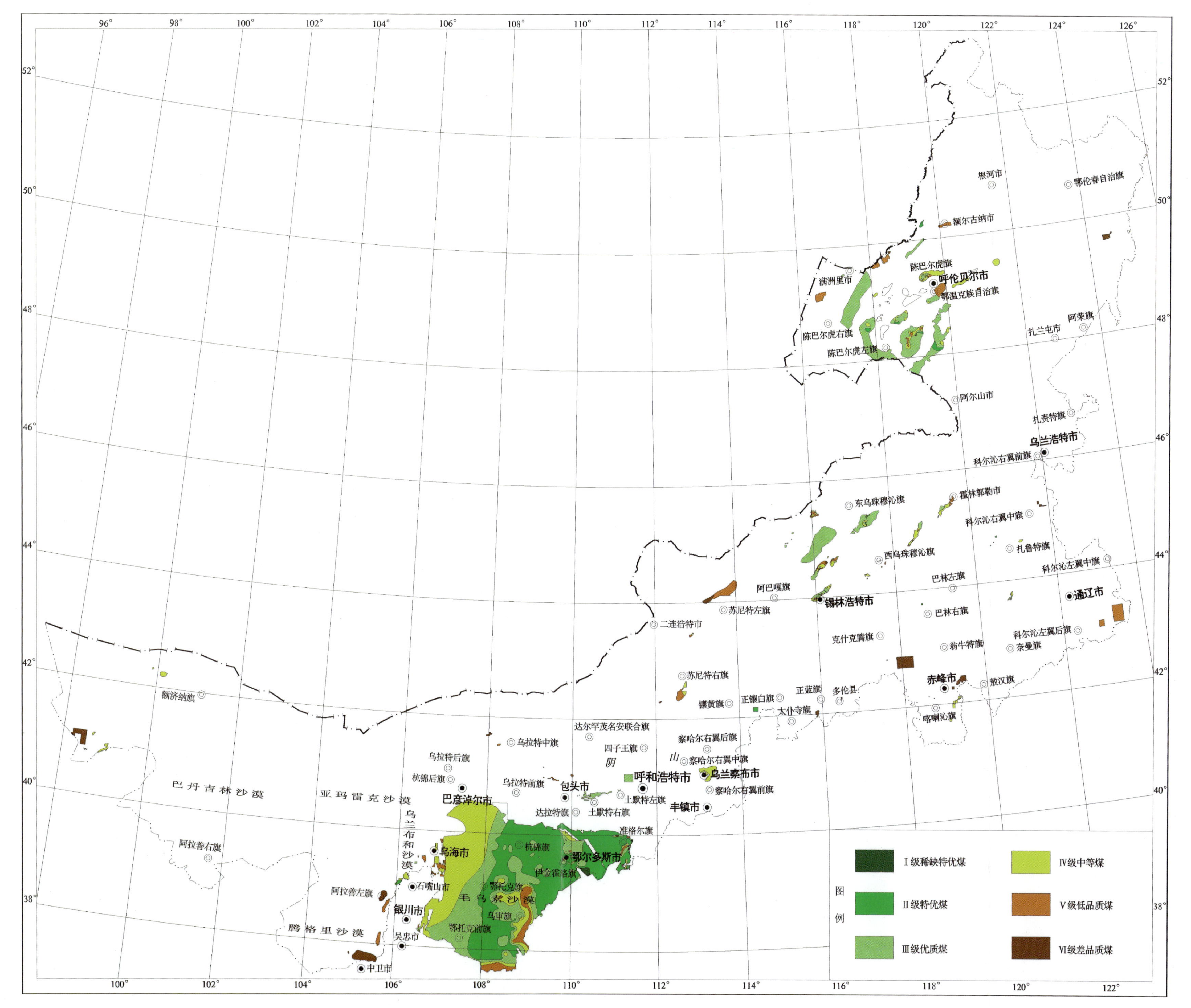

图6-4-1　内蒙古自治区煤炭质量等级评价图

第七章　煤炭资源现状分析

第一节　煤炭资源概况

内蒙古自治区主要含煤地层为古生界石炭系—二叠系的太原组、山西组、拴马桩组；中生界中、下侏罗统的延安组、五当沟组、万宝组、红旗组、龙凤山组；下白垩统的伊敏组、大磨拐河组、阜新组、九佛堂组、固阳组；新生界新近系的汉诺坝组。依据煤炭资源的赋存规律，按照《全国煤炭资源潜力预测评价技术要求》，共划分 3 个赋煤区，11 个赋煤带，11 个煤田，69 个矿区，35 个煤产地，2 个远景区。

截至 2009 年 12 月 31 日，内蒙古自治区累计探获煤炭资源储量 89 626 902×10^4 t，保有煤炭资源储量 89 043 820×10^4 t(其中保有基础储量 3 781 129×10^4 t，保有资源量 85 262 691×10^4 t)(表 7-1-1)，煤炭消耗 58.31×10^8 t。

表 7-1-1　内蒙古自治区煤炭资源储量汇总表　　单位：×10^4 t

赋煤带	矿区(煤产地、远景区)	截至 2009 年底累计保有煤炭资源储量					截至 2009 年底累计探获煤炭资源储量		
		基础储量	资源量	资源储量	(334)?	合计	资源储量	(334)?	合计
海拉尔	拉布达林矿区	42	16 992	17 034	27 270	44 304	18 078	27 411	45 489
	得尔布煤产地		27 413	27 413	21 224	48 637	27 413	21 224	48 637
	特兰图矿区		449 941	449 941	170 723	620 664	449 941	170 723	620 664
	胡列也吐矿区		172 328	172 328	522 128	694 456	172 328	522 128	694 456
	扎赉诺尔矿区	208 936	208 552	417 488	417 971	835 459	452 130	417 971	870 101
	开放山煤产地	58	7029	7087	5567	12 654	8003	5567	13 570
	三角地煤产地		7028	7028		7028	7028		7028
	西胡里吐煤产地	123	63 299	63 422	54 954	118 376	63 820	54 954	118 774
	鹤门煤产地		18 000	18 000		18 000	18 000		18 000
	红旗牧场远景区				5249	5249		5249	5249
	莫达木吉远景区				376 495	376 495		376 495	376 495
	乌尔逊矿区		651 577	651 577	188 175	839 752	651 577	188 175	839 752
	宝日希勒矿区	178 896	514 927	693 823	391 893	1 085 716	721 014	391 893	1 112 907
	南屯-马达木吉矿区		100 096	100 096	199 289	299 385	100 096	199 289	299 385
	五九矿区	558	20 404	20 962		20 962	23 786		23 786
	莫拐矿区	21 840	56 347	78 187		78 187	78 187		78 187
	大雁矿区	68 715	99 286	168 001	57 622	225 623	184 370	57 622	241 992
	免渡河煤产地	84	12 132	12 216		12 216	13 979		13 979
	伊敏矿区	100 889	943 142	1 044 031	990 731	2 034 762	1 055 999	990 731	2 046 730
	红花尔基矿区		3 736 545	3 736 545	1 604 929	5 341 474	3 736 545	1 604 929	5 341 474
	呼和诺尔矿区	272	2 839 616	2 839 888	1 322 046	4 161 934	2 839 905	1 322 046	4 161 951
	小计	580 413	9 944 654	10 525 067	6 356 266	16 881 333	10 622 199	6 356 407	16 978 606

续表 7-1-1

赋煤带	矿区(煤产地、远景区)	截至2009年底累计保有煤炭资源储量					截至2009年底累计探获煤炭资源储量		
		基础储量	资源量	资源储量	(334)?	合计	资源储量	(334)?	合计
大兴安岭中部	大杨树煤产地	30	484	514		514	3476		3476
	牤牛海煤产地	953	3250	4203	42	4245	7267	42	7309
	黄花山煤产地		442	442	95	537	726	95	821
	联合屯煤产地	89	899	988	321	1309	1848	321	2169
	温都花煤产地		222	222		222	450		450
	塔布花煤产地		160	160		160	350		350
	小计	1072	5457	6529	458	6987	14 117	458	14 575
松辽盆地西部	公营子煤产地		2006	2006		2006	2006		2006
	宝龙山煤产地	2495	2839	5334		5334	5334		5334
	双辽矿区	6779	3617	10 396	3678	14 074	10 846	3678	14 524
	绍根矿区	18 283	48 017	66 300		66 300	66 300		66 300
	榆树林子煤产地		480	480	43	523	481	43	524
	沙力好来煤产地		574	574		574	1003		1003
	小计	27 557	57 533	85 090	3721	88 811	85 970	3721	89 691
大兴安岭南部	广兴源煤产地	15		15		15	503		503
	亿合公煤产地		9316	9316		9316	18 780		18 780
	当铺地煤产地						77		77
	永丰煤产地	5	68	73	280	353	456	280	736
	元宝山矿区	56 456	42 037	98 493		98 493	123 104		123 104
	平庄矿区	18 538	14 862	33 400		33 400	61 159		61 159
	四龙矿区	78	459	537		537	3060		3060
	小计	75 092	66 742	141 834	280	142 114	207 139	280	207 419
二连	五七军马场煤产地		890	890		890	890		890
	贺斯格乌拉矿区	76 359	65 286	141 645		141 645	141 645		141 645
	白音霍布尔矿区				111 622	111 622		111 622	111 622
	宝力格矿区		24 556	24 556		24 556	24 556		24 556
	霍林河矿区	198 660	739 825	938 485	214 113	1 152 598	962 926	214 113	1 177 039
	查干陶勒盖矿区	7145	134 595	141 740	15 467	157 207	141 740	15 467	157 207
	高力罕矿区		265 939	265 939	158 078	424 017	265 939	158 078	424 017
	伊和达布斯矿区		97 250	97 250		97 250	97 250		97 250
	道特淖尔矿区		270 528	270 528		270 528	270 528		270 528
	巴其北矿区		392 777	392 777	505 755	898 532	392 777	505 755	898 532
	白音华矿区	260 161	1 037 102	1 297 263		1 297 263	1 297 701		1 297 701
	乌尼特矿区	612	619 334	619 946		619 946	620 239		620 239
	五间房矿区		1 088 899	1 088 899	194 553	1 283 452	1 088 899	194 553	1 283 452
	巴彦胡硕矿区		1 191 037	1 191 037	240 149	1 431 186	1 191 037	240 149	1 431 186
	吉林郭勒矿区		227 813	227 813		227 813	227 813		227 813
	乌套海矿区		13 874	13 874	7810	21 684	13 874	7810	21 684
	锡林浩特矿区		204	204		204	256		256
	胜利矿区	550 197	1 171 642	1 721 839	500 734	2 222 573	1 727 780	500 734	2 228 514
	西乌珠穆沁旗矿区	437	11 091	11 528		11 528	12 149		12 149
	巴彦宝力格矿区	46 510	626 547	673 057	77 263	750 320	673 057	77 263	750 320

续表 7-1-1

赋煤带	矿区(煤产地、远景区)	截至2009年底累计保有煤炭资源储量					截至2009年底累计探获煤炭资源储量		
		基础储量	资源量	资源储量	(334)?	合计	资源储量	(334)?	合计
二连	巴彦温都尔矿区		39 756	39 756		39 756	39 756		39 756
	查干诺尔矿区		279 201	279 201		279 201	279 201		279 201
	红格尔矿区	15 332	75 080	90 412		90 412	90 412		90 412
	阿其图矿区		10 255	10 255		10 255	10 255		10 255
	赛罕高毕矿区	46 844	13 886	60 730		60 730	60 730		60 730
	白音昆地煤产地		10 640	10 640		10 640	10 818		10 818
	扎格斯台矿区		27 245	27 245		27 245	27 245		27 245
	好鲁库煤产地		10 288	10 288	1606	11 894	10 288	1606	11 894
	西大仓煤产地	5849	9856	15 705		15 705	16 249		16 249
	黑城子煤产地	25 558	27 504	53 062		53 062	53 062		53 062
	石匠山煤产地	506	1261	1767		1767	1767		1767
	赛汉塔拉矿区		47 423	47 423	96 587	144 010	47 423	96 587	144 010
	沙尔花矿区		75 672	75 672	85 817	161 489	75 672	85 817	161 489
	白彦花矿区		551 310	551 310	341 103	892 413	551 310	341 103	892 413
	达来矿区		36 265	36 265	33 731	69 996	36 265	33 731	69 996
	即日嘎郎煤产地		9516	9516		9516	9516		9516
	准哈诺尔矿区		73 250	73 250	11 338	84 588	73 250	11 338	84 588
	额合宝力格矿区	17 826	53 082	70 908	281 073	351 981	71 189	281 073	352 262
	马尼特庙矿区	1512	26 311	27 823	4045	31 868	27 922	4045	31 967
	那仁宝力格矿区		106 743	106 743	157 411	264 154	106 743	157 411	264 154
	白音乌拉矿区		313 823	313 823	181 225	495 048	314 013	181 225	495 238
	小计	1 253 508	9 777 556	11 031 064	3 219 480	14 250 544	11 064 142	3 219 480	14 283 622
阴山	集宁矿区	5107	46 639	51 746	21 377	73 123	51 794	21 377	73 171
	苏勒图煤产地		406	406	270	676	406	270	676
	流通壕煤产地		1193	1193		1193	1286		1286
	大青山矿区	1407	52 852	54 259	15 893	70 152	82 096	15 893	97 989
	固阳煤产地		10 327	10 327	1514	11 841	10 762	1514	12 276
	营盘湾矿区	35	4106	4141	706	4847	7378	706	8084
	昂根煤产地	1285	89	1374		1374	2244		2244
	巴音胡都格矿区	4984	4802	9786		9786	9893		9893
	供济堂煤产地		20 363	20 363		20 363	20 363		20 363
	新民村煤产地				9029	9029		9029	9029
	小计	12 818	140 777	153 595	48 789	202 384	186 222	48 789	235 011
鄂尔多斯盆地北缘	乌兰格尔矿区		188 531	188 531	101 238	289 769	188 531	101 238	289 769
	准格尔矿区	838 614	2 299 573	3 138 187	214 564	3 352 751	3 221 468	214 564	3 436 032
	清水河矿区		4936	4936	5545	10 481	8767	5545	14 312
	东胜国家规划矿区	726 871	9 114 200	9 841 071	3 995 330	13 836 401	9 985 855	3 995 330	13 981 185
	东胜深部矿区		5 173 980	5 173 980	32 207 836	37 381 816	5 173 980	32 207 836	37 381 816
	小计	1 565 485	16 781 220	18 346 705	36 524 513	54 871 218	18 578 601	36 524 513	55 103 114
宁东南	上海庙矿区	92 309	743 267	835 576	884 345	1 719 921	835 706	884 345	1 720 051
	小计	92 309	743 267	835 576	884 345	1 719 921	835 706	884 345	1 720 051

续表 7-1-1

赋煤带	矿区(煤产地、远景区)	截至2009年底累计保有煤炭资源储量					截至2009年底累计探获煤炭资源储量		
		基础储量	资源量	资源储量	(334)?	合计	资源储量	(334)?	合计
桌子山-贺兰山	二道岭矿区	5175	64 718	69 893	2274	72 167	79 091	2274	81 365
	呼鲁斯太矿区	20 838	25 073	45 911		45 911	54 205		54 205
	乌达矿区	6071	22 767	28 838		28 838	57 563		57 563
	桌子山矿区	140 516	309 817	450 333	18 203	468 536	511 825	18 203	530 028
	小计	172 600	422 375	594 975	20 477	615 452	702 684	20 477	723 161
北山-潮水	希热哈达煤产地		439	439		439	845		845
	北山煤产地		8151	8151	599	8750	8151	599	8750
	潮水矿区		19 332	19 332	34 446	53 778	24 038	34 446	58 484
	小计		27 922	27 922	35 045	62 967	33 034	35 045	68 079
香山	黑山矿区	243	1336	1579	186 880	188 459	2436	186 880	189 316
	喇嘛敖包矿区	32	13 598	13 630		13 630	14 257		14 257
	小计	275	14 934	15 209	186 880	202 089	16 693	186 880	203 573
合计		3 781 129	37 982 437	41 763 566	47 280 254	89 043 820	42 346 507	47 280 395	89 626 902

注:此表保有煤炭资源储量含未经核查的勘查区39个,保有煤炭资源储量925.89×10^8t。资源储量=资源量+基础储量

保有煤炭资源储量:不黏煤5 260.56×10^8t,占59.08%;褐煤2 810.04×10^8t,占31.56%;长焰煤704.81×10^8t,占7.92%;炼焦煤类(气煤、肥煤、焦煤、1/3焦煤、瘦煤)98.84×10^8t,占1.11%;无烟煤10.07×10^8t,占0.11%;弱黏煤0.548×10^8t,占0.01%(表7-1-2)。

表 7-1-2 内蒙古自治区煤类保有资源储量汇总表

赋煤带	保有煤炭资源储量	无烟煤	贫煤	贫瘦煤	瘦煤	焦煤	1/3焦煤	肥煤	气肥煤	气煤	1/2中黏煤	弱黏煤	不黏煤	长焰煤	褐煤
海拉尔	16 881 333		2120	661	253	4251	4722			3355	539	2780	2425	1 027 633	15 832 594
大兴安岭中部	6987	1474		222	532	910				3335				514	
松辽盆地西部	88 811	2006												19 982	66 823
大兴安岭南部	142 114	121												4921	137 072
二连	14 250 544	1767	3618							30 735		47	16 027	2 259 777	11 938 573
阴山	202 384	14 896			9069	42 227				3586		2331	4762	178	125 335
鄂尔多斯北缘	54 871 218												51 218 217	3 653 001	
宁东南	1 719 921						162 334			193 840			1 363 747		
桌子山贺兰山	615 452	67 086			53 864	1190		448 960	24 776					19 576	
北山-潮水	62 967												439	62 528	

续表 7-1-2

赋煤带	保有煤炭资源储量	无烟煤	贫煤	贫瘦煤	瘦煤	焦煤	1/3焦煤	肥煤	气肥煤	气煤	1/2中黏煤	弱黏煤	不黏煤	长焰煤	褐煤
香山	202 089	13 306	187 962		497							324			
合计	89 043 820	100 656	193 700	883	64 215	48 578	167 056	448 960	24 776	234 851	539	5482	52 605 617	7 048 110	28 100 397
占比/%	100.00	0.11	0.22	0.00	0.07	0.05	0.19	0.50	0.03	0.26	0.00	0.01	59.08	7.92	31.56

注：表中各煤类资源储量单位为$\times10^4$t。

第二节　煤炭资源勘查现状分析

自20世纪50年代开始，至2009年底，内蒙古自治区煤田地质工作遍及全区，共形成了各类地质报告441件，涉及106个矿区（煤产地、远景区），保有煤炭资源量8 904.38$\times10^8$t。

区内煤炭资源按矿区规模划分：小型（<2$\times10^8$t）矿区41个、保有资源量23.93$\times10^8$t，矿区个数占38.7%、保有资源量占0.27%；中型（2$\times10^8$t～5$\times10^8$t）矿区12个、保有资源量38.75$\times10^8$t，矿区个数占11.3%、保有资源量占0.44%；大型（5$\times10^8$t～50$\times10^8$t）矿区32个、保有资源量593.36$\times10^8$t，矿区个数占30.2%、保有资源量占6.66%；特大型（>50$\times10^8$t）矿区21个、保有资源量8 245.34$\times10^8$t，矿区个数占19.8%、保有资源量占92.60%；大型以上矿区，矿区个数占50%、保有资源量占99.3%。需说明的是，大型矿区中保有资源量500$\times10^8$t以上的有鄂尔多斯盆地北缘赋煤带的东胜深部矿区（>3000$\times10^8$t）、东胜国家规划矿区（>1000$\times10^8$t）和海拉尔赋煤带的红花尔基矿区（>500$\times10^8$t）3个矿区，合计5 655.97$\times10^8$t，占全区保有资源量的63.52%；保有资源量500$\times10^8$t～100$\times10^8$t的有海拉尔赋煤带的呼和诺尔、伊敏、宝日希勒矿区，二连赋煤带的胜利、巴彦胡硕、白音华、霍林河、五间房矿区，鄂尔多斯盆地北缘赋煤带的准格尔矿区和桌子山-贺兰山赋煤带的上海庙矿区10个煤田或矿区，合计1 974.22$\times10^8$t，占全区保有资源储量的22.17%（表7-2-1）。

表 7-2-1　内蒙古自治区煤炭资源勘查现状一览表

赋煤带	矿区（煤产地、远景区）	勘探		详查		普查		预查		合计	
		数量/个	资源量/$\times10^4$t	数量/个	资源量/$\times10^4$t	数量/个	资源量/$\times10^4$t	数量/个	资源量/$\times10^4$t	数量/个	资源量/$\times10^4$t
海拉尔	拉布达林矿区					1	44 304			1	44 304
	得尔布煤产地					1	48 637			1	48 637
	特兰图矿区	1	181 899					1	438 765	2	620 664
	胡列也吐矿区			1	266 684			1	427 772	2	694 456
	扎赉诺尔矿区					2	835 459			2	835 459
	开放山煤产地			1	12 654					1	12 654
	三角地煤产地			1	7028					1	7028
	西胡里吐煤产地							1	118 376	1	118 376
	鹤门煤产地					1	18 000			1	18 000
	红旗牧场远景区							2	5249	2	5249
	莫达木吉远景区							2	376 495	2	376 495

续表 7-2-1

赋煤带	矿区(煤产地、远景区)	勘探		详查		普查		预查		合计	
		数量/个	资源量/$\times10^4$ t	数量/个	资源量/$\times10^4$ t	数量/个	资源量/$\times10^4$ t	数量/个	资源量/$\times10^4$ t	数量/个	资源量/$\times10^4$ t
海拉尔	乌尔逊矿区			1	745 757			1	93 995	2	839 752
	宝日希勒矿区	1	483 478			1	602 238			2	1 085 716
	南屯-马达木吉			1	152 659			2	146 726	3	299 385
	五九矿区	2	20 962							2	20 962
	莫拐矿区	2	67 770			1	10 417			3	78 187
	大雁矿区	1	149 153					1	76 470	2	225 623
	免渡河煤产地	2	12 216							2	12 216
	伊敏矿区	2	457 078			2	1 380 827	1	196 857	5	2 034 762
	红花尔基矿区			1	2 138 377	3	3 203 097			4	5 341 474
	呼和诺尔矿区			2	4 161 934					2	4 161 934
	小 计	11	1 372 556	8	7 485 093	12	6 142 979	12	1 880 705	43	16 881 333
大兴安岭中部	大杨树煤产地	1	217			1	297			2	514
	牤牛海煤产地			4	4245	1	0			5	4245
	黄花山煤产地	1	0			1	537			2	537
	联合屯煤产地	1	777			2	532			3	1309
	温都花煤产地					1	222			1	222
	塔布花煤产地	1	160							1	160
	小计	4	1154	4	4245	6	1588			14	6987
松辽盆地西部	公营子煤产地					1	2006			1	2006
	宝龙山煤产地	1	5334							1	5334
	双辽矿区	1	9953			1	1797	1	2324	3	14 074
	绍根矿区	1	66 300							1	66 300
	榆树林子煤产地					1	523			1	523
	沙力好来煤产地			1	574	1	0			2	574
	小 计	3	81 587	1	574	4	4326	1	2324	9	88 811
大兴安岭南部	广兴源煤产地					2	15			2	15
	亿合公煤产地					1	9316			1	9316
	当铺地煤产地			1	0					1	0
	永丰煤产地			1	232	3	121			4	353
	元宝山矿区	6	98 493							6	98 493
	平庄矿区	5	26 617	2	6783					7	33 400
	四龙矿区			1	537					1	537
	小 计	11	125 110	5	7552	6	9452			22	142 114

续表 7-2-1

赋煤带	矿区（煤产地、远景区）	勘探		详查		普查		预查		合计	
		数量/个	资源量/×10⁴t	数量/个	资源量/×10⁴t	数量/个	资源量/×10⁴t	数量/个	资源量/×10⁴t	数量/个	资源量/×10⁴t
二连	五七军马场					1	890			1	890
	贺斯格乌拉矿区	2	121 352	2	20 293					4	141 645
	白音霍布尔矿区							1	111 622	1	111 622
	宝力格矿区	1	24 556							1	24 556
	霍林河矿区	3	541 508	1	604 858	1	6232			5	1 152 598
	查干陶勒盖矿区	2	107 179	1	30 166	1	19 862			4	157 207
	高力罕矿区			1	307 026			1	116 991	2	424 017
	伊和达布斯矿区			1	97 250					1	97 250
	道特淖尔矿区			5	270 528					5	270 528
	巴其北矿区			1	392 777			1	505 755	2	898 532
	白音华矿区	5	458 480			1	838 783			6	1 297 263
	乌尼特矿区	1	243 386	3	374 426	1	2134			5	619 946
	五间房矿区					1	1 283 452			1	1 283 452
	巴彦胡硕矿区	2	401 238	7	816 128	1	128 867	1	84 953	11	1 431 186
	吉林郭勒矿区	1	227 813							1	227 813
	乌套海矿区	1	5768			1	15 916			2	21 684
	锡林浩特矿区	2	75			1	129			3	204
	胜利矿区	10	1 579 351			1	643 222			11	2 222 573
	西乌珠穆沁旗矿区	2	2528	2	9000					4	11 528
	巴彦宝力格矿区	4	585 207	2	139 878	1	25 235			7	750 320
	巴彦温都尔矿区			1	39 756					1	39 756
	查干诺尔矿区			1	279 201					1	279 201
	红格尔矿区	1	90 412							1	90 412
	阿其图矿区					1	10 255			1	10 255
	赛罕高毕矿区	1	60 730							1	60 730
	白音昆地煤产地					2	10 640			2	10 640
	扎格斯台矿区	1	27 245							1	27 245
	好鲁库煤产地			1	11 894					1	11 894
	西大仓煤产地	1	15 705							1	15 705
	黑城子煤产地	1	53 062							1	53 062
	石匠山煤产地			1	1767					1	1767
	赛汉塔拉矿区					3	114 494	1	29 516	4	144 010
	沙尔花矿区					2	161 489			2	161 489
	白彦花矿区			1	892 413					1	892 413
	达来矿区			1	19 527	1	50 469			2	69 996
	即日嘎郎煤产地			1	9516					1	9516
	准哈诺尔矿区			1	51 624	1	32 964			2	84 588
	额合宝力格矿区	1	28 598	1	21 075	1	21 235	1	281 073	4	351 981
	马尼特庙矿区	6	26 634	1	1189			1	4045	8	31 868
	那仁宝力格矿区					1	264 154			1	264 154
	白音乌拉矿区	4	158 758	1	93 010	2	154 850	1	88 430	8	495 048
	小 计	52	4 759 585	37	4 483 302	25	3 785 272	8	1 222 385	122	14 250 544

续表 7-2-1

赋煤带	矿区(煤产地、远景区)	勘探		详查		普查		预查		合计	
		数量/个	资源量/$\times10^4$t	数量/个	资源量/$\times10^4$t	数量/个	资源量/$\times10^4$t	数量/个	资源量/$\times10^4$t	数量/个	资源量/$\times10^4$t
阴山	集宁矿区	1	11 323	1	18 762	2	43 038			4	73 123
	苏勒图煤产地					3	676			3	676
	流通壕煤产地			1	1193					1	1193
	大青山矿区	10	37 133	1	0	9	32 812	1	207	21	70 152
	固阳煤产地	3	11 841							3	11 841
	营盘湾矿区	1	0			5	4847			6	4847
	昂根煤产地							1	1374	1	1374
	巴音胡都格矿区	1	7835	1	1951					2	9786
	供济堂煤产地			1	20 363					1	20 363
	新民村煤产地							1	9029	1	9029
	小 计	16	68 132	5	42 269	19	81 373	3	10 610	43	202 384
鄂尔多斯北缘	乌兰格尔矿区	1	24 335			1	265 434			2	289 769
	准格尔矿区	30	3 289 886	2	62 865					32	3 352 751
	清水河矿区					3	10 481			3	10 481
	东胜国家规划矿区	23	2 718 159	10	2 788 204	5	8 330 038			38	13 836 401
	东胜深部矿区	10	1 258 341	3	1 958 405	7	4 738 211	6	29 426 859	26	37 381 816
	小 计	64	7 290 721	15	4 809 474	16	13 344 164	6	29 426 859	101	54 871 218
宁东南	上海庙矿区	15	702 486	2	41 016	3	682 026	2	294 393	22	1 719 921
	小 计	15	702 486	2	41 016	3	682 026	2	294 393	22	1 719 921
桌子山-贺兰山	二道岭矿区	6	41 282	2	30 885					8	72 167
	呼鲁斯太矿区	2	44 701	1	1210					3	45 911
	乌达矿区	2	26 153	2	2685					4	28 838
	桌子山矿区	15	322 168	21	138 439	2	7929			38	468 536
	小 计	25	434 304	26	173 219	2	7929			53	615 452
北山-潮水	希热哈达			1	439					1	439
	北山煤产地	1	8750							1	8750
	潮水矿区	1	2638	2	3013	2	13 681	2	34 446	7	53 778
	小计	2	11 388	3	3452	2	13 681	2	34 446	9	62 967
香山	黑山矿区	1	166	2	1413			1	186 880	4	188 459
	喇嘛敖包矿区	1	324	1	12 742	1	564			3	13 630
	小 计	2	490	3	14 155	1	564	1	186 880	7	202 089
合 计		205	14 847 513	109	17 064 351	96	24 073 354	35	33 058 602	445	89 043 820

区内煤炭资源按勘查程度划分：达到勘探工作程度的 205 个，保有资源量 1 484.75×10^8t，占保有资源量的 16.67%；达到详查工作程度的 109 个，保有资源量 1 706.44×10^8t，占保有资源量的 19.16%；达到普查工作程度的 96 个，保有资源量 2 407.34×10^8t，占保有资源量的 27.04%；达到预查工作程度的 35 个，保有资源量 3 305.86×10^8t，占保有资源量的 37.13%。勘探+详查占 3/8，勘探+详查+普查占5/8，勘查布局较合理。

区内煤炭资源按地质可靠程度(现行资源储量类型)划分：保有资源量为 8 904.38×10^8t，其中探明的资源量为414.55×10^8t，占保有量的 4.65%；控制的资源量为 961.56×10^8t，占保有量的 10.80%；推断的资源量为2 800.24×10^8t、占保有量的 31.45%；预测的资源量为 4 728.03×10^8t、占保有量的

53.10%；查明的资源量为 4 176.35×10^{8} t。其中，探明的资源量占查明量的 9.93%、控制的资源量占查明量的 23.02%、推断的资源量占查明量的 67.05%，探明的、控制的、推断的三者之比为 1∶2.32∶6.75。资源量类型的结构较合理，但不同赋煤带或煤田的勘查程度不均衡。

勘查程度较高的为准格尔煤田，保有资源储量为 335.28×10^{8} t，探明的资源储量仅 47.00×10^{8} t，占保有量的 14.02%；控制的资源量为 77.98×10^{8} t，占保有量的 23.26%；推断的资源量为 188.84×10^{8} t，占保有量的 56.32%；预测的资源量仅 21.46×10^{8} t，占保有量的 6.40%；查明的资源量为 313.82×10^{8} t，查明率 93.60%。并且探明的、控制的、推断的三者之比为 1∶1.66∶4.02，资源量类型的结构合理。

勘查程度较低的为海拉尔赋煤带，保有资源储量为 1 688.13×10^{8} t，探明的资源储量仅 60.48×10^{8} t，占保有量的 3.58%；控制的资源储量为 313.61×10^{8} t，占保有量的 18.58%；推断的资源储量为 678.41×10^{8} t，占保有量的 40.19%；预测的资源储量为 635.63×10^{8} t，占保有量的 37.65%；查明的资源量为 1 052.50×10^{8} t，查明率 62.35%。但探明的资源量占查明量的 5.75%、控制的资源量占查明量的 29.80%、推断的资源量占查明量的 64.46%，探明的、控制的、推断的三者之比为 1∶5.18∶11.21，其资源量类型的结构不合理。

自 2004 年第一批起，到 2009 年第一批止，内蒙古自治区政府及中国地质调查局，先后有 26 个勘查区进行了煤炭勘查，新增资源储量 807.53×10^{8} t，均已通过内蒙古自治区地质勘查基金管理中心或内蒙古自治区矿产储量评审中心评审。另外，企业出资勘查的项目有 12 个，部分成果也已归入内蒙古自治区煤炭资源储量汇总表中，新增资源储量 121.60×10^{8} t，两项合计，探获的煤炭资源量共计新增 929.13×10^{8} t（表 7-2-2）。

表 7-2-2　内蒙古自治区 2004—2009 年煤炭勘查新增资源量统计表

赋煤带	勘查区	所属矿区	探获资源量/×10^{4} t			探矿权所属	备注
			原探获	新探获	新增量		
海拉尔	得尔布普查	得尔布		48 637	48 637	内蒙古自治区地质调查院	现已详查
	特兰图预查	特兰图		438 765	438 765		现已普查
	胡列也吐预查	胡列也吐		427 772	427 772		
	开放山煤炭详查	开放山		12 218	12 218	呼伦贝尔经纬矿业开发有限责任公司	
	三角地煤炭详查	三角地		7028	7028	内蒙古自治区地质调查院	
	鹤门普查	鹤门		18 000	18 000	中国地质调查局	
	北东段预查	红旗牧场		2953	2953	呼伦贝尔经纬矿业开发有限责任公司	
	南西段预查			2296	2296		
	新宝力格预查	莫达木吉		20 195	20 195		
	五一牧场详查	乌尔逊		745 757	745 757		
	奥连宝力格预查	南屯-马达木吉		26 469	26 469	内蒙古自治区地质调查院	
	莫拐二井勘探	莫拐		58 042	58 042	内蒙古自治区煤田地质局 104 勘探队	

续表 7-2-2

赋煤带	勘查区	所属矿区	探获资源量/$\times10^4$ t			探矿权所属	备注
			原探获	新探获	新增量		
海拉尔	伊敏外围南预查	伊敏		196 857	196 857	内蒙古自治区地质调查院	
	红花尔基普查	红花尔基	2 318 164	2 420 163	101 999		
	霍思汗普查			81 453	81 453	呼伦贝尔经纬矿业开发有限责任公司	
	诺门罕详查		812 479	2 138 377	1 325 898	内蒙古自治区地质调查院	
	呼和诺尔详查	呼和诺尔	1 069 367	4 029 489	2 960 122		
	小计(17)		4 200 010	10 674 471	6 474 461		
二连	白音霍布尔预查	白音霍布尔		111 622	111 622	内蒙古自治区地质调查院	
	布拉特布敦预查	高力罕		116 991	116 991		
	巴其北预查	巴其北		505 755	505 755		
	五间房普查	五间房	1 054 990	1 283 452	228 462	华润电力和大唐国际	现已详勘
	白音昆地普查	白音昆地		10 640	10 640	克什克腾旗欣兴矿业有限责任公司	
	乌日图勘探	扎格斯台		27 245	27 245	内蒙古信凌经贸有限公司	
	好鲁库详查	好鲁库		11 894	11 894	克什克腾旗欣兴矿业有限责任公司	
	都呼木普查	赛汉塔拉		23 961	23 961	内蒙古自治区地质调查院	
	乌兰呼都格普查	沙尔花		3877	3877		
	沙尔花普查			157 612	157 612		已批详查
	扎兰乌拉预查	马尼特庙		4045	4045		
	小计(11)		1 054 990	2 257 094	1 202 104		
阴山	五道湾详查	供济堂		20 363	20 363	内蒙古自治区地质调查院	
	新民村预查	新民村		9029	9029		
	小计(2)			29 392	29 392		
鄂尔多斯	布牙土预查	东胜深部		661 607	661 607	内蒙古自治区地质调查院	
	小计(1)		661 607	661 607			
桌子山-贺兰山	羊路井普查	上海庙		64 128	64 128	鄂尔多斯德宝能源有限公司	
	苏亥图普查			497 164	497 164	内蒙古自治区地质调查院	现已详查
	苦草洼预查			132 363	132 363		
	小计(3)			693 655	693 655		

续表 7-2-2

赋煤带	勘查区	所属矿区	探获资源量/$\times10^4$t			探矿权所属	备注
			原探获	新探获	新增量		
北山-潮水	红柳大泉勘探	北山		8750	8750	内蒙古众兴煤炭集团有限责任公司	
	潮水北区预查	潮水		29 461	29 461	内蒙古自治区地质调查院	
	潮水北区南预查			4985	4985		
	小计(3)			43 196	43 196		
香山	黑山预查	黑山		186 880	186 880	内蒙古自治区地质调查院	已批详查
	小计(1)			186 880	186 880		
	合计(38)		5 255 000	14 546 295	9 291 295		

第三节　煤炭资源开发现状

截至2009年底，内蒙古自治区煤炭保有资源储量89 043 820×10^4t，经矿业权整合，现有生产煤矿山604个(处)，设计总生产能力79 212×10^4t/a，已利用资源储量5 272 495×10^4t。其中大中型生产矿井263个，生产能力50 330×10^4t/a，保有资源储量3 029 479×10^4t；大中型在建矿井59个，生产能力20 271×10^4t/a，保有资源储量1 675 716×10^4t；小型煤矿282个，生产能力8611×10^4t/a，保有资源储量567 300×10^4t(表7-3-1)。

已利用的煤炭资源储量占保有资源储量的5.92%。利用率最高的矿区(煤产地)依次为宝龙山煤产地100%、黄花山煤产地100%、大杨树煤产地100%、黑城子煤产地99.61%、塔布花煤产地99.38%、昂根煤产地96.07%、元宝山矿区95.36%、呼鲁斯太矿区92.40%、石匠山煤产地92.30%、榆树林子煤产地91.78%、乌达矿区88.22%、西大仓煤产地87.46%、沙力好来煤产地85.71%、平庄矿区84.92%、联合屯煤产地80.67%、巴音胡都格矿区78.46%、四龙矿区75.42%、牤牛海煤产地74.30%、绍根矿区67.82%、桌子山矿区62.37%、锡林浩特矿区61.27%、双辽矿区58.24%、免渡河矿区55.17%。

尚未利用的煤炭资源储量中，达到勘探工作阶段的保有资源储量11 069 098×10^4t，占总保有资源储量的12.43%；达到详查阶段的保有资源储量16 234 468×10^4t，占总保有资源储量的18.23%；达到普查阶段的保有资源储量23 282 552×10^4t，占总保有资源储量的26.15%；预查阶段的保有资源储量33 185 207×10^4t，占总保有资源储量的37.27%(表7-3-1)。

内蒙古自治区的煤炭资源十分丰富，探明的资源量占全国第一位，是我国重要的煤炭资源和生产大区。内蒙古自治区的煤炭资源以成煤时代及煤系既集中又独立，成片煤层近水平，埋藏浅，煤种齐全，开采条件好而闻名全国。煤炭资源分布面积约11×10^4km^2，约占全区国土面积的9.3%，煤炭资源开发已成为我区国民经济和社会发展的支柱产业之一，在全区工业中占重要地位。内蒙古自治区共划分8个煤炭国家规划矿区，总面积为45 821.26km^2，共占保有资源储量25 817 523×10^4t，约占全区保有资源储量的29%(表7-3-2)。

表 7-3-1 内蒙古自治区煤炭资源勘查开发现状汇总表

赋煤带	矿区(煤产地、远景区)	累计探获资源储量/×10^4t	保有资源储量/×10^4t	已利用资源储量/×10^4t	尚未利用资源储量/×10^4t				大、中型生产矿井			大、中型在建矿井			小型矿井		
				勘探	勘探	详查	普查	预查	数量/对	能力/×(10^4t·a^{-1})	储量/×10^4t	数量/对	能力/×(10^4t·a^{-1})	储量/×10^4t	数量/对	能力/×(10^4t·a^{-1})	储量/×10^4t
海拉尔	拉布达林矿区	45 489	44 304	1958			42 346								3	81	1958
	得尔布煤产地	48 637	48 637				48 637										
	特兰图矿区	620 664	620 664		181 899			438 765									
	胡列也吐矿区	694 456	694 456			266 684		427 772									
	扎赉诺尔矿区	870 101	835 459	306 002			529 457		5	845	163 717	1	500	142 285			
	开放山煤产地	13 570	12 654	436		12 218									1	30	436
	三角地煤产地	7028	7028			7028											
	西胡里吐煤产地	118 774	118 376	751				117 625							1	30	751
	鹤门煤产地	18 000	18 000				18 000										
	红旗牧场远景区	5249	5249					5249									
	莫达木吉远景区	376 495	376 495					356 300									
	乌尔逊矿区	839 752	839 752			745 757		114 190									
	宝日希勒矿区	1 112 907	1 085 716	230 361	253 117		602 238		4	1225	20 774	3	1425	166 792	6	240	42 795
	南屯-马达木吉矿区	299 385	299 385			152 659		146 726									
	五九矿区	23 786	20 962	2327	18 635				1	45	121				2	39	2206
	莫拐矿区	78 187	78 187		67 770		10 417										
	大雁矿区	241 992	225 623	70 799	78 354			76 470	3	763	70 770				1	6	29
	免渡河煤产地	13 979	12 216	6739	5477				1	95	6666				2	25	73
	伊敏矿区	2 046 730	2 034 762	101 867	355 211		1 380 827	196 857	2	1900	98 999				1	30	2868
	红花尔基矿区	5 341 474	5 341 474			2 138 377	3 203 097										
	呼和诺尔矿区	4 161 951	4 161 934	1090		4 160 844			1	60	1090						
	小计	16 978 606	16 881 333	722 330	960 463	7 483 567	5 835 019	1 879 954	17	4933	362 137	4	1925	309 077	17	481	51 116

续表 7-3-1

赋煤带	矿区（煤产地、远景区）	累计探获资源储量/×10^4t	保有资源储量/×10^4t	已利用资源储量/×10^4t	尚未利用资源储量/×10^4t				大、中型生产矿井			大、中型在建矿井			小型矿井		
				勘探	勘探	详查	普查	预查	数量/对	能力/×(10^4t·a^{-1})	储量/×10^4t	数量/对	能力/×(10^4t·a^{-1})	储量/×10^4t	数量/对	能力/×(10^4t·a^{-1})	储量/×10^4t
大兴安岭中部	大杨树煤产地	3476	514	514											7	62	514
	牤牛海煤产地	7309	4245	3154		1091									4	120	3154
	黄花山煤产地	821	537	537											1	15	537
	联合屯煤产地	2169	1309	1056			253								3	45	1056
	温都花煤产地	450	222	73			149								1	9	73
	塔布花煤产地	350	160	159	1										1	10	159
	小计	14 575	6987	5493	1	1091	402								17	261	5493
松辽盆地西部	公营子煤产地	2006	2006				2006										
	宝龙山煤产地	5334	5334	5334								1	90	5334			
	双辽矿区	14 524	14 074	8196	1757		1797	2324	1	183	8196						
	绍根矿区	66 300	66 300	44 967	21 333							2	360	44 967			
	榆树林子煤产地	524	523	480			43								1	30	480
	沙力好来煤产地	1003	574	492		82									1	9	492
	小计	89 691	88 811	59 469	23 090	82	3846	2324	1	183	8196	3	450	50 301	2	39	972
大兴安岭南部	广兴源煤产地	503	15				15										
	亿合公煤产地	18 780	9316	94			9222								1	6	94
	当铺地煤产地	77															
	永丰煤产地	736	353	120		232	1								1	30	120
	元宝山矿区	123 104	98 493	93 921	4572				6	1574	88 481				11	174	5440
	平庄矿区	61 159	33 400	28 363	5002	35			4	634	20 560	1	60	4921	12	293	2882
	四龙矿区	3060	537	405		132									5	40	405
	小计	207 419	142 114	122 903	9574	399	9238		10	2208	109 041	1	60	4921	30	543	8941

续表 7-3-1

赋煤带	矿区(煤产地、远景区)	累计探获资源储量/×10^4t	保有资源储量/×10^4t	已利用资源储量/×10^4t	尚未利用资源储量/×10^4t				大、中型生产矿井			大、中型在建矿井			小型矿井		
				勘探	勘探	详查	普查	预查	数量/对	能力/×(10^4t·a^{-1})	储量/×10^4t	数量/对	能力/×(10^4t·a^{-1})	储量/×10^4t	数量/对	能力/×(10^4t·a^{-1})	储量/×10^4t
二连	五七军马场煤产地	890	890				890										
	贺斯格乌拉矿区	141 645	141 645		121 352	20 293											
	白音霍布尔矿区	111 622	111 622					111 622									
	宝力格矿区	24 556	24 556		24 556												
	霍林河矿区	1 177 039	1 152 598	347 425	215 044	587 405	2724		11	5494	287 634	2	165	57 973	6	92	1818
	查干陶勒盖矿区	157 207	157 207		107 179	30 166	19 862										
	高力罕矿区	424 017	424 017			307 026		116 991									
	伊和达布斯矿区	97 250	97 250			97 250											
	道特淖尔矿区	270 528	270 528			270 528											
	巴其北矿区	898 532	898 532			392 777		505 755									
	白音华矿区	1 297 701	1 297 263	427 393	31 087		838 783		1	395	101	4	6000	427 292			
	乌尼特矿区	620 239	619 946	2134	243 386	374 426			1	84	2134						
	五间房矿区	1 283 452	1 283 452				1 283 452										
	巴彦胡硕矿区	1 431 186	1 431 186		401 238	816 128	128 867	84 953									
	吉林郭勒矿区	227 813	227 813		227 813												
	乌套海矿区	21 684	21 684		5768		15 916										
	锡林浩特矿区	256	204	125	14		65		1	60	61				1	15	64
	胜利矿区	2 228 514	2 222 573	272 511	1 308 333		641 729		3	2584	271 018				1	15	1493
	西乌旗矿区	12 149	11 528	1810	1273	8445			2	295	1536	1	300	227	1	6	47
	巴彦宝力格矿区	750 320	750 320		585 207	139 878	25 235										
	巴彦温都尔矿区	39 756	39 756			39 756											
	查干诺尔矿区	279 201	279 201			279 201											
	红格尔矿区	90 412	90 412		90 412												
	阿其图矿区	10 255	10 255				10 255										
	赛汗高毕矿区	60 730	60 730		60 730												
	白音昆地煤产地	10 818	10 640				10 640										
	扎格斯台矿区	27 245	27 245		27 245												

续表 7-3-1

赋煤带	矿区（煤产地、远景区）	累计探获资源储量/×10⁴t	保有资源储量/×10⁴t	已利用资源储量/×10⁴t	尚未利用资源储量/×10⁴t				大、中型生产矿井			大、中型在建矿井			小型矿井		
				勘探	勘探	详查	普查	预查	数量/对	能力/×(10⁴t·a⁻¹)	储量/×10⁴t	数量/对	能力/×(10⁴t·a⁻¹)	储量/×10⁴t	数量/对	能力/×(10⁴t·a⁻¹)	储量/×10⁴t
二连	好鲁库煤产地	11 894	11 894			11 894											
	西大仓煤产地	16 249	15 705	13 735	1970				1	90	13 735						
	黑城子煤产地	53 062	53 062	52 857	205							1	300	52 857			
	石匠山煤产地	1767	1767	1631		136									1	30	1631
	赛汉塔拉矿区	144 010	144 010				114 494	29 516									
	沙尔花矿区	161 489	161 489				161 489										
	白彦花矿区	892 413	892 413			892 413											
	达来矿区	69 996	69 996			19 527	50 469										
	即日嘎郎煤产地	9516	9516			9516											
	准哈诺尔矿区	84 588	84 588			51 624	32 964										
	额合宝力格矿区	352 262	351 981	28 598		21 075	21 235	281 073	1	300	28 598						
	马尼特庙矿区	31 967	31 868	9044	17 590	1189		4045	3	147	4249				5	171	4795
	那仁宝力格矿区	264 154	264 154				264 154										
	白音乌拉矿区	495 238	495 048	1606	157 152	93 010	154 850	88 430							1		1606
	小计	14 283 622	14 250 544	1 158 869	3 627 554	4 463 663	3 778 073	1 222 385	24	9449	609 066	8	6765	538 349	16	329	11 454
阴山	集宁矿区	73 171	73 123		11 323	18 762	43 038										
	苏勒图煤产地	676	676				676										
	流通壕煤产地	1286	1193			1193											
	大青山矿区	97 989	70 152	32 020	13 280		24 645	207	4	635	7215	1	120	7286	13	515	17 519
	固阳煤产地	12 276	11 841		11 841												
	营盘湾矿区	8084	4847	2205			2642								3	69	2205
	昂根煤产地	2244	1374	1320				54							1	30	1320
	巴音胡都格矿区	9893	9786	7678	157	1951			1	60	7678						
	供济堂煤产地	20 363	20 363			20 363											
	新民村煤产地	9029	9029					9029									
	小计	235 011	202 384	43 223	36 601	42 269	71 001	9290	5	695	14 893	1	120	7286	17	614	21 044

续表 7-3-1

赋煤带	矿区(煤产地、远景区)	累计探获资源储量/×10⁴t	保有资源储量/×10⁴t	已利用资源储量/×10⁴t	尚未利用资源储量/×10⁴t				大、中型生产矿井			大、中型在建矿井			小型矿井		
				勘探	勘探	详查	普查	预查	数量/对	能力/×(10^4t·a^{-1})	储量/×10^4t	数量/对	能力/×(10^4t·a^{-1})	储量/×10^4t	数量/对	能力/×(10^4t·a^{-1})	储量/×10^4t
鄂尔多斯盆地北缘	乌兰格尔矿区	289 769	289 769	24 335			265 434					1	240	24 335			
	准格尔矿区	3 436 032	3 352 751	1 182 363	2 148 152	22 236			23	9044	712 280	8	2425	456 181	6	157	13 902
	清水河矿区	14 312	10 481	1729			8752								3	90	1729
	东胜国家规划矿区	13 981 185	13 836 401	1 503 031	2 217 470	2 111 895	7 875 329	128 676	139	18 973	989 540	19	6861	152 406	84	3715	361 085
	东胜深部矿区	37 381 816	37 381 816		1 258 341	1 958 405	4 738 211	29 426 859									
	小计	55 103 114	54 871 218	2 711 458	5 623 963	4 092 536	12 887 726	29 555 535	162	28 017	1 701 820	28	9526	632 922	93	3962	376 716
宁东南	上海庙矿区	1 720 051	1 719 921	46 037	656 449	41 016	682 026	294 393				1	300	44 783	1	30	1254
	小计	1 720 051	1 719 921	46 037	656 449	41 016	682 026	294 393				1	300	44 783	1	30	1254
桌子山-贺兰山	二道岭矿区	81 365	72 167	35 021	12 290	24 856			2	105	6614	3	270	14 221	16	375	14 186
	呼鲁斯太矿区	54 205	45 911	42 423	2278	1210			3	210	18 857	1	90	23 566			
	乌达矿区	57 563	28 838	25 440	713	2685			3	390	22 392				3	90	3048
	桌子山矿区	530 028	468 536	292 236	104 719	64 164	7417		30	3420	171 947	9	765	50 290	65	1796	69 999
	小计	723 161	615 452	395 120	120 000	92 915	7417		38	4125	219 810	13	1125	88 077	84	2261	87 233
北山-潮水	希热哈达煤产地	845	439	133		306									1		133
	北山煤产地	8750	8750		8750												
	潮水矿区	58 484	53 778	6441	2638	3013	7240	34 446	4	705	3806				3	61	2635
	小计	68 079	62 967	6574	11 388	3319	7240	34 446	4	705	3806				4	61	2768
香山	黑山矿区	189 316	188 459	710		869		186 880	2	15	710						
	喇嘛敖包矿区	14 257	13 630	309	15	12 742	564								1	30	309
	小计	203 573	202 089	1019	15	13 611	564	186 880	2	15	710				1	30	309
合计		89 626 902	89 043 820	5 272 495	11 069 098	16 234 468	23 282 552	33 185 207	263	50 330	3 029 479	59	20 271	1 675 716	282	8611	567 300

表 7-3-2　内蒙古自治区煤炭国家规划矿区概况一览表

名称	位置	面积/km^2	含煤地层	煤层厚度/m	煤质	开采条件	开采方式	保有资源储量($\times 10^4$ t)/服务年限(a)	保障程度
扎赉诺尔国家规划矿区	呼伦贝尔市	553.32	白垩系	14.35～50.54	特低硫、中灰、中等热值，褐煤	低瓦斯、易自燃	露天/井工	835 459/84	高
宝日希勒国家规划矿区	呼伦贝尔市	724.23	白垩系	18.7～158.85	低灰、特低硫、中等热值，褐煤	低瓦斯、易自燃	露天为主	1 085 716/121	高
伊敏国家规划矿区	呼伦贝尔市	1 140.11	白垩系	0.90～46.41	中低灰、低硫、中等热值，褐煤	低瓦斯、易自燃	露天为主	2 034 762/224	高
霍林河国家规划矿区	通辽市	527.82	白垩系	12.30～120.45	低硫、低灰、中等热值，褐煤	低瓦斯、易自燃	露天为主	1 152 598/53	较高
白音华国家规划矿区	锡林浩特市	532.29	白垩系	1.05～115.54	中灰、低硫、中低热值，褐煤	低瓦斯、易自燃	露天为主	1 297 263/108	高
胜利国家规划矿区	锡林浩特市	544.96	白垩系	11.92～356.65	中灰、低硫、中低热值，褐煤	低瓦斯、易自燃	露天为主	2 222 573/80	高
东胜国家规划矿区	鄂尔多斯市	40 471.36	侏罗系	1.63～28.60	低灰、低硫、高热值，不黏煤	低瓦斯、易自燃	露天/井工	13 836 401/358	高
准格尔国家规划矿区	鄂尔多斯市	1 327.17	石炭系—二叠系	0.96～70.44	中灰、低硫、中高热值，长焰煤	低瓦斯、易自燃	露天/井工	3 352 751/54	较高
合计		45 821.26						25 817 523	

第八章　煤炭资源潜力预测

第一节　总　述

一、预测的主要方法

本次预测工作是在第三次煤田预测和远景调查的基础上进行的，同时以新的技术要求为指导，广泛收集、整理了以往的地质成果及煤矿开采揭露的煤层、煤质资料。预测的主要方法是充分利用2009年底内蒙古自治区全区煤炭资源储量现状调查的成果，运用新的地质理论和方法，进行综合分析，研究层序地层划分、成煤环境与模式、煤变质作用、控煤构造样式，划分出煤炭资源潜力评价单元，对煤炭资源量进行“级”“类”和“等”的划分；评价资源的勘查开发前景，提出煤炭资源勘查近期及中长期工作部署方案建议等；以研究各赋煤带不同地质年代和地域特征所具有的煤炭赋存规律为重点，着重对第三次煤炭资源预测和远景调查工作提出的预测区及其资源量进行筛选、再认识，同时提出新的预测区。

各预测区绝大多数处于勘查区深部或邻区，故采用已勘查区或邻区的资源丰度值预测资源量。再依据预测区的构造复杂程度和煤层稳定程度选用资源量校正系数（β值）校正预测资源量。

二、确定预测区和预测要素

依据全国煤炭资源潜力评价技术要求，在煤炭资源聚集、赋存规律研究和煤炭资源量现状调查成果的基础上，对全区第三次煤田预测进行再认识，圈出了资源预测区82个（预测基本单元136个），其中新近系预测区2个（预测基本单元2个），白垩系预测区41个（预测基本单元60个），侏罗系预测区20个（预测基本单元30个），石炭系—二叠系预测区19个（预测基本单元44个）。预测区范围一般与井田相当，在研究程度较低的工作区，预测区可以与矿区或煤田相当。

预测区边界一般主要以重要构造线、铁路及大的河流等地质或地理要素为界；如果含煤地层赋存状态、煤类等具有较大差异，应分别划分预测基本单元。预测区面积不做具体规定，但预测区面积不宜过大。

以矿区为单位确定预测深度及当地侵蚀基准面。本次煤炭资源潜力预测是评价煤田内煤层埋深2000m以浅的煤炭资源，为便于利用和统计，进一步划分为0～600m、600～1000m、1000～1500m和1500～2000m共4个深度级，并分别统计资源量。

三、潜在资源量分级

(一)资源量分级

根据预测可信度将潜在的煤炭资源量分为预测可靠的(334-1)、预测可能的(334-2)、预测推断的(334-3)3个级别,界定如下。

预测可靠的(334-1):位于控煤构造的有利区块,浅部有一定密度的山地工程或矿点揭露,以及少量钻孔控制;或有有效的地面物探工程控制;或位于生产矿区、已发现资源勘查区的周边;或进行了1∶2.5万及以上大比例尺煤炭地质填图的地区,结合地质规律分析,确定有含煤地层和煤层赋存。资源量主要估算参数可直接取得,煤类、煤质可以基本确定。

预测可能的(334-2):位于控煤构造的比较有利区块,进行过小于1∶2.5万煤田地质填图;或少量山地工程、矿点揭露和个别钻孔控制;或有较有效的地面物探工作了解;或可靠级预测区的有限外推地段,结合地质规律分析,确有含煤地层存在,可能有煤层赋存。地质构造格架基本清楚,估算参数与煤类、煤质是推定的。

预测推断的(334-3):按照区域地质调查或物探、遥感资料,334-2级别的有限外推地段,结合聚煤规律推断有含煤地层、可采煤层赋存,估算参数和煤类、煤质等均为推测的。

(二)预测远景区的分类

根据资源的地质条件、开采技术条件、外部条件和生态环境容量,将预测远景区分为三类:有利的(Ⅰ类)、次有利的(Ⅱ类)、不利的(Ⅲ类)。

有利的(Ⅰ类):地质条件和开采技术条件好,外部条件和生态环境优越,煤层埋藏在1000m以浅,煤质优良。

次有利的(Ⅱ类):地质条件和开采技术条件较好,外部条件和生态环境较优越,煤层埋藏在1500m或1000m以浅,煤质较优良。

不利的(Ⅲ类):资源量小,地质及开采技术条件复杂、外部开发条件差,或生态环境脆弱,或煤质差,或煤层埋藏在1000m或1500m以深。

(三)预测区勘查开发前景等级

在上述分级分类的基础上,从潜在资源的数量、质量、开采条件和生态环境等方面,进行潜在资源开发利用优度的综合评价,将预测资源的勘查开发利用前景划分为三等:优(A)等、良(B)等、差(C)等。

优(A)等:资源量分级为可靠级,预测区分类为有利的。此类预测区煤炭资源开发具有明显经济价值,可建议优先安排预查或普查。

良(B)等:资源量分级为可能级,预测区分类为较有利的。此类预测区煤炭资源具有开发经济价值,可考虑安排勘查工作的地区。

差(C)等:不符合上述优、良等条件,资源潜力较小的地区,目前不宜开展工作。

四、潜在资源量估算

编制主要煤层底板等深线图,各矿区(煤田)利用各井田(勘查区)1∶5000～1∶2.5万的主要煤层底板等高线图和区域地质资料逐级缩编为矿区1∶25万的煤层等高线图。在编制的1∶25万煤田预测图中采用MapGIS软件量测块段面积。估算方法包括地质块段法和资源丰度法。

地质块段法:适用于东胜煤田等预测区,对于地质构造简单、煤层倾角小于15°、煤质及开采技术条件变化不大，并且利用相邻勘查区的资料能够确定预测量的区域，使用此方法。地质块段法计算公式为：

$$Q_k = S \cdot M \cdot d$$

式中，Q_k为资源量（$\times 10^4$ t）；S为块段面积（$\times 10^4 m^2$）；M为块段煤层平均厚度（m）；d为煤视密度（t/m^3）。

资源丰度法：以勘查区（井田或矿段）的储量除以主要煤层分布面积（履盖全勘查区，不足也按全履盖计）得到该勘查区的丰度E，以此丰度估算其深部及邻区的潜在资源量。资源丰度法计算公式为：

$$Q_f = E \cdot S$$

式中，Q_f为资源量（$\times 10^4$ t）；E为丰度；S为块段斜面积（$\times 10^4 m^2$）。

资源量原始估算值的校正公式为预测资源量 $Q = \beta \times Q_f$，校正系数β取值如表8-1-1所示。

表8-1-1　β取值表

地质条件	β值
构造简单、煤层稳定	0.8～1.0
构造中等、煤层较稳定	0.6～0.8
构造复杂—极复杂、煤层不稳定—极不稳定	0.4～0.6

资源量预测时，煤层最低可采厚度原则上采用《煤、泥炭地质勘查规范》（DZ/T 0215—2002）确定的资源储量估算指标，硫分和发热量不作为限制条件。视密度一般采用地质报告中的实测值，少数地区则参考邻区的测定值，即褐煤1.00～1.50t/m^3，烟煤1.27～1.49t/m^3，无烟煤1.35～1.50t/m^3。煤类以编制的煤类分布图提供的信息为依据。

五、预测结果

本次煤炭资源潜力评价，共划分为11个赋煤带。全区共筛选、圈出预测区82个，预测基本单元136个，预测面积47 635.74km^2，预测资源量73 367 913$\times 10^4$t（表8-1-2～表8-1-5）。

其中新近系2个预测区2个预测基本单元，预测面积40.03km^2，预测资源量11 670$\times 10^4$t（表8-1-3）。白垩系41个预测区60个预测基本单元，预测面积11 393.89km^2，预测资源量11 989 065$\times 10^4$t（表8-1-3）。侏罗系20个预测区30个预测基本单元，预测面积26 477.93km^2，预测资源量40 358 617$\times 10^4$t。石炭系—二叠系19个预测区44个预测基本单元，预测面积9 723.89km^2，预测资源量21 008 561$\times 10^4$t。

按潜在资源量深度划分：600m以浅资源量12 170 585$\times 10^4$t，占16.59%；600～1000m资源量9 667 126$\times 10^4$t，占13.18%；1000～1500m资源量27 757 297$\times 10^4$t，占37.83%；1500～2000m资源量23 772 905$\times 10^4$t，占32.40%。

按潜在资源量预测可信度分级划分：预测可靠的（334-1）资源量20 197 041$\times 10^4$t，占27.53%；预测可能的（334-2）资源量50 089 477$\times 10^4$t，占68.27%；预测推断的资源量3 081 395$\times 10^4$t，占4.20%。

按潜在资源量开发利用优度的划分：优等（A）资源量17 623 276$\times 10^4$t，占24.02%；良等（B）资源量28 893 020$\times 10^4$t，占39.38%；差等（C）资源量26 851 617$\times 10^4$t，占36.60%（表8-1-2）。

表8-1-2　内蒙古自治区煤炭潜在资源预测区勘查开发前景评价汇总表

赋煤带	预测区/个	预测基本单元/个	面积/km^2	预测资源量/$\times 10^4$t	等别及勘查工作部署意见		
					优(A)等/$\times 10^4$t（近期勘查）	良(B)等/$\times 10^4$t（中期勘查）	差(C)等/$\times 10^4$t（远期勘查）
海拉尔	11	16	4 423.16	4 078 720	693 427	321 328	3 063 965
大兴安岭中部	4	4	557.10	40 862	18 120	22 742	
松辽盆地西部	4	5	92.45	34 804	19 554	15 250	
大兴安岭南部	0	0					

续表 8-1-2

赋煤带	预测区/个	预测基本单元/个	面积/km^2	预测资源量/×10^4 t	等别及勘查工作部署意见		
					优(A)等/×10^4 t（近期勘查）	良(B)等/×10^4 t（中期勘查）	差(C)等/×10^4 t（远期勘查）
二连	25	38	6 525.33	8 566 720	7 232 048	594 886	739 786
阴山	3	3	70.07	28 464	28 464		
鄂尔多斯盆地北缘	18	22	33 171.99	58 151 341	8 879 437	27 065 508	22 206 396
宁东南	3	8	567.15	955 015	208 596	267 858	478 561
桌子山-贺兰山	8	28	1 039.08	805 704	116 513	462 907	226 284
香山	2	8	900.96	646 644	385 101	133 557	127 986
北山-潮水	4	4	288.45	59 639	42 016	8984	8639
合计	82	136	47 635.74	73 367 913	17 623 276	28 893 020	26 851 617

表 8-1-3　内蒙古自治区煤炭潜在资源量汇总表

赋煤带	时代	面积/km^2	潜在资源量/×10^4 t	不同深度资源量/×10^4 t				级别		
				＜600m	600～1000m	1000～1500m	1500～2000m	可靠/×10^4 t	可能/×10^4 t	推断/×10^4 t
海拉尔	K	4 423.16	4 078 720	3 426 080	637 142	15 498		693 427	321 328	3 063 965
大兴安岭中部	K	435.06	31 813	31 813				18 120	13 693	
	J	122.04	9049	9049					9049	
	小计	557.10	40 862	40 862				18 120	22 742	
松辽盆地西部	K	92.45	34 804	19 554	15 250			33 526	1278	
二　连	K	6 413.18	7 826 934	6 358 988	1 467 946			6 647 915	1 179 019	
	J	112.15	739 786				739 786		739 786	
	小计	6 525.33	8 566 720	7 158 506	668 428		739 786	6 647 915	1 918 805	
阴　山	N	40.03	11 670	11 670				11 670		
	K	30.04	16 794	16 794				16 794		
	小计	70.07	28 464	28 464				28 464		
鄂尔多斯盆地北缘	J	25 528.86	38 839 318		1 827 241	20 662 447	16 349 630	3 613 703	35 225 615	
	C—P	3 884.17	19 312 023	1 908 690	5 143 506	6 403 061	5 856 766	7 070 283	12 241 740	
	小计	29 413.03	58 151 341	1 908 690	6 970 747	27 065 508	22 206 396	10 683 986	47 467 355	
桌子山-贺兰山	J	56.28	65 161	4304	29 438	28 736	2683	47 731		17 430
	C—P	982.8	740 543	143 457	151 076	237 156	208 854	311 418	429 125	
	小计	1 039.08	805 704	147 761	180 514	265 892	211 537	359 149	429 125	17 430
宁东南	J	228.82	574 551	60 840	113 670	223 473	176 568	574 551		
	C—P	338.33	380 464	14 734	19 352	44 385	301 993	380 464		
	小计	567.15	955 015	75 574	133 022	267 858	478 561	955 015		
香山	J	165.07	71 113	14 755	11 537	20 248	24 573		71 113	
	C—P	735.89	575 531	119 406	239 403	113 309	103 413	575 531		
	小计	900.96	646 644	134 161	250 940	133 557	127 986	575 531	71 113	
北山-潮水	J	278.70	59 639	30 451	11 565	8984	8639	44 485	15 154	
全自治区	N	40.03	11 670	11 670				11 670		
	K	11 393.89	11 989 065	9 853 229	2 120 338	15 498		7 567 205	1 357 895	3 063 965
	J	26 477.93	40 358 617	119 399	1 993 451	20 943 888	17 301 879	4 280 470	36 060 717	17 430
	C—P	9 723.89	21 008 561	2 186 287	5 553 337	6 797 911	6 471 026	8 337 696	12 670 865	
	合计	47 635.74	73 367 913	12 170 585	9 667 126	27 757 297	23 772 905	20 197 041	50 089 477	3 081 395

注：大兴安岭南部赋煤带煤炭潜在资源量为 0，故表中未给出。

按煤类划分潜在资源量(表 8-1-4):褐煤 11 138 676×10^4 t,长焰煤 8 671 471×10^4 t,不黏煤 42 415 440×10^4 t,弱黏煤 72 209×10^4 t,气煤 9 862 995×10^4 t,肥煤 215 489×10^4 t,焦煤 101 955×10^4 t,瘦煤 13 924×10^4 t,贫煤 15 154×10^4 t,无烟煤 860 600×10^4 t。以褐煤、长焰煤、不黏煤及气煤为主要煤类,占预测总资源量的 98.26%。总体来看,焦煤、无烟煤较少,分别占 0.14%、1.17%。

表 8-1-4　内蒙古自治区煤炭潜在资源量按煤类汇总表　　单位:×10^4 t

赋煤带	时代	潜在资源量	褐煤	长焰煤	不黏煤	弱黏煤	气煤	肥煤	焦煤	瘦煤	贫煤	无烟煤
海拉尔	K	4 078 720	4 076 309	2411								
大兴安岭中部	K	31 813	13 693	18 120								
	J	9049				1096						7953
	小计	40 862	13 693	18 120		1096						7953
松辽盆地西部	K	34 804	31 422	3382								
二 连	K	7 826 934	6 988 788	838 146								
	J	739 786		739 786								
	小计	8 566 720	6 988 788	1 577 932								
阴 山	N	11 670	11 670									
	K	16 794	16 794									
	小计	28 464	28 464									
鄂尔多斯盆地北缘	J	41 812 153			41 812 153							
	C—P	16 339 188		7 052 196			9 286 992					
	小计	58 151 341		7 052 196	41 812 153		9 286 992					
桌子山-贺兰山	J	65 161		17 430								47 731
	C—P	740 543					195 539	199 740	101 955	13 924		229 385
	小计	805 704		17 430			195 539	199 740	101 955	13 924		277 116
宁东南	J	574 551			574 551							
	C—P	380 464					380 464					
	小计	955 015			574 551		380 464					
香山	J	71 113				71 113						
	C—P	575 531										575 531
	小计	646 644				71 113						575 531
北山-潮水	J	59 639			28 736			15 749			15 154	
全自治区	N	11 670	11 670									
	K	11 989 065	11 127 006	862 059	0	0	0	0	0	0	0	0
	J	43 331 452	0	757 216	42 415 440	72 209	0	15 749	0	0	15 154	55 684
	C—P	18 035 726	0	7 052 196	0	0	9 862 995	199 740	101 955	13 924	0	804 916
	合计	73 367 913	11 138 676	8 671 471	42 415 440	72 209	9 862 995	215 489	101 955	13 924	15 154	860 600

注:大兴安岭南部赋煤带煤炭潜在资源量为 0,故表中未给出。

按内蒙古自治区各盟(市)行政区划统计潜在资源量如表 8-1-5 所示。

表 8-1-5　内蒙古自治区各盟市煤炭潜在资源量汇总表　　单位：$\times 10^4$ t

盟市	成煤时代	潜在资源量	不同深度资源量			1500～2000m
			<600m	600～1000m	1000～1500m	
呼伦贝尔盟	K	4 096 840	3 444 200	637 142	15 498	
通辽市	K	19 282	18 004	1278		
	J	1096	1096			
	小计	20 378	19 100	1278		
赤峰市	K	29 215	15 243	13 972		
	J	7953	7953			
	小计	37 168	23 196	13 972		
锡林郭勒盟	K	7 826 934	6 358 988	1 467 946		
	J	739 786				739 786
	小计	8 566 720	6 358 988	1 467 946		739 786
乌兰察布市	N	11 670	11 670			
	K	16 794	16 794			
	小计	28 464	28 464			
鄂尔多斯市	J	39 413 869	60 840	1 940 911	20 885 920	16 526 198
	C—P	19 692 487	1 923 424	5 162 858	6 447 446	6 158 759
	小计	59 106 356	1 984 264	7 103 769	27 333 366	22 684 957
乌海市	C—P	195 539	22 626	14 653	112 644	45 616
阿拉善盟	J	195 913	49 510	52 540	57 968	35 895
	C—P	1 120 535	240 237	375 826	237 821	266 651
	小计	1 316 448	289 747	428 366	295 789	302 546
全自治区	N	11 670	11 670			
	K	11 989 065	9 853 229	2 120 338	15 498	
	J	40 358 617	119 399	1 993 451	20 943 888	17 301 879
	C—P	21 008 561	2 186 287	5 553 337	6 797 911	6 471 026
	合计	73 367 913	12 170 585	9 667 126	27 757 297	23 772 905

六、预测资源量增减对比

内蒙古自治区煤田地质局于 1992 年至 1994 年进行了全区第三次煤田预测工作。第三次煤田预测总资源量为 122 504 097×10^4 t，其中石炭系—二叠系 20 949 327×10^4 t，侏罗系 78 006 185×10^4 t，白垩系 23 402 515×10^4 t，新近系 146 070×10^4 t。本次预测总资源量为 73 367 913×10^4 t，本次预测与第三次预测相比，共减少资源量 49 136 184×10^4 t（表 8-1-6）。

表 8-1-6　内蒙古自治区预测煤炭资源量对比表　　单位：$\times 10^4$ t

赋煤带	第三次煤田预测					本次煤炭资源潜力评价					资源量变化
	N	K	J	C—P	小计	N	K	J	C—P	小计	
海拉尔		11 403 300	15 859		11 419 159		4 078 720			4 078 720	−7 340 439
大兴安岭中部			58 355		58 355		31 813	9049		40 862	−17 493

续表 8-1-6

赋煤带	第三次煤田预测					本次煤炭资源潜力评价					资源量变化
	N	K	J	C—P	小计	N	K	J	C—P	小计	
松辽盆地西部		155 387			155 387		34 804			34 804	−120 583
大兴安岭南部	2419	7256	3036		12 711						−12 711
二连		11 797 448	95 077		11 892 525		7 826 934	739 786		8 566 720	−3 325 805
阴山	143 651	39 124	34 092	29 586	246 453	11 670	16 794			28 464	−217 989
鄂尔多斯盆地北缘			77 241 450	16 978 378	94 219 828			38 839 318	19 312 023	58 151 341	−36 068 487
桌子山-贺兰山			38 650	3 837 126	3 875 776			710 825	1 696 538	2 407 363	−1 468 413
庆阳山-黑山				104 237	104 237						−104 237
北山-潮水			519 666		519 666			59 639		59 639	−460 027
合计	146 070	23 402 515	78 006 185	20 949 327	122 504 097	11 670	11 989 065	40 358 617	21 008 561	73 367 913	−49 136 184

经过 15 年的地质勘查工作，本次预测已对第三次预测区的部分区域进行了勘查工作，证实有煤或者无煤；同时根据新资料分析和对原有资料的再认识优化了第三次预测的部分预测区。其中，因勘查工作由预测区提升为勘查区 65 个，经资料研究否定的预测区 65 个，新增预测区 9 个，重新划分的预测区由原来的 9 个变为 32 个，大杨树预测区由 4 个合并为 1 个，沿用预测区 40 个。在前后两次预测资源量深度相同的情况下，预测区个数由 183 个减少至 82 个，减少了 101 个；预测区面积 105 089km^2 减少至 47 636km^2，预测区面积减少了 57 453km^2。这是本次预测资源量减少的主要原因。

第二节　预测区分述

前已述及，内蒙古自治区可划分为 11 个赋煤带，各赋煤带分布如图 8-2-1 所示，这些赋煤带均有若干个预测区，各预测区预测资源量见表 8-2-1。其中大兴安岭南段赋煤带在第三次煤炭预测的 7 个预测区全部变为现状区，本次无预测区，本节不再叙述。本节各个预测区，除专门说明采用丰度法预测资源量外，其余预测区均采用地质块段法估算预测区资源量，不再一一说明。

一、海拉尔赋煤带（ⅠA）

本次工作在海拉尔赋煤带圈出预测区 11 个，预测单元 16 个。预测区主要位于呼伦贝尔市的西部（见预测区分布图 8-2-2），预测区总面积 4 423.16km^2，资源量 407.87×10^{8}t。海拉尔赋煤带各预测区资源量估算均采用地质块段法，资源量估算值的校正系数（β 值）均取 0.6。

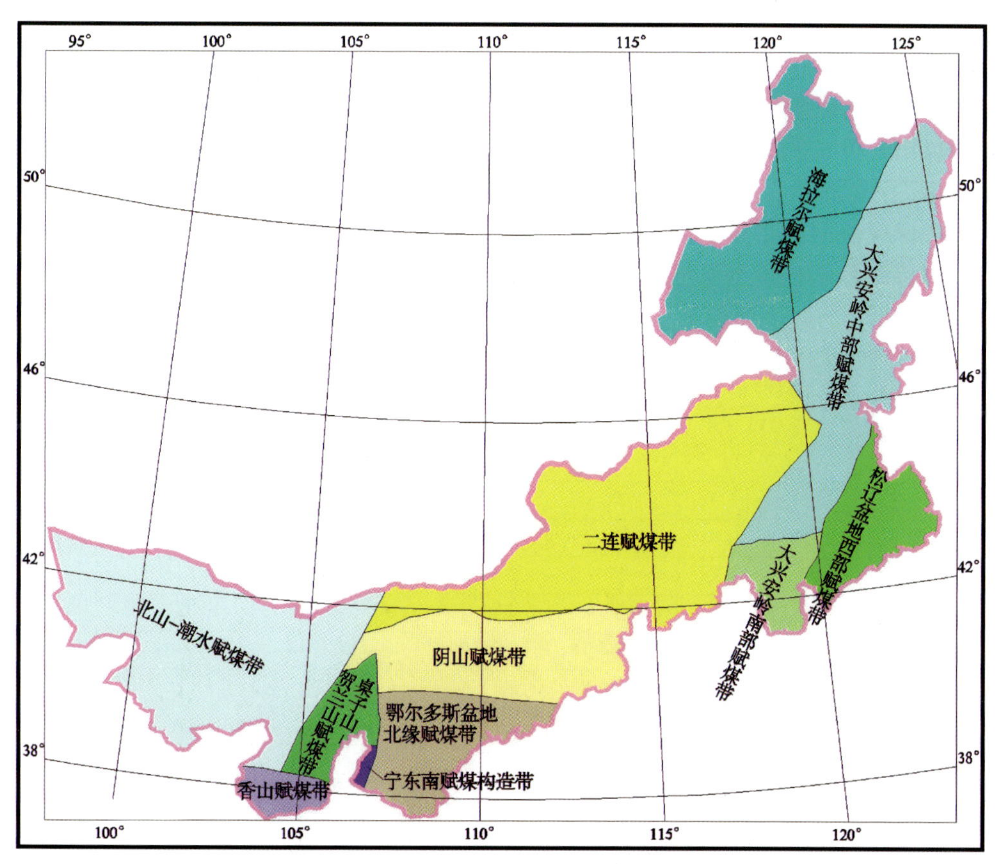

图 8-2-1　内蒙古自治区赋煤带分布图

表 8-2-1　各个预测区预测资源量一览表

赋煤带	预测区	面积/km^2	资源量/$\times10^4$t	赋煤带	预测区	面积/km^2	资源量/$\times10^4$t
海拉尔	得尔布	21.42	2411	大兴安岭中部	大杨树	83.95	18 120
	呼伦湖	1 677.38	3 048 467		宝日勿苏	351.11	13 693
	莫达木吉	220.97	58 008		北沙拉	16	1096
	铜钵庙	1 034.06	131 359		福山	106.04	7953
	浩勒包	189.27	195 185	松辽盆地西部	宝龙山	9.65	3382
	南屯-西索木	184.15	189 900		绍根	14.39	15 522
	赫尔洪得	201.45	35 898		沙力好来	17.05	1278
	完工	141.6	132 890		巨流河	51.36	14 622
	乌固诺尔南区	399.06	205 766	阴山	马连滩	16.87	5557
	乌固诺尔北区	97.11	11 449		玫瑰营子	23.16	6113
	甘珠尔庙	256.69	67 387		巴音胡都格	30.04	16 794
二连	鼎辉	22.04	61 233	鄂尔多斯北缘	乌兰格尔	2 084.13	4 995 213
	花道包格	55.52	45 981		准格尔	1 548.94	4 648 587
	高力罕	157.40	250 058		东胜(C—P)	4 033.81	9 668 223
	道特诺尔	21.13	46 832		东胜(J)	25 505.12	38 839 318
	乌尼特	520.94	738 156	宁东南	哈沙图	228.82	574 551
	浩沁	59.65	67 306		苦草洼	326.85	365 730
	乌套海	141.52	52 502		长城	11.48	14 734

续表 8-2-1

赋煤带	预测区	面积/km²	资源量/×10⁴ t	赋煤带	预测区	面积/km²	资源量/×10⁴ t
二连	查干诺尔	109.36	296 177	桌子山-贺兰山	二道岭	33.28	47 731
	那仁	10.32	11 421		蚕特拉	25.22	13 924
	红格尔	44.74	20 306		呼鲁斯太	71.03	101 955
	阿其图	13.49	7324		三北羊场	364.2	195 539
	扎格斯台	169.03	28 058		炭井沟	23	17 430
	赛汉塔拉	243.46	112 565		正目关	216.45	164 025
	马辛呼都格	205.5	1 722 481		庙前梁	86.25	65 360
	准哈诺尔	55.47	38 423		周家田	219.65	199 740
	额合保力格	1 356.75	838 146	北山-潮水	北山	9.93	2238
	毛瑞	339.54	282 155		芨芨台子	123.58	13 511
	阿不拉干旦	67.91	124 069		沙婆泉	48.51	15 154
	明图庙	1 147.47	1 331 984		希热哈达	106.43	28 736
	浑善达克	87.87	37 730	香山	喇嘛敖包	735.89	575 531
	额尔登苏格	278.74	119 693		新井	165.07	71 113
	格日勒敖都	112.15	739 786				
	都仁乌力吉	322.3	109 838				
	青格勒布拉格	558.98	844 104				
	乌兰尚丹	424.08	640 392	全区	共 82 个	47 635.77	73 367 913

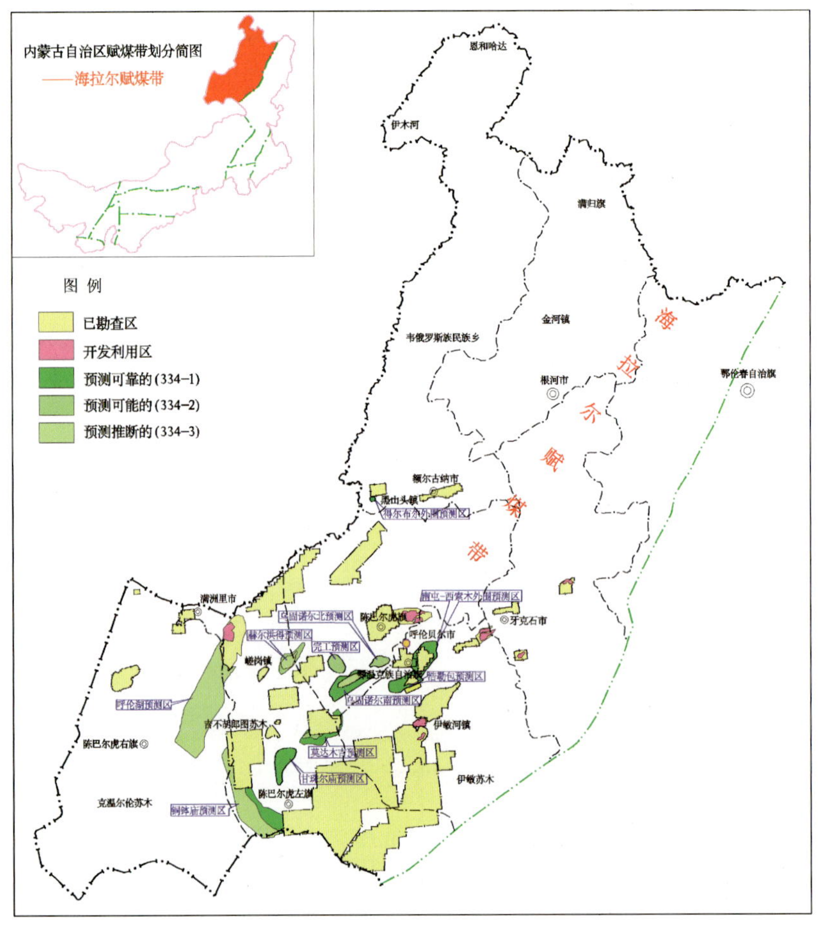

图 8-2-2　海拉尔赋煤带预测区分布图

(一)得尔布外围预测区(ⅠA1)

得尔布隶属内蒙古自治区额尔古纳市黑山头镇。预测区地理坐标为东经119°27′30″—119°37′30″,北纬50°14′30″—50°19′30″,面积约21km²。预测区距额尔古纳市60km。

2007年,内蒙古自治区煤田地质局231勘探队根据民井施工情况,在该预测区施工2007-1钻孔,见到可采煤层3层。2008年4月,又施工钻孔4个,采样127件。

预测区含煤地层为下白垩统大磨拐河组,含煤22层。含煤地层厚度10.14～772.69 m,平均431.33m,煤层总厚度3.19～26.36m,平均13.24m,含煤系数3.06%。

煤层的灰分平均值在18.71%～31.28%之间,浮煤挥发分平均值在40.85%～45.87%之间,浮煤透光率在34%～45%之间,全硫平均值在0.33%～0.62%,干燥基高位发热量在21.72～25.60MJ/kg之间,为中—高灰、低硫、中热值长焰煤。

预测区范围用钻孔与电法标志层埋深等值线圈定赋煤边界,面积约21km²。预测煤质为中—高灰、低硫、中热值长焰煤。

预测区北部为得尔布普查区,勘查程度较高,据地质资料预测本区,埋深600m以浅预测资源量2411×10⁴t,可靠程度定为预测可靠的;预测远景区分类定为有利的(Ⅰ类);勘查开发利用前景定为优(A)等,具有明显的经济价值,近期可安排勘查开发。

(二)呼伦湖预测区(ⅠA2)

呼伦湖预测区位于呼伦贝尔市西北部,扎赉诺尔矿区南部,行政区划隶属满洲里市,预测区地理坐标为东经116°59′—118°03′,北纬48°24′—49°36′,面积约1 677.38km²。

预测区研究程度较高,尤其是东北部为扎赉诺尔矿区,面积1035km²,其中已勘查的面积844km²,现有生产矿井6个,预测区周围进行过石油概查,也发现了巨厚煤层。

预测区为一走向北东的地堑式断陷盆地,其东侧为落差500m的阿尔公-特山断裂,西侧为落差约300m的扎赉诺尔断裂。区内呈宽缓的向斜构造,向斜轴向为NE17°。含煤地层为下白垩统大磨拐河组和伊敏组。含煤地层总厚度770～1348m,含煤14层,单层厚度约80m,含煤系数6.2%。

已勘查区域各煤层原煤灰分为8.12%～25.29%,全硫为0.37%～0.41%,发热量在17.79～24.25MJ/kg,浮煤挥发分在41.64%～49.73%。属特低—中灰,特低硫,中、高热值褐煤。

预测范围:东北边界为扎赉诺尔矿区边界,其他边界用钻孔与磁性基底等深线圈定赋煤边界,面积约1807km²。预测资源量3 048 467×10⁴t(埋深600m以浅2 588 314×10⁴t,600～1000m 460 153×10⁴t)。预测煤质属特低—中灰,特低硫,中、高热值褐煤。

预测区东北部为扎赉诺尔矿区,勘查程度高,预测区周围进行过石油概查,也发现了巨厚煤层,可靠程度较高,但预测区位于呼伦湖下,勘查开发利用前景定为差(C)等,仅考虑远期安排勘查工作。

(三)莫达木吉预测区(ⅠA3)

莫达木吉预测区行政区划隶属呼伦贝尔市新巴尔虎左旗。预测区地理坐标为东经118°25′—119°06′,北纬48°27′—48°53′,面积约220.97km²。预测区北距呼伦贝尔市102km,距新巴尔虎左旗阿木古郎镇68km。

2006年,在莫达木吉预测区中北部(莫达木吉矿区)进行过煤炭预查工作,施工钻孔5个/4 864.86m,提交预查报告1份。大庆油田勘探局在莫达木吉做过石油概查。

莫达木吉矿区含煤地层为下白垩统伊敏组,共划分为4个岩性段,自下而上分别如下。

底部泥岩、粉砂岩段:自基底至3号煤层组底板。该段只在29线东南发育,厚度81.65m。

下部含煤段:自3号煤层组底板至2号煤层组底板,含煤层3层,均为不可采煤层。本段厚度316.41～690.43m,平均厚度489.84m。

中部含煤段:自2号煤层组底板至1号煤层组底板。该段为本区主要含煤段,含可采煤层3层。本段厚度136.60～310.59m,平均厚度213.53m。

上部含煤段:自1号煤层底板至第四系地层底界面,含局部可采煤层3层。本段厚度120.50～260.65m,平均厚度172.82m。

已勘查区域煤层灰分(A_d)在14.76%～32.21%,平均20.32%,全硫平均在0.50%～1.06%之间,发热量$Q_{gr,d}$在17.84～23.66MJ/kg之间,平均21.56MJ/kg,透光率在32%～46%之间。预测煤质属低—中灰、低硫—中硫、中—高热值褐煤。

预测范围:西北以断层为界,其他边界用钻孔与电法标志层埋深等值线圈定赋煤边界。预测面积约220.97km^2,预测资源量58 008×10^{4}t。预测煤质属低—中灰、低—中硫、中—高热值褐煤。

预测区东部的莫达木吉矿区进行了勘查工作,勘查程度为预查。据邻区资料,埋深600m以浅预测资源量47 099×10^{4}t,可靠程度定为预测可靠的,勘查开发利用前景定为优(A)等,具有明显的经济价值,近期可安排勘查开发;埋深600～1000m预测资源量10 909×10^{4}t,可靠程度定为预测可能的,勘查开发利用前景定为良(B)等,具有开发经济价值,考虑中期安排勘查工作。

(四)铜钵庙预测区(ⅠA4)

铜钵庙预测区位于海拉尔赋煤带的西南部,行政区划隶属呼伦贝尔市新巴尔虎左旗。预测区地理坐标为东经117°03′—118°19′,北纬48°01′—48°45′,面积约1082km^2。北距呼伦贝尔市海拉尔区约220km,东距新巴尔虎左旗阿木古郎镇约50km。

2006年,内蒙古自治区煤田地质局231勘探队在乌尔逊煤田北部进行煤炭预查工作,施工钻孔5个,均提交预查报告。大庆油田勘探局在乌尔逊煤田做过石油概查。

预测区的含煤地层为下白垩统大磨拐河组,含可采煤层2～4层,厚度在0.25～3.10m之间。

已勘查区域原煤灰分(A_d)15.96%～23.89%,为低—中灰煤;原煤挥发分产率(V_{daf})42.42%～45.57%,属高挥发分煤;原煤干燥基高位发热量($Q_{gr,d}$)21.60～24.03MJ/kg,为高热值褐煤;原煤全硫分($S_{t,d}$)0.46%～0.86%,属特低硫—低硫煤;浮煤透光率(P_m)34%～37%,为褐煤。

预测范围东北边界为乌尔逊预查区的南界,其他边界用钻孔与磁性基底等深线圈定。预测面积约1 034.06km^2,预测资源量131 359×10^{4}t。预测煤质属低—中灰、低—特低硫、高热值褐煤。

埋深600m以浅预测资源量39 661×10^{4}t,可靠程度定为预测可靠的,勘查开发利用前景定为优(A)等,具有明显的经济价值,近期可安排勘查开发;埋深600～1000m预测资源量91 698×10^{4}t,可靠程度定为预测可能的,勘查开发利用前景定为良(B)等,具有开发经济价值,考虑中期安排勘查工作。

(五)浩勒包预测区(ⅠA5)

浩勒包预测区位于呼伦贝尔市南约35km,行政区划隶属呼伦贝尔市鄂温克族自治旗。预测区地理坐标为东经119°30′00″—119°46′00″,北纬43°50′00″—49°02′00″,面积约189.27km^2。

1986年,相关地质人员在预测区的中部进行了找煤工作,施工钻孔11个,提交了《内蒙古自治区呼伦贝尔盟鄂温克族自治旗马达木吉东段找煤地质报告》,共获D级煤炭资源量133 110.6×10^{4}t。

预测区含煤地层为下白垩统大磨拐河组,地层厚度大于700m,区内共发育7个煤组计13个煤层,其中4煤层全区或大部可采,5煤层全区可采,其余煤层为不可采煤层。煤层总厚度最大61.27m,含煤系数平均为8%,含煤性较好。

已勘查区域煤层的灰分平均值在14.84%～19.16%之间,浮煤挥发分平均值在42.37%～47.07%之间,浮煤透光率在26%～42%之间,全硫平均值在0.28%～0.78%,原煤干燥基高位发热量在20.74～22.54MJ/kg之间。预测煤质为中灰—低灰、低硫—特低硫、高热值褐煤。

预测范围:北界为 F_1 断裂,南缘由 F_2 断裂控制,其他用钻孔与电法标志层埋深等值线圈定赋煤边界,面积约 189.27km^2。预测煤质为中灰—低灰、低硫—特低硫、高热值褐煤。

预测区中部施工钻孔 11 个,并提交了地质报告,勘查程度较高,埋深 600m 以浅预测资源量 195 185×10^{4}t,可靠程度定为预测可靠的,勘查开发利用前景定为优(A)等,具有明显的经济价值,近期可安排勘查开发。

(六)南屯-西索木外围预测区(ⅠA6)

南屯-西索木外围预测区位于呼伦贝尔市海拉尔区南约 6km,行政区划隶属呼伦贝尔市海拉尔区和鄂温克族自治旗。预测区地理坐标为东经 119°45′45″—119°56′15″,北纬 49°00′15″—49°11′00″,面积约 184.15km^2。

2006 年,勘探队在南屯-西索木进行煤炭资源详查工作,施工各类钻孔 75 个,提交了《内蒙古自治区鄂温克族自治旗南屯-西索木勘查区煤炭详查报告》,获资源量 152 658×10^{4}t。预测区为南屯-西索木勘查区的外围区域。

预测区含煤地层为下白垩统大磨拐河组,全区共发育 5 个煤组计 16 个煤层。区内煤层埋深 163.81～632.07m。含煤地层总厚度平均 394.63m,煤层总厚度 2.60～29.11m,平均 17.32m;可采煤层总厚度 1.51～19.77m,含有益煤层平均总厚度 13.12m,含煤系数平均 4.4%。

已勘查区域煤层灰分平均值在 11.65%～14.68%之间,浮煤挥发分平均值在 40.84%～44.45%之间,浮煤透光率在 34%～45%之间,全硫平均值在 0.17%～0.25%,原煤干燥基高位发热量($Q_{gr,d}$)在 23.49～24.61MJ/Kg 之间。煤质为特低—低灰、特低硫、高热值褐煤。

预测范围:南缘由 F_2 断裂控制,其他用钻孔与电法标志层埋深等值线圈定赋煤边界,面积约 184km^2。预测煤质为特低—低灰、特低硫、高热值褐煤。

预测区中部为南屯-西索木勘探区,面积约 143.53km^2,提交了详查地质报告,勘查程度较高。预测埋深 600m 以浅预测资源量 189 900×10^{4}t,可靠程度定为预测可靠的,勘查开发利用前景定为优(A)等,具有明显的经济价值,近期可安排勘查开发。

(七)赫尔洪得预测区(ⅠA7)

赫尔洪得预测区位于海拉尔赋煤带的中北部,行政区划隶属陈巴尔虎旗西乌珠尔苏木。预测区地理坐标为东经 118°09′44"—118°45′49",北纬 49°10′49"—49°26′13",面积约 201.45km^2。预测区东距陈巴尔虎旗 60km,西距满洲里市 80km。

预测区在 20 世纪 70 年代开展过水文地质调查和石油勘查,收集 2 个钻孔/1774m,勘探深度 695～1078m,见可采煤层 2 层,厚度 2m 左右。

预测区为一呈北东向展布的断陷,断陷北西受德尔布干断裂控制,南西、南分别为嘎洛托断裂和海拉尔断裂所截,为一地堑式与超复式复合盆地。含煤地层为下白垩统大磨拐河组,含煤 45 层,总厚度 13.60m,埋深 797～1075m,表现为煤层多,煤层薄,含煤系数小(1.5%),含煤性差。797～1000m 含煤 37 层,厚度 11.00m,其中可采煤层 2 层,厚度 2.00m,埋深在 860～880m 之间。根据邻区(鹤门普查区)资料分析,本区煤质属中灰、低硫、高热值褐煤。

预测区属隐伏煤田,未进行过专门的煤炭地质勘查工作。预测资源量 35 898×10^{4}t。埋深 1000m 以浅预测资源量 20 400×10^{4}t,可靠程度定为预测可能的,勘查开发利用前景定为良(B)等,具有开发经济价值,考虑中期安排勘查工作;埋深 1000～1500m 预测资源量 15 498×10^{4}t,可靠程度定为预测推断的,勘查开发利用前景定为差(C)等,仅考虑远期安排勘查工作。

（八）完工预测区（ⅠA8）

完工预查区位于巴彦山隆起中西部，乌固诺尔盆地的西北段，行政区划隶属鄂温克族自治旗。预测区地理坐标为东经118°45′—119°37′，北纬48°55′—49°15′，面积约141.6km^2。预测区东距呼伦贝尔约50km。

预测区进行过煤田、石油概查，收集钻孔4个/2900m。含煤地层为下白垩统大磨拐河组，地层厚300～800m之间，含煤2～15层，累计厚度22.11～24.30m，可采厚度5.11～22.80m，平均11.94m，埋深在300.6～438.8m之间，含煤系数约7.4%。根据邻区资料分析，本区属中灰、低硫、高热值褐煤。

本区未进行专门煤田地质勘查工作，参考邻区资料预测，预测资源量132 890×10^{4}t（埋深600m以浅），可靠程度定为可能的，勘查开发利用前景定为良等，具有开发经济价值，考虑中期安排勘查工作。

（九）乌固诺尔南区预测区（ⅠA9）

乌固诺尔南区预测区位于巴彦山隆起中西部，乌固诺尔盆地的南段，行政区划隶属鄂温克族自治旗。预测区地理坐标为东经118°45′—119°37′，北纬48°55′—49°15′，面积约399.06km^2。预测区东距呼伦贝尔约40km。

预测区进行过煤田、石油概查，收集钻孔6个。含煤地层为下白垩统大磨拐河组，地层厚度300～800m，含煤2～10层，累计厚度4.35～22.11m，可采煤层1～3层，可采厚度2.15～10.58m，平均6.56m，埋深在320～878m之间。根据邻区资料分析，本区属中灰、低硫、高热值褐煤。

据钻探和邻区资料预测，预测资源量205 766×10^{4}t：埋深600m以浅预测资源量151 784×10^{4}t，可靠程度定为可靠的，勘查开发利用前景定为优等，具有明显的经济价值，近期可安排勘查开发；埋深600～1000m预测资源量53 982×10^{4}t，可靠程度定为预测可能的，勘查开发利用前景定为良(B)等，具有开发经济价值，考虑中期安排勘查工作。

（十）乌固诺尔北区预测区（ⅠA10）

乌固诺尔北区预测区位于巴彦山隆起中西部，乌固诺尔盆地的北东段，行政区划隶属鄂温克族自治旗。预测区地理坐标为东经118°45′—119°37′，北纬48°55′—49°15′，面积约97.11km^2。预测区东距呼伦贝尔约30km。

预测区进行过煤田、石油概查，收集钻孔2个/1500m，含煤地层为下白垩统大磨拐河组，地层厚度在300～800m之间，含煤2～5层，累计厚度0.30～7.85m，可采厚度1.5m左右，埋深在309.6～412.5m之间。本区属中灰、低硫、高热值褐煤。

本区未进行专门煤田地质勘查工作，据现有钻探和邻区资料预测，埋深600m以浅预测资源量11 449×10^{4}t，可靠程度定为预测可能的，勘查开发利用前景定为良(B)等，具有开发经济价值，考虑中期安排勘查工作。

（十一）甘珠尔庙预测区（ⅠA11）

甘珠尔庙预测区位于海拉尔赋煤带的西南部，行政区划隶属内蒙古自治区呼伦贝尔市新巴尔虎左旗。预测区地理坐标为东经116°58′—117°15′，北纬47°37′—48°12′，面积约256.69km^2。预测区北距呼伦贝尔市海拉尔区170km，距新巴尔虎左旗阿木古郎镇18km。

1985年，大庆石油公司在预测区南部进行石油普查工作，施工钻孔2个/1 925.50m，见一层煤，最大厚度0.90m。大庆油田勘探局在本区东北部莫达木吉做过石油概查。

预测区含煤地层为下白垩统伊敏组，共划分为4个岩性段，可采煤层位于中、上含煤段。其中中部含煤段厚度136.60～310.59m，平均厚度213.53m。含煤层6层，上部含煤段厚度120.50～260.65m，平均厚度172.82m，含局部可采煤层3层。

邻区煤层的灰分(A_d)为14.76～32.21%,平均20.32%,全硫平均0.50%～1.06%,发热量($Q_{gr,d}$)在17.84～23.66MJ/kg之间,平均21.56MJ/kg,透光率为32%～46%。预测煤质属低—中灰、低硫—中硫、中—高热值褐煤。

预测区东北部的莫达木吉矿区进行了勘查工作,勘查程度为详查。本区未进行专门煤田地质勘查工作。埋深600m以浅预测资源量67 387×10⁴t,可靠程度定为预测可能的,勘查开发利用前景定为良(B)等,具有开发经济价值,考虑中期安排勘查工作。

二、大兴安岭中部赋煤带(ⅠB)

大兴安岭中部赋煤带圈出预测区4个,分布零散,北端为大杨树预测区(该区在第三次煤炭预测划至海拉尔赋煤带),中部靠近二连赋煤带,为北沙拉预测区和福山预测区,南端为宝日勿苏预测区(该区在第三次煤炭预测划至大兴安岭南部赋煤带)。预测区总面积557.10km^2,资源量4.09×10^8t,分述如下。

(一)大杨树预测区(ⅠB1)

大杨树预测区位于大兴安岭东坡,行政区划隶属内蒙古自治区鄂伦春自治旗。预测区地理坐标为东经124°37′—124°47′,北纬49°36′—49°43′,面积约83.95km^2。

1966年,109队提交了《大杨树—九峰山区普查找矿报告》,在九峰山施工钻孔29个,工程量7 170.05m。1973年109队提交了《哈达阳—大杨树普查找矿报告》,在大杨树至前达拉滨沟200km^2范围内,施工钻孔37个,工程量15 696.00m。见有2个煤层:一个煤层厚度3.80m左右,另一个煤层厚度2.15m左右,可采面积约4km^2,平均厚度0.93m,估算煤炭储量50×10^4t。

2007年,109队在大杨树三区进行了煤炭资源普查,完成钻孔18个,有3个孔见煤层1～3层,且均见可采煤层1层,煤层总厚度2.06～4.73m。获煤炭资源量344×10^4t,为低灰—中灰煤、低硫、低磷、中热值长焰煤。

预测区周边正在开采的煤矿有兴达矿业新二井,面积1.950 7km^2,共探明资源量539×10^4t。振兴煤矿面积0.298 1km^2,实际生产能力2×10^4t/a左右。九峰山煤矿面积0.581 3km^2,地下开采,规模12×10^4t/a,截至2007年12月31日,累计查明煤炭资源量67×10^4t。

本区含煤地层为下白垩统大磨拐河组,分3个岩段,下段厚度750m,不含煤。中段为一套灰色互层状泥岩、粉砂岩,厚度40～50m。上段岩性以灰色中粗、中细粒砂岩为主,夹泥质粉砂岩,赋存1～2层煤,厚度20～40m。大杨树预测区含2个煤层,其厚度均在0.30～3.00m之间,煤层发育较稳定,埋深在100～300m之间。

原煤水分在6.03%～8.43%之间,平均7.44%;原煤灰分在11.41%～23.03%之间,平均18.73%;浮煤挥发分在40.57%～47.99%之间,平均44.75%;原煤硫含量在0.24%～0.41%之间,平均0.34%;原煤发热量在23.50～26.30MJ/kg之间。透光率在55%～71%之间。预测资源量校正系数为0.6。预测煤质属低硫、低磷、长焰煤。

预测区西部为大杨树矿区,勘查程度为普查。预测区未进行专门煤田地质勘查工作,埋深600m以浅预测资源量18 120×10^4t,可靠程度定为预测可靠的,勘查开发利用前景定为优(A)等,开发具有明显的经济价值,可近期安排勘查工作。

(二)宝日勿苏预测区(ⅠB2)

宝日勿苏预测区位于赤峰市巴林左旗南部,行政区划隶属巴林左旗野猪沟乡。预测区地理坐标为东经119°28′50″—119°41′40″,北纬43°31′13″—43°46′23″,面积约351.11km^2。预测区北部距巴林左旗20km。

区内有小煤矿点1个,位于乌兰套海乡双窝铺村西。1971年辽宁省第二区域地质测量队在该矿点实测剖面，含煤地层总厚度 76.65m，见有 2 个薄煤层。2009 年 9 月，104 勘探队在普查区内大二八地施工钻孔 1 个(5－3 号孔)，于孔深 22.50m 见 0.8m 厚煤层。

预测区含煤地层属中侏罗统新民组。煤层仅在含煤地层中呈扁豆体状局部发育，推测赋煤面积占全区面积的 10%～15%。煤层与碳质页岩常呈互层状产出，厚度 0.80m，倾角 15°～20°，倾向南西，预测区内煤层为不稳定煤层，煤类为贫—瘦煤。

预测区资源量估算参数采用区内验证钻孔，煤层平均厚度 1.0m，视密度 1.3t/m^3，资源量校正系数为 0.3。

预测区见中侏罗统新民组含煤地层，依据大二八地 5-3 号钻孔，基本了解了本区的含煤地层和煤层分布情况。可靠程度为预测可能的，埋深在 30～200m 之间，预测资源量 13 693×10^4t，预测远景区分类为次有利的(Ⅱ类)，勘查开发前景为良(B)等。该区煤炭资源开发具有一定的经济价值。

(三)北沙拉预测区(ⅠB3)

北沙拉预测区位于大兴安岭中部赋煤带的中部，行政区划隶属通辽市扎鲁特旗阿日昆都楞镇。预测区地理坐标为东经 119°58′—120°17′，北纬 45°19′—45°29′，面积约 16km²。预测区位于扎鲁特旗北西 108km 处，距霍林郭勒市仅 35km。

1983—1985 年，地质矿产部第二综合物探大队在本区进行过 1∶20 万重力调查工作，1989 年提交了内蒙大兴安岭中段煤田及有色金属矿产远景区 1∶20 万的区域重力报告。

本区位于大兴安岭西侧，盆地呈北东向展布。含煤岩系为中、下侏罗统。据本区中部槽探剖面资料，煤系上、下岩层均为灰绿色、黄绿色凝灰质含砾砂岩、酸性熔岩和凝灰岩，煤类为瘦煤。

本区煤层埋藏较浅，只划分为 600m 以浅深度级。煤层平均厚度为 1.0m，视密度取 1.37t/m^3。资源量估算值的校正系数(β 值)取 0.5。预测煤质为瘦煤。

本区未进行专门煤田地质勘查工作，仅在预测区内东北部施工了北 1 号钻孔，煤层厚度为 0.31m。埋深 600m 以浅预测资源量 1096×10^4t，可靠程度定为预测可能的，勘查开发利用前景定为良(B)等，具有开发经济价值，考虑中期安排勘查工作。

(四)福山预测区(ⅠB4)

福山预测区位于赤峰市巴林左旗境内，行政区划隶属浩尔吐乡。预测区地理坐标为东经 119°00′01″—119°11′50″，北纬 42°22′56″—44°31′30″，面积约 106.04km²。预测区南距巴林左旗 65km。

1978—1979 年万福屯煤矿建立，后因水大而停采。大约在井下 150m 见到可采煤层 2 层，上层煤厚 1.15m，下层煤厚 1.55m，两层煤间距 3.80m。该煤矿南侧 ZK2 号钻孔，煤层结构为 0.68(0.33)0.58(0.47)1.44(0.26)0.33(0.33)0.74，可采总厚 3.77m。预测区含煤地层属中侏罗统新民组，煤层仅在含煤地层中呈扁豆体状局部发育，推测赋煤面积约占全区面积的 10%～15%。预测区内煤层为不稳定煤层。

据林东水泥厂化验资料，原煤水分 0.59%，灰分 34.14%，挥发分 6.66%，碳58.16%，硫 1.73%，预测区煤类为无烟煤。

预测深度 600m。煤层平均厚度为 1.0m、视密度取 1.5t/m^3，资源量原始估算值的校正系数(β 值)取 0.5。

预测区大部见中侏罗统新民组，依据对万福屯煤矿及 ZK2 号钻孔资料的分析，基本了解了本区的含煤地层和煤层分布情况。预测资源量 7953×10^4t，可靠程度为预测可能的，埋深在 150～250m 之间，预测远景区分类为次有利的(Ⅱ类)，勘查开发前景为良(B)等，煤炭资源开发具有一定的经济价值。

三、松辽盆地西部赋煤带(ⅠC)

松辽盆地西部赋煤带位于内蒙古自治区的东部，与吉林省和辽宁省相邻。本次圈出预测区4个，预测基本单元5个，预测区总面积92.45km²，资源量3.48×10^8t，预测区分布由北向南依次为宝龙山、巨流河、绍根、沙力好来预测区。

(一)宝龙山预测区(ⅠC1)

宝龙山预测区位于通辽市科尔沁左翼中旗境内，行政区划隶属宝龙山镇。预测区地理坐标为东经122°49′30″—122°52′10″，北纬44°5′00″—44°7′30″，面积约9.65km²。预测区东距科尔沁左翼中旗保康镇42km，西南距通辽市75km。

1990年，在宝龙山—太平川区间进行地震勘探工作，预测T-1～T4-2波组间可能为含煤部位。1993年东煤第六勘探公司提交了《内蒙古自治区哲里木盟宝龙山井田勘探地质报告》，共利用93个孔，获得资源量53 560$\times10^3$t。

预测区处于宝龙山盆地北部，宝龙山盆地为一单斜构造形态。地层走向北东40°，向北西倾斜，倾角一般4°～15°，而盆地边部倾角稍大，向盆地中深部变缓。

下白垩统协尔苏组为本区含煤地层，厚度一般为301～473m。宝龙山井田含煤36层，含可采煤层6层，其中9号煤层为主要煤层，局部可采，属于中厚—薄煤层；$13_上$号、$13_下$号、14号、29号煤层为局部可采煤层，属于薄煤层；30号煤层为大部可采煤层，属薄煤层。可采煤层在宝龙山井田中深部发育较好，向浅部或深部变薄或尖灭，沿走向向两侧变薄尖灭。

本区煤层浮煤挥发分(V_{daf})均大于37%，透光率绝大多数大于50%，个别样点透光率30%～50%，但其恒温无灰基高位发热量则大于24MJ/kg，各可采煤层煤类为长焰煤。

预测范围为已知勘探区向北推断至赋煤边界。本区煤层只划分为600m以浅深度级。煤层平均厚度为2.4m，视密度1.46t/m³。资源量原始估算值的校正系数(β值)取1。预测煤质为长焰煤。

预测区邻区勘查程度较高，预测资源量3382$\times10^4$t，可靠程度为预测可靠的，埋深在300～600m，预测远景区分类为有利的(Ⅰ类)，勘查开发前景为优(A)等，该区煤炭资源具有开发经济价值，可安排近期开展勘查工作。

(二)绍根预测区(ⅠC2)

绍根预测区行政区划隶属赤峰市阿鲁科尔旗绍根镇。预测区地理坐标为东经120°47′00″—120°51′30″，北纬43°39′30″—43°47′30″，面积约14.39km²。预测区西南距赤峰市400km，东距通辽市130km。

1982—1984年，本区曾进行电法勘探。截至2009年底，绍根煤田有勘查区2个，相关勘探报告2件，即《内蒙古自治区阿鲁科尔沁旗根煤田东、西区勘探报告》(2005年)及《内蒙古自治区阿鲁科尔沁旗绍根煤田中区勘探报告》，总勘查面积达48.72km²，总资源量达65 651.47$\times10^4$t。

绍根煤田总体形态是一走向北东，向南东倾伏的弧状单斜断陷盆地。预测区位于绍根煤田弧状单斜南东深部，沿盆缘断裂，呈北东向条带状展布，断层发育较少，地层倾角小于10°，构造复杂程度中等，属单斜构造控煤样式。

预测区含煤地层为下白垩统阜新组，下段局部夹煤线；中段含6个煤组31个分煤层。其中5煤组最发育，全区分布，3、4煤组次之，区内大部分发育，1、2煤组零星发育，6煤组仅在煤田的西部发育；上段不含煤。最大厚度446.39m。

该区各煤层水分在2.52%～5.76%之间，灰分在23.62%～28.00%之间，全硫含量在1.24%～1.48%之间，磷平均含量在0.004%～0.008%之间，煤的干燥基高位发热量均在19.41～21.19MJ/kg

之间。焦油产率在2.69%～6.34%之间。各煤层浮煤干燥无灰基挥发分产率均大于37%，透光率在46%～50%之间，恒湿无灰基高位发热量均小于24MJ/kg，煤类属于褐煤(HM2)。

预测区600m以浅面积为4.38 km^2，煤层平均厚度为3.05m，视密度1.45t/m^3；600～1000m面积为10.01 km^2，煤层平均厚度为12.03m，视密度1.45 t/m^3。资源量原始估算值的校正系数(β值)取0.8。

依据对绍根勘探区资料的分析，基本了解了预测区的含煤地层和煤层分布情况。可靠程度为预测可靠，预测资源量共15 522×10^4t。其中北部埋深在0～600m之间，资源量为1550×10^4t，预测远景区分类为有利的(Ⅰ类)，勘查开发前景为优(A)等，该区煤炭资源具有开发经济价值，可安排近期开展勘查工作；南部埋深在600～1000m之间，预测资源量为13 972×10^4t，预测远景区分类为次有利的(Ⅱ类)，勘查开发前景为良(B)等，煤炭资源开发具有一定的经济价值。

(三)沙力好来预测区(ⅠC3)

沙力好来预测区行政区划隶属通辽市奈曼旗新镇。预测区地理坐标为东经120°44′—120°57′，北纬42°23′—42°40′，面积约17.05km^2。预测区距奈曼旗旗政府所在地大沁他拉镇约35km。

本区进行过1∶20万重力勘探工作。1971年进行过电测深剖面3条，电法解释盆为断陷盆地。电法反映在新生界之下有下白垩统沙力好来组含煤地层分布。该区已汇编有《宝国吐煤田普查概查工作报告书》，兴隆洼已有小井开采。

本区含煤地层为下白垩统，其上部含煤4层。兴隆洼小井区第四层为全区可采。盆地呈北北东向展布，盆地内可进一步划分次级隆起、凹陷，预测区主要为东部和北部的次级凹陷。根据兴隆洼小井采样化验，该区煤类为褐煤。

煤层视密度1.20 t/m^3，校正系数(β值)取0.5。

本区未进行专门煤田地质勘查工作，仅在预测区北部施工过煤田钻孔，见有沙力好来组和九佛堂组含煤地层，煤层厚度为1.25m。埋深600～1000m预测资源量1278×10^4t，可靠程度定为预测可能的，勘查开发利用前景定为良(B)等，具有开发经济价值，考虑中期安排勘查工作。

(四)巨流河预测区(ⅠC4)

巨流河预测区行政区划隶属开鲁县北清河乡，地处新华夏系第二沉降带中部，位于松辽盆地西缘。预测区由于受国家规划区域限制，分成了东、西两块，地理坐标为东经121°03′56″—121°11′36″，北纬43°45′35″—43°49′45″，面积约51.36km^2。预测区西南距赤峰470km，东距通辽120km。

本区曾进行过找油工作，证实有含煤地层和煤层分布，还进行1∶10万直流电法垂向电测深工作，道德庙区还进行电磁测深工作。在绍根煤田已进行煤田勘探工作，并提交煤炭资源储量6.57×10^8t，绍根煤田与巨流河盆地是相互连接的，巨流河盆地与绍根煤田的电测深及大地电流平均电场强度资料又极其相似，因此推断巨流河盆地也具有成煤条件，并赋存有一定的煤炭资源量。

阜新组为主要含煤地层，沙海组为次要含煤地层。依据绍根煤田资料，阜新组为该区含煤地层，厚度164.50～446.39m，平均209.30m。共含6个煤组，其中3、4、5煤组为主要开采煤层，全区发育，大部可采；1、2、6煤组为次要可采煤层，局部可采。赋煤中心位于盆地中部，累计煤厚45.30m，煤层厚度大，间距小，向西北、东南两侧分岔变薄，间距增大，直至尖灭。煤层稳定程度为较稳定型。煤质指标参考绍根预测区。预测区内石油勘查部门施工的ZK02号孔见煤0.5m，交4号孔见煤2.00m。

煤层平均厚度为4.745m，视密度取1.20t/m^3。资源量校正系数(β值)取0.5。预测煤质为褐煤。

预测区已通过钻孔验证了含煤地层和煤层分布情况。埋深在300～500m，预测资源量14 622×10^4t，可靠程度为预测可靠的，预测远景区分类为有利的(Ⅰ类)，勘查开发前景为优(A)等，该区煤炭资源具有开发经济价值，可考虑近期安排勘查工作。

四、二连盆地赋煤带(ⅠE)

二连盆地赋煤带共划分为2个煤田(乌尼特煤田和马尼特煤田),4个坳陷或隆起(巴彦宝力格隆起、腾尔格坳陷、乌兰察布坳陷、东乌珠穆沁旗隆起),其中包括11个(盆地)矿区:巴彦宝力格盆地(包括查干诺尔矿区和那仁矿区)、红格尔(盆地)矿区、阿其图乌拉(盆地)矿区、乌兰塔拉盆地(浑善达克矿区)、扎格斯台(盆地)矿区、巴嘎高勒盆地(额尔登苏格矿区)、赛罕乌力吉盆地(都仁乌力吉矿区)、赛汉塔拉(盆地)矿区、格日勒敖都(盆地)矿区和反修牧场盆地(马辛呼都格矿区)。

二连盆地区共筛选、圈出预测区25个,预测面积6 525.33km²。预测资源量8 566 720×10⁴t。1个预测区为中—下侏罗统长焰煤,其余全部为下白垩统白彦花群,23个预测区为褐煤,1个预测区为长焰煤。预测区分布见图8-2-3。

(一)鼎辉预测区、花道包格一区预测区和高力罕预测区(ⅠE1-3)

鼎辉预测区、花道包格一区预测区和高力罕预测区位于东乌珠穆沁旗东约120km,行政区划隶属东乌珠穆沁旗呼热图淖尔苏木。预测区地理坐标为东经118°12′00″—118°47′00″,北纬45°10′00″—45°40′00″。3个预测区总面积约234.96km²。

在预测区周边各时期形成的地质勘查报告有5件,其中与3个预测区有关的地质勘查报告有4件。本次依据与预测区相邻有2个详查区详查资料来圈定预测区范围。

3个预测区位于高力罕含煤盆地中。鼎辉预测区、花道包格一区预测区位于盆地东北部,高力罕预测区位于盆地的西南部。该盆地构造总体形态为近东西向、两翼较平缓、不对称的向斜构造,轴向为北45°至东74°,北翼近似东南倾,倾角3°～7°,南翼近似北倾,倾角3°～13°。

鼎辉预测区含煤8层,其中主要可采3层,煤层结构简单,厚度较稳定,可采煤层平均厚度22.76m。花道包格一区预测区含煤层6层,其中主要可采1层,煤层结构简单—复杂,可采煤层平均厚度11.74m。高力罕预测含煤层8层,其中主要可采5层,可采煤层平均厚度14.39m。

高力罕盆地主煤层原煤灰分为10.13%～28.78%,平均19.30%;硫分为0.10%～0.57%,平均0.28%;干燥基高位发热量为17.59～26.09MJ/kg,平均22.61MJ/kg。挥发分为40.09%～44.02%,平均41.44%。恒湿无灰基高位发热量均小于24MJ/kg,煤类属褐煤。

鼎辉预测区是依据高力罕盆地鼎辉区煤炭详查区煤层发育趋势,向西外推断延伸确定的预测区范围。预测深度600m,面积为22.04km²。资源量估算值的校正系数(β)取0.6,预测资源量61 233×10⁴t(埋深0～600m)。该预测区煤质为中灰,特低硫,高热值褐煤。

花道包格一区预测区是依据高力罕盆地花道包格一区煤炭详查区煤层发育情况,向南和北东方向外推延伸确定的预测区范围。600m埋深,面积为55.52km²。校正系数(β)取0.6,预测资源量45 981×10⁴t。该预测区煤质为中灰、特低硫、高热值褐煤。

高力罕预测区范围预测深度为1000m,面积为157.40km²。校正系数(β)取0.6,预测煤质为低灰、特低硫、高热值的长焰煤。

3个预测区周边勘查程度全部为详查。鼎辉预测区和花道包格一区预测区煤层埋深600m以浅,共预测资源量107 214×10⁴t;可靠程度定为可靠的,预测远景区分类定为有利的(Ⅰ类),勘查开发利用前景定为优(A)等,具有明显的经济价值,近期可安排勘查开发。

高力罕预测区煤层埋深600～1000m,预测资源量250 058×10⁴t;可靠程度定为可靠的,预测远景区分类定为次有利的(Ⅱ类),勘查开发利用前景定为良(B)等,具有明显的经济价值,考虑中期安排勘查开发。

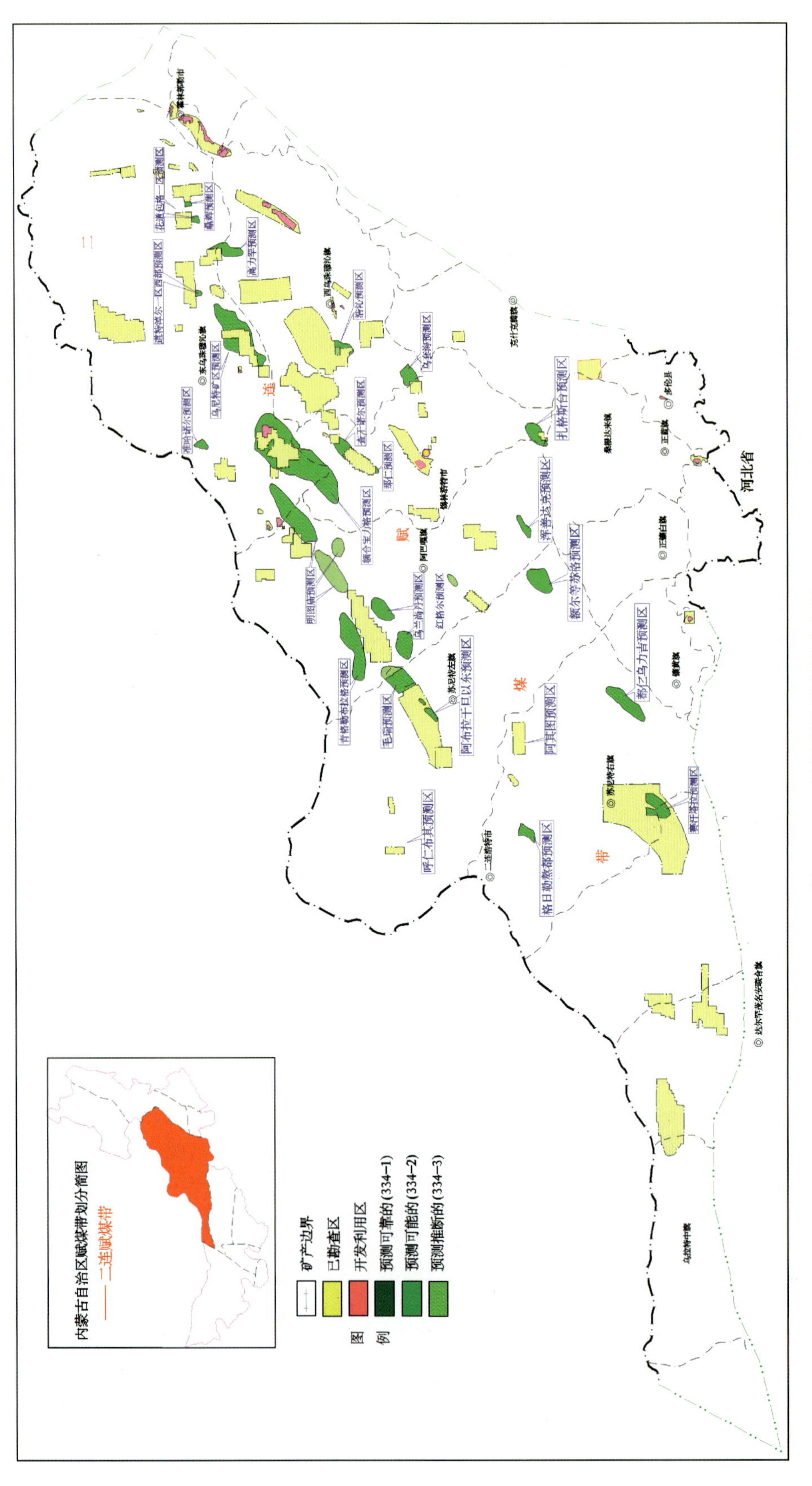

图8-2-3　二连赋煤带预测区分布图

（二）道特淖尔一区西部预测区（ⅠE4）

道特淖尔一区西部预测区行政区划隶属东乌珠穆沁旗宝拉格苏木。预测区地理坐标为东经117°48′00″—117°52′00″，北纬45°30′00″—45°33′00″，面积约21.13km²。

在预测区周边各时期形成的地质勘查报告有3件，其中与本预测区有关的地质勘查报告有1件。

预测区位于阿拉达布斯断陷盆地北部，该盆地为一不对称向斜构造。轴向为北东10°至南西25°，北西翼微向南东倾伏，倾角3°～6°；南东翼近似向西倾伏，倾角5°～9°。发育2条正断层。含煤地层为下白垩统大磨拐河组，含煤10层，其中大部可采和局部5层，单层煤层厚0.60～32.15m。

区内主煤层原煤灰分（A_d）为22.14%～32.87%，平均27.62%；硫分（$S_{t,d}$）为0.25%～0.59%。各煤层干燥基高位发热量（$Q_{gr,d}$）为19.19～23.36MJ/kg，挥发分（V_{daf}）为39.51%～42.20%。恒湿无灰基高位发热量在21.30～22.36MJ/kg之间，煤类属褐煤。

预测区位于道特淖尔矿区一区（西南部）详查区南部，预测深度为600m。资源量的校正系数（β）取0.6。预测煤质为中灰、低硫、高热值煤。

预测区属隐伏煤田，未进行过专门的地质勘探工作，依据邻区详查资料预测，埋深600m以浅预测资源量46 832×10⁴t，可靠程度定为预测可靠的，预测远景区分类定为有利的（Ⅰ类），勘查开发利用前景定为优（A）等，具有开发经济价值，考虑近期安排勘查工作。

（三）乌尼特矿区预测区（ⅠE5）

乌尼特矿区预测区位于东乌珠穆沁旗乌里雅斯太镇南约40km，距锡林浩特市北东向约210km，行政区划隶属东乌珠穆沁旗乌里雅斯太镇、额吉淖尔苏木、乌尼特牧场、翁图苏木。预测区地理坐标为东经117°04′00″—117°44′00″，北纬45°05′00″—45°25′00″，面积约520.94km²。

在预测区周边各时期形成的地质勘查报告有5件，其中与本预测区有关的地质勘查报告有4件。

预测区位于乌尼特断陷盆地中，构造简单，属于断陷盆地构造控煤。预测区主要处于乌尼特复向斜中；含煤盆地走向北东60°～70°，形成多个北东向次级隆起及凹陷。预测区北部有一正断层，走向北30°东，倾向北西，倾角60°～70°，延伸3.2km，落差约200m。含煤地层为下白垩统大磨拐河组，含煤6～18层，其中大部可采和局部可采2～7层，煤层属不稳定—较稳定，单层煤层厚0.25～49.90m。

区内主煤层原煤灰分为8.16%～39.12%，平均17.86%；硫分为0.18%～0.61%，平均0.34%；干燥基高位发热量为18.96～26.80MJ/kg，平均23.75MJ/kg。浮煤挥发分为36.63%～43.32%，平均40.49%。恒湿无灰基高位发热量小于24 MJ/kg，煤类属褐煤。

预测区属隐伏煤田，预测深度1000m。资源量校正系数（β）取0.6，预测资源量738 156×10⁴t。预测煤质为中灰、特低—低硫、中—高热值煤。

预测区未进行过专门的地质勘探工作。据邻区勘查资料预测，埋深0～600m预测资源量600 853×10⁴t，可靠程度定为预测可靠的，预测远景区分类定为有利的（Ⅰ类），勘查开发利用前景定为优（A）等，具有开发经济价值，考虑近期安排勘查工作；埋深600～1000m预测资源量137 303×10⁴t，可靠程度定为预测可靠的，预测远景区分类定为次有利的（Ⅱ类），勘查开发利用前景定为良（B）等，具有开发经济价值，考虑中期安排勘查工作。

（四）浩沁预测区（ⅠE6）

浩沁预测区位于西乌珠穆沁旗西部，行政区划隶属西乌珠穆沁旗吉林高勒镇。预测区地理坐标为东经117°06′00″—117°16′00″，北纬44°25′00″—44°34′00″，面积约59.65km²。预测区东距西乌珠穆沁旗约45km，西南距锡林浩特市约105km。

在预测区周边各时期形成的地质勘查报告有4件，其中与本预测区有关的地质勘查报告有3件。

预测区位于浩沁含煤盆地，即巴彦和硕盆地的南部。构造形态主体呈北北东向宽缓波状起伏的向斜构造，向斜两翼地层倾角都小于10°，局部产状近水平。含煤地层为下白垩统大磨拐河组，含煤2～20层，可采4～6层，煤层属不稳定—较稳定，单层煤层厚0.82～61.89m。

主要煤层原煤灰分为9.57%～37.76%，平均20.56%；硫分为0.21%～1.35%，平均0.92%；干燥基高位发热量为16.81～26.52MJ/kg，平均21.70MJ/kg；挥发分为33.94%～46.70%，平均43.52%。恒湿无灰基高位发热量小于24 MJ/kg，煤类属褐煤。

预测区属隐伏煤田，校正系数(β)取0.6。预测煤质为中灰、低—低中硫、中—高热值的褐煤。

预测区未进行过专门的地质勘探工作。根据邻区资料预测，埋深0～600m预测资源量67 306×10^4t，可靠程度定为预测可靠的，预测远景区分类定为有利的(Ⅰ类)，勘查开发利用前景定为优(A)等，具有开发经济价值，考虑近期安排勘查工作。

(五)乌套海预测区(ⅠE7)

乌套海预测区位于锡林浩特市正东60km，行政区划隶属锡林浩特市。预测区地理坐标为东经116°45′00″—116°58′00″，北纬43°59′00″— 44°07′00″，面积约141.52km^2。

预测区地质工作始于2005年，与本预测区有关的地质勘查报告有1件。

预测区位于乌套海含煤盆地东北部；盆地走向为北东-南西。地层倾角一般小于5°，未发现断裂构造，构造简单；地表被第四系所覆盖，含煤地层为下白垩统大磨拐河组，含煤5层，可采煤层2层，可采煤层厚1.50～3.90m，平均3.14m。

区内主煤层原煤灰分为9.18%～17.62%，平均13.51%；硫分为0.53%～2.28%，平均0.85%；干燥基高位发热量为21.84～25.76MJ/kg，平均24.25 MJ/kg；挥发分为39.87%～46.12%，平均41.44%。恒湿无灰基高位发热量小于24 MJ/kg，煤类属褐煤。

预测区属隐伏煤田，总面积141.52km^2。预测区根据乌套海普查区的煤层赋存情况，东北向外推延续至断裂构造边界，资源量的校正系数(β)取0.6。预测煤质为中灰、低—中高硫分、高热值褐煤。

预测区未进行过专门的地质勘探工作，根据邻区普查资料预测，埋深0～600m预测资源量52 502×10^4t，可靠程度定为预测可靠的，预测远景区分类定为有利的(I类)，勘查开发利用前景定为优等，具有开发经济价值，考虑近期安排勘查工作。

(六)查干诺尔预测区、那仁预测区(ⅠE8～9)

查干诺尔预测区和那仁预测区位于锡林浩特市北约70km，行政区划隶属锡林浩特市巴彦宝力格苏木。

预测区地质工作始于1966年，在预测区周边各时期形成的地质勘查报告有6件，其中与两预测区有关的地质勘查报告有3件。

查干诺尔预测区位于巴彦宝力格含煤盆地东北部，介于巴彦宝力格矿区一号井勘探区和巴彦宝力格矿区查干淖尔详查报告区域之间。那仁预测区位于巴彦宝力格含煤盆地西南部，紧邻巴彦宝力格矿区西段。主要煤层赋存于巴彦宝力格向斜之中，向斜呈北东向，南翼倾向北西，倾角8°～10°，北翼倾向南东，倾角5°～8°；无断层，构造简单。地表被第四系黄土和风积沙所覆盖，含煤地层为下白垩统大磨拐河组，含煤7层，其中全区和大部可采3层，可采煤层总厚1.50～56.10m，平均24.08m。

两预测区主煤层原煤灰分为6.99%～40.57%，平均20.71%；硫分为0.33%～3.61%，平均0.99%。各煤层干燥基高位发热量($Q_{gr,d}$)为10.41～27.461MJ/kg；平均22.31MJ/kg。浮煤挥发分(V_{daf})为36.43%～46.34%，平均41.33%。煤类属褐煤。

查干诺尔预测区东西以巴彦宝力格矿区一号井勘探区东界和巴彦宝力格矿区查干淖尔详查区西界为界，南北则以上两勘查报告煤层隐伏露头推断延伸为界，深部至煤层埋深600m，面积约109.37km^2。资源量估算值的校正系数(β)取0.60，预测资源量296 177×10^4t(埋深0～600m)。预测煤质属中高灰、低中—中高硫、中热值—高热值褐煤。

那仁预测区东以巴彦宝力格矿区西段普查区西界为界，西部以盆地边缘为界，南北部以普查报告煤层隐伏露头推断延伸为界，深部至煤层埋深600m，面积约10.32km^2。资源量估算值的校正系数(β)取0.60，预测资源量11 421×10^{4}t(埋深0～600m)。预测煤质属中高灰、中硫、中热值—高热值褐煤。

两预测区均为第四系全掩盖地区，周边勘查程度较高，为勘探、详查和普查，煤层埋深600m以浅，两预测区预测资源量307 598×10^{4}t，可靠程度定为预测可靠的，预测远景区分类定为有利的(Ⅰ类)，勘查开发利用前景定为优(A)等，具有明显的经济价值，近期可安排勘查开发。

(七)红格尔预测区(ⅠE10)

红格尔预测区位于内蒙古自治区二连浩特市与锡林浩特市之间，行政区划隶属阿巴嘎旗。预测区地理坐标为东经114°45′00″—114°54′00″，北纬43°47′00″—43°52′00″，面积约44.74km^2。预测区东距阿巴嘎旗30km，西距苏尼特左旗90km。

与本预测区有关的地质勘查报告有1件。

预测区位于红格尔庙含煤盆地，该盆地发育一组宽缓的褶曲，呈雁列式排列，分布于西北部，褶曲轴向为北东。预测区地质构造形态较复杂，总体呈北东走向、倾向北西的单斜。含煤区中部地层平缓，呈缓波状延伸，倾角一般小于10°。西北边缘受断层影响地层倾角略大于15°。预测区发育有多条正断层，走向分两组，一组近南北，一组近北东向，对含煤地层的分布和煤层赋存形态产生一定破坏作用。参考红格尔勘探区资料，含煤地层为下白垩统大磨拐河组，含煤0～11层，可采煤层3层，煤层累计厚度0～54.23m。

区内主煤层原煤灰分为18.13%～38.91%，平均29.03%；硫分为0.71%～3.00%，平均1.73%；干燥基高位发热量15.86～22.22MJ/kg，平均19.04MJ/kg；浮煤挥发分为42.93%～48.34%，平均值46.42%。恒湿无灰基高位发热量小于24 MJ/kg。

预测区属隐伏煤田，资源量校正系数(β)取0.6。预测煤质为低中—中高灰、低—高硫、高热值褐煤。

预测区未进行过专门的地质勘查工作，依据邻区资料预测，埋深0～600m预测资源量20 306×10^{4}t，可靠程度定为预测可能的，预测远景区分类定为有利的(Ⅰ类)，勘查开发利用前景定为优(A)等，具有开发经济价值，考虑近期安排勘查工作。

(八)阿其图预测区(ⅠE11)

阿其图预测区行政区划隶属苏尼特右旗阿其图苏木。预测区地理坐标为东经113°11′00″—113°15′00″，北纬43°19′00″—43°22′00″，面积约13.49km^2。预测区西至二连浩特直线距离120km，南西距苏尼特右旗赛汉塔拉镇约90km。

与本预测区有关的地质勘查报告有1件，为煤炭普查报告。

阿其图预测区位于呼其图乌拉含煤盆地，该盆地为一向斜盆地，走向北东，地层倾角约2°，未发现断层。含煤地层为下白垩统大磨拐河组，含煤10层，可采煤层2层，煤层属不稳定—较稳定，累计可采厚度2.73～8.74m，平均为4.99m。

主煤层原煤灰分为11.55%～37.71%，平均23.62%；硫分为0.11%～2.72%，平均1.38%。各煤层干燥基高位发热量为16.25～24.41MJ/kg，平均21.01MJ/kg；浮煤挥发分为38.63%～39.31%，平均39.08%。恒湿无灰基高位发热量小于24 MJ/kg。

预测区属隐伏煤田，总面积13.49km^2。资源量校正系数(β)取0.6。预测煤质为低中—中高灰、特低—中高硫、中—高热值褐煤。

根据普查资料预测，煤层埋深0～600m预测资源量7324×10^{4}t，可靠程度定为预测可靠的，预测远景区分类定为有利的(Ⅰ类)，勘查开发利用前景定为优(A)等，具有开发经济价值，考虑近期安排勘查工作。

(九)扎格斯台预测区(ⅠE12)

扎格斯台预测区位于锡林浩特市以南92km处,行政区划隶属锡林郭勒盟正兰旗那日图苏木。预测区地理坐标为东经116°04′00″—116°22′00″,北纬43°02′00″—43°16′00″,面积约169.03km²。

预测区地质工作始于1975年,与本预测区有关的地质勘查报告有1件。

扎格斯台预测区位于腾格尔坳陷中的六牧业大队含煤盆地中。构造控煤式样属向斜构造控煤。盆地走向呈北东向延伸,其南侧由边缘隆起围限,盆地走向长约41km,倾向最宽约13km,面积约390km²,全部被第四系风积沙所覆盖。向斜构造两翼倾角在3°~10°之间。含煤地层为下白垩统大磨拐河组,含煤6层,可采煤层5层,煤层结构简单,可采煤层累计厚度1.50~6.75m,平均3.23m。

盆地主煤层原煤灰分为21.04%~39.29%,平均30.02%;硫分为0.89%~2.91%,平均1.79%。各煤层干基高位发热量为14.29~22.24MJ/kg,平均19.05MJ/kg;浮煤挥发分(V_{daf})为41.27%~44.97%,平均42.94%。恒湿无灰基高位发热量均小于24MJ/kg。

预测区资源量估算值的校正系数(β)取0.6,预测资源量28 058×10⁴t。预测区煤质为中—中高灰分、低—中高硫、中—高热值褐煤。

扎格斯台预测区为全掩盖煤田,勘查程度低。埋深0~600m,预测资源量18 392×10⁴t,可靠程度定为预测可靠的,预测远景区分类定为有利的(Ⅰ类),勘查开发利用前景定为优(A)等,具有明显的经济价值,近期可安排勘查开发;埋深600~1000m,预测资源量9666×10⁴t,可靠程度定为预测可靠的,预测远景区分类定为有利的(Ⅰ类),勘查开发利用前景定为优(A)等,具有开发经济价值,近期可安排勘查开发。

(十)赛汉塔拉预测区(ⅠE13)

赛汉塔拉预测区行政区划隶属苏尼特右旗赛汉塔拉镇。预测区地理坐标为东经112°31′00″—112°43′00″,北纬42°15′00″—42°20′00″,面积约243.46km²。预测区位于苏尼特右旗旗府赛汉塔拉镇东南方向,两地直线距离约10km。

预测区地质工作始于1981年,在预测区周边各时期形成的地质勘查报告有3件,其中与本预测区有关的地质勘查报告有1件,为普查报告。

赛汉塔拉预测区位于赛汉塔拉含煤盆地西南部,受沙力好来-锡林呼都格断裂的控制和影响,盆地形态近南北走向、南浅北深、东陡西缓。基底起伏较大,隆起、凹陷相间。含煤段主要发育在凹陷区,煤层总体趋势为西高东低、南高北低。含煤地层为下白垩统大磨拐河组,含煤2层,煤层厚度0.25~9.76m,平均5.12m。

区内主煤层原煤灰分为15.43%~34.42%,平均25.17%;硫分为1.77%~5.45%,平均2.73%。各煤层干基高位发热量为17.89~23.75MJ/kg,平均20.52MJ/kg;浮煤挥发分(V_{daf})为42.53%~46.45%,平均44.84%。干燥无灰基高位发热量小于24MJ/kg。

赛汉塔拉预测区为隐伏煤田。预测区以赛汉塔拉盆地都呼木煤炭普查区南界,向南推断延伸至盆地南界。资源量估算值的校正系数(β)取0.6。预测区煤质为中高灰、低中—中高硫、中热值—高热值褐煤。

预测区为全掩盖煤田,预测区周边勘查程度为普查。煤层埋深600m以浅,预测资源量112 565×10⁴t,可靠程度定为可靠的,预测远景区分类定为有利的(Ⅰ类),勘查开发利用前景定为优等,具有明显的经济价值,近期可安排勘查开发。

(十一)马辛呼都格预测区(ⅠE14)

马辛呼都格预测区位于二连浩特市北约78km,行政区划隶属锡林郭勒盟苏尼特左旗查干敖包苏木。预测区地理坐标为东经113°10′00″—113°25′00″,北纬44°10′00″—44°25′00″,面积约205.50km²。

与本预测区有关的地质普查报告有1件,为本次预测依据。

预测区位于反修牧场盆地(呼仁布其凹陷),构造控煤式样属于断陷盆地构造控煤。总体构造形态为一缓倾斜的单斜构造,发育了一些宽缓的波状起伏。未发现断层,构造简单。含煤地层为下白垩统大磨拐河组,含煤9层,可采煤层7层,可采煤层累计厚度48.28～111.68m,平均79.98m。

主煤层原煤灰分为8.76%～38.16%,平均25.39%;硫分为0.40%～2.06%,平均0.69%。各煤层干燥基高位发热量为15.10～27.74MJ/kg,平均21.83MJ/kg;浮煤挥发分40.19%～48.19%,平均44.55%。恒湿无灰基高位发热量小于24MJ/kg。

预测区属隐伏煤田,以马辛呼都格普查南、东界外推、延伸至断裂构造。资源量的校正系数(β)取0.60。预测区煤质为低—中高灰、特低—高硫、中—高热值褐煤。

根据普查资料预测,煤层埋深0～600m预测资源量1 722 481×10^4t,可靠程度定为预测可靠的,预测远景区分类定为有利的(Ⅰ类),勘查开发利用前景定为优(A)等,具有开发经济价值,考虑近期安排勘查工作。

(十二)准哈诺尔预测区(ⅠE15)

准哈诺尔预测区行政区划隶属东乌珠穆沁旗呼布沁高毕苏木和阿拉腾合力苏木。预测区地理坐标为东经116°15′00″—116°23′00″,北纬45°33′00″—45°38′00″,面积约55.47km^2。预测区距呼布沁高毕苏木约35km。

在预测区周边各时期形成的地质勘查报告有2件,其中与本预测区有关的地质详查报告有1件。

准哈诺尔预测区位于巴音都兰盆地东北部,为一半地堑式断陷盆地,总体走向北东-南西。两翼倾角均小于10°。西北侧为控盆断裂。盆地被第四系风积沙所覆盖,含煤地层为下白垩统大磨拐河组,含煤8层,可采煤层6层,煤层累计厚度0.75～20.55m。

盆地主煤层原煤灰分为11.00%～34.63%,平均22.24%;硫分为0.33%～2.07%,平均0.77%;干燥基高位发热量为18.60～25.65MJ/kg,平均22.42MJ/kg。浮煤挥发分在31.77%～51.46%之间,平均42.90%。恒湿无灰基高位发热量均小于24MJ/kg。

预测区资源量估算值的校正系数(β)取0.6。预测区煤质为低中—中高灰分、特低—中高硫、高热值褐煤。

准哈诺尔预测区为第四系全掩盖地区,预测区勘查程度低。煤层埋深0～600m,预测资源量38 423×10^4t,可靠程度定为预测可靠的,预测远景区分类定为有利的(Ⅰ类),勘查开发利用前景定为优(A)等,具有明显的经济价值,近期可安排勘查开发。

(十三)额合宝力格预测区(ⅠE16)

额合宝力格预测区位于东乌珠穆沁旗额合宝力格矿区的东北部,行政区划隶属锡林郭勒盟东乌珠穆沁旗额仁诺尔苏木。预测区地理坐标为东经115°39′00″—116°35′00″,北纬44°37′00″—45°33′00″,面积约1 356.75km^2。预测区西南距阿巴嘎旗新浩特镇约105km,东北距东乌珠穆沁旗乌里雅斯太镇80km。

与本预测区有关的地质勘查报告有3件。

额合宝力格预测区位于额合宝力格含煤盆地中。盆地主体呈北东-南西走向,向斜轴位于图莫呼都格—额吉诺尔之连线附近,长约70km,宽15～35km。北西翼倾角3°～6°,南东翼倾角3°～5°,煤田南、北各有一个次级向斜(亚盆),中部为次级隆起。

预测区有1个勘探区、1个详查区、1个预查区和8件相关石油井含煤资料。含煤地层为下白垩统大磨拐河组。含可采煤层2～12层,煤层结构简单,可采煤层平均累计厚度5.62～11.56m。

盆地主煤层原煤灰分为4.98%～39.98%,平均16.45%;硫分为0.09%～2.54%,平均0.36%。各煤层干基高位发热量为16.48～28.13MJ/kg,平均23.01MJ/kg;浮煤挥发分在29.42%～53.66%之间,平均41.43%。恒湿无灰基高位发热量均小于24MJ/kg,煤层透光率在63%～74%。

预测区资源量估算值的校正系数(β)取 0.6。预测区煤质属低—中高灰分、特低硫、高热值长焰煤。

额合宝力格预测区为第四系全掩盖地区,预测资源量 838 146×10^4t。其中埋深 0～600m,预测资源量 630 621×10^4t,可靠程度定为预测可靠的,预测远景区分类定为有利的(Ⅰ类),勘查开发利用前景定为优(A)等,具有明显的经济价值,近期可安排勘查开发;埋深 600～1000m,预测资源量 207 525×10^4t,可靠程度定为预测可靠的,预测远景区分类定为次有利的(Ⅱ类),勘查开发利用前景定为良(B)等,具有开发经济价值,考虑中期安排勘查工作。

(十四)毛瑞预测区(ⅠE17)

毛瑞预测区位于苏尼特左旗西北 40km 处,行政区划隶属苏尼特左旗达日罕乌拉苏木和白音乌拉苏木。预测区地理坐标为东经 113°45′00″—114°05′00″,北纬 44°08′00″—44°21′00″,面积约 339.54km^2。

在预测区周边各时期形成的地质勘查报告有 6 件,其中与本预测区有关的普查地质勘查报告有 1 件。

毛瑞预测区位于白音乌拉盆地东北部,白音乌拉坳陷总体走向北东 58°,地层倾角 3°～5°。盆地北部边界发育赛汉塔拉-古得林好来断层,该断层北东向展布,横贯全区,为正断层,走向约北东 58°,倾向南东,倾角 63°～75°,延展约 30km,断距 300～1000m。含煤地层为下白垩统大磨拐河组,含煤 1～6 层,可采煤层 1 层,煤层累计厚度 1.50～42.85m。

盆地主煤层原煤灰分在 13.80%～39.85%之间,平均 24.79%;硫分为 0.97%～7.21%,平均 2.82%。各煤层干燥基高位发热量为 16.89～23.32MJ/kg,平均 20.58MJ/kg;浮煤挥发分在 42.32%～49.12%之间,平均 45.92%。恒湿无灰基高位发热量均小于 24MJ/kg。

预测区资源量估算值校正系数(β)取 0.6。预测区煤质属低中—中高灰分、低—高硫、高热值褐煤。

预测区为第四系全掩盖地区,预测资源量 282 155×10^4t。其中煤层埋深 0～600m,预测资源量 204 219×10^4t,可靠程度定为预测可靠的,预测远景区分类定为有利的(Ⅰ类),勘查开发利用前景定为优(A)等,具有明显的经济价值,近期可安排勘查开发;煤层埋深 600～1000m,预测资源量 77 936×10^4t,可靠程度定为预测可靠的,预测远景区分类定为次有利的(Ⅱ类),勘查开发利用前景定为良(B)等,具有开发经济价值,考虑中期安排勘查工作。

(十五)阿不拉干旦预测区(ⅠE18)

预测区位于苏尼特左旗西北 40km 处,行政区划隶属苏尼特左旗达日罕乌拉苏木和白音乌拉苏木。预测区地理坐标为东经 113°30′00″—113°40′00″,北纬 43°55′00″—44°08′00″,面积约 67.91km^2。

在预测区周边各时期形成的地质勘查报告有 6 件,其中与本预测区有关的地质普查报告有 1 件。

阿不拉干旦预测区位于白音乌拉盆地南部。

预测区构造简单,煤层属不稳定—较稳定。资源量估算值校正系数(β)取 0.6。预测区煤质为低中—中高灰分、低—高硫、高热值褐煤。

阿不拉干旦预测区为第四系全掩盖地区,煤层埋深 0～600m,预测资源量 124 069×10^4t;可靠程度定为可靠的,预测远景区分类定为有利的(Ⅰ类),勘查开发利用前景定为优(A)等,具有明显的经济价值,近期可安排勘查开发。

(十六)明图庙预测区(ⅠE19)

明图庙预测区位于阿巴嘎旗新浩特镇北东 10°,直线距离约 105km,行政区划隶属阿巴嘎旗吉日嘎郎苏木和阿尔善宝力格镇。预测区地理坐标为东经 114°48′00″—115°55′00″,北纬 44°36′00″—45°08′00″,面积约 1 147.47km^2。

预测区周边各时期地质勘查报告有 3 件,其中与本预测区有关的地质勘查报告有 1 件。

预测区构造总体形态为北东-南西走向的向斜构造,发育有断层,对煤层有一定破坏作用。构造控煤式样属向斜构造控煤。

明图庙预测区分为3个预测单元，分别位于那仁宝力格盆地东北部、额合宝力格盆地西部和北部。属于二连盆地群中的断陷盆地，断裂主构造线方向为北东向，根据那仁宝力普查资料，推测预测区北部北东走向的主断裂长大于50km，倾向南东，倾角55°，断距大于60m。盆地中还存在次一级的断裂构造，构造简单。

明图庙预测区为全掩盖煤田，含煤地层为下白垩统大磨拐河组。根据石油钻孔资料，含煤1～3层，可采煤层1～3层，煤层结构简单，厚度较稳定，可采煤层平均累计厚度2.00～26.00m。

盆地主煤层原煤灰分为17.61%～37.68%，平均27.35%；硫分为0.66%～3.24%，平均1.48%。各煤层干燥基高位发热量15.74～23.63MJ/kg，平均20.31MJ/kg；浮煤挥发分在41.35%～47.54%之间，平均44.55%。恒湿无灰基高位发热量均小于24MJ/kg。

预测深度范围为1000m以浅，资源量估算值校正系数(β)取0.6。埋深0～600m预测资源量1 163 279×10^4t；埋深600～1000m预测资源量168 714×10^4t。预测区煤质为低中—中高灰分、低—高硫、高热值褐煤。

明图庙预测区为第四系全掩盖地区，煤层埋深0～1000m，预测资源量1 331 993×10^4t，可靠程度定为预测可靠的，预测远景区分类定为有利的（Ⅰ类），勘查开发利用前景定为优(A)等，具有明显的经济价值，近期可安排勘查开发。

（十七）浑善达克预测区（ⅠE20）

浑善达克预测区行政区划隶属阿巴嘎旗。预测区地理坐标为东经115°15′00″—115°25′00″，北纬43°15′00″—43°23′00″，面积约87.87km²。预测区南距正兰旗42km，北至阿巴嘎旗48km。

预测区预查报告只有1件。

预测区位于乌兰塔拉含煤盆地中。盆地主体呈北东-南西走向。根据浑善达克预查H2和H4号钻孔资料，含煤地层为下白垩统大磨拐河组，含煤1～13层，煤层厚度1.25～6.45m。

盆地主煤层原煤灰分在25.08%～36.97%之间，平均31.03%；硫分在1.09%～1.48%之间，平均1.29%。各煤层干燥基高位发热量为17.06～20.36MJ/kg，平均18.71MJ/kg；浮煤挥发分在43.97%～47.23%之间。恒湿无灰基高位发热量均小于24MJ/kg。

预测区资源量估算值校正系数(β)取0.6。预测区煤质为中—中高灰分、低中硫、中热值褐煤。

浑善达克预测区为第四系全掩盖地区，预测区勘查程度较低。煤层埋深600m以浅，预测资源量37 730×10^4t；可靠程度定为可靠的，预测远景区分类定为有利的（Ⅰ类），勘查开发利用前景定为优(A)等，具有明显的经济价值，近期可安排勘查开发。

（十八）额尔登苏格预测区（ⅠE21）

额尔登苏格预测区行政区划隶属苏尼特左旗。预测区地理坐标为东经114°45′—114°55′，北纬43°06′—43°17′，面积约278.74km²。预测区南距正镶白旗40km，北至苏尼特左旗50km。预测区预查报告只有1件。

预测区位于巴嘎高勒（额尔登苏木凹陷）含煤盆地中。盆地主体呈北东-南西走向。含煤地层为下白垩统大磨拐河组。含煤1～13层，煤层厚度1.25～6.45m。

盆地主煤层原煤灰分为25.08%～36.97%，平均31.03%；硫分为1.09%～1.48%，平均1.29%。各煤层干基高位发热量为17.06～20.36MJ/kg，平均18.71MJ/kg；浮煤挥发分为43.97%～47.23%。恒湿无灰基高位发热量均小于24MJ/kg。

预测区资源量估算值的校正系数(β)取0.6。预测区煤质为中—中高灰分、低中硫、中热值褐煤。

额尔登苏格预测区为第四系沙漠全掩盖地区，预测区勘查程度较低。煤层埋深600m以浅，预测资源量119 693×10^4t，可靠程度定为预测可靠的，预测远景区分类定为有利的（Ⅰ类），勘查开发利用前景定为优(A)等，具有开发经济价值，近期可安排勘查工作。

(十九)格日勒敖都预测区(ⅠE22)

格日勒敖都预测区位于二连浩特市西南约45km，行政区划隶属锡林郭勒盟苏尼特右旗格日勒敖都苏木。预测区地理坐标为东经112°15′00″—112°25′00″，北纬43°17′00″—43°25′00″，面积约112.15km²。

预测区未进行过专门煤炭地质勘查工作，仅有石油钻孔资料。

预测区位于格日勒敖都盆地，总体构造形态为北东-南西向延伸半地堑式断陷盆地。含煤地层为中、下侏罗统阿拉坦合力群，含煤17层，可采煤层7层，煤层累计厚度3.5～42.00m。

主煤层原煤灰分在13.67%～39.60%之间，平均25.11%；硫分为0.22%～0.72%，平均0.43%。各煤层干燥基高位发热量18.97～27.88MJ/kg，平均24.52MJ/kg；浮煤挥发分37.19%～41.33%，平均39.16%。

预测区煤层埋深为1500～2000m，资源量校正系数(β)取0.6。预测煤质为低中—中高灰、特低—低硫分、低—高热值长焰煤。

预测区属隐伏煤田，煤层埋深1500～2000m，预测资源量739 786×10^4t，可靠程度定为预测可能的，预测远景区分类定为不利的(Ⅲ类)，勘查开发利用前景定为差(C)等，目前不宜开展工作，考虑远期安排勘查工作。

(二十)都仁乌力吉预测区(ⅠE23)

都仁乌力吉预测区位于苏尼特右旗东90km，行政区划隶属苏尼特右旗。预测区地理坐标为东经113°21′00″—113°45′00″，北纬42°25′00″—42°26′00″，面积约322.30km²。

预测区位于赛罕乌力吉含煤盆地中，该盆地为北东-南西走向的地堑式断陷盆地。根据石油乌1井资料，含煤地层为下白垩统大磨拐河组，煤层厚度4.00m，煤层埋深311.00m。

盆地主煤层原煤灰分在25.08%～36.97%之间，平均31.03%；硫分为1.09%～1.48%，平均1.29%。各煤层干基高位发热量为17.06～20.36MJ/kg，平均18.71MJ/kg；浮煤挥发分为43.97%～47.23%。恒湿无灰基高位发热量均小于24MJ/kg。

预测区资源量估算值校正系数(β)取0.6。预测区煤质为中—中高灰分、低中硫、中热值褐煤。

都仁乌力吉预测区为第四系沙漠全掩盖地区，预测区勘查程度较低。煤层埋深600m以浅，预测资源量109 838×10^4t，可靠程度定为预测可靠的，预测远景区分类定为有利的(Ⅰ类)，勘查开发利用前景定为优(A)等，具有明显的经济价值，近期可安排勘查开发。

(二十一)青格勒布拉格预测区(ⅠE24)

青格勒布拉格预测区行政区划隶属阿巴嘎旗青格勒布拉格苏木。预测区地理坐标为东经113°55′—114°35′，北纬44°28′—44°38′，面积约558.98km²。预测区南距阿巴嘎旗新浩特镇约50km。

预测区南部那仁宝力格盆地的煤炭预查报告有1件，预测区参考该报告收集了相关石油钻孔资料。

预测区位于青格勒布拉格含煤盆地中，根据那仁宝力格盆地预查资料，盆地南缘受一条北东向展布的大断裂控制，推断盆地是一个不对称型地堑式盆地，呈北东向展布，盆地全长约50km，宽缓不对称，倾角1°～6°。含煤地层为下白垩统大磨拐河组，根据石油钻孔资料，在477～500m含煤4层，煤层结构简单，累计煤层厚度11.50m。

主煤层原煤灰分在18.07%～39.30%之间，平均29.85%；硫分在0.70%～3.10%之间，平均1.33%。各煤层干基高位发热量为16.58～23.24MJ/kg，平均19.85MJ/kg；浮煤挥发分在40.30%～44.57%之间，平均42.40%。恒湿无灰基高位发热量均小于24MJ/kg。

预测区资源量估算值校正系数(β)取0.6。预测区煤质为低中—中高灰、低—中高硫、中热值褐煤。

青格勒布拉格预测区为第四系全掩盖地区，勘查程度较低。煤层埋深 600m 以浅，预测资源量 844 104×10^4t，可靠程度定为预测可靠的，预测远景区分类定为有利的（Ⅰ类），勘查开发利用前景定为优（A）等，具有明显的经济价值，近期可安排勘查开发。

（二十二）乌兰尚丹预测区（ⅠE25）

乌兰尚丹预测区行政区划隶属阿巴嘎旗那仁宝力格苏木。预测区地理坐标为东经 114°22′00″—114°42′00″，北纬 44°10′00″—44°25′00″，面积约 424.08km^2。预测区南距阿巴嘎旗新浩特镇约 35km，西距苏尼特左旗 45km，分为 2 个预测单元。预测区北部那仁宝力格盆地地质勘查报告有 1 件，预测区参考该地质勘查报告收集了相关石油钻孔资料。

预测区属于乌兰尚丹盆地，该盆地是一个呈北东向展布的地堑式盆地，含煤地层为下白垩统大磨拐河组，根据收集石油钻孔资料，含煤 1 层，煤层厚度 10.00m。

参考那仁宝力格盆地煤质资料：煤层原煤灰分为 18.07%～39.30%，平均 29.85%；硫分为 0.70%～3.10%，平均 1.33%。各煤层干基高位发热量为 16.58～23.24MJ/kg，平均 19.85MJ/kg；浮煤挥发分在 40.30%～44.57%之间，平均 42.40%。恒湿无灰基高位发热量均小于 24MJ/kg。

预测区资源量估算值校正系数（β）取 0.6，预测资源量 640 392×10^4t。预测区煤质为低中—中高灰、低—中高硫、中热值褐煤。

乌兰尚丹预测区为第四系全掩盖地区，预测区无煤炭勘查工作，煤层埋深 600m 以浅，预测资源量 640 392×10^4t，可靠程度定为预测可靠的，预测远景区分类定为有利的（Ⅰ类），勘查开发利用前景定为优（A）等，具有明显的经济价值，近期可安排勘查开发。

五、阴山赋煤带（ⅡA）

本次阴山赋煤带煤炭资源潜力评价共划分为 3 个预测区，预测面积约 70.07km^2，预测资源量 28 464×10^4t。其中 1 个预测区为白垩系，2 个预测区为新近系。3 个预测区煤种均为褐煤。

（一）马莲滩预测区（ⅡA1）

马莲滩预测区位于乌兰察布市集宁区的西北隅，距集宁区仅 8km，行政区划隶属察哈尔右翼前旗。预测区地理坐标为东经 113°00′45″—113°6′15″，北纬 41°3′50″—41°8′30″。

预测区相关资料有《集宁煤田马莲滩勘探区找矿勘探报告》（1963），预测区位于该煤田的中部；与本预测区相邻的西南部相关资料有《内蒙古自治区察哈尔右翼前旗集宁煤田马莲滩矿区煤炭勘探报告》（2007）。

预测区处于马莲滩Ⅰ号背斜北东翼，主体构造形态为一倾向北东的单斜，倾角较小，区内含煤地层为古近系渐新统，据邻区马莲滩勘探资料，含有 5 个煤组，含可采煤层 1～4 层，可采煤层总厚 1.50～38.07m，平均 8.26m。

区内主煤层原煤灰分在 12.26%～39.89%之间，平均 30.23%，以中灰—高灰煤为主；原煤硫分为 0.78%～5.61%，平均 2.14%～2.54%，以中高硫分煤为主。各煤层干基高位发热量为 15.55～25.12MJ/kg，平均 18.98MJ/kg；浮煤挥发分在 42.88%～43.41%之间；透光率（P_m）在 29%～45%之间，浮煤恒湿无灰基高位发热量在 19.22～22.93MJ/kg 之间。煤类以褐煤二号（HM2）为主。

预测区面积为 16.87 km^2。根据马莲滩矿区资源丰度，计算预测区埋深 600m 以浅资源。马莲滩勘探区累计查明资源量 11 290×10^4t，其最大含煤面积为 20.57km^2，资源丰度为 549×10^4t/km^2，资源量估算值校正系数（β）取 0.60。

由于预测区邻区的马莲滩勘查区达到了勘探阶段，预测区埋深 600m 以浅预测资源量 5557×10^4t，可靠程度定为预测可靠的，预测远景区分类定为有利的（Ⅰ类），勘查开发前景定为优（A）等，开发具有明显经济价值，近期可安排勘查工作。

（二）玫瑰营子预测区（ⅡA2）

玫瑰营子预测区位于乌兰察布市集宁区东北部，直线距离10km，行政区划隶属察哈尔右翼前旗。预测区地理坐标为东经113°12′45″—113°18′00″，北纬41°5′30″—41°8′15″。预测区外围有2个勘查区与本区相邻，相应勘查报告为《内蒙古自治区集宁煤田七苏木矿区煤炭详查报告》(2007)及《内蒙古自治区集宁煤田玫瑰营子矿区煤炭普查报告》(2008)。

预测区位于集宁-兴和盆地内，该盆地为一向北西方向倾斜的单斜构造，地层产状近水平。区内构造以断裂为主，褶皱不发育，构造复杂程度中等。含煤地层为新近系渐新统，含可采煤层2层，可采煤层平均厚度8.26m，可采系数6.56%。据邻区资料，原煤灰分为13.59%～22.18%；硫分为1.12%～8.9%，平均2.88%；干燥基高位发热量（$Q_{gr,vd}$）在14.00～25.94MJ/kg之间；浮煤挥发分（V_{daf}）在31.29%～45.64%之间。煤类为褐煤二号（HM2）。

预测深度为600m，预测面积23.16 km^2。

七苏木矿区北区资源丰度为385×10^{4}t/km^2，玫瑰营子矿区北区资源丰度为496×10^{4}t/km^2。2个区资源丰度平均为440×10^{4}t/km^2。资源量原始估算值的校正系数（β值）取0.60。

由于邻区勘查程度分别达到了详查和普查，本预测区埋深600m以浅预测资源量6113×10^{4}t，可靠程度定为预测可靠的，预测远景区分类定为有利的（Ⅰ类），勘查开发前景定为优（A）等，开发具有明显经济价值，近期可安排勘查工作。

（三）巴音胡都格预测区（ⅡA3）

巴音胡都格预测区距乌拉特中旗海流图镇48km，行政区划隶属乌拉特中旗川井苏木。预测区地理坐标为东经107°56′15″—108°1′45″，北纬41°40′45″—41°44′50″。预测区至五原县95km，距临河134km，距杭锦后旗134km。

预测区有勘查报告2件，其中《内蒙古乌拉特中旗巴音胡都格煤田露采区详细勘探及外围详细普查地质报告》(1983年)提交资源量15 749.32×10^{4}t，《内蒙古自治区巴音胡都格煤田西矿段煤炭详查(最终)报告》(2007年)提交资源量1936×10^{4}t，区内有煤矿开采。

预测区位于沙布格-巴音胡都格向斜东端的翘起部位。向斜轴向45°左右，枢纽向南西方向倾伏，构造控煤样式属单斜构造控煤。下白垩统巴音胡都格组为本区的含煤地层，总厚707m，内含褐煤10层，具工业规模的有7层。以3号、2号为主体，平均可采厚度分别为5.32m、4.26m，6号煤平均厚度为2.08m。主煤层结构较复杂，其余煤层结构简单。

原煤灰分为10.56%～38.73%；发热量为13.38%～21.21MJ/kg；全硫含量为0.95%～12.64%。挥发分（V_{daf}）均大于37%；透光率在36%～57%之间；原煤干基高位发热量（$Q_{gr,d}$）在12.54～26.07MJ/kg之间，平均值小于24MJ/kg。煤类为褐煤二号（HM2）。

预测区位于巴音胡都格矿区西北延伸部位，面积约30.04km^2。预测深度至600m。邻区巴音胡都格矿区煤炭资源丰度为932.1×10^{4}t/km^2，资源量估算值的校正系数（β值）取0.6。预测煤质为中灰分、低—中高硫分、低热值褐煤。

由于预测区含煤地层出露良好，其邻区巴音胡都格矿区已进行露天开采，埋深600m以浅预测资源量16 794×10^{4}t，可靠程度定为预测可靠的，勘查开发利用前景定为优（A）等，具有明显的经济价值，近期可安排勘查开发。

六、鄂尔多斯盆地北缘赋煤带(ⅡB)

鄂尔多斯盆地北缘赋煤带包括东胜煤田预测区和准格尔预测区，预测区 18 个，预测基本单元 22 个，预测区总面积为 29 413.03km^2，预测资源量为 58 151 341×10^{4}t。其中，东胜煤田预测区主要分布在东胜煤田的中西部，一般位于东胜国家规划矿区、东胜深部矿区、新上海庙矿区之间的空白区及深部区域，预测区 12 个，预测单元 12 个，含煤地层为侏罗系延安组，预测区面积为 25 528.86km^2，预测资源总量为 38 839 318×10^{4}t。准格尔预测区主要分布在东胜煤田的东部，共分为 6 个预测区，10 个预测基本单元，含煤地层为石炭系—二叠系，预测区面积为 3 884.17km^2，预测资源总量为 19 312 023×10^{4}t。预测区分布如图 8-2-4 所示。

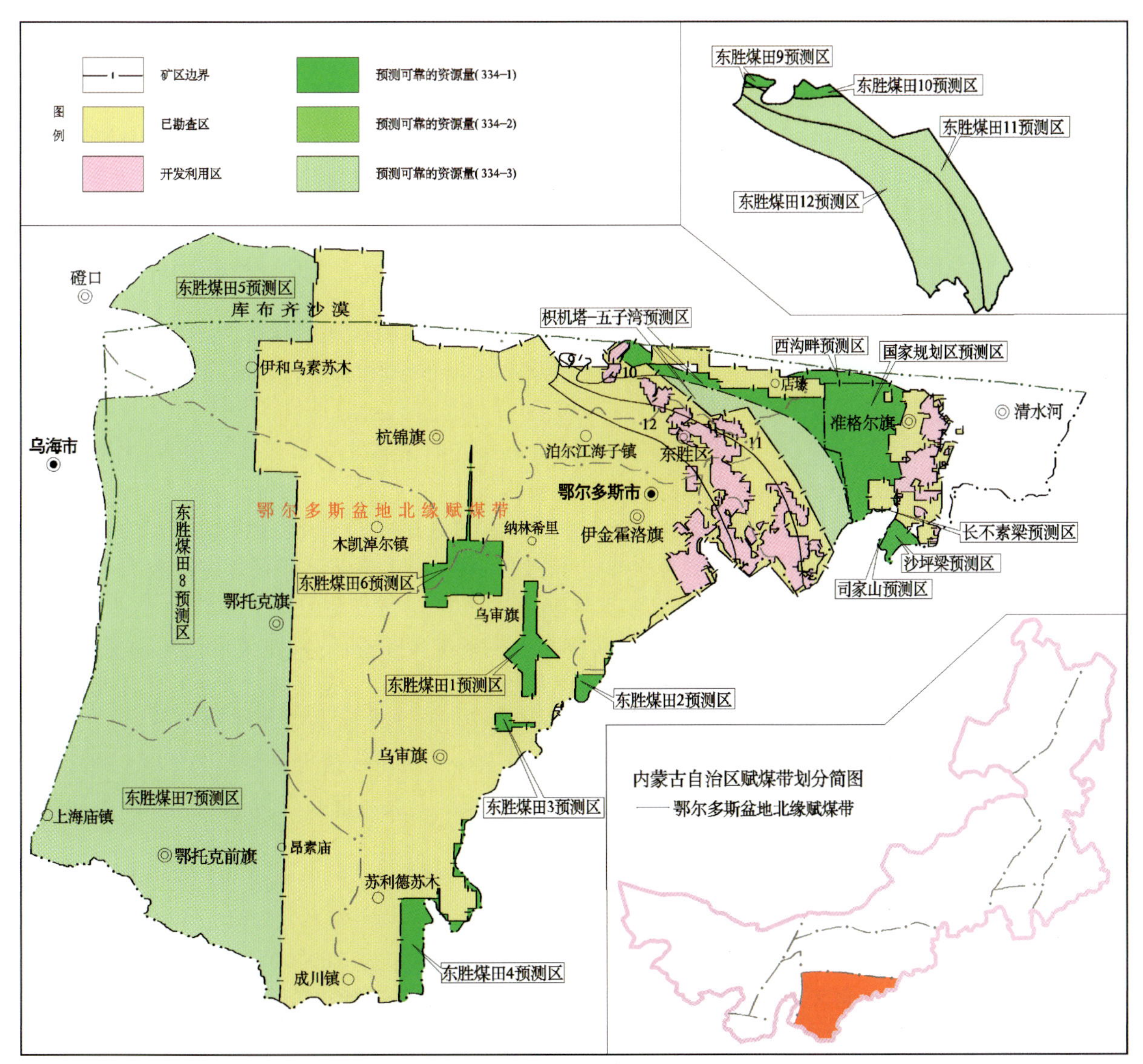

图 8-2-4 鄂尔多斯盆地北缘赋煤带预测区分布图

(一)东胜煤田 1 预测区(ⅡB1)

东胜煤田 1 预测区行政区划隶属鄂尔多斯市乌审旗。预测区地理坐标为东经 109°09′15″—109°26′00″，北纬 38°50′00″— 39°16′30″。预测区东界距东胜区约 90km，距伊金霍洛旗 60km。

预测区位于7个勘查区之间，2007年以后先后提交的相关勘探报告有3件（沙拉吉达北井田、葫芦素井田和梅林庙井田勘探报告），纳林才登矿区详查报告有1件，纳林希里、乌兰陶勒盖煤炭普查报告有2件，乌审召煤炭预查报告有1件。

预测区构造单元为华北地台鄂尔多斯地台向斜东翼中部，构造形态为一向西倾斜的单斜构造，倾向270°左右，倾角1°～3°。区内未发现较大的断层，无褶皱。但局部有小的波状起伏，无岩浆岩侵入体，区内构造简单。水文地质条件为简单类型。

预测区含煤地层为中—下侏罗统延安组，含煤6～30层，可采煤层有18层，主要可采煤层8层，地层总厚度为175.80～388.63m，平均264.02m，可采煤层总厚度9.00～48.64m，平均20.82m，可采含煤系数7.88%。

根据预测区周边各勘查报告的煤质化验资料，区内各煤层均为特低灰—低灰、特低硫—低硫、特低磷—低磷、高—特高热值，煤类以不黏煤为主，含少量的长焰煤。

预测区范围以相邻勘查区边界为界，面积为402.13km^2。资源量估算参数采用相邻勘查区的资料，煤层平均厚度为20.82m，视密度为1.30 t/m^3，资源量校正系数β为0.8，煤类以不黏煤为主。

预测区周边勘查程度较高，煤层埋深600～1000 m，预测资源量为870 723×10^{4}t，预测区潜在资源量分级为预测可靠的，预测远景区分类定为有利的（Ⅰ类），潜在资源勘查开发利用前景确定为优（A）等，远景开发具有明显的经济价值，近期可安排勘查工作。

（二）东胜煤田2预测区（ⅡB2）

东胜煤田2预测区位于鄂尔多斯市乌审旗的东北部边缘。预测区地理坐标为东经109°31′00″—109°42′34″，北纬38°48′53″—39°02′56″。预测区中心至鄂尔多斯市东胜区约137km，至新街约47km，至图克镇约29km，至乌审旗约97km。

预测区周边有4个勘查区，2007年后相应的地质勘查报告有纳林才登煤炭普查报告、大牛地煤炭预查报告、陕汉毛利煤炭勘探报告、母杜柴登煤炭勘探报告。

预测区含煤地层为中—下侏罗统延安组，含煤9～24层，可采煤层有10层，地层总厚度为228.06～323.21m，平均287.67m，可采煤层总厚度为9.00～42.71m，平均20.50m。可采含煤系数7.13%。预测区构造特征及煤质特征参见东胜煤田1预测区，不再复述。

预测区范围北部以东胜国家规划矿区为界，西部与大牛地煤炭预查区、陕汉毛利煤炭勘探区、纳林才登煤炭普查区相接，东南部与陕西省接壤，预测区面积约108.13km^2。资源量估算参数采用相邻勘查区的资料，厚度为20.50m，视密度为1.29 t/m^3，资源量校正系数β为0.8，煤类以不黏煤为主。

预测区周边勘查程度均达到普查以上阶段，煤层埋深600～1000m，预测资源量为228 770×10^{4}t，潜在资源量分级定为预测可靠的，预测远景区分类定为有利的（Ⅰ类），潜在资源勘查开发前景定为优（A）等，开发具有明显的经济价值，近期可安排勘查工作。

（三）东胜煤田3预测区（ⅡB3）

东胜煤田3预测区位于乌审旗东北部。预测区地理坐标为东经109°07′00″—109°19′00″，北纬38°42′00″—38°46′00″。预测区东距210国道约23km，沿210国道向北约145km可至鄂尔多斯市东胜区，向南约68km可至陕西省榆林市。

预测区周边有3个勘查区，2009年后相应的地质勘查报告有沙拉吉达南井煤炭勘探报告、巴彦高勒煤炭勘探报告、乌兰陶勒盖煤炭普查报告。

预测区含煤地层为中—下侏罗统延安组，地层总厚度为208.67～357.70m，平均287.37m，含煤9～24层，可采煤层有11层，可采煤层总厚度9.60～20.13m，平均14.56m。可采含煤系数为5.07%。预测区构造特征及煤质特征参见东胜煤田1预测区，不再复述。

预测区范围由以往3个勘查区边界围成，预测区面积约72.49km^2。资源量估算参数采用相邻勘查区的资料，煤层平均厚度为 14.56m，视密度为 1.30 t/m³，资源量校正系数β为 0.8，煤类以不黏煤为主。

预测区周边勘查程度最高达到勘探阶段，煤层埋深 600～1000 m，预测资源量为 110 443×10⁴ t，潜在资源量分级为预测可靠的，预测远景区分类定为有利的（Ⅰ类），潜在资源勘查开发利用前景确定为优（A）等，远景开发具有明显的经济价值，近期可安排勘查工作。

（四）东胜煤田 4 预测区（ⅡB4）

东胜煤田 4 预测区位于鄂尔多斯市乌审旗南部，行政区划隶属乌审旗纳林河镇及嘎鲁图镇。预测区地理坐标为东经 108°39′59″—109°00′01″，北纬 37°39′14″—38°21′29″。预测区北距乌审旗约 80km，东距榆林市约 90km。

预测区与周边 6 个勘查区相邻，地质工作程度最高达勘探阶段，2008 年后的地质报告有纳林河二号井煤炭勘探报告、张家湾煤炭勘探报告、巴彦柴达木煤炭详查报告、纳林河煤炭详查报告、沙尔利格煤炭普查报告、红境滩煤炭普查报告。

预测区含煤地层为中—下侏罗统延安组，地层总厚度为 325.58～428.68m，平均 381.92m，含煤 6～28 层，可采煤层有 8 层，可采煤层总厚度为 4.59～21.20m，平均 10.33m。可采含煤系数 2.70%。预测区构造特征及煤质特征参见东胜煤田 1 预测区，不再复述。

预测区西北部边界为以往 6 个勘查区边界，东南部为内蒙古自治区与陕西省省界，预测区面积约 565.89km²。预测资源量估算参数采用相邻勘查区的资料，煤层厚度为 10.33m，视密度为 1.30t/m³，资源量校正系数β为 0.8，煤类以不黏煤为主。

预测区周边勘查程度最高达到勘探阶段，煤层埋深 600～1000 m，预测资源量为 617 305×10⁴ t，预测区潜在资源量分级为预测可靠的，预测远景区分类定为有利的（Ⅰ类），潜在资源勘查开发利用前景确定为优（A）等，开发具有明显的经济价值，近期可安排勘查工作。

（五）东胜煤田 5 预测区（ⅡB5）

东胜煤田 5 预测区位于内蒙古自治区鄂尔多斯市杭锦旗的北部。预测区地理坐标为东经 107°34′07″—108°09′03″，北纬 40°09′12″—40°35′11″。预测区中心距杭锦旗约 64km，距东胜区约为 130km。预测区周边相关的地质报告有《内蒙古自治区东胜煤田深部区煤炭资源预查报告》（2007 年）、《内蒙古自治区东胜煤田布牙土煤炭预查报告》（2010 年）。

预测区位于东胜煤田的西北部，其构造形态总体为一向南西倾斜的单斜构造，地层倾向 220°～252°，倾角 1°～3°，沿走向发育有宽缓的波状起伏，区内有 4 条正断层，断距 0～40m，区内未发现褶皱构造，亦无岩浆岩侵入体，预测区构造简单。

预测区含煤地层为中—下侏罗统延安组，地层总厚度为 55.96～443.18m，平均 274.33m，含煤 7～26 层，可采煤层有 11 层，可采煤层总厚度为 3.56～32.62m，平均 14.40m。可采含煤系数 5.25%。区内各煤层均属特低—中灰煤、特低—中硫、特低磷、高挥发分、高热值不黏煤和长焰煤，是良好的民用及动力用煤。

预测区面积约 1 058.19km²。预测资源量估算参数采用相邻勘查区的资料，煤层平均厚度为 14.40m，视密度为 1.32 t/m³，资源量校正系数β为 0.8。

预测区周边勘查程度较低，为预查阶段。煤层埋深 1000～1500m，预测资源量为 1 609 122×10⁴ t，预测区潜在资源量分级为预测可能的，预测远景区分类定为次有利的（Ⅱ类），勘查开发利用前景定为良（B）等，煤炭资源具有开发经济价值，可在中期安排勘查工作。

（六）东胜煤田 6 预测区（ⅡB6）

东胜煤田 6 预测区位于鄂尔多斯市境内，行政区划隶属伊金霍洛旗、乌审旗、杭锦旗、鄂托克旗。预测区地理坐标为东经 108°44′15″—109°07′18″，北纬 39°09′58″—39°51′16″。预测区东界距东胜区约 90km，距伊金霍洛旗 60km。

预测区周边有 3 个勘查区，相应的地质报告有《纳林希里地区煤炭资源预查报告》《乌审召地区煤炭资源预查报告》《东胜煤田深部区煤炭资源预查报告》，均为 2007 年提交。

预测区含煤地层为中—下侏罗统延安组，含煤 6～35 层，可采煤层有 18 层，地层总厚度为 175.80～388.63m，平均 264.02m，可采煤层总厚度为 3.56～48.64m，平均 27.41m。可采含煤系数 10.38%。预测区构造特征及煤质特征参见东胜煤田 1 预测区，不再复述。

预测区范围以以往勘查区边界为界，面积约 772.80km²。采用相邻勘查区的资料估算本区资源量，煤层平均厚度为 22.40m，视密度为 1.29 t/m³，资源量校正系数β为 0.8。预测煤类以不黏煤为主。

预测区周边勘查程度达到预查阶段。煤层埋深 1000～1500m，预测资源量为 1 786 462×10⁴t，预测区潜在资源分级为预测可靠的，预测远景区分类定为次有利的（Ⅱ类），潜在资源勘查开发利用前景确定为良(B)等，具有开发经济价值，可在中期安排地质勘查工作。

（七）东胜煤田 7 预测区（ⅡB7）

东胜煤田 7 预测区行政区划隶属鄂托克旗及鄂托克前旗。预测区地理坐标为东经 106°50′35″—108°05′00″，北纬 37°35′56″—39°25′17″。预测区东界距乌审旗 70km，南界至陕西省靖边县 40km，西界距乌海市约 80 km。预测区未进行煤田勘查工作，东部邻区曾进行预查工作，相关的地质报告为《内蒙古自治区东胜煤田深部区煤炭资源预查报告》(2007 年)。

预测区含煤地层为中—下侏罗统延安组，含煤地层总厚度为 255.23～443.18m，平均 326.06m；含煤 26 层，煤层总厚度为 5.92～36.68m，平均 18.64m，含煤系数 5.7%，其中含可采煤层 9 层，可采煤层总厚度为 3.56～32.62m，平均 13.68m，可采含煤系数 4.20%。预测区构造特征及煤质特征参见东胜煤田 1 预测区，不再复述。

预测区面积约 12 326.15km²。资源量估算参数采用相邻勘查区的资料，煤层平均厚度为 13.68m，视密度为 1.28 t/m³，资源量校正系数β为 0.8。

预测区邻区勘查程度达到预查阶段，煤层埋深在 1000～1500m，预测资源量为 17 266 863×10⁴t，潜在资源分级为预测可能的，预测远景区分类定为次有利的（Ⅱ类），潜在资源勘查开发利用前景确定为良(B)等，具有开发经济价值，可在中期安排地质勘查工作。

（八）东胜煤田 8 预测区（ⅡB8）

东胜煤田 8 预测区行政区划隶属杭锦旗、鄂托克旗。预测区中心距杭锦旗 114km，地理坐标为东经 107°04′54″—108°02′48″，北纬 38°49′28″—40°33′45″。

预测区东部与东胜煤田深部预查区相邻，相应的地质报告为《内蒙古自治区东胜煤田深部区煤炭资源预查报告》(2007 年)。本次还收集了预测区的 2 个石油钻孔资料。

预测区含煤地层为中—下侏罗统延安组，据邻区地质资料，含煤地层总厚度为 55.96～443.18m，平均 274.06m；含煤 7～24 层，煤层总厚度为 5.92～36.68m，平均 16.67m，含煤系数 5.7%，其中含可采煤层 11 层，可采煤层总厚度为 3.56～32.62m，平均 15.18m。另外，收集了预测区内以往施工的 2 个石油钻孔资料，伊 2 煤层厚度为 18.10 m，伊 5 煤层厚度为 11.70 m。预测区构造特征及煤质特征参见东胜煤田 1 预测区，不再复述。

预测区深度为 2000m，预测区面积约 10 199.34km²。资源量估算参数采用相邻勘查区资料，厚度为 15.18m，视密度为 1.32 t/m³，资源量校正系数β为 0.8。

预测区煤层埋深在 1500～2000m，预测资源量为 16 349 630×10⁴t，预测区潜在资源分级为预测可能的，预测远景区分类定为不利的（Ⅲ类），潜在资源勘查开发利用前景确定为差(C)等，仅可考虑远期勘查工作。

(九)东胜煤田9预测区(ⅡB9)

预测区位于东胜煤田东北部,毗邻东胜国家规划矿区,行政区划隶属达拉特旗。预测区地理坐标为东经109°24′35″—109°43′18″,北纬40°05′46″—40°09′20″。预测区东北方向距达拉特旗树林召镇仅52km,东南方向距鄂尔多斯市东胜区约46km。

预测区煤层埋藏相对较深,以往未进行勘查工作,仅收集到4个石油钻孔资料作为参考。其中有1个钻孔位于本预测区内,其余3个钻孔位于本预测区西部外围。

预测区位于鄂尔多斯盆地北部,乌兰格尔凸起南缘。受乌兰格尔凸起的影响,地层总体向南倾斜,地层产状平缓,倾角0°~5°,局部有非常宽缓的波状起伏,波幅小于20m,起伏部位倾角一般小于8°,预测区构造简单。

区内含煤地层为上石炭统太原组及下二叠统山西组,据收集的石油钻孔资料显示,预测区具有良好的成煤条件和保存条件。由于预测区位于鄂尔多斯盆地北部,因距沉积边界较近,煤系、煤层发育可能不及准格尔区,含煤性相对较差。

区内各煤层水分含量低,灰分产率较高,特低硫—低硫、特低磷,挥发分较高。煤的发热量较高,气化性能差。煤中焦油产率一般,为含油煤,腐殖酸含量极低。煤灰熔点高,大部属于高熔灰分范围。区内煤层胶质层最大厚度为0mm,黏结指数为0,透光率74%,浮煤挥发分平均值分别为39.36%、39.07%,煤类属长焰煤。

预测深度为1500m,内部则以煤层1000 m埋深线划分为西南、东北两个预测单元。面积分别为7.55 km^2和51.53 km^2。

由于预测区相对孤立,周边大部分勘查区勘查的煤炭资源均为侏罗系煤层。乌兰格尔煤田吴四圪堵井田由于位于盆地北缘,其煤层、煤系发育较差,不具有代表性,预测区含煤地层层位与准格尔煤田一致,故采用准格尔煤田范围内9个具有代表性勘探报告的资源丰度值,估算出预测资源量的原始值。资源丰度值为2996×10^4t/km^2,资源量校正系数β为0.8。预测区资源量为141 593×10^4t。

由于预测区内确有含煤地层存在,可能有煤层赋存,地质构造格架基本清楚,估算参数与煤类、煤质是推定的。埋深600~1000m预测资源量123 506×10^4t,潜在资源分级为预测可靠的,预测远景区分类定为有利的(Ⅰ类),潜在资源勘查开发利用前景确定为优(A)等,远景开发具有明显的经济价值,近期可安排勘查工作。埋深1000~1500m预测资源量18 087×10^4t,潜在资源分级为预测可靠的(334-1),预测远景区分类定为有利的(Ⅱ类);勘查开发利用前景确定为良(B)等,具有开发经济价值,可在中期安排地质勘查工作。

(十)东胜煤田10预测区(ⅡB10)

东胜煤田10预测区行政区划隶属鄂尔多斯市达拉特旗。预测区地理坐标为东经109°28′35″—109°55′37″,北纬40°03′20″—40°07′56″,预测区北距达拉特旗树林召镇35km,南距鄂尔多斯市东胜区约30km。预测区北面为乌兰格尔普查区,勘查的煤层为石炭系—二叠系煤层。预测区内没有勘查成果,仅参考区域资料预测。

由于10预测区与9预测区相邻,参考的地质依据相同,其地质依据、构造特征、煤质特征、预测参数依据等参考本节东胜煤田9预测区,不再复述。

预测区位于煤田的东北部,预测深度1000m,内部则以煤层600m埋深线划分为西北、东南两个预测单元,面积分别为3.92km^2和99.09km^2。

本区采用准格尔煤田范围内9个具有代表性勘探报告的资源丰度值,估算预测资源量。资源丰度值为2996×10^4t/km^2,资源量校正系数β为0.8。预测区资源量为246 897×10^4t。

预测区埋深0~600m预测资源量9394×10^4t,潜在资源分级为预测可能的,预测远景区分类定为有利的(Ⅰ类);潜在资源勘查开发利用前景确定为优(A)等,远景开发具有明显的经济价值,近期可安排勘查工作；埋深 1000～1500m 预测资源量 237 503×10^4t，潜在资源分级为预测可靠的，预测远景区分类定为有利的（Ⅰ类）；潜在资源勘查开发利用前景确定为优（A）等，远景开发具有明显的经济价值，近期可安排勘查工作。

（十一）东胜煤田 11 预测区（ⅡB11）

东胜煤田 11 预测区行政区划隶属鄂尔多斯市达拉特旗、东胜区及准格尔旗管辖。预测区西距东胜区 30km。预测区地理坐标为东经 109°24′59″—110°48′16″，北纬 39°15′02″—40°08′13″。预测区西部外围进行了侏罗系煤层勘查工作，共计 11 个勘查区。没有进行石炭系—二叠系煤炭勘查工作，本区预测石炭系—二叠系煤炭资源，含煤地层为太原组和山西组。

由于 11 预测区与 9 预测区相邻，参考的地质依据相同，因此其地质依据、构造特征、煤质特征、预测参数依据等参考本节东胜煤田 9 预测区，不再复述。由于本预测区没有收集到相关的煤质资料，其煤质特征难以进行描述。鉴于本预测区煤层埋藏较深，煤变质程度可能较高，将预测内深部 1000～1500m 的煤层暂定为气煤，浅部 600～1000m 暂定长焰煤。

预测深度为 1500m，内部则以煤层 1000m 埋深线划分为两个预测单元，面积分别为 4.52km^2 和 1 423.62 km^2。本区采用准格尔煤田范围内 9 个具有代表性勘探报告的资源丰度值，估算预测资源量。资源丰度值为 2996×10^4t/km^2，资源量校正系数β为 0.8。

埋深 600～1000m 预测资源量 10 828×10^4t，潜在资源分级为预测可靠的，预测远景区分类定为有利的（Ⅰ类），潜在资源勘查开发利用前景确定为优（A）等，远景开发具有明显的经济价值，近期可安排勘查工作；埋深 1000～1500m 预测资源量 3 412 139×10^4t，潜在资源分级定为预测可能的，预测远景区分类定为有利的（Ⅱ类），潜在资源勘查开发利用前景确定为良（B）等，远景开发具有经济价值，近期可安排勘查工作。

（十二）东胜煤田 12 预测区（ⅡB12）

预测区位于东胜煤田国家规划矿区的中东部地区，行政区划隶属鄂尔多斯市达拉特旗、东胜区及准格尔旗。预测区地理坐标为东经 109°22′12″—110°39′18″，北纬 39°14′20″—40°05′06″。

预测区内有 17 个勘查区，勘查的煤层为侏罗系煤层。没有进行石炭系—二叠系煤炭勘查工作，本区预测石炭系—二叠系煤炭资源，含煤地层为太原组和山西组。

预测区内未见断层，褶皱不发育，未见岩浆岩侵入煤系地层现象。评价区的构造简单。构造控煤样式属单斜构造控煤。由于本预测区没有收集到相关的煤质资料。鉴于本预测区位于鄂尔多斯盆地中东部，煤层埋藏较深，煤变质程度较高，故将本预测内的煤层推断为气煤。

预测区深度为 1500～2000m，面积约 2 443.58km^2，采用准格尔煤田范围内 9 个具有代表性的勘探报告的资源丰度值，估算预测资源量。资源丰度值为 2996×10^4t/km^2，资源量校正系数β为 0.8。

由于预测区内确有含煤地层存在，可能有煤层赋存，地质构造格架基本清楚，估算参数与煤类、煤质是推定的。埋深 1500～2000m 预测资源量 5 856 766×10^4t，潜在资源分级定为预测可能的，预测远景区分类定为有利的（Ⅱ类），潜在资源勘查开发前景定为差（C）等，仅可考虑远期勘查工作。

（十三）枳机塔-五子湾预测区（ⅡB13）

预测区位于准格尔旗西南部，行政区划隶属鄂尔多斯市达拉特旗及准格尔旗。预测区东距准格尔旗薛家湾镇 50km，西距达拉特旗树林召镇 40km。预测区内未进行石炭系—二叠系煤田勘查，北部外围有《内蒙古自治区乌兰格尔矿区吴四圪堵井田煤炭资源勘探报告》和《内蒙古自治区鄂尔多斯市乌兰格尔煤田地质普查报告》。准格尔煤田 9 个勘查区勘查程度达勘探阶段。

预测区内断层稀少，褶皱不发育，未见岩浆岩侵入煤系地层现象，构造简单，构造控煤样式属单斜构造控煤。根据预测区西北吴四圪堵勘探，总体构造形态基本为一走向近东西、向南倾斜的单斜构造，具宽缓的波状起伏，倾角为3°～5°。含煤地层为上石炭统太原组及下二叠统山西组，含有3个煤组，含可采煤层2～3层。乌兰格尔普查区太原组平均厚度为60.34m，煤层平均厚度为7.04m；山西组平均厚度为38.91m，煤层平均厚度为3.16m。吴四圪堵勘探区内含煤地层为太原组，该组地层平均厚度为68.66m，煤层总厚度平均为10.64m，可采平均厚度为7.43m，含煤系数为15.5%，可采含煤系数为10.8%。

区内主煤层原煤灰分平均为21.90%，浮煤挥发分一般在38%左右。煤中的硫分含量，上部一般小于1%，下部煤层一般大于1%；原煤低位发热量为21.80～23.05MJ/Kg。煤质属于中—高灰、低—中硫、高热值长焰煤。

预测区分三段埋深预测，小于600m埋深面积为39.72 km^2；600～1000m埋深面积为1 240.34 km^2，1000～1500m埋深面积为641.72 km^2。

预测区东部外围9个勘探区煤炭资源丰度为2996×10^4t/km^2，采用该丰度对预测区资源进行预测。资源量估算值的校正系数(β值)取0.80。

埋深600m以浅预测资源量95 203×10^4t；600～1000m深度预测资源量1 538 063×10^4t，可靠程度均定为可靠的(334-1)；1000～1500m预测深度预测资源量2 972 835×10^4t，可靠程度定为预测可能的。预测远景区分类：1000m以浅的定为有利的(Ⅰ类)，1000～1500m预测深度的定为次有利的(Ⅱ类)。勘查开发前景：1000m以浅的定为优(A)等，1000～1500m预测深度的定为良(B)等，具有明显开发经济价值，近期可安排勘查工作。

(十四)西沟畔预测区(ⅡB14)

预测区位于内蒙古自治区准格尔旗北部，行政区划隶属鄂尔多斯市准格尔旗及达拉特旗。预测区距准格尔旗薛家湾镇约50km，西距达拉特旗树林召镇60km。

区内主煤层原煤干燥基灰分在3.31%～40.71%之间，平均值为15.86%；浮煤挥发分在28.38%～45.31%之间，一般在38%左右。原煤硫分上部煤层一般小于1%，下部煤层一般大于1%；原煤干燥基高位发热量平均值在24.96～25.82MJ/kg之间；干燥基低位发热量平均值介于23.99～24.98MJ/kg之间。煤质属于中—高灰、低—中硫、高热值长焰煤。

预测深度小于600m，预测区面积为162.35 km^2。预测区东部外围9个勘探区煤炭资源丰度为2996×10^4t/km^2，资源量估算值的校正系数(β值)取0.80。

埋深600m以浅预测资源量389 112×10^4t，可靠程度定为预测可靠的，预测远景区分类定为有利的(Ⅰ类)，勘查开发前景定为优(A)等，具有明显开发经济价值，近期可安排勘查工作。

(十五)国家规划区预测区(ⅡB15)

预测区位于准格尔煤田中西部，行政区划隶属鄂尔多斯市准格尔旗及达拉特旗。预测区东距准格尔旗薛家湾镇约10km。预测区地理坐标为东经110°46′—111°13′，北纬39°30′—40°02′，面积约1398.45km^2。

2004—2009年，周边勘查区的勘探报告有7件，包括老三沟井田、孔兑沟井田、唐家会井田、海子塔区井田、酸刺沟井田、黄玉川井田、长滩西井田的报告。另外还有乌兰格尔煤田地质普查报告、东孔兑远景勘探报告、刘三圪旦煤炭普查报告。预测区东部外围勘查程度高。

预测区总体构造形态为一走向近于南北、具有波状起伏、向西倾斜的单斜构造，倾角10°以下。北部至小鱼沟后地层走向近东西，向南倾斜，南至煤窑沟一带，地层走向转向北东-南西，向北西倾斜，构造轮廓形如耳状。盆地边缘，倾角稍大，并在单斜构造上发育有轴向与边缘方向一致的短轴背向斜和少量的张性正断层。盆地内部倾角平缓，一般在10°以下。煤田内断裂构造不发育，仅发现几条稀疏的张性正断层。

本区含煤地层为上石炭统太原组和下二叠统山西组。共含煤5～9层，煤层总厚度0～47.90m，平均14.96m，含煤系数22.46%；含可采煤层0～7层，一般3～5层，可采煤层总厚度15.65～43.55m，平均29.78m，可采含煤系数21.58%。含煤性较好。

区内各煤层原煤灰分以中—高灰煤为主；挥发分属高挥发分煤；原煤硫分以低硫、中硫为主。各煤层干燥基高位发热量以中高热值为主，高热值次之，煤类以长焰煤为主。

本次资源量估算采用地质块段法计算。煤层平均厚度取邻区煤层平均厚度，煤的视密度为1.41～1.44t/m³。资源量估算值的校正系数(β值)取0.80。

煤层埋深0～600m预测资源量910 475×10⁴t、600～1000m预测资源量3 230 862×10⁴t，可靠程度为预测可靠的，预测远景区分类定为有利的(Ⅰ类)，勘查开发利用前景定为优(A)等，具有明显的经济价值，近期可安排勘查开发。

(十六)长不素梁预测区(ⅡB16)

预测区位于内蒙古自治区准格尔煤田南部，行政区划隶属鄂尔多斯市准格尔旗薛家湾镇和沙圪堵镇。预测区北距准格尔旗薛家湾镇35km。预测区北部外围有《内蒙古自治区准格尔煤田刘三圪旦煤炭普查报告》(2007年)。

预测区总体构造轮廓为一东部隆起、西部坳陷，走向近南北，向西倾斜的单斜构造，产状平缓，一般小于10°。在总体单斜构造轮廓下，发育有次一级构造，以宽缓的褶皱为主，数条落差不大的断层。未见岩浆岩侵入煤系地层现象，构造简单，构造控煤样式属单斜构造控煤。

石炭系和二叠系为本区的含煤地层，据刘三圪旦普查资料，区内含煤8层，含全区可采煤层1层，大部可采为3～4层。太原组煤层平均总厚度为22.33m，地层平均总厚度为56.65m。山西组煤层平均总厚度为4.81m，地层平均厚度为100.52m。

区内各煤层原煤灰分在8.24%～39.53%之间。垂向上，上、下部煤层灰分较高，中部煤层较低。5号、9号煤层灰分最高，平均值分别为26.53%和24.56%；6号煤层灰分最低，平均为20.78%。上部煤层硫含量一般小于1%，下部煤层硫含量一般大于1%。原煤干燥基高位发热量平均值在21.25～24.90MJ/kg之间，全区平均为23.68MJ/kg，为中热值煤。区内各煤层黏结指数为7～16，透光率在88%～89%之间，浮煤挥发分在32.96%～49.51%之间，煤类以长焰煤为主，有极少量弱黏煤。

根据邻区煤质特征，推断预测区煤质属于中—高灰、低硫、中热值，煤类为长焰煤。

预测区分二段埋深预测，西段为600～1000m埋深，面积为0.69 km²、东段为小于600m埋深，面积为0.90 km²。本次采用普查报告的勘查成果估算出预测资源量。普查区煤层平均厚度27.17m，平均视密度1.41t/m³，资源量估算值的校正系数(β值)取0.80。

由于邻区的普查区资料可靠，埋深600m以浅预测资源量2108×10⁴t、600～1000m预测深度预测资源量2744×10⁴t，可靠程度定为可靠的，预测远景区分类定为有利的(Ⅰ类)，勘查开发前景定为优(A)等，具有明显经济价值，近期可安排勘查工作。

(十七)沙坪梁预测区、司家山预测区(ⅡB17～18)

预测区位于准格尔煤田南端黄河岸边，行政区划隶属鄂尔多斯市准格尔旗。预测区北距准格尔旗薛家湾镇50km。预测区外围勘查程度较高，2004—2006年相关的勘探报告有4件，对应的井田分别为红树梁井田、榆树湾矿区小塔沟井田、长滩区井田、麻地梁井田。

预测区地层走向近北东-南西，倾向北西，倾角5°左右。区内没有发现断层，亦无岩浆岩侵入煤系地层现象，构造简单。构造控煤样式属单斜构造控煤。根据已知勘探区的资料，含煤5～10层，含可采煤层5～8层，可采煤层总厚度为3.70～35.55m，平均29.91m。

主煤层以低—中灰煤为主；硫分以低—中硫为主，少数中高硫；中—高热值。黏结指数为0～14，透光率均在85%以上，浮煤挥发分一般大于37%，煤类为长焰煤。

预测深度范围为煤层600m以浅埋深范围，平均厚度29.91m，视密度为1.41 t/m^3，资源量估算值的校正系数（β值）取0.80。沙坪梁预测区面积140.87km^2，司家山预测区面积8.04km^2。

由于预测区含煤地层稳定，相邻的4个勘查区都达到了勘查程度，沙坪梁预测区埋深600m以浅预测资源量475 260×10^4t，可靠程度定为预测可靠的，预测远景区分类定为有利的（Ⅰ类），勘查开发前景定为优（A）等，具有明显经济价值，近期可安排勘查工作。

司家山预测区埋深600m以浅预测资源量27 138×10^4t，可靠程度定为预测可靠的，预测远景区分类定为有利的（Ⅰ类），勘查开发前景定为优（A）等，开发具有明显经济价值，近期可安排勘查工作。

七、宁东南赋煤带（ⅡC）

宁东南赋煤带包括哈沙图、苦草洼以及长城3个预测区，预测单元为8个，预测区总面积约567.15km^2，预测资源量为955 015×10^4t。预测区分布情况见图8-2-5。

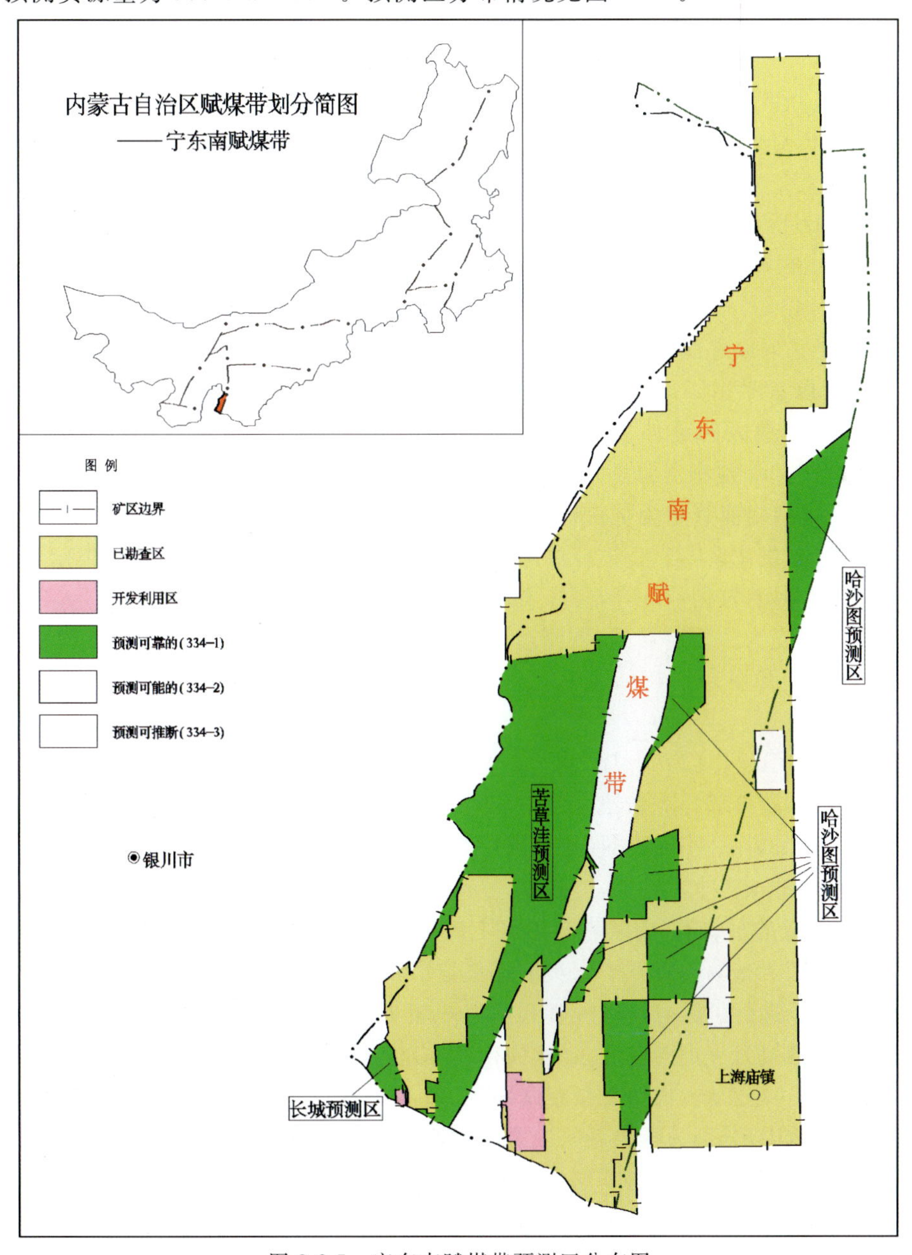

图8-2-5　宁东南赋煤带预测区分布图

(一)哈沙图预测区(ⅡC1)

哈沙图预测区行政区划隶属鄂托克前旗,西距银川市约60km,北距乌海市约90km。预测区地理坐标为东经106°40′09″—107°00′00″,北纬38°10′00″—38°37′00″,面积约228.82km²。

预测区以往地质工作程度较高,最高达勘探阶段,2008—2009年相关的地质勘查报告有二号井煤炭勘探报告、雷家井煤炭勘探报告、巴楞煤炭勘探报告、雷家井南煤炭勘探报告、苏家井南煤炭勘探报告、苏亥图煤炭普查报告、(宝老岱)煤炭预查报告(以上报告名称前均省略了"内蒙古自治区鄂托克前旗新上海庙矿区")。

预测区位于桌子山煤田的东南角,由几个不连续的小预测区组成,区内构造形态总体为一向东、向南东倾斜的单斜构造,在此基础上发育有宽缓的次级褶曲,岩层倾角一般为3°~13°,东南部断裂构造较为发育,有断距较大的逆断层,区内未见岩浆岩侵入体,构造中等。

预测区含煤地层为中—下侏罗统延安组,含煤地层总厚度为184.60~460.50m,平均374.38m,含煤7~24层,其中含可采煤层6~11层,可采煤层总厚度为13.21~51.76m,平均25.44m,可采含煤系数7.50%。

各煤层的原煤水分含量平均为6.48%~11.62%,原煤灰分含量在11.58%~28.75%之间。一般原煤灰分产率均在10%~20%之间,大部分属中低灰分煤;浮煤挥发分在33.62%~41.49%之间;原煤全硫含量一般在0.42%~3.73%之间。主要煤层二煤的全硫含量较高,平均2.59%,大部分属于中高硫分煤,其他煤层全硫平均含量一般在0.42%~1.54%之间,大部分属低—低中硫分煤。原煤干燥基高位发热量平均值在20.84~26.30MJ/kg之间。黏结指数均为0,焦渣特征均为2。焦油产率在9.0%~14.9%之间,平均11.47%。侏罗系各可采煤层均以低中灰、低中硫、中高热值不黏煤为主。

预测区块段煤层平均取邻区煤层平均厚度,煤的视密度为1.41t/m³。资源量估算值的校正系数(β值)取0.70。预测资源量574 551×10⁴t。

预测区位于已知勘查区的延伸部位和外围,预测资源量可靠。煤层埋深0~600m预测资源量60 840×10⁴t、600~1000m预测资源量113 670×10⁴t,可靠程度为预测可靠的,预测远景区分类定为有利的(Ⅰ类),勘查开发利用前景定为优(A)等,具有明显的经济价值,近期可安排勘查开发。煤层埋深1000~1500m预测资源量223 473×10⁴t,可靠程度为预测可靠的,预测远景区分类定为次有利的(Ⅱ类),勘查开发利用前景定为良(B)等,可安排中期勘查开发。煤层埋深1500~2000m预测资源量176 568×10⁴t,可靠程度为预测可靠的,预测远景区分类定为不利的(Ⅲ类),勘查开发利用前景定为差(C)等,可安排远期勘查开发。

(二)苦草洼预测区(ⅡC2)

预测区位于鄂尔多斯市鄂托克前旗西北方向约80km,行政区划隶属鄂托克前旗布拉格苏木。预测区地理坐标为东经106°34′—106°49′,北纬38°14′—38°39′,面积约326.85km²。预测区西南距银川市40km,南距宁东基地40km。

2005—2008年相应的报告有《内蒙古自治区上海庙矿区麻黄井田煤炭勘探报告》《内蒙古自治区鄂托克前旗新上海庙矿区卡布陶勒盖井田煤炭勘探报告》和《内蒙古自治区鄂托克前旗大榆树普查区煤炭资源储量核查报告》,还进行了苦草洼区预查和苏亥图煤炭普查工作。

预测区总体构造格架为一走向北北东、倾向南东东的单斜构造,发育有褶曲及走向北北东的断层,断层较发育,对煤层有一定影响,构造复杂程度中等。

本区有两套含煤地层,分别为石炭系—二叠系太原组、山西组和中—下侏罗统延安组。太原组及山西组含煤总厚度为17.33m,可采煤层9层,可采厚度为16.27m,延安组含煤总厚度为3.50~27.52m,可采煤层3~7层,可采总厚度为3.50~26.91m。

侏罗系各可采煤层原煤灰分为13.25%～17.63%，平均16.21%，以中灰煤为主，低灰煤次之，局部出现高灰煤；硫分为0.29%～2.14%，平均0.97%～2.14%，以中硫煤为主，低硫煤次之；干燥基高位发热量平均23.66～25.31MJ/kg。浮煤挥发分为33.96%～44.50%，平均35.86%～40.10%。透光率大于50%，煤类以长焰煤为主，少量不黏煤。

石炭系—二叠系各可采煤层原煤灰分为23.2%～22.53%，平均22.56%，均为中灰煤；原煤全硫平均值为0.46%～0.55%；干燥基高位发热量平均为26.18～26.75MJ/kg。浮煤挥发分平均为24.41%～25.90%，黏结指数一般在50～65之间，煤类以焦煤为主。

本预测区预测石炭系—二叠系煤层资源量，预测区块段煤层平均厚度取邻区煤层平均厚度，煤的视密度为1.45t/m^3。资源量估算值的校正系数(β值)取0.70，预测资源量365 730×10^{4}t。

预测区位于各井田的延伸部位和外围，预测资源量可靠。煤层埋深600～1000m预测资源量19 352×10^{4}t，可靠程度为预测可靠的，预测远景区分类定为有利的(Ⅰ类)，勘查开发利用前景定为优(A)等，具有明显的经济价值，近期可安排勘查开发；埋深1000～1500m预测资源量44 385×10^{4}t，可靠程度为预测可靠的，预测远景区分类定为次有利的(Ⅱ类)，勘查开发利用前景定为良(B)等，具有开发经济价值，考虑中期安排勘查工作；埋深1500～2000m预测资源量301 993×10^{4}t，可靠程度为预测可靠的，预测远景区分类定为不利的(Ⅲ类)，勘查开发利用前景定为差(C)等，仅考虑远期安排勘查工作。

(三)长城预测区(ⅡC3)

预测区位于内蒙古自治区与宁夏回族自治区接壤的地带，行政区划隶属鄂托克前旗上海庙镇。预测区地理坐标为东经106°31′—106°34′，北纬38°15′—38°18′，面积约11.48km^2。

相关的地质报告有横山堡地区地震勘探找煤报告、灵武煤田横山堡矿区详查报告、横山堡矿区丁家梁勘探区普查报告、长城煤矿西矿区初勘报告，以及内蒙古自治区上海庙矿区麻黄井田煤炭勘探报告与内蒙古自治区鄂托克前旗黑梁井田煤炭勘探地质报告。

本区属隐伏煤田，总体为一个走向近南北、倾向东的单斜构造，其上发育了一些宽缓的波状起伏。由于受挤压性断层切割，横剖面上呈现的叠瓦状形态。

本区含煤地层为太原组和山西组。山西组煤层累计厚度1.85～18.87m，平均7.99m，可采煤层累计厚度0.85～8.84m，平均5.04m；太原组煤层累计厚度0.65～9.43m，平均3.58m，可采煤层累计厚度0.87～5.05m，平均2.55m。

各可采煤层原煤灰分为7.56%～39.92%，平均23.28%～29.03%，属中灰煤；浮煤挥发分在27.82%～44.43%之间，属中高挥发分煤；硫分在0.76%～3.45%之间，为中—高硫煤；干燥基高位发热量平均21.73～24.81MJ/kg。预测区煤类以气煤为主。

本次预测区块段煤层平均厚度取邻区煤层平均厚度，视密度为1.45t/m^3。资源量估算值的校正系数(β值)取0.70。

预测区位于已勘查井田的延伸部位和外围，预测资源量可靠。煤层埋深0～600m预测资源量14 734×10^{4}t，可靠程度为预测可靠的，预测远景区分类定为有利的(Ⅰ类)，勘查开发利用前景定为优(A)等，具有明显的经济价值，近期可安排勘查开发。

八、桌子山-贺兰山赋煤带(ⅡD)

桌子山-贺兰山赋煤带包括桌子山煤田和贺兰山煤田，预测区8个，预测基本单元28个，预测区总面积约1039.08km^2，预测资源量为805 704×10^{4}t。预测区分布情况如图8-2-6所示。

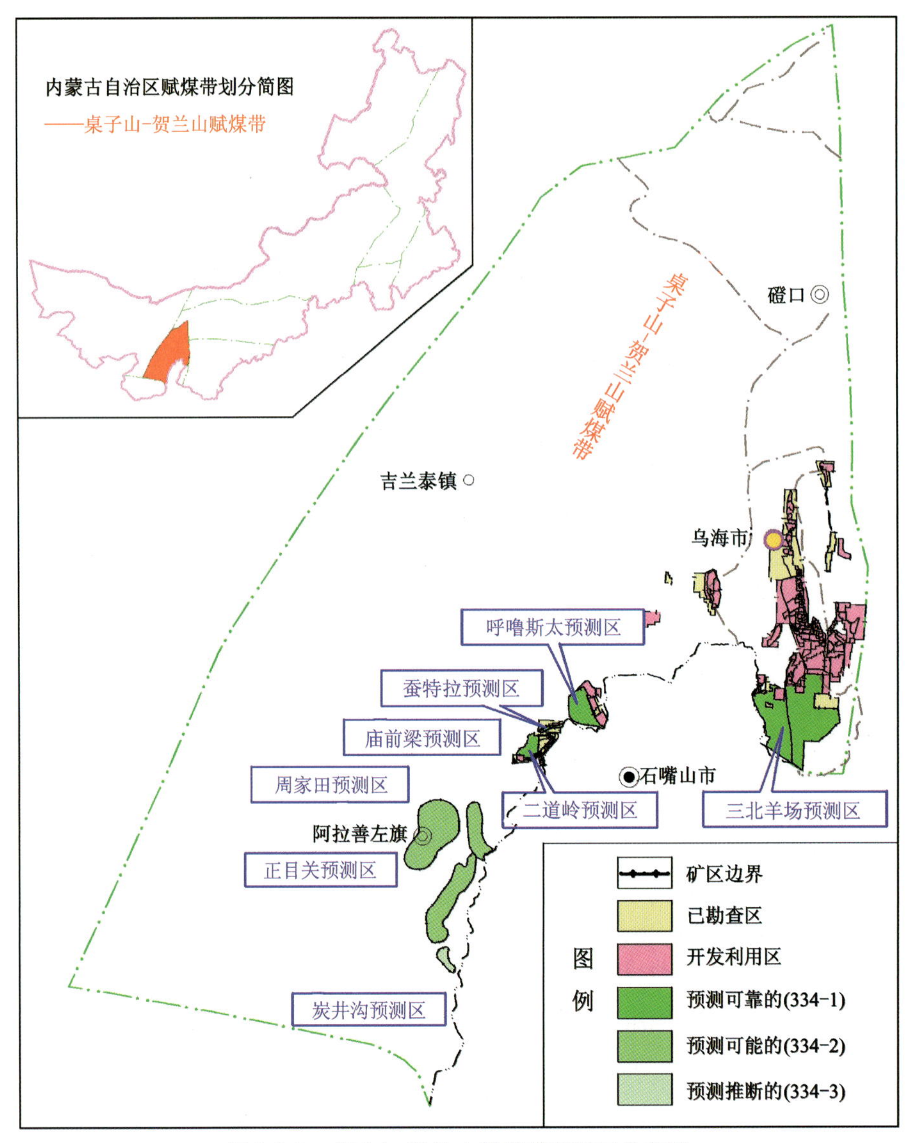

图 8-2-6　桌子山-贺兰山赋煤带预测区分布图

(一)二道岭预测区(ⅡD1)

二道岭预测区位于内蒙古自治区与宁夏回族自治区交界处,在阿拉善左旗东北方向 45km 处。预测区地理坐标为东经 105°57′—106°06′,北纬 39°02′—39°08′,面积约 33.28km^2。行政区划隶属阿拉善左旗,北邻蚕特拉预测区,南与古拉本勘探区相邻,东为蒙宁省界。

二道岭矿区地质报告有《贺兰山煤田二道岭矿区立新井田地质勘探最终报告》(1966 年)、《内蒙古自治区贺兰山煤田二道岭矿区天荣五号井田煤炭详查报告》(2005 年)、《内蒙古自治区贺兰山煤田二道岭矿区北段天荣六/七号井煤炭资源储量核实报告》(2006 年)。

预测区处于中朝准地台鄂尔多斯西缘坳陷带贺兰山台拗。与二道岭预测区关系较密切的断层为小松山逆断层,位于预测区西约 3～4km,北东-南西走向,延伸 10km 以上,倾向西,倾角 30°～35°,寒武系—奥陶系逆掩推覆于侏罗系安定组之上,构成二道岭预测区西界。

预测区内褶皱构造为二道岭向斜。向斜总体呈北东-南西走向,走向最长约 15km,倾向最宽处约 6km。向斜西翼被小松山逆断层切割,奥陶系逆掩其上;南东翼构造简单,地层走向北东 40°左右,地层倾角 45°～60°;北西翼走向近东西向,地层陡立,倾角 45°～80°;向斜西南端构造复杂,次级褶皱较发育,含煤地层出露于向斜的北、东、南三面。

二道岭预测区含煤地层为下侏罗统延安组，出露于贺兰山的二道岭、汝箕沟等地，属陆相含煤沉积地层。总厚度为227.81m，含可采煤层11层，平均煤层总厚度为26.42m，可采煤层总厚度为18.07m。其中稳定煤层3层，较稳定煤层4层，不稳定煤层4层。

各煤层原煤水分在0.16%～0.99%之间，原煤灰分小于10%，属低—特低灰分煤。原煤挥发分总体小于10%。原煤全硫平均值0.23%～0.56%，属低硫—特低硫煤，各种硫中以硫酸盐硫为主，次为有机硫，黄铁矿硫含量很低。原煤发热量在27.95～35.47MJ/kg之间，为特高热值煤。预测区内煤为低硫、低灰、高发热量、低挥发分无烟煤。

资源量估算采用丰度法。二道岭中段煤炭丰度为2487.7×10^4t/km^2；天荣五井详查区煤炭丰度为3249.3×10^4t/km^2。预测区资源量估算值校正系数(β值)取0.50，预测资源量47 731×10^4t。

预测区位于已知井田的延伸部位和外围，预测资源量可靠。煤层埋深600～1000m预测资源量24 224×10^4t，可靠程度为预测可靠的，预测远景区分类定为有利的(Ⅰ类)，勘查开发利用前景定为优(A)等，具有明显的经济价值，近期可安排勘查开发。埋深1000～1500m预测资源量23 507×10^4t，可靠程度为预测可靠的，预测远景区分类定为次有利的(Ⅱ类)，勘查开发利用前景定为良(B)等，具有开发经济价值，考虑中期安排勘查工作。

(二)蚕特拉预测区(ⅡD2)

蚕特拉预测区位于内蒙古自治区与宁夏回族自治区交界处，在阿拉善左旗东北方向45km处。预测区地理坐标为东经106°01′—106°09′，北纬39°07′—39°10′，面积约25.22km^2，行政区划隶属阿拉善左旗。

1968年形成蚕特拉井田最终勘探报告，2002—2010年先后形成内蒙古自治区贺兰山煤田呼鲁斯太矿区蚕特拉煤矿煤炭资源储量核查报告4件。

预测区大地构造位于华北地台鄂尔多斯西缘坳陷带贺兰山-桌子山台拗。预测区处于贺兰山北段，汝箕沟-宗别立向斜的西翼，地层倾角40°～60°。地层受北东向构造控制，总体呈北东向展布，部分地段受次级褶皱影响呈近东西走向。预测区断层较发育，断层倾角一般在70°～80°之间。断层延伸长度100～1800m，落差50～530m。褶皱带整体呈宽缓的背向斜出现，轴向北东。受褶皱构造的影响，部分含煤地层褶皱转折端煤层有加厚或变薄的现象。

太原组和山西组是本区的主要含煤地层，预测区含可采煤层6层，总厚度约22m。太原组含可采煤层3层，山西组含可采煤层2层，石盒子组含可采煤层1层。

各煤层原煤水分0.45%～0.60%，原煤灰分在19.00%～32.22%之间。原煤挥发分在18.0%～21.15%。原煤全硫除2、3煤层为低硫煤，其余煤层均为高硫煤。原煤发热量为22.88～28.53MJ/kg。预测区煤为中灰、高发热量、低挥发分焦—瘦煤。

资源量估算采用丰度法。蚕特拉勘探区累计查明资源量5476.4×10^4t，其最大含煤面积为4.96km^2，煤炭丰度为1104.11×10^4t/km^2，资源量估算值的校正系数(β值)取0.50。

预测区位于已勘查井田的延伸部位，预测资源量13 924×10^4t，预测可靠。煤层埋深600～1000m预测资源量4599×10^4t，可靠程度为预测可靠的，预测远景区分类定为有利的(Ⅰ类)，勘查开发利用前景定为优(A)等，具有明显的经济价值，近期可安排勘查开发；埋深1000～1500m预测资源量4461×10^4t，可靠程度为预测可靠的，预测远景区分类定为次有利的(Ⅱ类)，勘查开发利用前景定为良(B)等，具有开发经济价值，考虑中期安排勘查工作；埋深1500～2000m预测资源量4864×10^4t，可靠程度为预测可靠的，预测远景区分类定为不利的(Ⅲ类)，勘查开发利用前景定为差(C)等，仅考虑远期安排勘查工作。

(三)呼鲁斯太预测区(ⅡD3)

呼鲁斯太预测区位于阿拉善左旗北东60km处。预测区地理坐标为东经106°09′—106°16′,北纬39°08′—39°15′,面积约71.03km²。行政区划隶属阿拉善左旗。

本区的地质报告有甘肃省贺兰山北段地质普查报告(1954年)、呼鲁斯太煤矿找矿勘探报告(1958年)、贺兰山北段呼鲁斯太勘探区普查报告(1958年)。1965—1966年,呼鲁斯太矿区乌兰、乌兰四区、百灵、巴音井田分别形成了精查地质报告。

呼鲁斯太预测区整体呈一单斜构造,地层走向北西15°~25°,倾向南西,倾角18°~25°。预测区内断层发育,局部发育微缓褶曲,但均局限在石炭系中。断层以走向正断层为主,有少数斜交走向逆(正)断层。预测区内无岩浆岩侵入体。

预测区含煤地层为太原组和山西组,太原组下段含可采煤层13~14层,总厚度为3.45~30.53m,平均12.60m;太原组上段含可采煤层10层,总厚度为4.29~20.86m,平均9.45m。山西组含可采煤层3层,煤层总厚度为2.01~32.41m,平均12.55m。

太原组各煤层原煤灰分在14.13%~46.21%之间,硫分在0.28%~7.33%之间,磷在0.01%~0.05%,发热量为25.43~28.63MJ/kg,以中灰、中硫、低磷、高热值煤为主。山西组各煤灰分在20.34%~30.53%,硫分在0.49%~0.91%,以中灰、特低硫煤为主。预测区煤类以焦煤为主。

资源量估算采用丰度法:乌兰勘探区煤炭资源丰度为3 676.7×10⁴t/km²;百灵详查区煤炭资源丰度为2064.8×10⁴t/km²;呼鲁斯太预测区煤炭资源丰度取2 870.8×10⁴t/km²。资源量估算值校正系数(β值)取0.50。

预测区位于已勘查井田的外围,预测资源量101 955×10⁴t,预测可靠。煤层埋深600~1000m预测资源量50 411×10⁴t,可靠程度为预测可靠的,预测远景区分类定为有利的(Ⅰ类),勘查开发利用前景定为优(A)等,具有明显的经济价值,近期可安排勘查开发;埋深1000~1500m预测资源量32 583×10⁴t,可靠程度为预测可靠的,预测远景区分类定为次有利的(Ⅱ类),勘查开发利用前景定为良(B)等,具有开发经济价值,考虑中期安排勘查工作;埋深1500~2000m预测资源量18 961×10⁴t,可靠程度为预测可靠的,预测远景区分类定为不利的(Ⅲ类),勘查开发利用前景定为差(C)等,仅考虑远期安排勘查工作。

(四)三北羊场预测区(ⅡD4)

三北羊场预测区地跨鄂尔多斯市及乌海市。预测区地理坐标为东经106°46′—107°05′,北纬39°03′—39°18′,面积约364.20km²。预测区北与铁盖苏木详查区、四道泉详查区相邻,南与羊路井普查区相邻,东以桌子山东缘大断裂为边界,西以内蒙古自治区、宁夏回族自治区为边界。

周边区域地质报告有《内蒙古自治区桌子山煤田红柳树东、西井田勘探报告》(2005年)和《内蒙古自治区桌子山煤田铁盖苏木区煤炭资源普查报告》(2007年)。

预测区位于鄂尔多斯盆地西缘北部,构造以逆断裂组成的断块为主,有一个向斜,构造中等,基本上为一西翼陡东翼缓的不对称向斜构造。本区含煤地层主要为太原组和山西组,东部可能有延安组的赋存。太原组和山西组含煤7~9层,煤层总厚度为0~24.80m,平均11.35m,含煤系数5.3%;含可采煤层0~7层,一般3~5层,可采煤层总厚度为0~18.60m,平均7.82m,可采含煤系数3.7%。含煤性较好。

区内各煤层原煤灰分平均20.75%~28.69%,浮煤挥发分平均29.26%~32.15%,原煤硫分($S_{t,d}$)平均1.18%~1.67%,以中硫、中高硫煤为主。干燥基高位发热量平均24.74~29.221MJ/kg,以中高热值煤为主,高热值煤次之,预测区煤类以气煤为主。

根据三北羊场内勘查资料确定预测区平均厚度,煤的视密度为1.45t/m³。资源量估算值的校正系数(β值)取0.70。

预测区位于已勘查区域的外围，预测资源量可靠。煤层埋深 0～600m 预测资源量 22 626×10^4t、600～1000m 预测资源量 14 653×10^4t，可靠程度为预测可靠的，预测远景区分类定为有利的（Ⅰ类），勘查开发利用前景定为优(A)等，具有明显的经济价值，近期可安排勘查开发；埋深 1000～1500m 预测资源量 112 644×10^4t，可靠程度为预测可靠的，预测远景区分类定为次有利的（Ⅱ类），勘查开发利用前景定为良(B)等，具有开发经济价值，考虑中期安排勘查工作；埋深 1500～2000m 预测资源量 45 616×10^4t，可靠程度为预测可靠的，预测远景区分类定为不利的（Ⅲ类），勘查开发利用前景定为差(C)等，仅考虑远期安排勘查工作。

（五）炭井沟预测区（ⅡD5）

炭井沟预测区位于阿拉善左旗南 35km 处，行政区划隶属阿拉善左旗。预测区地理坐标为东经 105°45′—105°49′，北纬 38°27′—38°31′，面积约 23.00km²。

区域上以往地质工作有 1959 年内蒙古地质局石油普查大队提交的 1959 年地质工作总结报告，1960 年内蒙古自治区煤田地质局 117 队提交的 1∶20 万普查找矿报告，1961 年玉门石油管理局 133 队提交的武腾东部贺兰山西麓总结报告，1966 年贺兰山煤炭工业公司内蒙古支公司物测队提交的贺兰山西麓综合找煤报告。

预测区地处贺兰山中段，区内有 4 条断层，构造较复杂，岩层倾角大。断层性质为压扭性断层，致使地层发生倒转。含煤地层为延安组，出露不全。含有两层可采煤层，厚度分别为 0.45～28.29m、0.45～1.96m。由于受挤压作用，煤层不稳定，沿走向变化大，结构复杂。

预测区原煤灰分小于 15%，属低灰分煤。原煤挥发分平均 35%，属高挥发分煤。预测煤类推测为长焰煤。

资源丰度采用苏峪口煤矿煤炭丰度，为 1 515.6×10^4t/km²。资源量估算值的校正系数(β值)取 0.50。

预测区研究程度低，山地工程及矿点揭露较少。预测区煤层埋深 0～600m 预测资源量 4304×10^4t、600～1000m 预测资源量 5214×10^4t，可靠程度均为预测推测的，预测远景区分类定为有利的（Ⅰ类），勘查开发利用前景定为良(B)等，具有开发经济价值，考虑中期安排勘查工作；埋深 1000～1500m 预测资源量 5229×10^4t，可靠程度为预测推测的，预测远景区分类定为次有利的（Ⅱ类），勘查开发利用前景定为良(B)等，具有开发经济价值，考虑中期安排勘查工作；埋深 1500～2000m 预测资源量 2683×10^4t，可靠程度为预测推测的，预测远景区分类定为不利的（Ⅲ类），勘查开发利用前景定为差(C)等，仅考虑远期安排勘查工作。

（六）正目关预测区（ⅡD6）

正目关预测区位于阿拉善左旗东南方向 18km 处。预测区地理坐标为东经 105°42′—105°51′，北纬 38°32′—38°47′，面积约 216.45km²。行政区划隶属阿拉善左旗。

预测区整体呈一单斜构造，倾向北西，倾角在 30°～60°，本区断层发育。含煤地层为石炭系—二叠系，上石炭统含 7～14 号煤层，最大总厚度为 8.89m，下二叠统含 1～6 号煤层，最大厚度为 10.7m，煤层厚度变化较大，其中大部可采煤层 4 层，局部可采煤层 6 层。

苏峪口煤矿位于预测区南东 18km 处，含煤地层为太原组和山西组，其中太原组含煤 12 层，总厚度为 13.5m，可采 6 层，厚 9.42m；山西组含煤 3 层，均可采，总厚度为 4.93m，远景资源储量 4.19×10^8t。资源丰度为 1 515.6×10^4t/km²。

预测区煤水分平均值低于 1%，原煤灰分平均值 26%，属于富灰煤。挥发分多在 20%左右。煤层全硫一般大于 1.5%，以中硫为主，煤类为无烟煤。

资源量估算值的校正系数(β值)取 0.50。

预测区研究程度低，山地工程及矿点揭露较少。煤层埋深 0～600m 预测资源量 38 799×10^4t、煤层埋深 600～1000m 预测资源量 40 921×10^4t，可靠程度为预测可能的，预测远景区分类定为有利的（Ⅰ

类),勘查开发利用前景定为良(B)等,具有开发经济价值,考虑中期安排勘查工作;埋深 1000～1500m 预测资源量 38 928×10^4t,可靠程度为预测可能的,预测远景区分类定为次有利的(Ⅱ类),勘查开发利用前景定为良(B)等,具有开发经济价值,考虑中期安排勘查工作;埋深 1500～2000m 预测资源量 45 377×10^4t,可靠程度为预测可能的,预测远景区分类定为不利的(Ⅲ类),勘查开发利用前景定为差(C)等,仅考虑远期安排勘查工作。

(七)庙前梁预测区(ⅡD7)

庙前梁预测区行政区划隶属阿拉善左旗。预测区地理坐标为东经 105°49′—105°54′,北纬 38°46′—38°55′,面积约 86.25km^2。

预测区整体呈一单斜构造,倾向南西,倾角 30°～40°。预测区北部有一走向北西的逆断层,倾向南西,倾角 50°。断层上盘抬升,导致奥陶系米钵山组灰岩出露。含煤地层为石炭系—二叠系,含局部可采煤 3～5 层。预测区煤水分平均值低于 1%,原煤灰分平均值 26%,属于富灰煤。挥发分多在 20%左右。煤层全硫一般大于 1.5%,以中硫为主。煤类以无烟煤为主。

根据苏峪口煤矿资源丰度进行预测,丰度为 1515.6×10^4t/km^2,资源量估算值的校正系数(β值)取 0.50。

煤层埋深 0～600m 预测资源量 32 199×10^4t、煤层埋深 600～1000m 预测资源量 13 148×10^4t,可靠程度为预测可能的,预测远景区分类定为次有利的(Ⅱ类),勘查开发利用前景定为良(B)等,具有开发经济价值,考虑中期安排勘查工作;埋深 1000～1500m 预测资源量 9965×10^4t,可靠程度为预测可能的,预测远景区分类定为次有利的(Ⅱ类),勘查开发利用前景定为良(B)等,具有开发经济价值,考虑中期安排勘查工作;埋深 1500～2000m 预测资源量 10 048×10^4t,可靠程度为预测可能的,预测远景区分类定为不利的(Ⅲ类),勘查开发利用前景定为差(C)等,仅考虑远期安排勘查工作。

(八)周家田预测区(ⅡD8)

周家田预测区行政区划隶属阿拉善左旗。预测区地理坐标为东经 105°33′—105°48′,北纬 38°45′—38°55′,面积约 219.65km^2。

区内含煤地层为石炭系—二叠系,上石炭统含煤 9 层,最大总厚度为 8.89m,下二叠统含煤 6 层,最大厚度为 10.7m,煤层厚度变化较大。该套煤层隐伏于白垩系砂砾岩之下,岩层倾向南西,倾角 20°。预测区煤水分平均值低于 1%,原煤灰分平均值 26%,属于富灰煤。挥发分多在 20%左右。煤层全硫一般大于 1.5%,以中硫为主。煤类以肥煤为主。

根据苏峪口煤矿资源丰度进行预测,丰度为 1515.6×10^4t/km^2。资源量估算值的校正系数(β值)取 0.50。

预测区煤层埋深 0～600m 预测资源量 49 833×10^4t、煤层埋深 600～1000m 预测资源量 27 344×10^4t,可靠程度为预测可能的,预测远景区分类定为有利的(Ⅰ类),勘查开发利用前景定为良(B)等,具有开发经济价值,考虑中期安排勘查工作;埋深 1000～1500m 预测资源量 38 575×10^4t,可靠程度为预测可能的,预测远景区分类定为次有利的(Ⅱ类),勘查开发利用前景定为良(B)等,具有开发经济价值,考虑中期安排勘查工作;埋深 1500～2000m 预测资源量 83 988×10^4t,可靠程度为预测可能的,预测远景区分类定为不利的(Ⅲ类),勘查开发利用前景定为差(C)等,仅考虑远期安排勘查工作。

九、北山-潮水赋煤带(ⅢA)

北山-潮水赋煤带有 4 个预测区,预测基本单元 4 个,预测区总面积约 288.45km^2,预测资源量为 59 639×10^4t。

(一)希热哈达预测区(ⅢA1)

预测区距额济纳旗达来库布镇80km,行政区划隶属额济纳旗赛汉陶来苏木。预测区地理坐标为东经100°03′12″—100°13′38″,北纬42°11′17″—42°16′27″,面积约106.43km²。

1983年,内蒙古自治区108地质队提交了《内蒙古自治区额济纳旗希热哈达煤矿勘探地质报告》,得到预测区煤储量863×10⁴t,预测区内达到了详查程度。1989年希热哈达煤矿建成投产,开采3煤层,至1999年3煤层已基本采空,共计采出原煤500×10³t,消耗资源储量1753×10³t。

预测区区域大地构造位于天山-阴山东西向构造带内明水-黑鹰山褶皱带北缘,处于一个小型山间盆地中,总体上为一个不对称的宽缓向斜构造,断裂构造不甚发育。

本区含煤地层为中—下侏罗统龙凤山群,煤层赋存于龙凤山群下岩组一岩段和二岩段中,地层厚度130m,共含煤层、煤线12层,煤层总厚度9.6m,含煤系数7.38%,可采煤层3层,可采厚度5.74m,可采系数为59.79%。

预测区煤质特征:①焦渣特征为3,极少数为2;②胶质层厚度为0mm,出焦率结果为凝结,黏结指数为0;③元素分析,碳在81%~84%之间,氢4%~5%,氧10%~12%;④挥发分在20%~37%之间;⑤高位发热量在29.27~33.45MJ/kg;⑥镜煤最大反射率在0.584%~0.795%之间,属烟煤第二变质阶段;⑦有机显微组分中丝质组含量在35%~62.7%之间。视密度1.43~1.45t/m³,煤类为不黏煤。

希热哈达煤矿资源丰度为385.7×10⁴t/km²。资源量估算值的校正系数(β值)取0.70。

预测区西北为正在开采的希热哈达煤矿,预测区煤层埋深0~600m,预测资源量28 736×10⁴t,可靠程度为预测可靠的,预测远景区分类定为有利的(Ⅰ类),勘查开发利用前景定为优(A)等,具有开发经济价值,考虑近期安排勘查工作。

(二)北山预测区(ⅢA2)

预测区位于内蒙古自治区与甘肃省交界处,在额济纳旗西南方向230km处,行政隶属额济纳旗马鬃山苏木。预测区地理坐标为东经98°30′40″—98°35′48″,北纬40°44′50″—40°46′32″,面积约9.927km²。

1957—1961年甘肃省祁连山地质队、贺兰山煤管局对北山煤炭、沙婆泉煤矿、芨芨台子煤矿等进行了勘查,较详细地研究了矿区及其外围的中生代地层、构造和火山岩等。1958—1960年,由甘肃省区测队实测玉门幅(K-47)1∶100万地质图及矿产图说明书中,较全面叙述了区内的地层、岩浆岩、构造及矿产。1967—1970年,甘肃省地质局区测队进行了1∶20万红柳大泉幅(K-47-XXⅦ)测制,对该区地质矿产进行了较详尽的叙述,并对侏罗纪地层中的煤层做了部分工作,为地质找矿指明了方向。1983—1988年,酒泉地质调查队对北山地区进行了煤炭资源远景调查,对北山地区含煤地层时代、含煤岩系层序、分布范围和煤层层数、厚度、埋深以及成煤环境等进行了一定的调查研究,对北山煤炭成矿规律进行了总结。

预测区处于北山海西褶皱带老树窝向斜及野马泉向斜北翼,印支—燕山期构造运动造成北东-南西向或近东西向的坳陷,含煤地层为中—下侏罗统龙凤山组,含煤4层,赋存于龙凤山群下亚群上岩组上段,煤层总厚度4.27m,其中可采和局部可采3层,平均总厚度为3.65m。

预测区煤岩类型为半亮型。原煤灰分为9.03%~30.45%,平均19.27%;挥发分为25.92%~40.89%,平均30.64%;胶质层厚度为20.80~33mm,平均27.93mm;硫分为0.52%~4.52%,平均1.74%。预测区煤为中高挥发分、中灰、中高硫煤,煤类为肥煤。

煤层厚度、视密度采用北山煤矿的资料,平均厚度为2.35m,视密度为1.37 t/m³。资源量估算值的校正系数(β值)取0.7。

预测区东部为北山煤矿,煤层埋深0~600m预测资源量648×10⁴t、600~1000m预测资源量501×10⁴t,可靠程度为预测可靠的,预测远景区分类定为有利的(Ⅰ类),勘查开发利用前景定为优(A)等,具有开发经济价值，考虑近期安排勘查工作；埋深 1000～1500m 预测资源量 499×10^4t，可靠程度为预测可靠的，预测远景区分类定为次有利的（Ⅱ类），勘查开发利用前景定为良（B）等，具有开发经济价值，考虑中期安排勘查工作；埋深 1500～2000m 预测资源量 590×10^4t，可靠程度为预测可靠的，预测远景区分类定为不利的（Ⅲ类），勘查开发利用前景定为差（C）等，仅考虑远期安排勘查工作。

（三）芨芨台子预测区（ⅢA3）

芨芨台子预测区位于内蒙古自治区与甘肃省交界处，在额济纳旗西南方向 230km 处，行政区划隶属马鬃山苏木。预测区地理坐标为东经 98°51′07″—99°04′51″，北纬 40°43′39″—40°54′45″，面积约 123.582km^2。以往地质工作及构造详见本节北山预测区。

含煤地层为中—下侏罗统龙凤山群，含煤 2 层，赋存于龙凤山群下亚群上岩组上段，1 煤层厚度 0.15～0.97m，平均厚度为 0.48m；2 煤层厚度为 0.18～1.32m，平均厚度为 0.66m。平均总厚度为 1.14m。

预测区煤岩类型为半亮型煤。原煤灰分为 12.40%～39.59%，平均 27.56%；挥发分为 25.69%～35.70%，平均 31.84%；胶质层厚度为 27～36.5mm，平均 31.1mm；硫分为 0.9%～2.65%，平均 1.98%。属中高挥发分、中灰、中高硫煤，煤类为肥煤。

煤层厚度、视密度采用岌岌台子煤矿的资料确定，煤层平均厚度为 1.14m，视密度为 1.37 t/m^3。资源量估算值的校正系数（β 值）取 0.7。

预测区南部为岌岌台子煤矿，埋深 0～600m 预测资源量 1067×10^4t、600～1000m 预测资源量 2914×10^4t，可靠程度为预测可靠的，预测远景区分类定为有利的（Ⅰ类），勘查开发利用前景定为优（A）等，具有开发经济价值，考虑近期安排勘查工作；埋深 1000～1500m 预测资源量 4443×10^4t，可靠程度为预测可靠的，预测远景区分类定为次有利的（Ⅱ类），勘查开发利用前景定为良（B）等，具有开发经济价值，考虑中期安排勘查工作；埋深 1500～2000m 预测资源量 5087×10^4t，可靠程度为预测可靠的，预测远景区分类定为不利的（Ⅲ类），勘查开发利用前景定为差（C）等，仅考虑远期安排勘查工作。

（四）沙婆泉预测区（ⅢA4）

预测区位于内蒙古自治区与甘肃省交界处，在额济纳旗西南方向 220km 处，行政区划隶属马鬃山苏木。预测区地理坐标为东经 98°39′46″—98°43′54″，北纬 41°00′43″—41°04′30″，面积约 48.51km^2。

本区有《内蒙古自治区额济纳旗红柳大泉煤矿普查地质工作总结》（2005 年）1 份，共获得煤炭资源储量 5 535.0×10^4t，其中控制的内蕴经济资源量（332）5196×10^4t，推断的内蕴经济资源量（333）339×10^4t。

预测区含煤地层为中—下侏罗统龙凤山组，含煤 10 层，煤层总厚度为 8.39m。其中，可采和局部可采者 3 层（即煤 1、煤 2、煤 3），平均可采总厚度 6.30m。

预测区原煤灰分为 6.55%～31.84%，平均 16.58%；挥发分为 0.21%～21.16%，平均11.99%；硫分为 0.38%～2.81%，平均 1.01%。属低挥发分、中灰、中硫煤，煤类为贫煤。

本次预测煤层厚度、视密度采用岌岌台子煤矿的资料，煤层平均厚度为 6.30m，视密度为 1.37 t/m^3。资源量估算值的校正系数（β 值）取 0.7。

预测区西部为红柳大泉勘查区，勘查程度为勘探阶段。预测区煤层埋深 600～1000m 预测资源量 8150×10^4t，可靠程度为预测可能的，预测远景区分类定为有利的（Ⅰ类），勘查开发利用前景定为良（B）等，具有开发经济价值，考虑中期安排勘查工作；埋深 1000～1500m 预测资源量 4042×10^4t，可靠程度为预测可能的，预测远景区分类定为次有利的（Ⅱ类），勘查开发利用前景定为良（B）等，具有开发经济价值，考虑中期安排勘查工作；埋深 1500～2000m 预测资源量 2962×10^4t，可靠程度为预测可能的，预测远景区分类定为不利的（Ⅲ类），勘查开发利用前景定为差（C）等，仅考虑远期安排勘查工作。

十、香山赋煤带(ⅢB)

香山赋煤带预测区 2 个,预测基本单元 8 个。预测区总面积约 900.96km²,预测资源量为 646 644×10⁴t。

(一)喇嘛敖包预测区(ⅢB1)

喇嘛敖包预测区位于阿拉善左旗南西约 150km,宁夏回族自治区中卫市北西约 60km,行政区划隶属阿拉善左旗嘉尔嘎勒赛汉镇。预测区地理坐标为东经 104°05′—105°39′,北纬 37°41′—37°52′。

周边地区的地质报告有《内蒙古自治区阿拉善左旗喇嘛敖包矿区煤炭普查报告》(2006 年),推断的内蕴经济资源量(333)446×10⁴t;《内蒙古自治区阿拉善左旗炭井子沟矿区煤炭详查报告》(2009 年),埋深 1200m 以浅的资源量(332+333+334?)11 789×10⁴t。

区域大地构造位置处于祁连加里东地槽褶皱系之走廊过渡带。预测区内褶皱构造表现为复式向斜构造,褶皱构造(包括次一级褶皱)在预测区内十分发育,两翼倾角 30°~50°。断裂构造主要表现为近东西向断裂及北西向断裂。近东西向断裂构造早于北西向断裂构造,被北西向断裂切割。近东西向断裂由逆断层、正断层组成。断层倾向南,倾角一般在 55°~58°之间。北西向断裂主要为逆断层,断层倾向南西,倾角为 68°。

预测区含煤地层为上石炭统太原组,煤系地层厚度为 443.36m,煤层总厚度 12.74m,含煤系数 2.87%;可采煤层总厚度 8.91m,可采煤层含煤系数 2.01%。共见煤层 7 层,全区未见连续性好的煤层,属局部可采或零星可采煤层。

原煤水分平均 3.70%~6.20%;原煤灰分 23.34%~33.25%;原煤挥发分总体小于 10%;原煤全硫平均值 2.80%~9.97%;原煤发热量在 16.00~23.71MJ/kg 之间。预测区内煤为高硫、中灰、低发热量、低挥发分无烟煤。

本区资源量估算采用丰度法估算,采用炭井子沟详查区资源丰度。炭井子沟详查区累计查明资源量 12 720.5×10⁴t,含煤面积为 7.14km²,资源丰度为 1 781.60×10⁴t/km²。喇嘛敖包预测区面积约 735.89km²,资源量估算值的校正系数(β 值)取 0.50。

预测区煤层埋深 0~600m 预测资源量 119 406×10⁴t、600~1000m 预测资源量 239 403×10⁴t,可靠程度为预测可靠的,预测远景区分类定为有利的(Ⅰ类),勘查开发利用前景定为优(A)等,具有明显的经济价值,近期可安排勘查开发;埋深 1000~1500m 预测资源量 113 309×10⁴t,可靠程度为预测可靠的,预测远景区分类定为次有利的(Ⅱ类),勘查开发利用前景定为良(B)等,具有开发经济价值,考虑中期安排勘查工作;埋深 1500~2000m 预测资源量 103 413×10⁴t,可靠程度为预测可靠的,预测远景区分类定为不利的(Ⅲ类),勘查开发利用前景定为差(C)等,仅考虑远期安排勘查工作。

(二)新井预测区(ⅢB2)

新井预测区行政区划隶属阿拉善左旗嘉尔嘎勒赛汉镇。预测区地理坐标为东经 105°36′—105°42′,北纬 37°59′—38°12′。预测区距阿左旗镇政府所在地巴音浩特镇 83km。

本区以往地质报告有 4 件,分别为《贺兰山南段新井矿区普查找煤工作总结》(1970 年)、《内蒙古自治区阿左旗贺兰山南段新井地区煤炭资源调查报告》(1986 年)、《内蒙古自治区贺兰山南段煤田新井矿区新井煤矿煤炭资源储量核实报告》(2003 年)、《内蒙古自治区阿拉善左旗贺兰山南段新井矿区巴兴图煤矿煤炭资源储量核实报告》(2004 年)。

本区大地构造位置处于华北地台鄂尔多斯西缘坳陷,区内总体构造线呈北西-南东向,地层倾角 25°~40°。

预测区含煤地层为中—下侏罗统延安组,含可采煤层 1~2 层,厚度 0.1~29.2m,平均 4m。煤层厚度变化较大，含夹矸 0～6 层，且夹矸层位不稳定，呈透镜状。

显微煤岩组分丝质组含量最高，平均值为 50.4%；镜质组次之，为 32.2%；半镜质组为 14.8%；稳定组为 2.6%。有机质总含量为 91.2%。无机组分含量为 8.8%，且黏土矿物居多，达 4.5%，其次为碳酸盐岩、硫化物及氧化物等。煤中的黏土矿物大部分以单独的块状存在，或沿裂隙充填。预测区原煤水分平均 1.47%；原煤灰分平均 14.30%；原煤挥发分平均 35.07%；原煤全硫平均 1.647%；原煤发热量平均35.07MJ/kg。预测区内煤为低硫、低灰、高发热量、高挥发分弱黏煤。

本区资源量估算采用丰度法估算，采用新井煤矿资源丰度。新井煤矿累计查明资源量 962×10^4t，含煤面积为 1.34km^2，煤炭资源丰度为 718×10^4t/km^2。预测区面积约 165.07km^2。资源量估算值的校正系数（β 值）取 0.60。

预测区煤层埋深 0～600m 预测资源量 $14\ 755\times10^4$t、600～1000m 预测资源量 $11\ 537\times10^4$t，可靠程度为预测可能的，预测远景区分类定为有利的（Ⅰ类），勘查开发利用前景定为优（A）等，具有明显的经济价值，近期可安排勘查开发；埋深 1000～1500m 预测资源量 $20\ 248\times10^4$t，可靠程度为预测可能的，预测远景区分类定为次有利的（Ⅱ类），勘查开发利用前景定为良（B）等，具有开发经济价值，考虑中期安排勘查工作；埋深 1500～2000m 预测资源量 $24\ 573\times10^4$t，可靠程度为预测可能的，预测远景区分类定为不利的（Ⅲ类），勘查开发利用前景定为差（C）等，仅考虑远期安排勘查工作。

第九章　结　论

一、潜力评价工作的主要成果

（一）地层

本书系统地汇编了内蒙古自治区区域地层层序和各时代的岩石特征及其分布规律，并根据最新科研成果，明确地划分了煤系地层的含煤时代归属。根据国际上二分法的划法，本书将原石炭系分为下石炭统和上石炭统。原下石炭统臭牛沟组、前黑山组仍划归为下石炭统，而原中石炭统的本溪组（靖远组和羊虎沟组）和原上石炭统的太原组全划归为上石炭统，这样上石炭统下部为本溪组（C_2b），上部为太原组（C_2t）。此外，阿拉坦合力群对比为红旗组。根据近年来的科研成果，白垩纪聚煤期，二连赋煤带的白音华组划归为大磨拐河组和伊敏组，与海拉尔赋煤带统一。

（二）构造与沉积

本书以地球动力学和煤田地质理论为指导，分析研究了内蒙古自治区地质构造的分布规律、形成时代、生成机制及其形态、演化过程，并将内蒙古自治区控煤构造划分为东北、华北、西北3个赋煤区和11个赋煤带（海拉尔、大兴安岭中部、松辽盆地西部、大兴安岭南部、二连；阴山、鄂尔多斯盆地北缘、桌子山-贺兰山、宁东南；香山、北山潮水）。运用层序地层学方法对主要含煤盆地的沉积岩石学特征和沉积环境进行了剖析，总结各聚煤期的聚煤规律如下。

1. 晚石炭世

内蒙古自治区晚石炭世的沉积区主要发育在中部地槽区，其次为赤峰以东地区、华北地台的腹地、阴山地区和兴安岭地区。

中部地槽区位于东乌珠穆沁旗古陆和华北北缘古陆之间，晚石炭世主要为沉积厚度巨大且复杂的海相陆源碎屑岩-碳酸盐岩沉积，并发生过火山活动，该地区构造活跃、覆水较深，不具备成煤的基本条件，一般不发育煤层。

赤峰以东地区在晚石炭世为与中部槽区相连的海湾，南侧为华北北缘古陆，主要发育海相碎屑岩-碳酸盐岩沉积，同中部槽区一样，该地区也不利于聚煤作用的发生。

华北地台的腹地，晚石炭世本溪期在鄂尔多斯地区东部的准格尔、清水河等地及西部的贺兰山、桌子山煤田沉积了障壁海岸、潟湖-潮坪沉积，中间主要发育河流沉积和三角洲沉积，潮坪、河流和三角洲环境利于聚煤作用的发生，而发育一系列煤层。太原期鄂尔多斯地区整体接受沉积，主要发育海陆交互相的三角洲沉积，该环境非常利于聚煤作用的发生，因而发育了巨厚的煤层。

阴山地区晚石炭世早期的拴马桩组主要发育三角洲平原相沉积，晚期的拴马桩组主要发育开阔滨海相沉积，该三角洲平原和滨海环境均利于聚煤作用发生，因而发育一些煤层。

兴安岭地区在晚石炭世经过长期的剥蚀后局部坳陷成湖盆，在依力根牧场、尕拉成等地接受泥质、粉砂质沉积，还有小规模的火山活动，这套地层称为依根河组。该地区可能发生强度不大的聚煤作用，发育一些薄煤层。

2. 早二叠世

内蒙古自治区早二叠世的沉积区主要发育在中部地槽区，其次为阴山地区和鄂尔多斯地区。

中部地槽区早二叠世基本上均为浅海相沉积，局部为滨海相沉积。赤峰地区的青凤山组和正镶白旗、正蓝旗、镶黄旗一带的三面井组位于地槽的南侧，为一套滨海陆源碎屑组合。四子王旗北部的西里庙组为浅海陆源碎屑-碳酸盐岩中夹火山岩组合。地槽的活动中心在二连浩特—西乌珠穆沁旗—大石寨一线，沉积了一套陆源碎屑岩-生物碎屑灰岩中夹中酸性火山岩。巴丹吉林和北山地区的双堡塘组为正常的浅海陆源碎屑岩夹灰岩。这些地区构造活跃、覆水较深，均不利于聚煤作用的发生，很少有煤层发育。

阴山地区早二叠世发育为数不多的几个淡水湖泊，主要为滨浅湖沉积。滨湖环境可以发育一定强度的聚煤作用，发育一些薄煤层。

阴山以南的鄂尔多斯地区，早二叠世转入稳定、缓慢的抬升期，在东部准格尔旗、清水河等地为陆相冲积平原沉积；西部的乌达、桌子山煤田和贺兰山煤田为河流、三角洲沉积。河流、三角洲环境利于大强度聚煤作用的发生，因而发育了大套煤系地层。

3. 早—中侏罗世

内蒙古自治区早—中侏罗世的沉积区主要位于鄂尔多斯盆地，其次为阴山地区，大兴安岭—锡林郭勒盟地区和阿拉善地区。

阴山以南的鄂尔多斯盆地，早侏罗世富县组沼泽期主要是山高谷深的地貌，谷区发育大型河流沉积，沉积环境不利于聚煤作用大强度发生。中侏罗世延安组沉积期经过富县组的“填平补齐作用”，地势较为平坦，主要发育河流相和三角洲相沉积，河流的泛滥平原上发育几个面积较大的岸后湖泊。这些环境均利于大强度聚煤作用发生，因而发育了数套厚度较大的煤系地层。

阴山地区在早—中侏罗世沉积期，东部的沉积中心位于石拐矿区，沉积了以河湖交替相为主的五当沟组和召沟组。河湖相沉积利于聚煤作用发生，因而发育了一些煤层。西部的昂根矿区以低弯度的山间辫状河流沉积为主。中部营盘湾矿区的沉积相为昂根与石拐矿区的过渡类型。这两个地区的沉积环境也发生了一定的聚煤作用，但难形成厚度较大的煤层。

大兴安岭—锡林郭勒盟地区，早—中侏罗世含煤地层被晚侏罗世的火山岩、白垩纪的沉积岩以及新生代的松散沉积物深深地掩埋。根据目前地面资料和少量钻孔资料初步分析，含煤盆地为北东向的山间谷地型或山间盆地型，主要为河湖相含煤沉积，还不同程度地存在细粒火山物质。河湖相沉积利于聚煤作用发生，发育了一些煤层。

内蒙古自治区西部的阿拉善盟地区早—中侏罗世发育一些山间谷地和山间盆地，规模最大的为潮水盆地。早—中侏罗世大山口群、青土井群主要发育河湖沉积。河湖相沉积利于聚煤作用发生，发育了一些煤系地层。

4. 早白垩世

内蒙古自治区早白垩世的沉积区主要位于鄂尔多斯盆地、河套地区、大兴安岭两侧、二连盆地、海拉尔盆地、银根盆地和绍根盆地。

鄂尔多斯盆地早白垩世为东仰西倾的大型箕状盆地，发育的伊金霍洛组（东胜组、洛河组、环河华池组、罗汉洞组）沉积了一套河湖相红色建造。红色建造反映出干旱的气候条件，而干旱的气候条件不利于聚煤作用的发生，因此该时期几乎没有煤层发育。

河套地区早白垩世李三沟组主要发育粗碎屑岩沉积，沉积中心有半深水湖相分布。受鄂尔多斯干旱气候影响，该地区聚煤作用较弱。

阴山以北的大兴安岭两侧，发育了一系列断陷盆地，早白垩世主要沉积了一套河湖相碎屑岩。河湖相沉积利于聚煤作用发生，所以沉积物普遍含煤。

二连盆地群早白垩世经历了早期断陷（大磨拐河组）、后期坳陷（伊敏组）的发育历程。大磨拐河期以断陷沉积为主，南北分带、东西分区的沉积特征明显，北部坳陷带主要为半深湖—浅湖沉积，南部坳陷带主要为浅湖沉积。由于该时期气候西南干燥、东北湿润，聚煤作用主要发生在东部、北部凹陷的周缘区域。伊敏期以坳陷型沉积为主，仍具东西分区、南北分带的沉积相带展布特征，该时期主要以冲积、河流相、湖沼相沉积为主。该时期湿润气候遍布全区，煤系地层在整个盆地群内普遍发育。

海拉尔盆地群具有大致东西分带、南北分块的特征。大磨拐河期以断陷沉积为主，扎赉诺尔坳陷带东南部的巴彦呼舒凹陷和贝尔凹陷主要发育半深湖、滨浅湖等沉积；东部和南部的凹陷，主要发育滨浅湖、湖沼、河流、（扇）辫状河三角洲等沉积，聚煤作用主要发生在东部和南部凹陷周缘区域。伊敏期以坳陷沉积为主，地势较为平坦，主要以冲积、河流相、湖沼相沉积为主。该时期聚煤作用强度大，煤系地层在全盆地群普遍发育。

银根盆地群下白垩统巴音戈壁组局部夹有煤线或煤层，但研究程度较低。从海拉尔-二连-银根盆地群整体分析，盆地的活动性由东向西增强、聚煤作用由东向西减弱，推断在银根盆地群聚煤强度不会太大。

绍根盆地下白垩统阜新组、沙海组主要发育湖泊、（扇）三角洲沉积。（扇）三角洲、滨湖环境利于聚煤作用发生，因而在（扇）三角洲、滨湖沉积区普遍有煤层发育。

5. 新生代渐新世

由于资料条件的限制，这里只对集宁煤田渐新世胡尔井组的古地理格局进行分析。该沉积期主要发育扇三角洲和滨浅湖沉积，沉积环境可以发生一定强度的聚煤作用。可能是气候由湿润向干旱转化的原因，聚煤作用只发生在胡尔井组下段，上段没有煤层发育。

（三）煤类

内蒙古自治区不仅煤炭资源丰富，而且煤类齐全。通过对各聚煤期各煤田（含煤区）煤质资料的分析可知：新近纪没有烟煤，白垩纪以前没有褐煤，白垩纪—石炭纪均有无烟煤。褐煤、长焰煤、不黏煤集中分布（褐煤主要分布在海拉尔和二连，长焰煤在准格尔、东胜北部，不黏煤在东胜的中南和西部）；炼焦煤较少，分布在构造相对复杂地区（桌子山、贺兰山、阴山），并且较零散。根据煤类分布特征探求其变质因素，主要以区域变质作用为主，其次为动力、热液和接触变质作用的多次叠加。

区内煤类齐全，用途广泛，既有优质的动力煤、民用煤，又有炼焦、配焦用煤，还有很好的化工用煤等，尤其是资源量丰富的海拉尔和二连、准格尔、东胜地区。东胜地区的不黏煤不仅仅是优质动力用煤，而且也在配焦（兰炭）、液化、水煤浆、型煤等方面有广阔的用途；准格尔地区的长焰煤更适合于直接液化，褐煤虽然发热量较低、易风氧化，不易储存和长途运输，但适合气化和加氢液化，将有利于褐煤的转化。

（四）资源储量现状

勘查布局、勘查程度的比例合理，资源储备量大，利用率低，可持续发展的能力强。

本次评价利用的煤炭资源现状是以“全区煤矿区（煤田）矿产资源利用现状专题调查研究”为基础，共划分106个矿区，勘查面积$8.347\,7\times10^4\,km^2$，保有煤炭资源储量$8\,904.38\times10^8\,t$。

按矿区规模：中、小型矿区共53个，保有资源储量$62.68\times10^8\,t$，保有资源储量约占0.71%；大、特型矿区共53个，保有资源储量$8\,838.70\times10^8\,t$，保有资源储量约占99.29%。

按勘查程度：勘探＋详查资源储量$3\,191.19\times10^8\,t$，占3/8；勘探＋详查＋普查资源储量$5\,598.53\times$

10^8t，占 5/8；达预查程度的资源储量 3 305.86×10^8t，占 3/8。勘探＋详查资源储量∶普查资源储量∶预查资源储量＝3∶2∶3，勘探、详查程度较高。

按现行资源储量类型：其中探明的资源储量为 414.56×10^8t，控制的资源储量为 961.56×10^8t，推断的资源储量为 2 800.24×10^8t，预测的资源储量为 4 728.03×10^8t，查明的资源量为 4 176.35×10^8t，探明的、控制的、推断的资源储量三者之比约 1∶2.32∶6.75，资源储量类型的构成较合理。

经矿业权整合，现有生产煤矿山 604 个(处)，设计总生产能力 79 212×10^4t/a，开采占用保有煤炭资源储量 527.25×10^8t。其中大中型生产矿井 263 个，生产能力 50 330×10^4t/a，保有资源储量 302.95×10^8t；大中型在建矿井 59 个，生产能力 20 271×10^4t/a，保有资源储量 167.57×10^8t；小型煤矿 282 个，生产能力 8611×10^4t/a，保有资源储量 56.73×10^8t。

尚未利用的 8 377.13×10^8t 资源储量中，查明的 3 653.06×10^8t，占 43.61%；潜在的 4 724.07×10^8t，占 56.39%，后备资源充足。特别是查明的 3653.06×10^8t 中，探明的＋控制的就达 1 111.44×10^8t，经可行性研究或预可行性研究后，可提高为基础储量，可尽快开发。

（五）资源潜力

通过本次潜力评价，内蒙古自治区的赋煤面积达到 13.111×10^4km²，与第三次相比，增加了 1.124 5×10^4km²，资源总量可达 16 299.48×10^8t，增加了 1 813.77×10^8t。探获率由原来的 15%提高到 55%，探获资源量翻了两番(4 倍)，勘查程度有了很大提高。

全区共筛选、圈出预测区 82 个，预测基本单元 136 个，预测面积 4.763 5×10^4km²。预测资源量 7 336.79×10^8t。其中 1000m 以浅的 2 183.77×10^8t，占 30%，而优等(A)资源量 1 762.33×10^8t，仅占预测资源量的 1/4，占 1000m 以浅预测资源量的 4/5，资源禀赋不是太好。

勘查面积由第三次预测的 1.477 6×10^4km² 增至 8.347 6×10^4km²，增加了 6.87×10^4km²；保有资源储量由 2 235.3×10^8t 增至 8 904.38×10^8t，增加了 6 669.08×10^8t。

预测区个数由 183 个减少至 82 个，减少了 101 个；预测区面积由 10.508 9×10^4km² 减少至 4.763 5×10^4km²，减少了 5.745 4×10^4km²；资源量由 12 250.41×10^8t 减少至 7 336.79×10^8t，减少了 4 913.62×10^8t。

二、存在的问题和建议

(1)二连赋煤带中的侏罗纪含煤地层(阿拉坦合力群)与大兴安岭中、南段的红旗组对比缺少古生物方面的依据。

(2)赋煤带、煤田的划分缺少区域大地构造相的支持(火山岩相带、变质带等)。

(3)矿区汇编资料较少，建议补充矿区汇编工作。

(4)物化探资料陈旧，新的构造解释宜按时代分开。

(5)二连赋煤带的构造控煤问题需要深入研究。

主要参考文献

陈均亮，吴河勇，朱德丰，等，2007. 海拉尔盆地构造演化及油气勘探前景[J]. 地质科学，42(1)：147－159.

曹代勇，2007.煤田构造变形与控煤构造样式[C]//中国矿业大学(北京)资源与安全工程学院首届研究生学术研讨会论文集.徐州：中国矿业大学出版社.

黄本宏，1992.大兴安岭地区石炭、二叠系及植物群[M].北京：地质出版社.

李建辉，1987.论华北板块构造演化[J].华北地震科学(1)：37－43.

李俊建，2006.内蒙古阿拉善地块区域成矿系统[D].北京：中国地质大学(北京).

李述靖，张维杰，耿明山，1998.蒙古弧地质构造特征及形成演化概论[M].北京：地质出版社.

李思田，程守田，杨士恭，等，1992.鄂尔多斯盆地东北部层序地层及沉积体系分析[M].北京：地质出版社.

刘和甫，陆伟文，王玉新，等，1990.鄂尔多斯西缘冲断-褶皱带形成与形变[M]//杨俊杰，赵重远，刘和甫，等.鄂尔多斯西缘掩冲带的构造与油气.兰州：甘肃科学技术出版社.

刘建明，张锐，张庆洲，2004. 大兴安岭地区的区域成矿特征[J]. 地学前缘，11(1)：269－277.

刘绍平，刘学锋，2002. 巴彦浩特盆地的构造类型[J]. 西南石油学院学报，24(3)：32－35＋4.

马宗晋，杨主恩，吴正文，1999. 构造地质学-岩石圈动力学研究进展[M]. 北京：地震出版社.

内蒙古地质研究队，1989.内蒙古自治区煤炭资源远景调查汇总报告[R].呼和浩特：内蒙古地质研究队.

内蒙古自治区地质矿产局，1991.内蒙古自治区区域地质志[M].北京：地质出版社.

内蒙古自治区地质矿产局，1996.内蒙古自治区岩石地层[M].武汉：中国地质大学出版社.

内蒙古自治区地质矿产局，2010.内蒙古自治区 1∶100 万地质图及说明书[R].呼和浩特：内蒙古自治区地质矿产局.

内蒙古自治区煤田地质局，1992.鄂尔多斯盆地聚煤规律及煤炭资源评价(内蒙古部分)[M].北京：煤炭工业出版社.

内蒙古自治区煤田地质局，1995.内蒙古自治区煤炭资源预测与评价报告(第三次煤田预测)[R].呼和浩特：内蒙古自治区煤田地质局.

潘桂棠，郝国杰，冯艳芳，等，2009.中国大地构造单元划分[J].中国地质，36(1)：1－28.

任纪舜，王作勋，陈炳蔚，等，1999. 中国及邻区大地构造图(1∶500 万)及简要说明书：从全球看中国大地构造[M]. 北京：地质出版社.

汤锡元，郭忠铭，陈荷立，等，1992.陕甘宁盆地西缘逆冲推覆构造及油气勘探[M].西安：西北大学出版社.

汤锡元，李道燧，1990. 内蒙古西部巴彦浩特盆地的构造特征及其演化[J]. 石油与天然气地质，11(2)：127－135.

王双明，佟英梅，李锋莉，等，1996.鄂尔多斯盆地聚煤规律及煤炭资源评价[M].北京：煤炭工业出版社.

王贞，邓亚婷，任玉梅，等，2007. 潮水盆地侏罗系沉积特征及找煤潜力[J]. 陕西地质，35(1)：28 -37.

万欣，2010. 内蒙古五间房东区含煤盆地构造特征[J]. 江西煤炭科技(3)：62 - 64.

杨俊杰，赵重远，刘和甫，等，鄂尔多斯西缘掩冲带的构造与油气[M]. 兰州：甘肃科学技术出版社.

杨振德，潘行适，杨易福，1988. 阿拉善断块及邻区地质构造特征与矿产[M]. 北京：科学出版社.

袁三畏，1992. 中国煤质论评[M]. 北京：煤炭工业出版社.

张泓，1989. 山西大宁盆地晚古生代煤系岩石地层划分与对比[J]. 地层学杂志，13(4)：279 - 289.

中国煤炭地质总局，2001. 中国聚煤作用系统分析[M]. 徐州：中国矿业大学出版社.

钟蓉，1987. 大青山煤田石炭纪含煤建造形成条件与厚煤带分布规律[J]. 中国地质(3)：33 - 34.